Kurzer Leitfaden

der

Bergbaukunde

von

Dr.-Ing. eh. F. Heise und **Dr.-Ing. eh. F. Herbst**
Professor u. Bergschuldirektor a. D.   Professor u. Direktor d. Bergschule
zu Bochum

Dritte, verbesserte Auflage

Mit 386 Abbildungen im Text

Springer-Verlag Berlin Heidelberg GmbH
1932

ISBN 978-3-662-35706-4   ISBN 978-3-662-36536-6 (eBook)
DOI 10.1007/978-3-662-36536-6

Vorwort zur ersten Auflage.

Mit einem gewissen inneren Widerstreben sind wir an die Bearbeitung dieses „Leitfadens" gegangen. Wir verhehlten uns nicht, daß eine so stark zusammengedrängte Übersicht über ein so weites Gebiet wegen ihrer Lückenhaftigkeit ein vielfach falsches und in jedem Falle unzureichendes Bild von der Bergbautechnik gibt und den Leser leicht zu irrigen Anschauungen und zu Trugschlüssen verführen kann.

Jedoch zeigte uns der immer wieder und von verschiedenen Seiten an uns herantretende Wunsch nach einer verkürzten Ausgabe unseres Lehrbuches, daß neben diesem selbst auch eine Zusammenfassung weiten Kreisen der Fachwelt erwünscht ist. Wir haben uns daher trotz unserer Bedenken zur Abfassung dieser Übersicht über die Bergbaukunde entschlossen und hoffen, daß das Vorliegen des eingehend gehaltenen Lehrbuches das Erscheinen des Leitfadens gestattet und gleichsam entschuldigt, indem ein Rückgriff auf das Hauptwerk stets gesichert bleibt.

Im übrigen konnten wir aus dem im Lehrbuch zusammengetragenen Stoffe und aus der großen Anzahl von Figuren unschwer dasjenige aussondern, was uns als besonders wichtig und kennzeichnend erschien. Wir hoffen somit immerhin, in dem „Leitfaden" ein Büchlein geschaffen zu haben, das bis zu einem gewissen Grade für die erste Einführung in die Bergbaukunde brauchbar ist und auch denjenigen, die der Bergbautechnik ferner stehen, sich aber einige Belehrung über sie verschaffen wollen, die Möglichkeit dazu ohne großen Zeitaufwand gewährt.

Bochum—Aachen, im April 1914.

Heise. Herbst.

Vorwort zur dritten Auflage.

Der Erfolg der beiden ersten Auflagen dieses Büchleins hat uns gezeigt, daß wir mit der Herausgabe der verkürzten Ausgabe unseres Lehrbuchs einem Bedürfnis entgegengekommen sind. Inzwischen dürfte sich der für den „Leitfaden" in Betracht kommende Leserkreis noch vergrößert haben, da im letzten Jahrzehnt der Wert einer planmäßigen Berufsausbildung auch für den bergmännischen Nachwuchs erkannt ist und diese Erkenntnis zur Einrichtung von bergmännischen Berufschulen und von Hauer-Lehrgängen geführt hat, in denen u. a. die Grundzüge der Bergbautechnik gelehrt werden. Trotzdem haben wir geglaubt, mit der Herausgabe der dritten Auflage warten zu sollen, bis eine gewisse Beruhigung in der stürmischen Entwicklung eingetreten sei, wie sie in der Bergbautechnik der letzten Jahre sich geltend machte und uns auch zu einer gewissen Hinausschiebung der Bearbeitung der beiden Bände unseres Lehrbuchs veranlaßt hat. Dieser Zeitpunkt scheint uns jetzt gekommen zu sein.

Unser Bestreben, den Fortschritten der Technik im Bergbau seit dem Erscheinen der zweiten Auflage Rechnung zu tragen, ist zunächst bei den „Gewinnungsarbeiten" in Gestalt einer eingehenden Berücksichtigung der maschinenmäßigen Hilfsmittel und der Fortschritte der Sprengtechnik zum Ausdruck gekommen. Der Abschnitt „Grubenbaue" hatte der vom Betrieb angenommenen Neugliederung dieser Baue und der Entwicklung neuer Abbauverfahren mit Versatz Rechnung zu tragen. Im Abschnitt „Wetterlehre" wurden insbesondere die naturwissenschaftlichen Grundlagen für die Abkühlung warmer Gruben und die Grubenbeleuchtung neu bearbeitet. Der Abschnitt „Grubenausbau" hatte die verbesserten Verfahren des nachgiebigen Ausbaues sowie des Ausbaues in Profileisen und in Formsteinen zu berücksichtigen. Einer besonderen Umgestaltung bedurfte der Abschnitt „Förderung": hier mußten die Förderung mit Bändern, mit Schlepperhaspeln und Abbaulokomotiven und die Verfahren zum maschinenmäßigen Einbringen des Bergeversatzes eingefügt werden.

Anderseits haben wir durch Streichung des Veralteten und Überholten Platz gewinnen können, so daß der Umfang des Büchleins nur um ein geringes vermehrt zu werden brauchte.

Berlin und Bochum, im August 1932.

F. Heise. Fr. Herbst.

Inhaltsverzeichnis.

Dritter Abschnitt.

Gewinnungsarbeiten.

Vierter Abschnitt.

Die Grubenbaue.

Fünfter Abschnitt.

Grubenbewetterung.

Neunter Abschnitt.

Wasserhaltung.

Zehnter Abschnitt.

Grubenbrände, Atmungs- und Rettungsgeräte.

Gebirgs- und Lagerstättenlehre.

I. Gebirgslehre.

1. Der Erdball. Unsere Erde ist mit großer Wahrscheinlichkeit als ein früher glühend gewesener, jetzt im Erkalten begriffener Weltkörper aufzufassen, dessen Inneres noch eine glühende Masse bildet, während das Äußere im Laufe der Zeit zu einer festen „Erdrinde" geworden ist. Diese ist auch heute noch fortgesetzten Veränderungen unterworfen, die durch die Kräfte des Erdinnern einerseits und durch die Einwirkungen der Atmosphäre anderseits verursacht werden.

A. Die Kräfte des Erdinnern.

2. Gebirgsbildung. Da die Erdrinde, wenn man ihre Stärke zu 300 km annimmt, im Verhältnis zum Erddurchmesser nur eine Schicht darstellt, die der 2 mm starken Wandung eines Gummiballs von etwa 80 mm Durch-

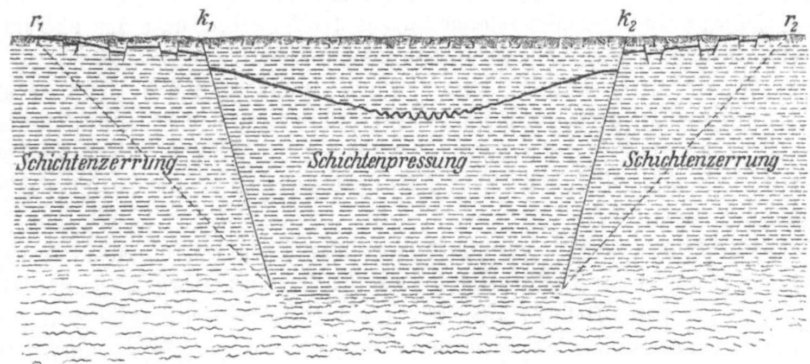

Abb. 1. Gebirgsfaltung und Schollenbildung.

messer zu vergleichen ist, so hat sie den Kräften des Erdinnern nur einen verhältnismäßig geringen Widerstand entgegenzusetzen.

Die Veränderungen, die die Gesteinschichten seit ihrer Ablagerung erlitten haben, sind einerseits auf Zusammenstauchung und damit verbundene Faltung (Abb. 1, Mitte) und anderseits auf Zerreißung und Schollenbildung durch gegenseitige Verschiebung der durch Spalten getrennten Stücke (Abb. 1, Seiten) zurückzuführen. Durch Faltung und Schollenbildung ist der größte Teil der Gebirge der Erde geschaffen worden.

Durch allmähliche Abtragung der Faltengebirge entstanden die flachkuppigen „Rumpfgebirge", für die das Rheinische Schiefergebirge ein gutes Beispiel gibt.

3. Erdbeben und Vulkanismus. Die starken Bewegungen innerhalb der Erdrinde lösen infolge des Aufreißens von Spalten schwere Erschütterungserscheinungen aus, die als „tektonische Erdbeben" bezeichnet werden. Außer diesen unterscheidet man noch „Einsturzbeben", die durch den Einsturz großer unterirdischer Hohlräume entstehen, und „vulkanische Erdbeben", die im Anschluß an Vulkanausbrüche auftreten.

Die vulkanischen Vorgänge werden in der Weise erklärt, daß die großen, bei der Schollenbildung aufgerissenen Bruchspalten den glühenden Massen und heißen Dämpfen des Erdinnern Gelegenheit zum Aufsteigen an die Erdoberfläche bieten.

Die vulkanischen Ausbrüche bestehen hauptsächlich im Auswurf von Lavamassen einerseits, die später zu „vulkanischen Gesteinen" erkalten, und von Aschenmassen anderseits, die später durch mineralische Bindemittel zu lockeren Gesteinen (Tuffen) verfestigt werden können. Die letzten Anzeichen einer früheren vulkanischen Tätigkeit sind: heiße Quellen, Aufsteigen heißer Gase und Entwicklung von Kohlensäure.

B. Die Einwirkung der Atmosphäre.

4. Verwitterung. Von den Wasserniederschlägen — Tau, Reif, Regen, Schnee, Eis und Hagel — verdunstet ein Teil wieder, ein zweiter Teil fließt oberflächlich ab, während der Rest in die Erdrinde eindringt und größtenteils in Gestalt von Quellen wieder zutage tritt. Diese und das oberflächlich abfließende Wasser bilden Flüsse und Ströme.

Das Wasser wirkt auf die Erdoberfäche zunächst durch Verwitterung. Die Tränkung mit Feuchtigkeit führt unter Mitwirkung von Frost und Sonnenbestrahlung und mit Unterstützung chemischer, im Wasser enthaltener Angriffsmittel (Sauerstoff, Kohlensäure, Humussäuren) zu einer Zersetzung der anstehenden Gesteine.

5. Talfurchung und Einebnung. Die unzähligen Wasserläufe schneiden sich allmählich tiefer in die Erdoberfläche ein (Talfurchung, Erosion), und zwar sowohl infolge der Wirkung des Wassers selbst als auch infolge der abhobelnden Wirkung der mitgerissenen Gesteinstrümmer. Ein anderer Teil des aus den Niederschlägen stammenden Wassers wäscht unterirdisch große Hohlräume aus, besonders im Kalkgebirge, das leicht durch kohlensäurehaltiges Wasser aufgelöst wird. Das Meer wirkt gemäß Abb. 2 durch die allmähliche Zerstörung der Küsten infolge des Wellenschlages der Brandung. Findet gleichzeitig durch anderweitige Ursachen ein langsames Senken des Festlandes statt, so dringt die Meeresbrandung immer von neuem vor, kann also schließlich ganze Gebirgszüge zerstören („Einebnung" oder „marine Abrasion").

Eine bedeutsame Rolle spielt auch das Eis mit seinen Fließbewegungen (Gletscherströmen) in der Erdgeschichte. Folgen der Vergletscherung sind Bildungen von Schuttmassen (Moränen) und Abschliff oder Stauchung des Untergrundes.

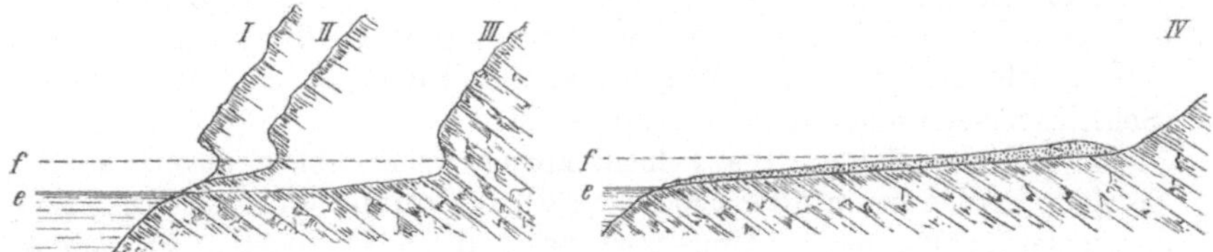

Abb. 2. Angriff einer Steilküste durch die Meeresbrandung (e = Ebbespiegel, f = Flutspiegel).

Die Gesamtheit der zerstörenden Wirkungen, die von den Kräften der Atmosphäre auf die Erdoberfläche ausgeübt werden, wird als „Abtragung" („Denudation") bezeichnet.

6. Neubildungen. Neubildend wirkt das Wasser dadurch, daß es die von ihm mitgeführten Gesteinsmassen an Stellen mit entsprechend schwächerer Strömung wieder ablagert. Auch unterirdisch sind solche Neubildungen, und zwar besonders für den Bergmann, von großer Wichtigkeit, da die vom Wasser geschaffenen Hohlräume durch andere Gebirgswasser wieder mit Erzen und andern nutzbaren Mineralien ausgefüllt werden können.

7. Der Wind wirkt zunächst durch die Erzeugung der Meeresbrandung an den Küsten und ferner durch die Bewegung der durch Verdunstung in die Atmosphäre zurückgelangenden Wassermengen, denen er Gelegenheit gibt, sich an hohen und kalten Gipfeln so weit abkühlen zu können, um als Regen, Schnee usw. niederzufallen. Auch der Wind schafft Neubildungen, indem er in trockenen Steppengegenden Staub mitführt und als Sand zu Dünenlandschaften aufbaut, als „Löß" an windgeschützten Stellen zu großen Anhäufungen zusammenträgt.

C. Die Zusammensetzung der Erdrinde (Gesteinslehre).

8. Gesteinsarten. Wir unterscheiden nach der Entstehung:

a) „Erstarrungs-"(„Eruptiv-" oder „vulkanische") Gesteine, die aus dem schmelzflüssigen Zustande erstarrt sind. Hierhin gehören z. B.: der Basalt, der Granit, der Diabas (Grünstein), der Melaphyr und die verschiedenen Porphyrarten.

b) „Sedimentgesteine" (= „geschichtete" oder „abgelagerte Gesteine"). Sie sind in der Hauptsache aus dem Wasser abgesetzt worden. Die größte Rolle unter diesen spielen die mechanischen Ablagerungen (auch „Trümmergesteine" genannt), die durch einfache Wirkung der Schwerkraft im Wasser niedergeschlagen werden. Sie bilden zunächst lockere Massen (Sand, Kies, Ton u. dgl.), werden aber nach und nach durch Druck, Wärme und mineralische Lösungen zu Sandsteinen, Grauwacken, Sand- und Tonschiefern, Mergeln, Konglomeraten usw. verfestigt.

Chemische Ablagerungen bilden sich, wenn mineralhaltige Wasser durch Verdunstung, Abkühlung oder chemische Umsetzungen einen Teil

ihres Mineralgehalts absetzen. Auf diesem Wege sind z. B. Salz- und Gips-
lagerstätten und zahlreiche Erzablagerungen entstanden.

Eine dritte Gruppe bilden die organischen Ablagerungen, deren Haupt-
vertreter die Stein- und Braunkohlen sind. Während diese in der Hauptsache aus pflanzlichen Bestandteilen bestehen, finden wir auch Ablagerungen,
die nicht unmittelbar aus Pflanzenteilen, sondern durch kieselige oder
kalkige Abscheidungen von Wasserpflanzen (Kieselgur) und Wassertieren
(Schreibkreide, Korallenkalk) entstanden sind.

9. Schichtenfolge. Die Schichtenfolgen von Ablagerungen in der
Erdrinde werden ihrem Alter nach in „Formationen" unterschieden. Eine
Zusammenstellung dieser Alterstufen nebst ihren wichtigeren Mineralvor-

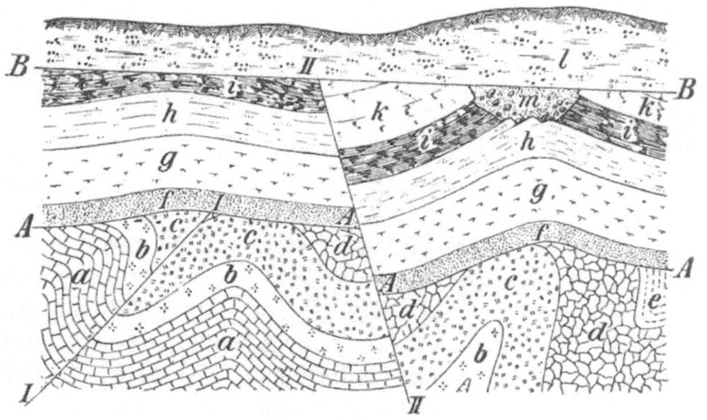

Abb. 3. Schichtenfolge mit 2 diskordanten Auflagerungen
A—A und B—B.

kommen gibt die Übersichtstafel auf S. 6. Die Formationen werden wiederum
in geologische „Perioden" zusammengefaßt und im einzelnen noch in „Stufen"
zerlegt.

Sind die Schichtenfolgen verschiedener Alterstufen ununterbrochen auf-
einanderfolgend abgelagert worden (Schichten a—e und f—k in Abb. 3),
so besteht zwischen ihnen „Konkordanz". Ist dagegen zwischen der
Ablagerung zweier Schichtfolgen (e und f sowie k und l in Abb. 3) eine
längere Zeit verstrichen, so daß vor Ablagerung der jüngeren Schichten
beträchtliche Veränderungen (Faltung, Verwerfungen, Talfurchung, Abtragung) in den älteren Schichten vor sich gehen konnten, so liegen die
jüngeren Schichten „diskordant" auf den älteren, wie das z. B. bei dem
westfälischen Kreidemergel in größtem Maßstabe der Fall ist.

D. Die Lageveränderungen der geschichteten Gesteine.

10. Arten der Veränderungen. Da während und nach der Ablagerung
der verschiedenen Schichten die Kräfte des Erdinnern weiter tätig gewesen
sind, so finden wir in zahllosen Fällen mehr oder weniger starke Veränderungen der ursprünglichen Lage der Gesteine (Faltung) oder eine vollständige
Unterbrechung ihres Zusammenhanges (Gebirgstörungen).

11. Streichen und Fallen. In einer durch Seitendruck aufgerichteten Schicht sind zwei Richtungen zu unterscheiden: das Streichen und das Fallen.

Unter der Streichlinie einer Gebirgschicht (Abb. 4) verstehen wir eine in der Ebene dieser Schicht söhlig gezogene Linie oder, anders ausgedrückt, die Schnittlinie zwischen der Schicht und einer Horizontalebene.

Das Streichen eines Flözes — genauer sein Streichwinkel — ist der Winkel, den die Streichlinie mit dem magnetischen Meridian bildet.

Die Fallinie ist eine Linie, die auf der Ebene der Schicht senkrecht zur Streichlinie gezogen ist, also die Schnittlinie zwischen der Schichtebene und einer zum Streichen senkrechten Vertikalebene oder die Bahn eines auf dem Liegenden herabrollenden Wassertropfens.

Der Winkel, den die Falllinie mit ihrer söhlig gezogenen Auftragung (Projektion) bildet, heißt „Fallen“ oder „Einfallen“ und wird in Graden mit Hinzufügung

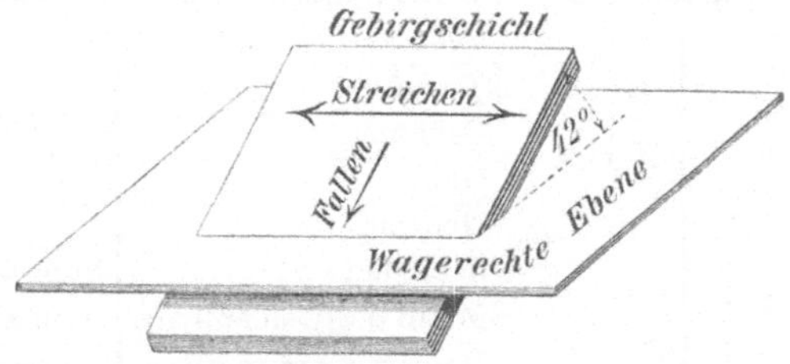

Abb. 4. Veranschaulichung der Begriffe „Streichen“ und „Fallen“.

der Fallrichtung angegeben, so daß z. B. das liegendste Flöz in Abb. 5 auf dem Südsattel-Nordflügel mit 36° nach Norden einfällt.

Durch die mehr oder weniger steile Aufrichtung der Schichten wird die „flache Bauhöhe“ bestimmt, die in einer Lagerstätte durch eine bestimmte Seigerteufe zwischen zwei Sohlen „eingebracht“ wird.

12. Faltenbildung. Bei stärkerer Einwirkung hat der seitlich wirkende Gebirgsdruck die Schichten zu mehr oder weniger tiefen und scharfen „Falten“ zusammengeschoben.

Die durch die Faltung entstehenden Einsenkungen der Schichten werden als „Mulden“, ihre Aufwölbungen als „Sättel“ be

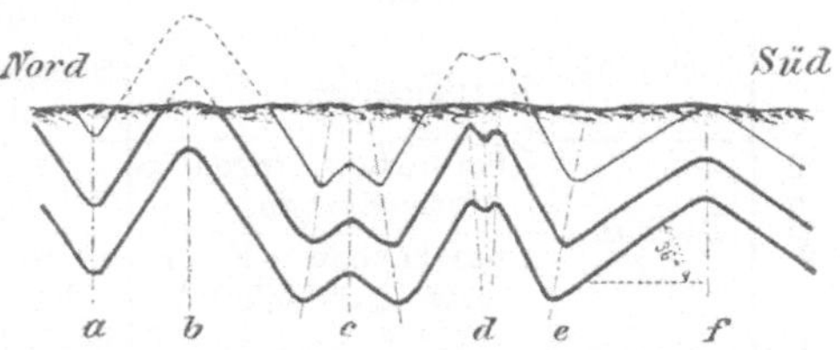

Abb 5. Profil durch einen gefalteten Gebirgsteil.
— · — · — · Mulden- oder Sattelachsen.

zeichnet. Die Schenkel dieser Falten heißen Mulden- bzw. Sattel-„Flügel“. Treten in einer Mulde (*c* in Abb. 5) oder in einem Sattel (*d*) besondere kleine Sättel oder Mulden auf, so bezeichnet man die ersteren als „Hauptmulden“ bzw. als „Hauptsättel“, die letzteren als „Spezialsättel“ bzw. „Spezialmulden“. Sind zwei früher zusammenhängende Flözflügel durch Abtragen der hangenden Gebirgschichten getrennt worden, so liegt ein „Luftsattel“ vor (*b* und *d* in Abb. 5). Der tiefste Punkt einer Mulde wird „Muldentiefstes“, der höchste Punkt eines Sattels „Sattelkuppe“ genannt. Die Linie, die in einer und derselben Schicht die sämtlichen tiefsten Punkte einer Mulde bzw. die höchsten Punkte eines Sattels miteinander verbindet, heißt „Mulden“- bzw. „Sattellinie“ (vgl. Abb. 9 u. 11). Die

Haupt-perioden	Einteilung im ganzen	Einteilung im einzelnen	Die wichtigsten Mineralvorkommen
Neuzeit (Känozoische Periode)	Quartär	Alluvium	Torf, Raseneisenerze, Gold-, Platin-, Zinn- und Edelstein-Seifen
		Diluvium	
	Tertiär	Pliocän	Stein- und Kalisalz in Galizien
		Miocän	Deutsche und böhmische Braunkohle
		Oligocän	Deutsche und böhmische Braunkohle; Bernstein im Samland; Bohnerze sowie Stein- und Kalisalze in Süddeutschland
		Eocän	Vereinzelte Braunkohlenflöze
Mittelalter (Mesozoische Periode)	Kreide	Senon	Schreibkreide auf Rügen
		Turon	Brauneisenerze (Peine), Phosphorite; Rot- und Brauneisenerze von Bilbao in Nordspanien
		Cenoman	
		Gault	
		Neocom	
		Wealden	Steinkohle (Deister-Bückeberge)
	Jura	Malm od. weißer Jura	Asphalt bei Hannover
		Dogger o. brauner Jura	Minette in Lothringen-Luxemburg
		Lias o. schwarzer Jura	Steinkohle in Ungarn, Ölschiefer in Württemberg
	Trias	Keuper	Steinsalz in Lothringen
		Muschelkalk	Zink- und Bleierze in Oberschlesien; Steinsalz in Thüringen und Süddeutschland
		Buntsandstein	Bleierz bei Mechernich; Steinsalz in Norddeutschland
Altertum (Paläozoische Periode)	Perm (Dyas)	Zechstein	Kupfererze bei Eisleben; Stein- und Kalisalze in Mittel- u. Norddeutschld.
		Rotliegendes	Steinkohlen i. Plauenschen Grunde bei Dresden sowie in Thüringen
	Karbon	Oberkarbon (produktives Karbon)	Die meisten Steinkohlen der Erde
		Unterkarbon (Kulm bzw. Kohlenkalk)	Blei- und Zinkerze im Harz, bei Selbeck, Velbert, Aachen u. a.
	Devon	Ober-, Mittel- und Unterdevon	Eisenerze im Siegerland und in Nassau; Erzlager im Rammelsberg; Golderze in Transvaal
	Silur	Ober-, Mittel- und Untersilur	Alaunschiefer in Deutschland u. England; Griffelschiefer in Thüringen, Eisenerze am Oberen See (Nordamerika)
	Kambrium	Ober-, Mittel- und Unterkambrium	Alaunschiefer in Thüringen
Urzeit (Archäische u. proterozoische Periode)	Algonkium	—	Kupfererze am Oberen See
	Urschief.-formation	Phyllitformation	Graphit, Marmor; Eisenerz in Schweden; Zinn im Erzgebirge; Blei-, Zink- und Kupfererze bei Freiberg i./Sa.
		Glimmerschieferform.	
	Urgneis-formation	Obere und untere Urgneisformation	

Verbindungslinien der tiefsten Punkte mehrerer übereinanderliegenden Mulden bzw. der höchsten Punkte mehrerer übereinanderliegenden Sättel werden als Mulden- bzw. Sattel-„Achsen" bezeichnet (Abb. 5).

Im Querprofil (Abb. 5) erscheinen Sättel und Mulden als solche. Im Grundriß dagegen kommen nur die Streichlinien der einzelnen Schichten zur Anschauung. Verlaufen die Sattel- und Muldenlinien söhlig, so gehen die Streichlinien einander parallel, falls die Flügel Ebenen bilden. Ist dagegen die Sattel- oder Muldenlinie nach einer Seite hin geneigt, so schneiden sich bei einem Sattel nach dieser Seite, bei einer Mulde nach der entgegengesetzten Seite hin die Streichlinien beider Flügel und bilden die „Sattel- bzw. Muldenwendung" (Abb. 9). Zweiseitig geneigte Sattel- und Muldenlinien haben das Auftreten der Sattel- und Muldenwendung auf beiden Seiten, d. h. die Entstehung „geschlossener" Sättel und Mulden zur Folge.

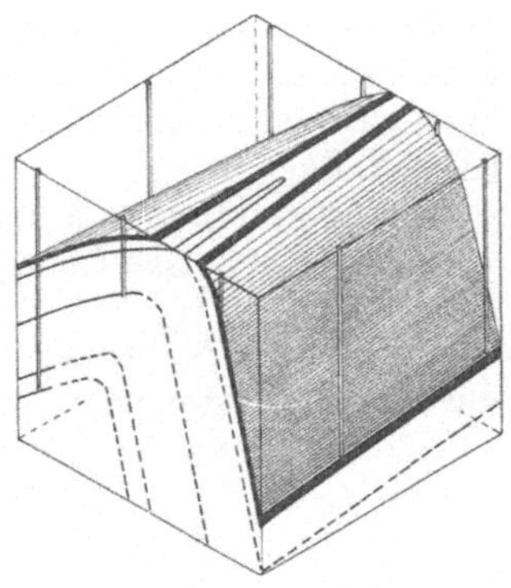

Abb. 6. Darstellung eines Sattels im Würfelbild.

Die perspektivische Würfelprojektion mit Hilfe eines mit einer Neigung von 45° gegen die Zeichenebene stehenden Würfels (Abb. 6) oder das Blockbild (Abb. 8) sind besonders geeignet, eine durch Faltung oder Gebirgstörung verwickelte Lagerung zu veranschaulichen.

13. Hauptarten der Gebirgstörungen. Eine Zerreißung von Gebirgschichten mit gegenseitiger Verschiebung der auseinandergerissenen Teile kann nach drei Haupt-Bewegungsrichtungen vor sich gegangen sein, wonach drei Hauptarten unterschieden werden, nämlich:

1. Verwerfungen (Sprünge): Der im Hangenden der Zerreißungskluft liegende Gebirgsteil ist an ihr entlang nach unten abgesunken.
2. Überschiebungen: Der im Hangenden der Zerreißungskluft (des „Wechsels") liegende Gebirgsteil ist über den andern herübergeschoben.
3. Verschiebungen: Der bewegte Gebirgsteil ist in söhliger Richtung gegen den andern verschoben.

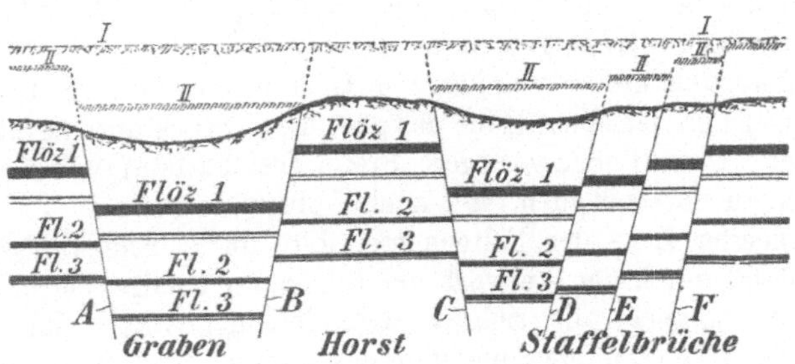

Abb. 7. Sprünge und ihre verschiedenen Wirkungen.

14. Verwerfungen oder Sprünge (Abb. 7) haben infolge des schrägen Absinkens der einzelnen Schollen zu einer größeren Raumbeanspruchung durch diese geführt, sind also auf Zerrungsvorgänge in der Erdrinde zurückzuführen. Die gesunkene Scholle hat sich in der Regel mehr oder weniger in der Kluftebene gedreht, die Höhe des Verwurfs kann also an den verschiedenen Stellen ganz verschieden sein.

Haben mehrere benachbarte Sprünge im gleichen Sinne gewirkt, so entstehen Treppen- oder Terrassen-Verwerfungen, auch „Staffelbrüche" (Abb. 7, rechts) genannt. Ist eine Scholle zwischen zwei abgesunkenen stehengeblieben, so bildet sie einen „Horst" (vgl. Abb. 7, Mitte), ist sie dagegen zwischen zwei stehengebliebenen Schollen abgesunken, so liegt ein „Graben" (Abb. 7, links) vor.

15. Ausrichtung von Sprüngen. Das Aufsuchen des verworfenen Stückes einer Lagerstätte hinter dem Sprunge wird als Ausrichtung des Sprunges bezeichnet.

Die meisten Verwerfungen verlaufen aus Gründen, die mit der Entstehung durch Zerrung zusammenhängen, spießwinklig oder querschlägig zum Streichen.

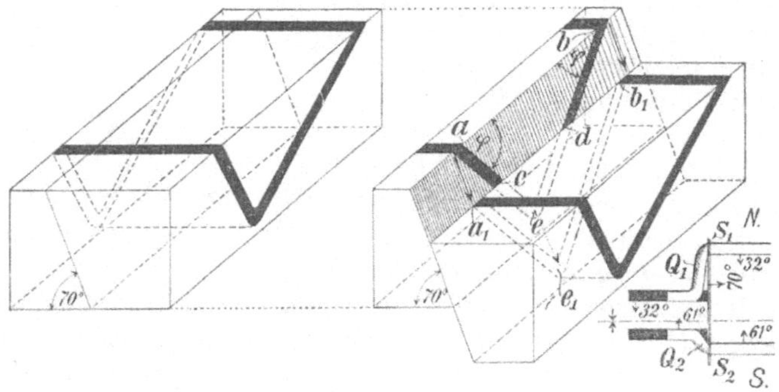

Abb. 8. Verwerfung einer Mulde durch einen Sprung.

Bei solchen Sprüngen kommt man (vgl. Abb. 8) in den weitaus meisten Fällen mit der alten Regel von v. Carnall aus: Fährt man in der Lagerstätte das Hangende der Sprungkluft an, so hat man hinter dieser ins Hangende der Gebirgschichten aufzufahren; fährt man das Liegende der Sprungkluft an, so hat man hinter ihr ins Liegende der Schichten aufzufahren.

Die Schnittlinie zwischen Sprungkluft und Lagerstätte (ace bzw. hde in Abb. 8) wird Kreuzlinie genannt.

Sind Sättel und Mulden von jüngeren Querverwerfungen zerrissen worden, so ist in einer und derselben Höhe das gesunkene Stück durch größere Breite (bei Mulden, Abb. 8) oder geringere Breite (bei Sätteln) von dem stehengebliebenen zu unterscheiden (vgl. auch Abb. 9).

Bei geneigter Lage der Faltenachse, d. h. ungleichem Einfallen beider Flügel, kommt durch den Verwurf eine scheinbare söhlige Verschiebung der Faltenachse zustande, die sich im Grundriß der Abb. 9 durch ein Verspringen der ersten Muldenlinie und der zweiten Sattellinie (von Norden gezählt) äußert.

16. Überschiebungen sind dadurch gekennzeichnet, daß (Abb. 10) der im Hangenden der Kluft (des Wechsels) gelegene Gebirgsteil höher liegt als der im Liegenden der Kluft befindliche.

Überschiebungen haben nach der Abbildung stets ein „Doppelliegen" der verworfenen Schichten zur Folge. Die Ausrichtung des verworfenen Gebirgsteiles bietet daher keine Schwierigkeiten.

Der Entstehung nach stehen die Überschiebungen zu dem die Faltung bewirkenden Seitendruck in unmittelbarer Beziehung. Die stärksten Überschiebungen treten dort auf, wo der Seitenschub sehr stark gewesen ist und infolgedessen auch eine besonders kräftige Faltung stattgefunden hat.

Überschiebungen verlaufen wegen ihrer Entstehung durch den Faltungsdruck annähernd im Streichen der Schichten und fallen flach ein. An die Stelle der offenen Klüfte bei den Verwerfungen tritt hier ein mehr oder weniger stark zerriebenes Gebirgsmittel; demgemäß fehlt auch die Wasser- und Gasführung, wie sie für Sprungklüfte bezeichnend ist.

17. Verschiebungen sind Gebirgstörungen, an denen entlang eine söhlige oder nahezu söhlige Bewegung eines Gebirgsteiles stattgefunden hat. Die Kluft kann mit dem Streichen der Schichten gleichlaufen und sehr flach einfallen oder bei steilerem Einfallen einen mehr oder weniger querschlägigen Verlauf nehmen. Die letzteren Verschiebungen, die man auch wohl als „Blätter" bezeichnet, sind die wich-

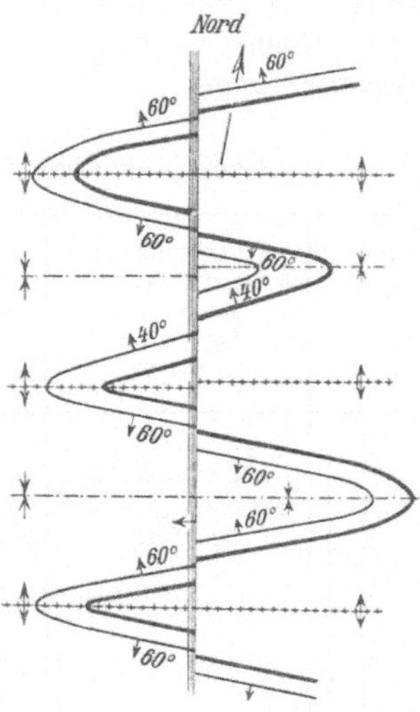

Abb. 9. Verwerfung einer Faltengruppe (Grundriß).

tigsten. Ein Beispiel zeigt Abb. 11. Ein Sprung kann hier nicht vorliegen, weil beide Teile des gestörten Sattels die gleiche Breite haben und weil außerdem beide Flügel trotz ihres entgegengesetzten Einfallens in demselben Sinne seitlich abweichen. In manchen Fällen lassen auch Rutschstreifen einen Schluß auf die Bewegungsrichtung zu.

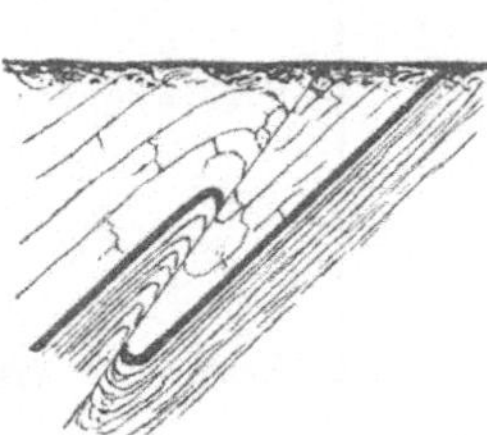

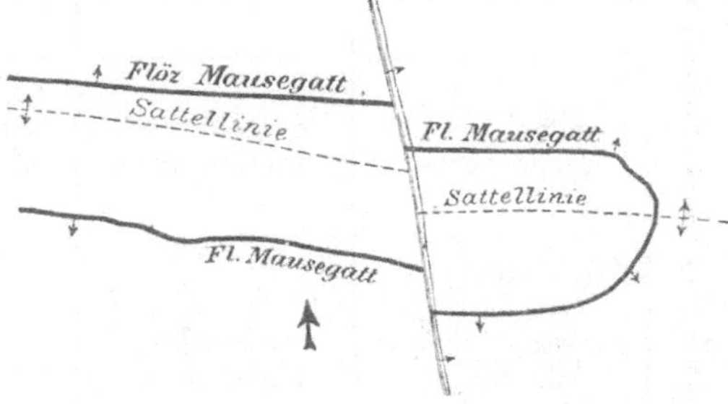

Abb. 10. Profil einer (rechtsinnigen) Überschiebung.

Abb. 11. Grundriß der Verschiebung von Zeche Schleswig bei Dortmund.

Verschiebungen sind dadurch entstanden, daß die einzelnen Gebirgsteile einem söhligen Seitendruck ungleichen Widerstand entgegengesetzt haben und dadurch zerrissen und in der Druckrichtung gegeneinander verschoben werden konnten.

II. Lagerstättenlehre.

18. Arten der Lagerstätten. Die Lagerstätten können nach ihrer
Entstehungsweise, nach ihrer äußeren Gestalt oder nach den nutzbaren Mineralien, die sie enthalten, unterschieden werden. Diese verschiedenen Gesichtspunkte finden in der nachstehenden Übersichtstafel Berücksichtigung.

Überblick über die wichtigsten Arten der Lagerstätten.

Altersverhältnis zwischen Nebengestein und Lagerstätte. Diese ist		Bezeichnung der Lagerstätten nach der Entstehung	Bergmännische Benennung nach der Gestalt der Lagerstätten	Inhalt der Lagerstätten an nutzbaren Mineralien
gleichalterige (syngenetische) Lagerstätten	gleichalterig mit dem Nebengestein	1. Schmelzfluß- (magmatische) Ausscheidungen	Lager, Stöcke, Butzen, Nester	vorwiegend Magneteisenerz und Magnet- und Kupferkies
	jünger als ihr Liegendes, älter als ihr Hangendes	2. Geschichtete Lagerstätten	Flöze, Lager, Linsen	Stein- u. Braunkohle, Salze aller Art, verschiedene Erze
		3. Seifen	Seifen	Platin, Gold, Zinnstein, Edelsteine, Halbedelsteine, Magneteisenerz, seltene Erden
spätergebildete (epigenetische) Lagerstätten	jünger als das Nebengestein	1. Hohlraumausfüllungen	Lager, Gänge, Stockwerke, Stöcke, Butzen, Nester	Erze aller Art
	gleichalterig mit dem Eruptivgestein, jünger als das anstehende Gebirge	2. Berührungs- (Kontakt-) Lagerstätten	Lager, Stöcke, Butzen, Nester	Erze aller Art
	jünger als das Nebengestein	3. Austausch- (metasomatische) Lagerstätten	Stöcke, Stockwerke, Butzen, Nester	Erze aller Art
		4. Tränkungs- (Imprägnations-) Lagerstätten	Stöcke, Butzen, Nester, Lager, Flöze, Konkretionen	Erze aller Art, Salze, Erdöl

Die Entstehungsweise ist gleichzeitig maßgebend für die Beziehungen zwischen Lagerstätten und Nebengestein nach Alter und Lagerung. Danach können die Lagerstätten eingeteilt werden in solche, die gleichzeitig oder annähernd gleichzeitig mit dem Nebengestein gebildet worden sind (gleichalterige oder syngenetische Lagerstätten), und in solche, die später als das Nebengestein entstanden sind (spätergebildete oder epigenetische Lagerstätten).

Der Mineralführung nach unterscheidet der Bergmann:

1. Lagerstätten mineralischer Brennstoffe (Stein- und Braunkohlen, Erdöl),
2. Lagerstätten von Erzen, d. h. Metallverbindungen,
3. Lagerstätten von Stein- und Kalisalzen und
4. Lagerstätten mit Mineralien für verschiedenartige Verwendungszwecke (wie Asphalt, Asbest, Glimmer, Diamanten usw.).

Die bergmännisch wichtigste Eigenschaft der Lagerstätten ist ihre Gestalt, nach der sie hier besprochen werden sollen.

19. Flöze. Ein Flöz ist eine Lagerstätte in geschichtetem Gebirge, die eine im Verhältnis zur Flächenausdehnung geringe Mächtigkeit besitzt und sich durch nahezu gleichlaufende Begrenzungsflächen auszeichnet.

Beispiele von Flözlagerstätten bieten die Stein- und Braunkohlenflöze aller Himmelstriche, das Mansfelder Kupferschieferflöz, die goldführenden Konglomeratflöze Transvaals u. a.

Abb. 12. Schematischer Schnitt durch einen Teil der Minette-Ablagerungen.
Nach van Wervecke.

20. Lager. Lager haben ihrer Entstehung und ihrem Verhalten nach Ähnlichkeit mit Flözen, unterscheiden sich von ihnen aber durch eine im Verhältnis zur Mächtigkeit geringe Flächenausdehnung und durch eine unregelmäßige Gestalt. Ihre Mächtigkeit kann auf Hunderte von Metern steigen. Als Lager sind Stein- und Kalisalzvorkommen, manche Braunkohlenablagerungen, die lothringischen Minettelagerstätten (Abb. 12), die reichen schwedisch-norwegischen Eisensteinvorkommen u. a. zu bezeichnen.

21. Gänge sind durch Ausfüllung von Zerrungspalten, wie sie durch gebirgsbildende Vorgänge aufgerissen wurden, entstanden. Die Ausfüllung kann durch kalte oder warme, von oben niederfallende oder von unten aufsteigende Gebirgswasser oder auch durch heiße, aus dem Erdinnern aufsteigende Dämpfe erfolgt sein. Für den Bergmann sind die Erzgänge die wichtigsten Ganglagerstätten.

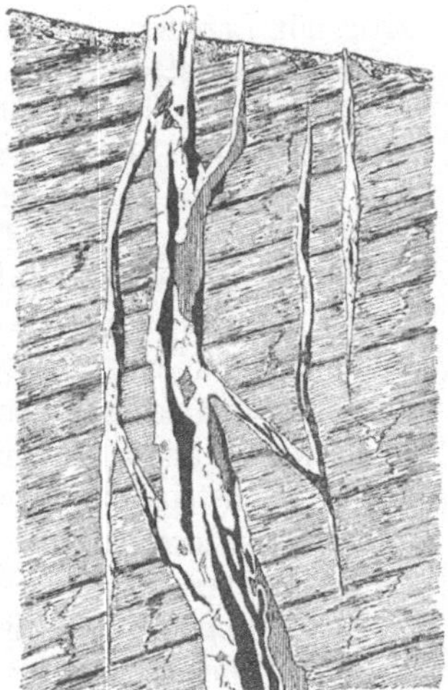

Abb. 13. Idealprofil eines Erzganges.

Verlauf und Begrenzung der Gänge sind vollkommen unregelmäßig. Einige derartige Unregelmäßigkeiten veranschaulicht Abb. 13, in der ein Hauptgang mit Seitenklüften dargestellt ist, die teils selbständig neben der Hauptspalte verlaufen, teils als „Bogentrümmer" sich weiterhin mit der Kluft vereinigen („scharen"), teils als „Diagonaltrümmer" die Verbindung mit einem Nachbargange herstellen.

Das Einfallen der Gänge ist in der Regel steil, ihr Alter im Vergleich zum Nebengestein gering.

22. Stöcke und andere unregelmäßige Lagerstätten. Stöcke (Abb. 14) sind mehr oder weniger große, unregelmäßige, meist undeutlich begrenzte Gebirgskörper, die nutzbare Mineralien enthalten. Sie können sowohl zu den gleichalterigen, als auch zu den spätergebildeten Lagerstätten gehören.

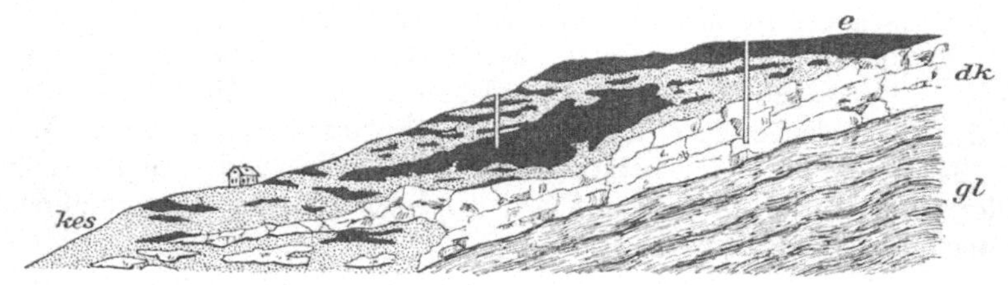

Abb. 14. Später gebildete Eisenerz-Lager, -Stöcke und -Nester auf Elba. Nach Fabri.
e Erz, dk dolomitischer Kalkstein, gl Glimmerschiefer, kes Kalk-Eisen-Silikatgestein.

Als Butzen, Linsen und Nester werden Stöcke von geringem Umfange bezeichnet (Abb. 14).

Unter Stockwerken versteht man massige Gesteinstöcke, die netzartig mit Erzadern durchsetzt sind. Die bekanntesten Stockwerke sind die Zinnerzlagerstätten im sächsischen Erzgebirge.

23. **Seifen** sind durch die zerstörende und später wieder ablagernde Wirkung eines Gebirgswassers oder auch der Meeresbrandung gebildet worden, indem bereits vorhandene Lagerstätten nebst ihrem Nebengestein angegriffen und zernagt und Mineralien sowohl wie Gestein in größeren oder kleineren Bruchstücken als Geröll fortgeführt wurden, um an ruhigeren Stellen als Kies oder Sand wieder abgelagert zu werden. Entsprechend dieser Entstehungsweise ist der Gehalt der Seifen an nutzbaren Mineralien auf solche beschränkt, die entweder (wie Diamanten und Halbedelsteine) hart genug waren, um der Zermalmung zu Schlamm zu entgehen, oder (wie Gold, Platin, Zinnstein und gewisse Eisenerze) schwer genug waren, um sich frühzeitig abzusetzen, und genügende Widerstandsfähigkeit gegen chemische Zersetzung besaßen.

24. Unregelmäßigkeiten in Lagerstätten machen sich in erster Linie in Flözen bemerklich, da Lager, Gänge, Stöcke usw. an und für sich schon unregelmäßiges Verhalten zeigen. Sie können auftreten:

a) der Gestalt nach als Anschwellungen (Abb. 15) und Verdrückungen („Auskeilen", Abb. 16) sowie als mehr oder weniger große Schwankungen in der ursprünglichen Mächtigkeit der Lagerstätten oder der eingelagerten Zwischenmittel,

b) der Mineralführung nach als örtliche „Versteinungen" oder „Vertaubungen", Einlagerungen von Geröllen oder Konkretionen (z. B. Torfdolomiten in der Kohle) oder von Gesteinskeilen (sog. „Mauern") u. dgl.

Auch kommen vereinzelt Verkokungserscheinungen durch frühere vulkanische Ausbrüche vor.

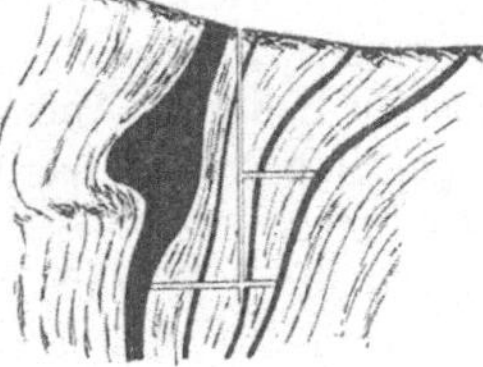

Abb. 15. Die „grande masse" von Ricamarie bei St. Etienne. Nach Burat.

Abb. 16. Verdruckung.

Zweiter Abschnitt.

Schürf- und Bohrarbeiten.

I. Schürfen.

25. Schürfarbeiten. Dem Schürfen gehen zweckmäßig geologische Voruntersuchungen voraus, die durch geophysikalische Feststellungen im Gelände ergänzt werden können. Zu den letzteren gehören insbesondere magnetische Messungen, Schwerkraftmessungen, Prüfung der elektrischen Leitfähigkeit oder des Verhaltens gegen Induktionströme und Messungen der Laufzeit von Erschütterungswellen (seismische Messungen).

Die eigentlichen Schürfarbeiten haben das Aufsuchen der nutzbaren Lagerstätten zum Ziel. Das einfachste Mittel für die Schürfarbeit selbst sind Schürfgräben, die im Flözgebirge querschlägig zum Streichen geführt werden. Bei größerer Mächtigkeit des Deckgebirges treten Schürfschächte, im gebirgigen Gelände vielfach querschlägige Schürfstollen von Bergabhängen aus an die Stelle der Schürfgräben.

Noch mächtigeres Deckgebirge macht die Anwendung der Tiefbohrung für Schürfarbeiten erforderlich.

II. Tiefbohrung.

26. Anwendungsgebiet. Außer für Schürfzwecke findet die Tiefbohrung noch Verwendung für die Untersuchung der Lagerungsverhältnisse eines verliehenen Grubenfeldes (Aufschlußbohrungen), für die Erforschung der Deckgebirgsverhältnisse als Vorbereitung für das Schachtabteufen, für die Gewinnung nutzbarer Mineralien in flüssigem oder gasförmigem Zustande (Petroleum, Sole, Erdgas u. dgl.), sowie zu Hilfsbohrungen bei bergmännischen Arbeiten, namentlich bei der Ausführung des Gefrierverfahrens.

A. Die Tiefbohrung in milden Gebirgschichten und geringen Teufen.

27. Bohreinrichtungen. Für das Bohren in mildem Gebirge finden vorzugsweise drehend bewegte Bohrgezähe Verwendung. Das wichtigste, auch für größere Teufen brauchbare Drehbohrgezähe ist die Schappe (Abb. 17), die besonders für die Durchbohrung toniger Massen geeignet ist und das Gebirge in einem geschlitzten Hohlzylinder mit zutage fördert.

Die Drehung des Bohrgezähes wird von Hand bewirkt, und zwar mit Hilfe von Krückeln, die durch eine Öffnung im Kopf des Bohrgezähes oder (bei tieferen Bohrungen) des Gestänges gesteckt werden.

In wasserführendem, sandigem Gebirge bevorzugt man das stoßende Bohren mit geschlossenen zylinderförmigen Behältern wie dem Ventilbohrer (Abb. 18), der mit einer Bodenklappe a oder einer Kugel unten verschlossen ist, durch Aufstauchen gefüllt und nach Füllung hochgezogen wird.

Als Hilfsvorrichtung genügt für solche Bohrungen in geringen Teufen (bis zu etwa 100 m) ein einfacher, dreibeiniger Bock nach Abb. 19, der mit

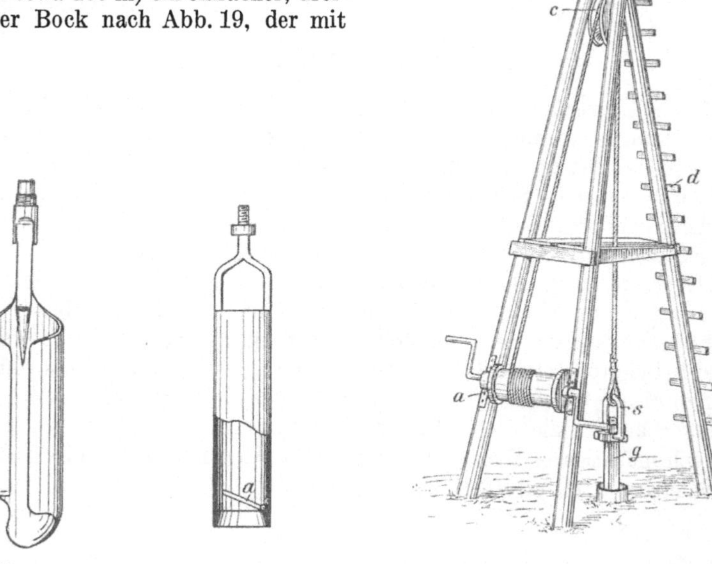

Abb. 17.
Schappe.

Abb. 18.
Ventilbohrer.

Abb. 19. Dreibein für kleine Drehbohrungen.

einer Rolle c für das Nachlaßseil, mit einer Trommel a für das Ab- und Aufwickeln des Seiles und mit Fahrsprossen d ausgerüstet ist.

Neuerdings macht man aber von dem zunächst nur für feste Gebirgsarten bestimmten Verfahren der Schnellschlag-Meißelbohrung (vgl. Ziffer 32) mit gleichem Erfolge auch für mildes Gebirge Gebrauch, sofern man auf die Gewinnung von Proben verzichten kann. Man bohrt dann mit Dickspülung (vgl. Ziff. 30).

B. Die Tiefbohrung in größeren Teufen und vorwiegend festem Gebirge.

a) Stoßendes Bohren.

1. Das Gestängebohren.

α. Ältere Bohrverfahren (englisches und deutsches Stoßbohren).

28. Wesen und Ausführung. Das englische Bohren wird mit steifem Gestänge ausgeführt; es ist wegen der starken Stöße nur für Tiefen bis zu etwa 100 m anwendbar. Darüber hinaus kommt von den alten Bohrverfahren nur das deutsche Bohren mit Zwischenstücken in Betracht, die das Gestänge schützen.

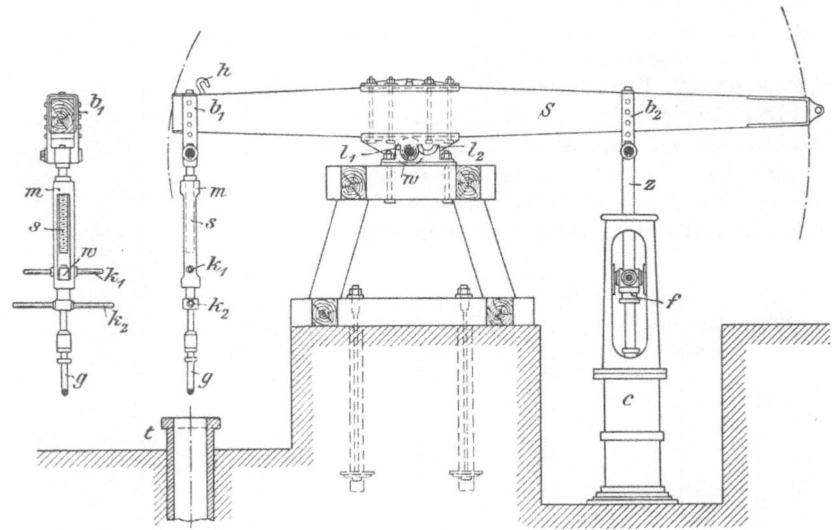

Abb. 20 Bohrschwengel mit Schlagzylinder

Über Tage ist ein Bohrturm für das Fördern und Aufhängen der Gestängestücke nebst den für Schmiede, Magazin, Schreibstube u. dgl. dienenden Anbauten erforderlich.

Die stoßende Auf- und Abbewegung des Gestänges kann bei geringen Teufen durch Menschenkraft erfolgen. Die Leute greifen am hinteren Ende eines meist aus zähem Holz bestehenden Bohrschwengels an, dessen Kopf das Gestänge trägt, oder ziehen an einem über eine Rolle geführten und das Gestänge tragenden Seil. Tiefere Bohrlöcher werden maschinell hergestellt.

Ein Beispiel für einen mit Dampf arbeitenden Schlagzylinder gibt Abb. 20. Die Kolbenstange ist durch den Kreuzkopf f mit der Zugstange z verbunden und faßt durch diese mittels des angeschraubten Bügels b_2 den Schwanz des Bohrschwengels S. Das Gestänge wird an einem zweiten Bügel b_1 aufgehängt. Soll die Bohrlochmitte, z. B. für die Gestängeförderung, freigegeben werden, so kann der Schwengel an dem Haken h hochgehoben und in das hintere Lager l_2 gelegt werden. Eine andere Art des Antriebs ist die durch Kurbelgetriebe von einem Elektromotor oder einer auf einer Lokomobile sitzenden Riemenscheibe aus. (Vgl. Abb. 31 auf S. 20 und Abb. 36 auf S. 24.)

Das Gestänge wird durch Vermittelung einer Nachlaß- oder Stellschraube, bestehend aus Spindel s und Mutter m, an dem Schwengelkopf aufgehängt. Für das Umsetzen nach jedem Schlage dient der Krückel k_2, für das Abdrehen der Stellschraube entsprechend dem Fortschreiten der Bohrung der Krückel k_1. Ist die Stellschraube abgedreht, so wird das Gestänge abgefangen und von der Stellschraube gelöst; nach Hochdrehen der letzteren werden Paßstücke eingeschaltet, bis für ein ganzes Gestängestück Platz geschaffen ist.

Das Gestänge besteht vorzugsweise aus Stahlrohren, da diese widerstandsfähiger als Vollgestänge sind. Die einzelnen Gestängestücke werden durch Verschraubung miteinander verbunden. Bei tieferen Bohrungen

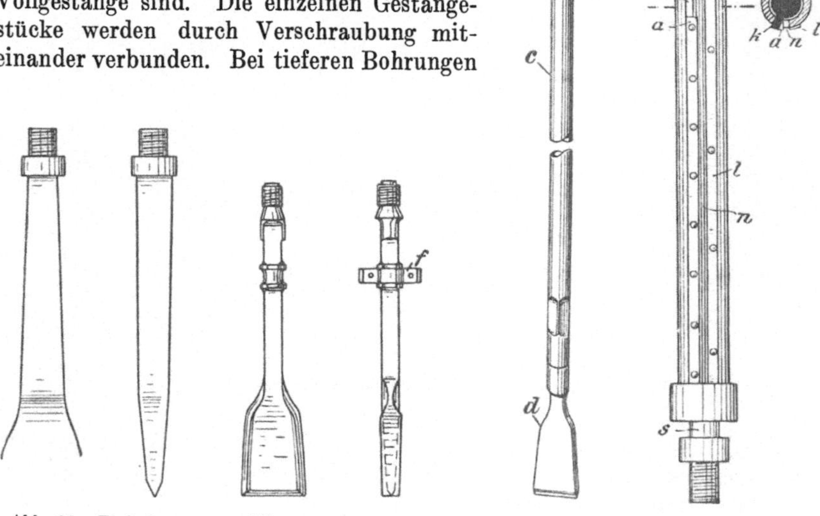

Abb. 21. Einfacher Bohrmeißel.

Abb. 22. Meißel mit Nachschneiden.

Abb. 23. Rutschschere nach **Fauck** mit Schwerstange u. Meißel.

Abb. 24. **Fabiansches** Freifallgerät.

nimmt man sie möglichst lang, bis zu etwa 8—10 m, um mit möglichst wenig Verbindungstellen auszukommen.

Das Bohrgestänge trägt unten den Meißel. Er hat in der Regel eine geradlinige, seitlich zugeschärfte Schneide (Abb. 21) und sollte immer aus bestem Tiegelgußstahl hergestellt werden. In klüftigem oder steil einfallendem Gebirge benutzt man auch Meißel mit Nachschneiden, von denen Abb. 22 einen mit quergestellten Nachschneiden f zeigt.

Zur Erhöhung seiner Schlagkraft gibt man dem Meißel ein Zusatzgewicht in Gestalt der sog. „Schwerstange" („Bohr-Bär", c in Abb. 23), einer Eisenstange mit etwa 300—2000 kg Gewicht.

29. Rutschschere und Freifallvorrichtung. Zwischen Meißel bzw. Schwerstange und Bohrgestänge wird beim deutschen Bohren das untere Zwischenstück (Rutschschere oder Freifallvorrichtung) eingeschaltet. Die Rutschschere (Abb. 23) besteht aus zwei gegeneinander verschiebbaren Stücken, von denen das untere Stück unten die Schwerstange und den Meißel trägt und sich mit dem Kopfe b in dem Schlitze des oberen Stückes a führt. Das an dem letzteren durch Verschraubung befestigte Gestänge kann sich nach dem Meißelschlage unbehindert langsam nachsenken.

Als Beispiel für die Freifallvorrichtungen diene das Gerät nach Fabian (Abb. 24). Das Freifallstück s trägt oben zwei Flügel k, die sich in den Schlitzen n führen und durch den Ruck im Gestänge von ihren Sitzen aa heruntergeworfen werden, auf die sie, wenn das Gestänge nachsinkt, durch die Abschrägungen b selbsttätig wieder herübergedrängt werden.

Bei dem Bohren mit Rutschschere kann die Schlagzahl gesteigert werden, da das Wiederanheben rascher erfolgen kann als bei den Freifallvorrichtungen. Im ganzen arbeitet man bei Verwendung der Rutschschere mit einer größeren Anzahl leichterer, bei Verwendung der Freifallvorrichtungen mit einer geringeren Anzahl kräftigerer Schläge.

30. Das Bohren mit Wasserspülung. Die ununterbrochene Schlammförderung mit Hilfe der Wasserspülung ermöglicht durch die Vermeidung von Unterbrechungen des Arbeitsvorganges einen erheblichen Zeitgewinn. Sie erhöht ferner die Schlagwirkung des Meißels bedeutend, da dieser stets auf eine von Schlamm freie Sohle schlägt. Außerdem gestattet sie das Erbohren von Gebirgskernen im laufenden Betrieb.

Eine besondere Art der Spülbohrung ist die sog. Dickspülung, bei der man als Spülflüssigkeit eine Aufschlämmung von Ton in Wasser, die ein spez. Gewicht von etwa 1,3 hat, benutzt, dadurch im Bohrloch eine Schlammwassersäule von einem entsprechenden Überdruck gegenüber der Grundwasser-

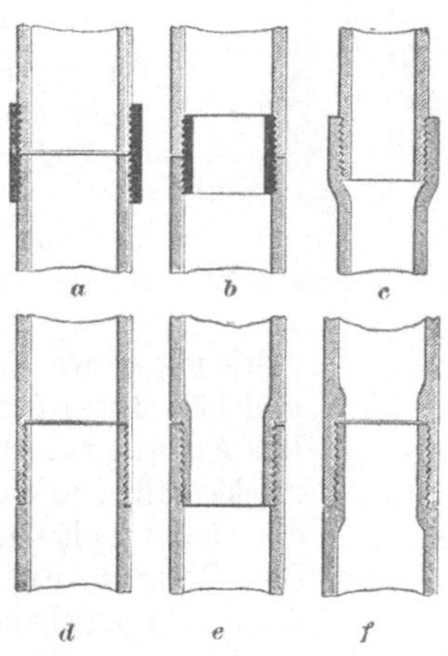

Abb. 25. Gestänge- und Bohrrohrverbindungen.

säule außerhalb des Bohrlochs bildet und so ein Zubruchgehen der Bohrlochstöße auch ohne sofortiges Nachsenken der Verrohrung verhütet.

Beim Bohren in wasserlöslichen Salzen muß mit Sole gespült werden, die das Salz nicht angreift.

Der Spülwasserstrom wird in der Regel unter dem Druck einer Spülpumpe innerhalb des Bohrgestänges abwärts und dementsprechend der Schlammstrom in dem ringförmigen Raume zwischen Gestänge und Bohrlochwandung aufwärts geführt. In festem, kluftfreiem Gebirge bietet bei größerer Weite der Bohrlöcher die umgekehrte Spülung („Verkehrtspülung") gewisse Vorteile.

Das Gestänge besteht in der Regel aus Mannesmann-Stahlrohren. Für die Verbindung, die stets durch Verschraubung erfolgt, gibt Abb. 25 Beispiele. Die verdickten Köpfe der beiden Rohre (Ausführung f) bzw. des

oberen Rohres (e) sowie die muffenartige Erweiterung (c) werden durch An-
stauchen der Rohre hergestellt.

Der Spülstrom wird bei Abwärtsspülung durch einen Drehkopf
(„Holländer", Abb. 26) in das Gestänge geführt. Die Druckwasserleitung
mündet mittels eines seitlichen Stutzens l in das Mantelstück a, das
oben und unten mit Stopfbüchsen b_1 b_2 an das Kopfstück k des im Kugellager r drehbar aufgehängten Hohl-
gestänges angeschlossen ist und das Umsetzen ohne
Unterbrechen der Wasserzuführung ermöglicht.

Der Bohrmeißel muß eine Bohrung für das Spülwasser erhalten. Sie kann im oberen Teile des Meißels
sich nach den beiden Außenseiten verzweigen, doch kann
man auch, um die Spülung bis auf die Bohrlochsohle
selbst führen zu können, die Bohrung bis in die Schneide
des Meißels durchführen.

Von Zwischenstücken kommt hauptsächlich der
Freifall in Betracht, der hier mit einer Stopfbüchse zur
Vermeidung von Wasserverlusten versehen werden muß.

31. Hilfsvorrichtungen für das stoßende Bohren und
für den Bohrbetrieb im allgemeinen sind in der Hauptsache die folgenden:

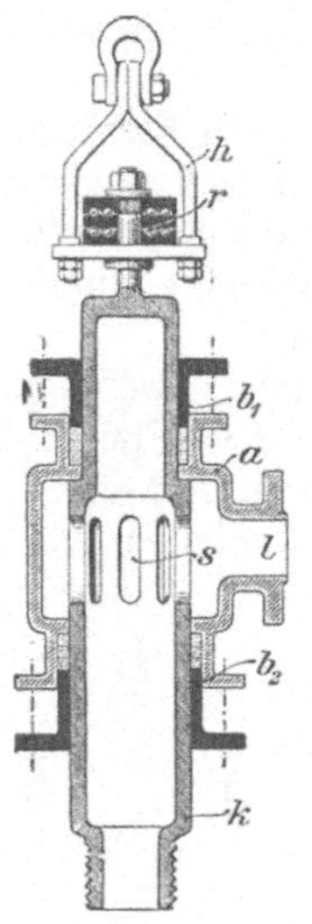

Abb. 26. Drehkopf.

1. Die Geräte, die beim Einlassen und Aufholen der
   Gestängestücke Verwendung finden, nämlich:
   a) Der Förderstuhl (Krückelstuhl). Er dient
      zum Anschlagen des Gestänges an das Förder-
      seil. Der in Abb. 27 dargestellte Förderstuhl
   greift mit seiner Gabel unter den oberen Bund des Gestängestückes
   und hält dieses dann durch eine Klinke fest.
   b) Die Abfanggabel, die unter den Bund des obersten Gestänge-
      stückes faßt und das Gestänge während des An- und Abschraubens
      des nächst höheren Stückes festhält.
   c) Das Bohrbündel (Bohrkluppe), ein Klemmstück, das fest an
      das Gestänge geklemmt werden kann, um daran Ketten, Seile u.dgl.
      anschlagen zu können.
   d) Die Gestängeschlüssel (Abb. 28), die in ein- und zweimännischer
      Ausführung zum Halten, Drehen, An- und Abschrauben des Ge-
      stänges usw. fortwährend gebraucht werden.
2. Der Schlammlöffel, eine zylindrische Büchse nach Art des in Abb. 18
   dargestellten Ventilbohrers. Er bringt den Bohrschlamm zutage, indem er nach einem Fortschritt von je 0,5—1,0 m mehrere Male eingelassen und durch Auf- und Abbewegen gefüllt wird.
3. Die bei Betriebstörungen und Unfällen zur Verwendung kommenden Geräte:
   a) Der Glückshaken (Abb. 29). Er wird zum Fangen und Aufholen
      des Gestänges im Falle eines Gestängebruches und zwar dann ver-
      wendet, wenn der Bruch dicht über einem Bunde liegt, unter den
      der Haken fassen kann. Liegt dagegen die Bruchstelle hoch über
      einem Bunde, so benutzt man

b) die **Schraubentute** oder **Fangglocke**, die sich zunächst mit einem Fangtrichter über das abgebrochene Stück schiebt und dann in Drehung versetzt wird, wodurch sie mit Hilfe eines Fräsergewindes sich auf das Gestänge aufschraubt. Sie kann darauf mit dem Gestänge aufgeholt oder, falls die Widerstände zu groß sind, zum Abschrauben des gebrochenen Stückes benutzt werden. Handelt es sich um das Fangen von gebrochenem Hohlgestänge, so verwendet man

c) den **Fangdorn** (Abb. 30), eine Fräserspindel aus gehärtetem Stahl, die sich in das Gestängerohr hineinschneidet und dann mit diesem hochgezogen wird.

Im äußersten Notfalle muß man, falls alle anderen Mittel versagen, um das durch schief gefallene und in die Stöße eingebohrte Gestängestücke usw. versperrte Bohrloch wieder frei zu machen, das Gestänge zerschneiden. Dazu dient

d) der **Fräser**, ein dem Fangdorn ähnliches stählernes Gestängestück.

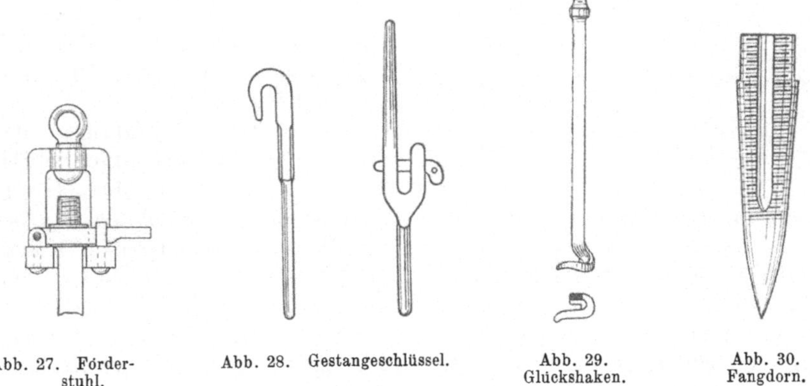

| Abb. 27. Förderstuhl. | Abb. 28. Gestangeschlüssel. | Abb. 29. Glückshaken. | Abb. 30. Fangdorn. |

β) Neuere Bohrverfahren.

32. Die Schnellschlagbohrung hat in den letzten Jahrzehnten das Bohren mit Zwischenstücken stark zurückgedrängt. Es wird hierbei mit starrem Gestänge gebohrt, dieses jedoch federnd aufgehängt oder federnd bewegt und der Aufhängepunkt in solcher Höhe gehalten, daß das Gestänge immer nur auf Zug beansprucht wird. Vermöge der Trägheit der nach unten und oben geschleuderten Gestängemasse, welche die Federn abwechselnd stark ausdehnt und wieder zusammendrückt, macht das Gestänge einen um das Maß dieser Ausdehnung bzw. Zusammendrückung größeren Hub als die Antriebsvorrichtung, wodurch die Schlagkraft erhöht wird.

Das Verfahren wird durchweg mit Spülung ausgeführt. Der Antrieb erfolgt durch einen Bohrschwengel oder durch ein Seil; auch werden Verbindungen von Schwengel und Seil benutzt. Die Wirkungsweise eines mit Schwengel und Seil arbeitenden Schnellschlag-Bohrkrans nach **Wirth-Fauck** wird durch Abb. 31 veranschaulicht. Der Bohrschwengel a schwingt um die Welle b, wobei sein Gewicht durch das Wälzlager c aufgenommen wird. Der

Antrieb erfolgt durch die hinten angreifende Zugstange d mittels des Exzenters e. Über die Welle f am Schwengelkopf läuft das Bandseil g, das durch die am Schwinghebel r mit Federung s verlagerte Leit- und Spannrolle q geführt wird und sich von der Nachlaßtrommel h abwickelt, welche letztere mittels des Schneckenradvorgeleges i und k je nach dem Fortschreiten der Bohrarbeit durch das Handrad l gedreht wird. Am Seile hängt durch Vermittelung des Spülkopfes das Bohrgestänge. Abgefedert wird der Schwengel durch die mit starken Pufferfedern m besetzte Federhaube n, deren Spannung mittels der Stange o durch das Handrad p geregelt werden kann. Die Einrichtung gestattet also das vollständige Abfedern des Gestänges und das genaue Einstellen der Höhenlage der Aufhängung.

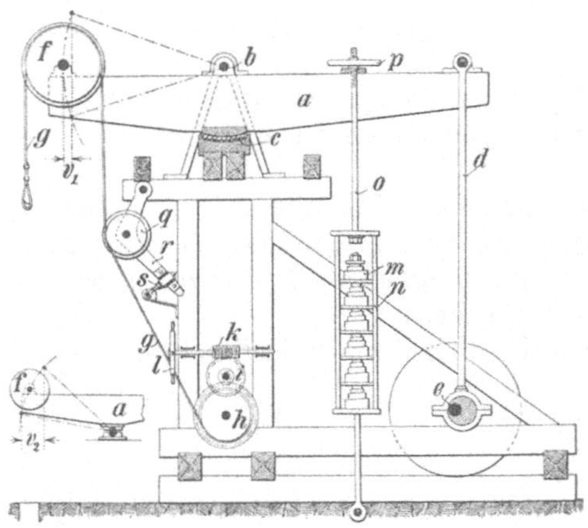

Abb. 31. Schnellschlag-Bohrkran W i r t h - F a u c k.
(Vereinfachte Darstellung.)

Eine Ausführung der Schnellschlagbohrung mit Seil stellt der in Abb. 32 veranschaulichte Bohrkran von Haniel & Lueg dar. Der Schwengel a bewegt durch Vermittelung der an einem der Bolzen b_1—b_4 angreifenden Zugstange c und der oben im Bohrturm verlagerten Schwinge d das Seil e, in dem das Gestänge mittels der Flaschenzugrolle f aufgehängt ist. Das Seil läuft dann weiter über die Rolle g zur Seiltrommel h. Der Schwengel seinerseits wird bewegt durch die Pleuelstange i, die ihren Antrieb von der Kurbel k aus erhält, deren Welle mit Hilfe eines Stirnradgetriebes von der Hauptantriebswelle m aus bewegt wird. Der Antrieb wird durch eine vom Antriebsmotor aus mittels des Riemens n gedrehte Riemenscheibe geliefert. Von der Hauptwelle m aus wird mittels eines Vorgeleges und einer Federbandkuppelung auch die Bewegung der Nachlaß- und Fördertrommel h abgeleitet, und zwar durch zwei je für sich auf der ersten Vorgelegewelle verschiebbare Stirnräder, die mit den entsprechenden Stirnrädern auf der zweiten Vorgelegewelle kämmen. Es kann also je nach Bedarf mit zwei verschiedenen Geschwindigkeiten gefördert werden. Auch für das Nachlassen des Gestänges sind zwei verschiedene Geschwindigkeiten vorgesehen. Das Spülwasser wird von der Pumpe w geliefert und mittels der festen Rohrleitung x und des Schlauches y dem Spülkopf z zugeführt.

Die Schnellschlagbohrung hat mit dem deutschen Bohren mit Zwischenstücken das Fernhalten gefährlicher Stöße von dem Gestänge gemeinsam, dagegen vor ihr den Vorteil einer einfachen und widerstandsfähigen Verbindung des Meißels mit dem Gestänge voraus. Außerdem wird das Anbohren weicherer oder härterer Gebirgschichten, das Antreffen von Lagerstätten u. dgl. bedeutend leichter erkannt als beim Bohren mit Zwischenstücken, weil der Krückelführer vorzüglich mit der Bohrlochsohle Fühlung behält. Wie der Name sagt, kann auch bei größeren Teufen mit hohen Schlagzahlen (60—100 in der Minute gegen etwa 60 mit Rutschschere und 30 mit Freifall) gearbeitet werden, weil die Antriebsmaschine nur sehr kurze Hübe (je nach der Tiefe 5—30 cm) zu machen braucht.

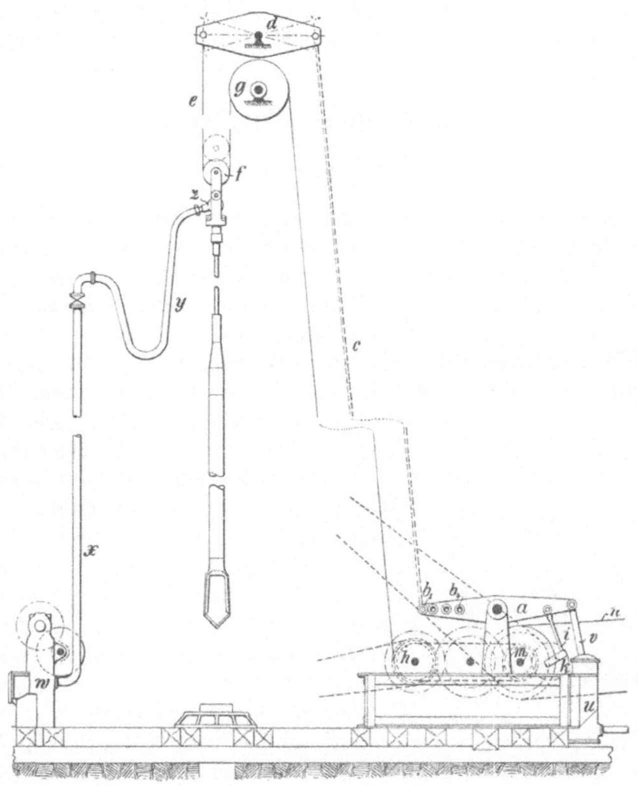

Abb. 32. Universal-Bohrkran von Haniel & Lueg in der Einstellung
auf Seil-Schnellschlagbohrung. (Vereinfachte Darstellung.)

2. Das Seilbohren.

33. Ausführung und Anwendung. Beim Seilbohren hängt der Meißel an einem Seile aus bestem Manilahanf oder aus Aloëfaser. Der Antrieb erfolgt durch einen Bohrschwengel, das Nachlassen mittels einer Stellschraube, nach deren Abbohren das Seil aus einer Klemme gelöst und von einer Trommel ein entsprechendes Stück weiter abgewickelt wird. Der Bohrschmand wird durch Löffeln herausgeholt.

Wegen des mangelhaften Umsetzens des Bohrmeißels entstehen beim Seilbohren leicht unrunde Stellen im Bohrloch, weshalb hier das Nachbüchsen mit Hohlzylindern in größerem Umfange angewendet wird. Neuerdings wird bei dem Verfahren gleichfalls mit Rutschschere gebohrt, die Verklemmungen des Meißels verhüten soll, indem sie einen gewissen Ruck beim Anheben des Meißels nach dem Schlage veranlaßt.

Das Seilbohren ermöglicht ein sehr rasches Arbeiten, da das langwierige Zusammen- und Auseinanderschrauben des Gestänges beim Verlängern des letzteren und beim Aufholen und Einlassen des Meißels fortfällt. Mängel sind anderseits die unzulängliche Fühlung mit der Bohrlochsohle, das unvollkommene Umsetzen und die auf der Seildehnung beruhende Unsicherheit der Kraftübertragung vom Antrieb auf den Meißel. Wasserspülung ist nicht durchführbar, das Erbohren von Kernen schwierig und umständlich.

b) Drehendes Bohren.

1. Das Kernbohren.

34. Überblick. Beim Kernbohren wird mittels der sog. „Bohrkrone" ein ringförmiger Raum im Gebirge ausgebohrt, in dessen Innerem ein Gebirgskern stehen bleibt, der von Zeit zu Zeit abgebrochen und gezogen werden muß. Die Bohrarbeit erfolgt stets mit Spülung. Man benutzt **Diamant-, Schrot-, Stahl- und Hartmetallkronen.**

35. Die Bohrkronen und die Kerngewinnung. Beim **Diamantbohren** ist die stählerne Bohrkrone (Abb. 33) mit einer Anzahl roher Diamanten besetzt, die bei der Drehung der Krone die Bohrlochsohle schabend und mahlend bearbeiten.

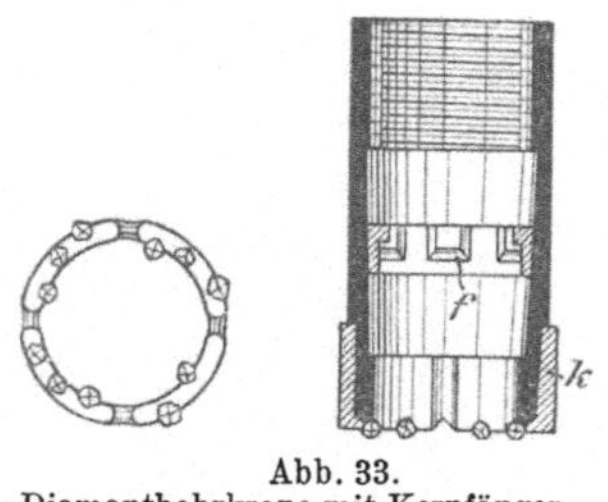

Abb. 33.
Diamantbohrkrone mit Kernfänger.

Von den Bohrdiamanten wird in erster Linie Zähigkeit (d. h. schwach ausgebildete Kristallisation) verlangt, die sie gegen Absplittern schützt. Die Steine werden so verteilt, daß die von ihnen bestrichenen Ringflächen sich gegenseitig ergänzen (Abb. 33); außerdem läßt man die am inneren und am äußeren Rande der Krone eingesetzten Steine etwas vorragen, um Klemmungen der Krone beim Bohren zu verhüten.

Die Krone springt so weit nach außen vor, daß zwischen Bohrlochwand und Gestänge ein genügender Hohlraum für das aufsteigende Spülwasser entsteht. Sie erhält Schlitze für den Austritt des Spülstroms.

Die **Schrotkrone** ist eine glatte, mit schrägen Schlitzen versehene Krone, in die Stahlschrot eingefüllt wird, der durch einen besonderen Spülschlauch fortgesetzt in das Gestänge eingespült wird. Der Verbrauch an Schrot ist erheblich und beträgt 1—1,5 kg je lfd. m. Auch die Bohrkrone selbst wird stark abgenutzt, weshalb man zwecks Erneuerung öfter das Gestänge ziehen muß.

Die **Stahlkronen** sind mit herausgefrästen oder auch mit eingesetzten Stahlzähnen ausgerüstet und haben außen wie die Diamantkronen senkrecht oder schräg verlaufende Kanäle für das Spülwasser.

Bei den **Hartmetallkronen** werden Prismen aus Hartmetallen (Stellit, Volomit) als Zähne eingesetzt (Abb. 34). Diese Kronen bewähren sich auch in sehr festen und harten Gesteinen, so daß sie in den weitaus meisten Fällen die teuren Diamantkronen ersetzen können.

An die Bohrkrone schließt sich nach oben zunächst das Kernrohr d (Abb. 35) an. Es hat einen größeren Durchmesser als die Gestängerohre und ist in der Regel bis 15 m lang. Mit dem Hohlgestänge g wird das Kernrohr durch das Übergangstück f verschraubt. Vielfach wird auf das Kernrohr noch ein besonderes Rohrstück h, als „Brockenfänger" oder „Sedimentrohr" bezeichnet, aufgeschraubt, das gewissermaßen eine verlorene Verrohrung ersetzt und Nachfall aus den Bohrlochstößen verhüten, auch die wieder zurücksinkenden Gesteinstücke auffangen soll.

Das Abbrechen des zu fördernden Kernes erfolgt meist mittels des Kernbrechers f in Abb. 33 (c in Abb. 35), eines innen mit scharfen Vorsprüngen versehenen, offenen und daher federnden Stahlringes.

Doppelkernrohre schützen den Kern durch ein Innenrohr gegen die Wasserspülung und ermöglichen so die Kerngewinnung auch in weichen Schichten (z. B. Steinkohle).

36. Die Antriebs- und Nachlaßvorrichtung ist je nach der zu erwartenden Bohrtiefe verschieden. In allen Fällen ist eine sachgemäße Belastung der Krone erforderlich. Diamantkronen dürfen z. B. nicht mit mehr als 300 bis 500 kg belastet werden. Bei großen Tiefen muß daher das Gestängegewicht teilweise durch Gegengewichte oder durch gebremste Aufhängung ausgeglichen werden.

Bei den deutschen Diamantbohreinrichtungen für größere Teufen ist besonders darauf Wert gelegt, daß man möglichst schnell von der Diamantbohrung zur Meißelbohrung (mit Rutschschere, Freifall oder Schnellschlag) und umgekehrt übergehen kann. Ein Beispiel für eine solche Bohreinrichtung zeigt Abb. 36. In der gezeichneten Stellung ist der zur Kurbelscheibe unter dem Schwengel S führende Treibriemen abgeworfen und an seine Stelle ein Riemen- oder Seilantrieb t für die auf der zweiten Turmbühne über das Bohrloch gefahrene

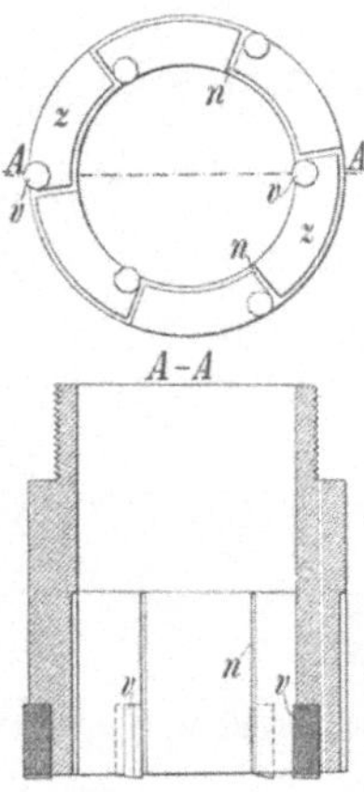

Abb. 34. Bohrkrone mit Volomitprismen.

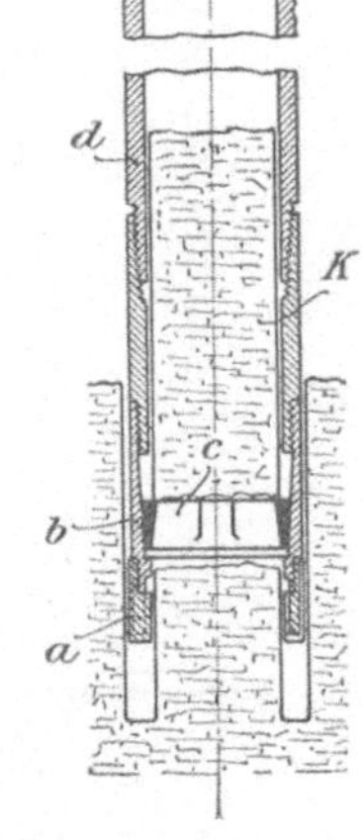

Abb. 35. Diamantbohrkrone mit Kernrohr und Hohlgestänge.

Drehvorrichtung D getreten. Das Bohrseil dient jetzt als Ausgleich- und Nachlaßseil. Damit das Gestänge während der Drehung nachgesenkt werden kann, wird es von der Drehvorrichtung nicht unmittelbar, sondern durch Vermittelung des sog. Arbeitsrohres a mitgenommen. Dieses ist seinerseits mit einer Nut versehen, durch die eine Rippe im Antriebskegelrad hindurchgeht, und mit dem Gestänge durch Klemmkuppelungen k_2 gekuppelt. Ist das Arbeitsrohr abgebohrt, so wird es vom Gestänge abgekuppelt, hochgezogen und wieder mit dem inzwischen verlängerten Gestänge verbunden. Das Spülwasser wird von der Pumpe P angesaugt und durch die Rohrleitung w, den Schlauch s und den Drehkopf d in das Hohlgestänge g gedrückt. Soll zum Meißelbohren übergegangen werden, so wird nur das

Treibseil t abgeworfen und dafür die Kurbelscheibe unterhalb des Schwengels mit der Antriebscheibe durch einen Riemen verbunden.

37. Beurteilung. Die Diamantbohrung kommt wegen ihrer hohen Kosten nur für tiefe Bohrungen und für solche Bohrarbeiten in Betracht, bei denen die Kerngewinnung von besonderer Bedeutung ist. Sie verlangt mit Rücksicht auf die geringe Festigkeit der Diamanten ein möglichst gleichmäßiges und feinkörniges Gebirge. Die anderen Kernbohrverfahren arbeiten billiger und haben deshalb in letzter Zeit stark an Boden gewonnen. Das Schrotbohren ermöglicht die Bearbeitung quarzreicher und anderer sehr harter Gesteine. Die Hartmetallkronen lassen sich in grobkörnigem und klüftigem Gebirge gut verwenden. Das Bohren mit Stahlkrone eignet sich insbesondere für milde Gesteinsarten.

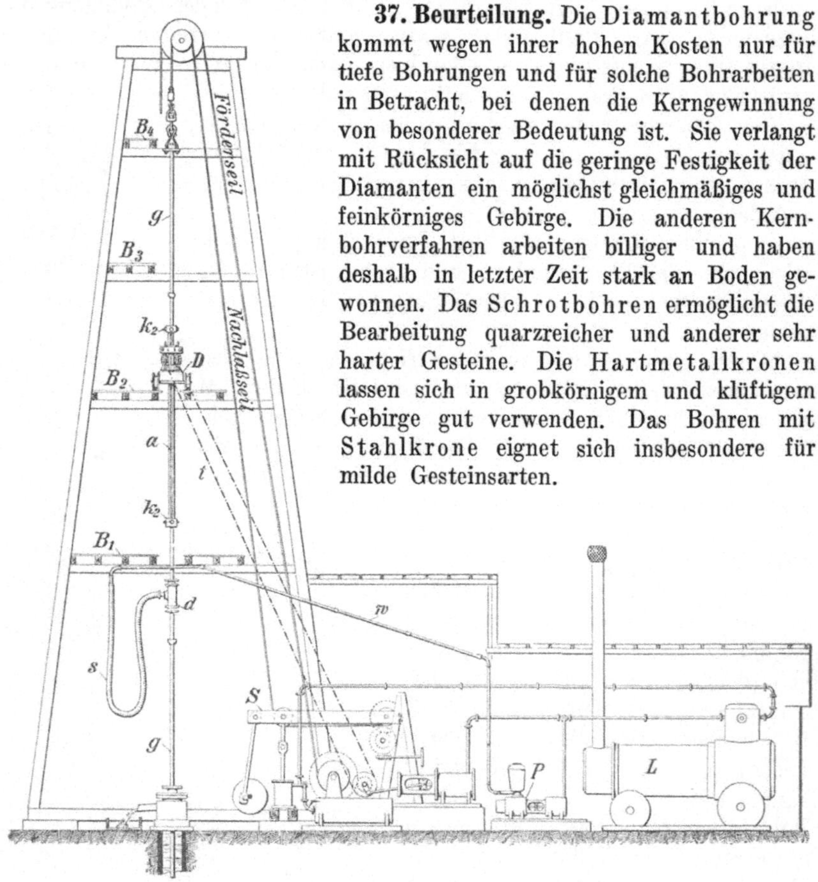

Abb. 36. Bohranlage für abwechselnde Meißel- und Diamantbohrung.

Allen Kernbohrungen haftet der den Drehbohrungen überhaupt eigentümliche Nachteil an, daß sie leicht aus dem Lot kommen.

2. Vollbohrung.

38. Das Rotaryverfahren, ein in Nordamerika zuerst angewandtes Drehbohrverfahren, arbeitet mit Dickspülung und hat sich, obwohl zunächst nur für milde Gebirgsarten berechnet, auch für festere Schichten bewährt. Zum Bohren dient ein „Fischschwanzbohrer" (Abb. 37), dessen Schneiden geschweift ausgebildet und im Drehsinne leicht nach vorn gebogen sind. Das Gestänge mit dem Bohrer hängt (Abb. 38) am Seile d in einem starken

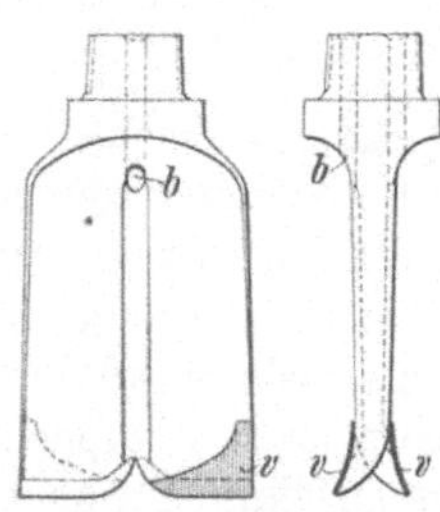

Abb. 37. Fischschwanzbohrer.

Flaschenzug, dessen Tragrollen oben im Bohrturm verlagert sind, und ist am Fuße des Bohrturms in einen Drehtisch eingespannt, dessen Drehungen es mitmacht. Dieser erhält seinen Antrieb mittels der Ketten $k_1 k_2$, die von einer zweiten Vorgelegewelle des Bohrkrans aus angetrieben werden. Es wird mit etwa 60—100 Umdrehungen in der Minute gebohrt. Für härtere Schichten werden die Bohrer mit Stellitschneiden versehen; auch werden Bohrer mit Schneidrollen verwendet.

Bei dauernder Erhaltung der Dickspülung kann man große Teufen erreichen, ohne eine Verrohrung nachsenken zu müssen.

C. Besondere Einrichtungen und Arbeiten bei der Tiefbohrung. Leistungen.

39. Die Verrohrung von Bohrlöchern soll in erster Linie Störungen der Bohr-

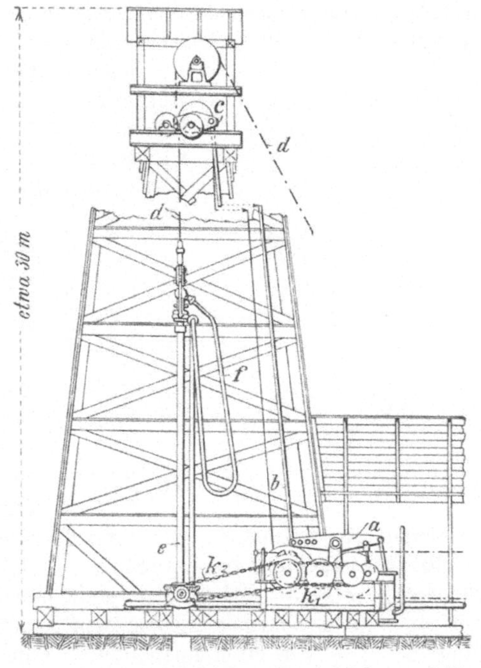

Abb. 38. Universal-Bohrkran von H a n i e l & L u e g mit Einstellung auf R o t a r y -Bohrung.

arbeit durch Nachfall verhüten. Soll das Bohrloch für die Förderung von Erdöl, Sole u. dgl. nutzbar gemacht werden, so dient die Verrohrung auch dazu, eine Verdünnung dieser Flüssigkeiten durch Wasser aus anderen Gebirgschichten zu verhindern.

In der Regel werden für die Verrohrung schmiedeeiserne und Stahlrohre verwendet. Sie werden meist durch Verschraubung verbunden. Außen glatte Rohrverbindungen nach Abb. 25 b und d—f haben den Vorzug, daß sie leicht nachgesenkt und herausgezogen werden können.

Bei der Spülbohrung bringt man vorzugsweise „gültige“, d. h. bis zutage gehende Verrohrungen ein. „Verlorene“, d. h. nur an Ort und Stelle eingebrachte Verrohrungen werden meist dann verwendet, wenn sich nachträglich örtlicher Nachfall zeigt.

Soweit das Eigengewicht der Verrohrung für das Nachsinken nicht ausreicht. wird durch Gewichtsbelastung oder durch Zug- oder Preßvorrichtungen nachgeholfen. Eine durch Schraubenspindeln wirkende Zugvorrichtung ist der sog. Preßkopf, der als eine Umkehrung der in Abb. 39 dargestellten Ziehvorrichtung angesehen werden kann.

Kann eine Verrohrung nicht tiefer gebracht werden, so muß eine zweite, nach Bedarf auch eine dritte, vierte usw. von jedesmal entsprechend geringerem Durchmesser eingebracht werden. Doch kann man unter Um-

ständen durch Unterschneiden eines Rohrsatzes mit Hilfe von Erweiterungs-
bohrern eine steckengebliebene Verrohrung noch tiefer bringen. Als Beispiel
eines Erweiterungsbohrers sei der Exzentermeißel nach Abb. 40 erwähnt, der
in schräger Lage durch die Verrohrung hindurchgeht, unten aber infolge der
seitlichen Lage seines Schwerpunktes sich in die gezeichnete Lage stellt.

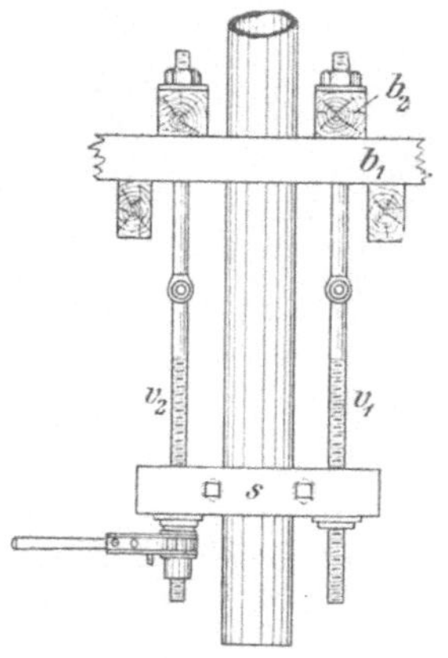

Sollen Rohrsätze, die sich in einem Bohrloch
festgeklemmt haben, gezogen werden, so sind
besondere Hilfsmittel erforderlich. Ein solches
ist beispielsweise die in Abb. 39 abgebildete Ziehvorrichtung, bestehend aus einem Röhrenbündel s,
das über Tage fest an den zu
hebenden Rohrsatz angeklemmt
und durch Andrehen der Muttern
der Schraubenspindeln v_1 v_2 mittels
Knarren hochgezogen wird.

Ist auch durch diese Mittel die
Verrohrung nicht in Bewegung zu
bringen, so muß man sie, um sie
wenigstens teilweise zu retten,
zerschneiden, was in der Regel
durch Herstellen von waagerechten

Abb. 40.
Exzenter-
meißel.

Abb. 39. Rohr-Ziehvorrichtung.

Schlitzen mit verschieden gestalteten Rohrschneidern oder -sägen geschieht.

40. Überwachung des Bohrbetriebes. Die Feststellung der durchbohrten
Schichten gestaltet sich am einfachsten bei der Schappenbohrung,
bei der Diamantbohrung und bei dem Spülverfahren mit umgekehrter Spülung, da diese Verfahren fortlaufend Kerne liefern. Bei der gewöhnlichen
Spülung bietet die Farbe der Spültrübe und der von ihr mitgeführte Bohrschlamm einen gewissen Anhalt.

Für Schürf- und Untersuchungsbohrungen ist aber auch die Feststellung
der Lagerungsverhältnisse der Schichten wichtig. Diese erfolgt mittels
der sog. „Stratameter", die darauf beruhen, daß Kerne erbohrt und entweder diese in der Lage, die sie im Bohrlochtiefsten eingenommen haben, zutage gefördert oder die Abweichungen ihrer nach der Hochförderung fest-
gestellten Lage gegenüber der ursprünglichen festgestellt werden. Zunächst
wurden für diesen Zweck Einrichtungen verwendet, bei denen eine Magnetnadel in der Stellung, die sie auf dem Kern im Bohrlochtiefsten eingenommen
hatte, festgelegt wurde. Heute werden aber wegen der Beeinflussung der Stellung der Magnetnadel durch die Eisenmassen der Verrohrung andere Hilfsmittel
bevorzugt, bei denen die Verwendung von Magnetnadeln vermieden wird.

Das Gefrierverfahren beim Schachtabteufen hat ferner die Feststellung
der Abweichungen der Bohrlöcher von der Lotlinie besonders wichtig gemacht.
Hier sei insbesondere das mit dem Bohrloch-Neigungsmesser von Dr. An-
schütz arbeitende Lotverfahren der Gesellschaft für nautische In-
strumente m. b. H. in Kiel erwähnt, bei dem durch einen Kreiselkompaß
zwei in einer Drehbüchse laufende, zueinander senkrecht gelagerte Papier-
trommeln mit ihren Achsen dauernd in der Nord-Süd- bzw. Ost-West-Richtung
gehalten und so die alle 2 m durch elektrische Fernsteuerung bewirkten Ein-
schläge von zwei Pendelspitzen nach Richtung und Größe festgelegt werden.

41. Die Bohrleistungen je Tag oder Stunde sind außer von der Härte des Gesteins auch von den durch Ein- und Ausfördern des Meißels oder Schlammlöffels, durch Verklemmungen, Gestängebrüche, Fangarbeiten, Stratametermessungen u. dgl. verursachten Zeitverlusten abhängig. Man rechnet im allgemeinen für die Schnellschlagbohrung 8—20 m durchschnittliche Tagesleistung, mittelfestes Gebirge vorausgesetzt. Für die Kernbohrung belaufen sich die durchschnittlichen Tagesleistungen, da das Kernziehen viel Zeit erfordert, auf etwa 3—8 m. Die besten Stundenleistungen können für die Schnellschlagbohrungen mit 7—15 m, für die Kernbohrung mit 3—4 m angenommen werden.

Der Kraftbedarf beträgt je nach der Bohrtiefe für die Stoßbohrung 5—40 PS, für die Kernbohrung 15—100 PS und für die Rotarybohrung 50—150 PS.

D. Die Söhlig- und Schrägbohrung.

42. Überblick. Die Söhlig- und Schrägbohrung wird besonders für unterirdische Schürfarbeiten verwendet. Sie kann wesentlich billiger und schneller ausgeführt werden als das Auffahren von Untersuchungsquerschlägen. Der Erz- und Kalisalzbergbau mit ihren unregelmäßigen Lagerstätten machen daher vielfach von diesem Verfahren Gebrauch. Die Möglichkeit der Kerngewinnung sichert hier dem Kernbohrverfahren die Herrschaft.

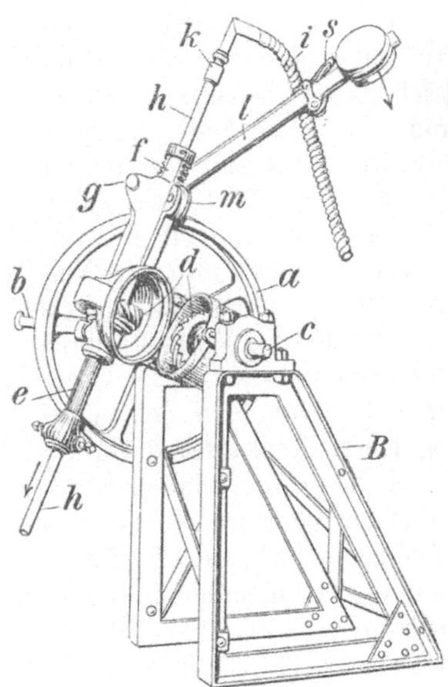

Abb. 41. Schürfbohrvorrichtung von Lange, Lorcke & Co.

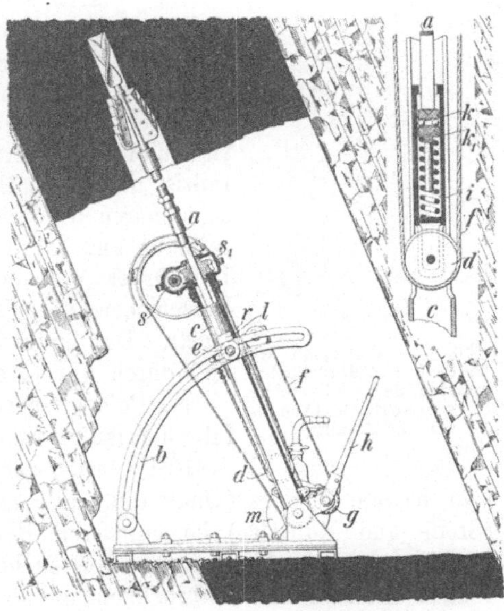

Abb. 42. Drehend arbeitende Überhau-Bohrmaschine.

Bei der nur geringen Gestängelast genügt ein einfaches Bock- oder Rahmengestell als Verlagerung für die ganze Bohreinrichtung. Eine Verrohrung ist nicht erforderlich, würde sich auch wegen der räumlichen Beengung der Arbeit und wegen des bogenförmigen Verlaufs der Bohrlöcher infolge der Durchbiegung des Gestänges nur sehr schwierig einbringen lassen.

Um in allen Richtungen bohren zu können, wird der Antrieb am besten in einem Rahmen verlagert, der unter jedem beliebigen Winkel fest eingespannt werden kann und als Führung für das Gestänge dient.

43. Ausführung der Bohrvorrichtungen. Als Beispiel für ein solches Bohrverfahren sei dasjenige der Firma Lange, Lorcke & Co. in Dresden angeführt, die die Bauart des schwedischen Ingenieurs Craelius weiter ausgebildet hat. Die in Abb. 41 dargestellte Maschine ist für Handbetrieb mittels der Kurbel b bestimmt, kann aber ohne weiteres für maschinellen Betrieb hergerichtet werden, indem die Kurbel abgenommen und auf die Kurbelscheibe a ein Treibriemen aufgelegt wird. Der das Arbeitsrohr e und das Gestänge h tragende Rahmen ist auf einem einfachen Bockgerüst B verlagert. und zwar ist er um eine Horizontalachse c drehbar, so daß jede beliebige Neigung eingestellt werden kann. Soll Gestänge gefördert oder eingelassen werden, so kann durch Zurückklappen der oberen Hälfte des Rahmens, wie die Abbildung veranschaulicht, das Bohrloch freigegeben werden.

Das Gestänge wird durch das Arbeitsrohr e gedreht, an dem es mit Hilfe einer Klemmkuppelung befestigt ist. Der Antrieb des Arbeitsrohres erfolgt durch die Schraubenräder d. Der Vorschub wird durch ein Zahnrad vermittelt, das auf der Achse g sitzt und in die Verzahnung f eingreift. Dieses Zahnrad ist durch den Handhebel l mit dem auf ihm verschiebbaren Gewicht belastet, sucht also die Verzahnung und damit das Gestänge herunterzudrücken. Der Druck auf die Bohrkrone wird einfach durch Verschieben des Gewichtes auf dem Hebel l geregelt. Das Spülwasser tritt durch den Schlauch i und durch Vermittelung eines Drehkopfes k ein.

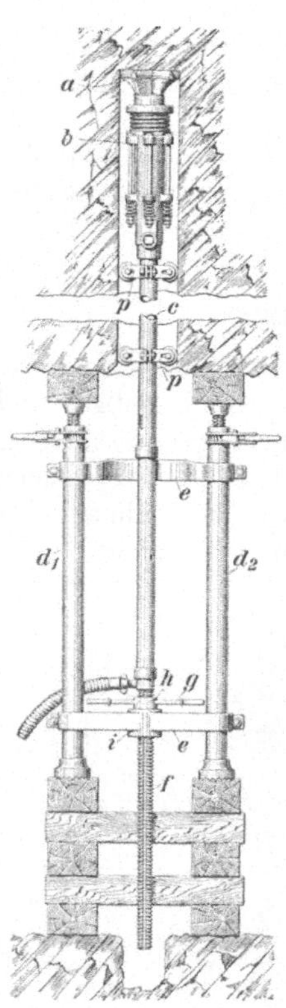

Abb. 43. Schlagend arbeitende Aufbruchbohrmaschine der Aufbruchbohrgesellschaft m. b. H in Bochum.

Die Bohrfortschritte bei diesem und ähnlichen Verfahren belaufen sich bei einem Kraftbedarf von etwa 6—10 PS in der achtstündigen Schicht auf 1.5—2 m in sehr hartem Gebirge (Quarzit u. dgl.) und auf 6—8 m in mildem Gebirge (Stein- und Kalisalze) bei mittleren Bohrlochdurchmessern (60—70 mm) und Tiefen (120—160 m). Die Kosten betragen etwa 12—30 ℳ je Meter.

44. Überhau- und Aufbruchbohrmaschinen sollen Löcher zum Zwecke der Wetterlösung entweder in der Flözebene oder quer durch das Nebengestein herstellen. Der Lochdurchmesser muß deshalb verhältnismäßig groß sein und beträgt in der Regel 250—300 mm. Die Herstellung macht keine großen Schwierigkeiten, wenn das Gebirge milde ist (z. B. in Kohlenflözen) und das Loch nicht länger als 10—20 m werden soll. In hartem Gestein, auch bei wechselnder Gesteinshärte und bei größeren Lochlängen, nehmen die Schwierigkeiten schnell zu; bei Bohrlochlängen von mehr als 30 m werden die Bohrlochabweichungen vielfach so erheblich, daß das Loch seinen Zweck verfehlt.

In der Kohle arbeitet man gewöhnlich drehend. Abb. 42 zeigt eine der am meisten gebrauchten Überhau-Bohrmaschinen, wie sie von der Maschinenfabrik H. Korfmann in Witten geliefert wird.

Auf der Grundplatte der Vorrichtung ist ein kleiner Drehkolbenmotor m von etwa 5 PS angeordnet, der mittels des Riemens r, der Schnecke s und des Schneckenrades s_1 das Gestänge a und damit das Bohrwerkzeug dreht. Der Vorschub des Gestänges und die Druckregelung während der Bohrarbeit geschieht durch Hochwinden einer in Schlitzen des Rohres c geführten Rolle d mittels des Seiles f, des Windwerks g und der Ratsche h. Die Rolle d trägt das Rohr i (vgl. Nebenzeichnung), in dem auf einer starken Spiralfeder das Kugellager $k k_1$ ruht, das seinerseits das Widerlager für den Gestängefuß bildet. — Man kann mit solchen Maschinen je nach der Härte der Kohle und der Weite des Loches Leistungen von etwa 3—4 m stündlich erzielen. Die Leistung je Schicht beträgt etwa 20—25 m.

Für härteres Gestein benutzt man schlagend wirkende Maschinen (s. Abb. 43). Der Bohrmeißel a der Hammerbohrmaschine (s. S. 42 u. f.) ist so breit, daß die Maschine b selbst in dem hergestellten Loche Platz findet und dessen Tieferwerden ununterbrochen folgen kann. Die Bohrmaschine wird von einem Hohlgestänge c getragen, das gleichzeitig als Preßluftzuleitung dient. Der Vorschub wird mittels einer die untere Verlängerung des Gestänges bildenden Schraubenspindel f durch Drehen der mit Handhebeln g versehenen Schraubenmutter h bewirkt, die unter Zwischenschaltung eines Kugellagers auf dem Mittelteil i des Querarmes e verlagert ist. In der achtstündigen Schicht erzielt man Leistungen von 0,8—2,0 m.

Dritter Abschnitt.

Gewinnungsarbeiten.

I. Einleitende Bemerkungen.

45. Gedinge, Schichtlohn. Mittels der Häuer- und Gewinnungsarbeiten werden Grubenbaue aller Art hergestellt.

Da die Eigenart der bergmännischen Arbeit es mit sich bringt, daß eine dauernde Aufsicht unmöglich ist, erfolgt die Lohnzahlung tunlichst im Gedinge. Den Schichtlohn beschränkt man auf Fälle, wo der Bergmann eine unmittelbare Einwirkung auf das Maß der Arbeitsleistung nicht hat oder wo es auf besonders sorgfältige und nicht auf schnelle Arbeit ankommt oder schließlich, wo es völlig unmöglich ist, die Arbeitsleistung im voraus abzuschätzen. Beim Gedinge unterscheidet man wohl Längen-, Massen-, Flächen- und kubisches Gedinge, je nachdem die Längen-, Gewichts-, Flächen- oder Raumeinheit als Maßstab für die Berechnung des Lohnes

dient. Das Generalgedinge gilt für einen längeren Zeitraum oder eine
größere Arbeit. Beim Prämiengedinge erhöht sich der Gedingesatz nach
Erreichen einer gewissen Leistung.

46. Tarifverträge sind Vereinbarungen über die Arbeitsbedingungen,
die zwischen den Arbeitgebern eines gewerblichen Bezirks einerseits und den
Arbeitern anderseits für einen längeren Zeitraum abgeschlossen sind. Sie
legen die Lohnsätze für die vorkommenden Arbeiten fest, wobei ausbedungen
werden kann, daß unter gewissen Umständen, z. B. bei steigenden oder
fallenden Preisen für das Arbeitserzeugnis, auch die Lohnsätze entsprechend
erhöht oder gesenkt werden. Auch im Bergbau sind neuerdings überall Tarifverträge eingeführt, wobei man aber das Einzelgedinge nicht ganz fallen
ließ. Die Tarifverträge sehen deshalb neben einem festen Grundlohn, der in
jedem Falle voll gezahlt wird, Mindestlohnsätze vor, die mittels des Gedinges
erreicht werden müssen.

47. Grade der Gewinnbarkeit. Je nach der mehr oder minder schwierigen
Gewinnbarkeit des Gebirges unterscheidet man rollige Massen (Sand,
hereingewonnene Kohlen usw.), milde Gebirgsarten (z. B. Ton, Lehm),
gebräche Gesteine (z. B. Braunkohle), feste (z. B. Schiefer, Sandstein)
und sehr feste Gesteine (z. B. Granit, Quarzkonglomerat).

II. Vorwiegend mit der Hand ausgeführte
Gewinnungsarbeiten.

48. Die Wegfüllarbeit geschieht mittels der Schaufel, des Spatens oder
der Kratze mit Trog. Schaufel und Spaten (Abb. 44), die aus Blatt und

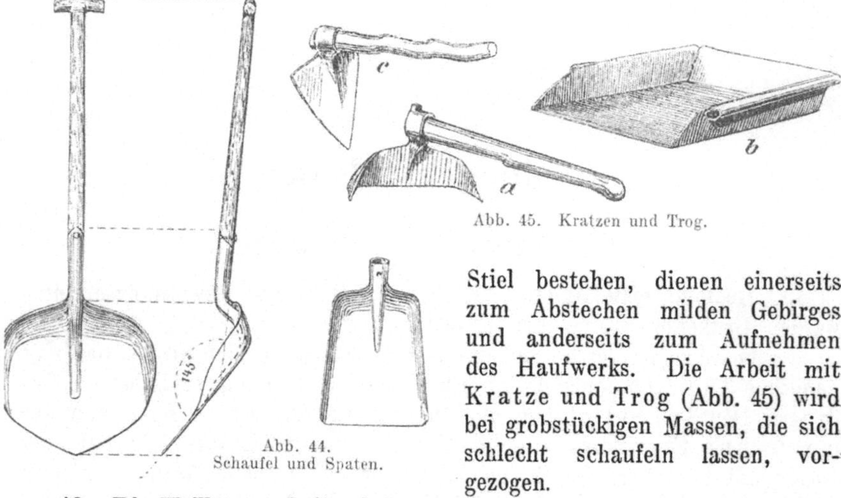

Abb. 45. Kratzen und Trog.

Abb. 44.
Schaufel und Spaten.

Stiel bestehen, dienen einerseits
zum Abstechen milden Gebirges
und anderseits zum Aufnehmen
des Haufwerks. Die Arbeit mit
Kratze und Trog (Abb. 45) wird
bei grobstückigen Massen, die sich
schlecht schaufeln lassen, vorgezogen.

49. Die Keilhauenarbeit wird zur Hereingewinnung milden Gebirges
benutzt. Das Gezähe ist die einfache Keilhaue (Abb. 46a und b), bestehend aus Blatt und Stiel oder Helm, die doppelte Keilhaue oder Kreuz-
hacke (Abb. 46e), die Keilhaue mit auswechselbaren Einsatz-

spitzen (Abb. 46c und d) oder mit auswechselbarem Blatt (Abb. 46g). Die Auswechselbarkeit der Spitze oder des Blattes gestattet ein leichtes Schärfen, da nicht die ganze Keilhaue zur Schmiede gebracht zu werden braucht. Die Schrämeisen (Abb. 47) sind schmale, leichte Keilhauen, bei denen das Blatt rechtwinklig zu einem Stiele umgebogen ist, in dessen Auge das Helm gesteckt wird. Sie dienen zum Schrämen in schmalen Schrampacken. Für Arbeiten über Tage in milden Gebirgsarten gebraucht man die Breit- oder Rodehaue (Abb. 46f).

50. Die Hereintreibearbeit bezweckt die Gewinnung von Gesteins- oder Kohlenmassen durch Abkeilen oder Abtreiben. Die Arbeit geschieht mit Fäustel und Keil oder, wenn man die alten Gezähenamen benutzen will,

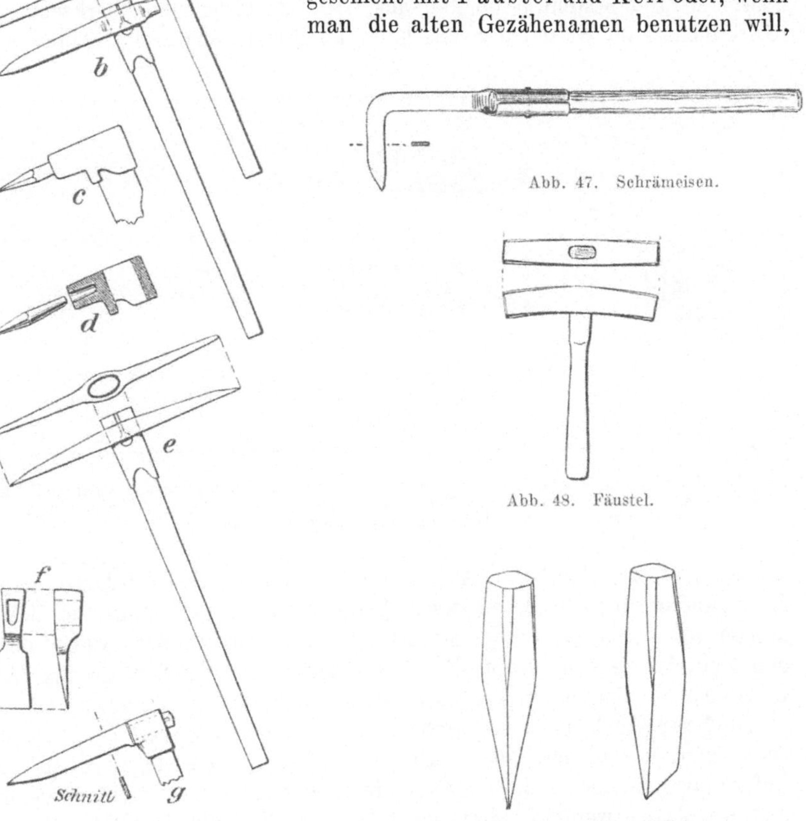

Abb. 47. Schrämeisen.

Abb. 48. Fäustel.

Abb. 46. Keilhauen.

Abb. 49. Spitz- und Breitkeil.

mit Schlägel und Eisen. Das Fäustel (Abb. 48) gebraucht man auch bei der Bohrarbeit. Der Keil ist entweder ein Spitzkeil oder Fimmel oder ein Breitkeil (Abb. 49). Obwohl heute die Hereintreibearbeit in der Hauptsache durch die Sprengarbeit ersetzt ist, hat sie als Hilfsarbeit bei dieser und in solchen Fällen, wo eine Zerklüftung des Gebirges durch die Sprengarbeit vermieden werden soll (Abdämmungsarbeiten, Schachtabteufen) oder wo Schlagwettergefahr besteht, noch eine nicht unerhebliche Bedeutung.

Die Wirkung der Hereintreibearbeit hat man durch Anwendung wirksamerer **Keilvorrichtungen** (Rammkeile, Schraubenkeile, Druckwasser-Abtreibevorrichtungen) zu verbessern gesucht, ohne daß man aber mit solchen Geräten auf die Dauer gute Erfolge hätte erzielen können.

III. Maschinenmäßige Gewinnungsarbeiten.
A. Die Arbeit mit Abbauhämmern.

51. Bauart der Abbauhämmer. Der Abbauhammer ist eine Preßluftmaschine und besteht (Abb. 50) aus Griff, Zylinder und Werkzeug. Der Griff dient zum Halten der Maschine; an ihm ist der Luftanschluß ange-

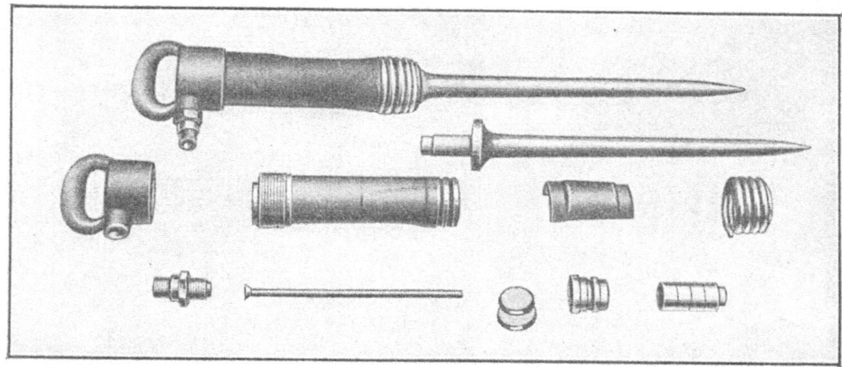

Abb. 50. **Hauhinco-Hammer.** Oben: Gesamtansicht im zusammengebauten und zerlegten Zustande; dazwischen das Werkzeug; darunter von links nach rechts: Anschlußnippel, Anlaßnadel, Begrenzungscheiben, Rohrschieber, Arbeitskolben.

bracht. Zwischen Griff und Arbeitszylinder befindet sich die Umsteuerung. Im Zylinder wird durch die wechselseitig eintretende Preßluft der Schlagkolben 750—1200 mal in der Minute hin- und hergetrieben, wobei der in den Zylinder ragende Kopf des Werkzeugs ebensoviel Schläge empfängt. Dieses ist ein Spitzeisen, das vorn fimmel- oder lanzenartig ausläuft.

Die hauptsächlichsten Unterschiede in der Bauart liegen in der Anordnung der Steuerung und der damit verbundenen Teile. Steuerungen allein durch Luftkanäle, die durch den Arbeitskolben je nach seiner Stellung geöffnet und geschlossen werden, haben sich trotz ihrer Einfachheit nicht einbürgern können. Es sind also stets Steuerungskörper vorhanden, die durch Preßluft bewegt werden. Man unterscheidet hierbei **Ventilsteuerungen**, bei denen das Öffnen und Schließen der Steuerkanäle durch Abheben und Wiederauflegen eines Verschlußstückes von der und auf die Kanalöffnung geschieht, und **Schiebersteuerungen**, bei denen durch Verschieben des in einer zylindrischen Bohrung gleitend angeordneten Steuerkörpers die Kanäle geöffnet und geschlossen werden. Schiebersteuerungen sind für langhübige

Werkzeuge besser geeignet; insbesondere werden Rohrschieber bevorzugt.
Abb. 51 zeigt eine entsprechende Steuerung der Hauhinco G. m. b. H.
zu Essen. Es ist der Arbeitszylinder mit a, der Schlagkolben mit b, das Werkzeug mit c und der Steuerungs-Rohrschieber mit d bezeichnet. Durch das Andrücken des Werkzeugs c gegen die Kohle wird die Anlaßnadel e zurückgedrückt und das Einlaßventil geöffnet, und der Hammer springt an. In der Stellung des oberen Bildes tritt Frischluft durch Kanal g hinter den Arbeitskolben und treibt diesen nach links, während der Rohrschieber d durch den Druck der Frischluft auf seine große Endfläche in seiner Stellung gehalten wird.

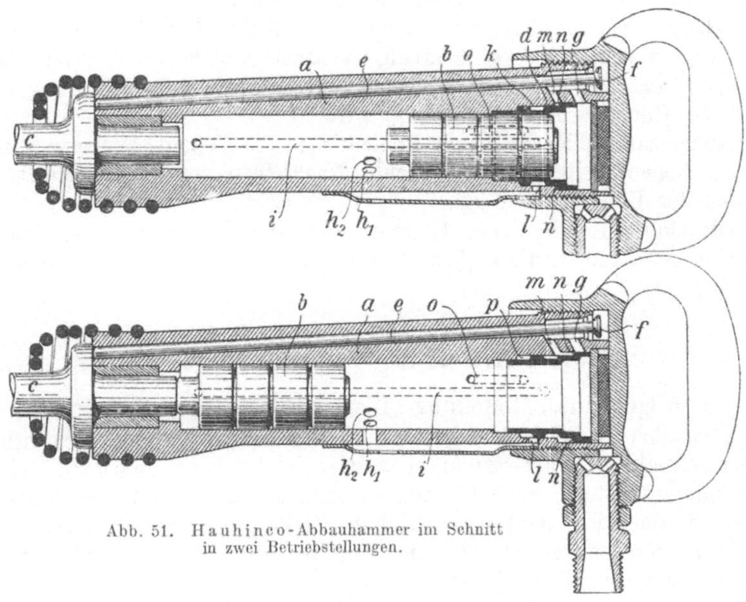

Abb. 51.   Hauhinco-Abbauhammer im Schnitt
in zwei Betriebstellungen.

Die Abluft vor dem Arbeitskolben pufft zunächst durch die Kanäle
$h_1 h_2$ und, sobald diese vom Kolben überdeckt sind, über den Kanal i, den
Steuerungs-Ringraum k und die Öffnung l aus. Sobald der Kolben die Auspufflöcher $h_1 h_2$ überlaufen und freigelegt hat, tritt eine Entlastung des Raumes hinter ihm ein. Die über den Kanal m auf die Stufe n des Rohrschiebers wirkende Druckluft wirft ihn in die rechte Endlage (s. unteres Bild). Jetzt tritt Frischluft über m, Ringraum k und Kanal i vor den Arbeitskolben und treibt diesen zurück. Die Abluft kann nach Überschleifen des Hauptauspuffs $h_1 h_2$ noch über den Kanal o und den Ringraum p nach l auspuffen. Sobald auch Kanal o überschliffen ist, wird im hinteren Zylinderende die Luft zusammengepreßt bis zu dem Grade, daß der Rohrschieber g entgegen der Kolbenbewegung in die Stellung des oberen Bildes gedrückt wird. Das Spiel beginnt von neuem.

Das Gewicht der in Abbaubetrieben benutzten Hämmer schwankt zwischen 5 und 14 kg. Die schweren Hämmer werden, soweit es die Lagerungsverhältnisse gestatten, bevorzugt. Der Luftverbrauch beträgt etwa 30 bis 40 m³/h. Für besondere Zwecke, z. B. beim Abteufen von Schächten und

Nachreißen der Strecken, verwendet man mit gutem Erfolge sehr schwere Hämmer mit einem Gewicht bis zu 33 kg.

52. Arbeitsweise. Die Abbauhämmer werden bei der Arbeit in der Kohle entweder zum Schrämen und zu der darauf folgenden Hereingewinnung oder unmittelbar lediglich für den letzteren Zweck benutzt. Beim Schrämen bewähren sich die Abbauhämmer namentlich in dünnen Flözen mit Bergemitteln oder Nachfallpacken im Hangenden, in denen die Schießarbeit die Kohle stark verunreinigen würde. Bei der unmittelbaren Hereingewinnung der Kohle hat man die besten Erfolge in einer von Schlechten und Ablösungen durchsetzten Kohle. Man arbeitet mit den Abbauhämmern so, daß man das Werkzeug auf der Ablösung ansetzt und die Kohle nach der freien Seite hin gleichsam abschält. Wo es angängig ist, arbeitet man von oben nach unten, da dann das Gewicht des Hammers unmittelbar auf das Werkzeug drückt und der Hauer weniger angestrengt wird.

Außer zur Kohlengewinnung braucht man die Abbauhämmer zu verschiedenen Nebenarbeiten, wie z. B. zum Nachreißen des Nebengesteins, Herstellen der Bühnlöcher u. dgl.

Die Jahresleistung eines Hammers bei der Kohlengewinnung beträgt jährlich etwa 1400 t, die tägliche Leistung steigt auf 10 t und darüber.

B. Die Arbeit mit Schrämmaschinen.

53. Allgemeines. Einteilung. Die maschinenmäßige Schrämarbeit wird hauptsächlich in nicht besonders mächtigen Flözen angewandt. Erreicht die Flözmächtigkeit etwa 2—2,5 m, so werden in der Regel genügend freie, die Gewinnung begünstigende Flächen vorhanden sein, so daß die Herstellung eines Schrams sich nicht sehr verlohnt. Steile Lagerung behindert die Anwendung der schweren Maschinen. Man bedient sich der Schrämarbeit im Abbau und beim Streckenvortrieb.

Die Maschinen arbeiten stoßend oder schneidend oder bohrend. Der Antrieb geschieht durch Druckluft oder elektrischen Strom.

54. Stoßend wirkende Schrämmaschinen, die auch als Säulenschrämmaschinen bezeichnet werden, sind Stoßbohrmaschinen bekannter Bauart, die aber mit einer Schrämkrone statt des Meißels ausgerüstet und mittels eines Führungsektors mit Drehstück an einer Spannsäule schwenkbar befestigt sind.

Nachdem die Spannsäule aufgestellt ist, wird der Führungsektor parallel zu dem herzustellenden Schram oder Schlitz in der an der Säule verschiebbaren Kluppe befestigt (Abb. 52). In dem Auge des Sektors sitzt das Drehstück, in dessen Auge die Bohrmaschine angebracht wird. Geschwenkt wird die Maschine mittels einer Kurbel, deren mit Schneckengewinde versehene Achse im Drehstück verlagert ist und in die Zähne des Führungsektors eingreift. Die Kolbenstange trägt die Schrämstange mit der Schrämkrone. Der Vorschub der Maschine erfolgt in der bei der Bohrarbeit üblichen Weise mit der zweiten in der Abbildung sichtbaren Kurbel. Ist die ganze Vorschubspindel ausgenutzt, so wird die Maschine zurückgezogen, die Stange herausgenommen und durch eine längere ersetzt usf., bis der Schram die genügende Tiefe hat.

Von einem Aufstellungspunkte aus kann man mit einer Säulenschrämmaschine einen Schram von 4—5 m Breite und 2—3 m Tiefe herstellen.

Abb. 52. Säulenschrämmaschine, Ausführungsform der D e m a g.

Ein geübter Hauer unterschrämt in der Stunde bequem 2—3 m². Beim Streckenauffahren leisten diese Maschinen Vorzügliches. Für den Abbau sind ihre Leistungen im allgemeinen zu gering. Hier sind besser am Platze die Strebschrämmaschinen.

55. Schneidend wirkende Schrämmaschinen. Die Arbeitsweise dieser Maschinenart im Abbau als „S t r e b s c h r ä m m a s c h i n e n" erhellt aus der Abb. 53. Die durch Preßluft oder elektrischen Strom angetriebene Maschine *a* fährt am Arbeitsstoße entlang. Die Bewegung wird durch die Maschine selbst bewirkt, indem ein am Ende des Strebstoßes befestigtes Seil *i* allmählich auf eine vorn an der Maschine angebrachte Seiltrommel auf- oder von dieser abgewickelt wird. Das Werkzeug *b*, das eine Fräswelle (wie in der Abbildung) oder eine Hobelkette sein kann, schneidet dabei den Schram auf etwa 1—1,5 m Tiefe in den Kohlenstoß ein. Um die Maschinen voll auszunutzen, ist es erforderlich, Strebbau mit breitem Blick oder Abbau mit geschlossenem Versatz anzuwenden und möglichst lange Strebstöße von 80—120 m in einem Angriff abzuschrämen. In einer Schicht können etwa 100 m² unterschrämt werden.

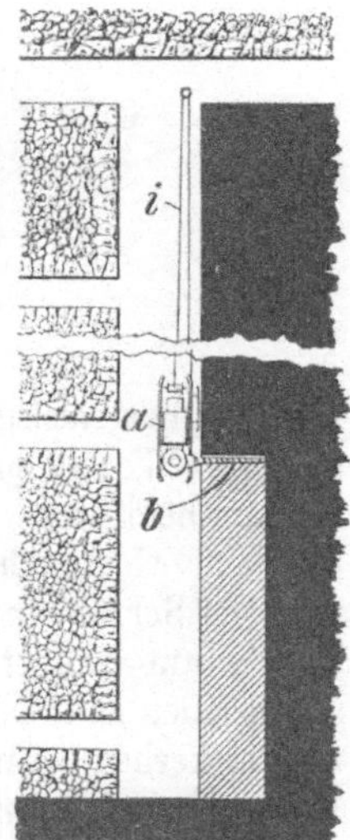

Abb. 53. Arbeitsweise der Strebschrämmaschinen.

Als Beispiel sei zunächst die Stangenschrämmaschine genannt, die mit einer mit „Picken" besetzten Schrämwelle arbeitet (Abb. 54). Die Schrämstange ist mittels eines drehbaren Übertragungswerkes um über 180° schwenkbar, so daß sie rechts oder links von der Maschine arbeiten kann. Auch kann durch Stellschrauben die Stange etwas höher oder tiefer gelegt werden, um die günstigste Schramschicht ausnutzen zu können. Bei Beginn der Arbeit läßt man die Stange in den Arbeitstoß hinein einschwenken, so daß sie sich

Abb. 54. Ansicht der Stangenschrämmaschine.

selbst den Einbruch herstellt. Die Schrämstange macht außer ihren Umdrehungen bei der Arbeit noch in ihrer Längsrichtung eine hin- und hergehende Bewegung mit einem doppelt so weiten Ausschlag, wie die Entfernung zwischen zwei Picken beträgt. Hierdurch wird erreicht, daß in dem Schram keine Rippen stehen bleiben und daß bei Bruch einer Picke deren Arbeit von den Nachbarpicken mitgeleistet werden kann.

Abb. 55 zeigt sodann eine Kettenschrämmaschine. Bei dieser sind die Schneidwerkzeuge auf einer um einen schwenkbaren Ausleger laufenden Kette angeordnet. Gegenüber der Stangenschrämmaschine besteht der Nach-

Abb. 55. Kettenschrämmaschine.

teil, daß der Ausleger in druckhafter Kohle leicht festgeklemmt wird, jedoch der Vorteil, daß ein gröberes Schramklein fällt, dieses schneller aus dem Schram befördert wird und die Leistung namentlich in harter Kohle besser ist.

Beim Gebrauch solcher Maschinen für den Streckenvortrieb gibt man der Schrämstange oder dem Ausleger der Schneidkette eine etwas größere Länge, um eine größere Streckenbreite von einem Aufstellungspunkte aus abschrämen zu können; auch richtet man die Maschine wohl so ein, daß man mit ihr kerben kann. Abb. 56 zeigt eine solche Ausführung. Hier ist zwischen Motor m und Schwenkkopf s ein in senkrechter Ebene stehendes Zahnradgetriebe a geschaltet, mittels dessen man den Schrämkopf um volle 360° herumschwenken kann. Auf diese Weise kann man bei waagerechter Lage des Schwenkkopfes unmittelbar am Liegenden der Streckensohle oder auf der Mitte zwischen Firste und Sohle schrämen und bei senkrechter Stellung einen Kerb oder Schlitz unmittelbar am Streckenstoße herstellen.

56. Leistungen und Kosten. In einer Stunde reiner Schrämzeit läßt sich je nach der Härte der Kohle im Abbau ein Schrämfortschritt von 10—40 m erzielen, was bei 1,5 m Schramtiefe einer unterschrämten Fläche von 15 bis 60 m² entspricht. Die tatsächlich erzielten höchsten Tagesleistungen liegen zwischen 200 und 300 m² Schramfläche. Geringer sind die Leistungen der Streckenvortriebsmaschinen, da hier die reine Schrämzeit in der Regel nur kurz zu sein pflegt.

Abb. 56. Streckenvortriebsmaschine für Schramen und Kerben von K n a p p.

Bei der Verwendung der Maschinen im Abbau kann man rechnen, daß die Tonne Kohle mit etwa 26—40 ₰ belastet wird. Für den wirtschaftlichen Erfolg ist Vorbedingung die strenge Regelung und Ordnung des Gesamtbetriebes, wobei es auf das reibungslose Ineinandergreifen der eigentlichen Schrämarbeit mit dem Ausbau, der Kohlengewinnung, der Förderung, dem Bergeversatz, dem Umlegen der Schüttelrutschen und sonstigen Nebenarbeiten ankommt.

57. Bohrend wirkende Schrämmaschinen. Diese Maschinenart ist bisher nur in einer Ausführung (von A. Beien, Herne) vertreten. Drei nebeneinander angeordnete und von einem Pfeilradmotor gleichzeitig angetriebene Schlangenbohrer werden auf einem Schlitten vorwärts geschoben und dringen auf ihre ganze Länge von 2 m in die Kohle vor. Bei 7 cm Schneidenbreite erzielt man in einem Arbeitsgange einen rd. 20 cm breiten, 7 cm hohen und 2 m tiefen Schram. Zu seiner Verbreiterung wird die Arbeit wiederholt. Die Maschine hat sich im Streckenvortrieb gut bewährt.

IV. Sprengarbeit.

A. Herstellung der Bohrlöcher.

Die Herstellung der Bohrlöcher erfolgt drehend, stoßend oder schlagend.

58. Drehendes Bohren. Bohren mit Hand. Beim drehenden Bohren muß das Werkzeug gedreht und gleichzeitig so stark gegen das Gestein gedrückt werden, daß die Schneiden fassen können. Man bohrt entweder mit Hand (ohne und mit Benutzung von Handbohrmaschinen) oder aber mittels Maschinenkraft. Die Bohrer sind Schlangenbohrer, die aus stählernen Stangen mit rechteckigem (⊏▪⊐) oder rhombischem (◇) Querschnitt spiralig gewunden sind (Abb. 57). Das Bohren mit Hand erfolgt mittels des am hinteren Ende der Stange angebrachten Holzgriffs.

59. Handbohrmaschinen. Bei den ebenfalls durch den Arbeiter selbst angetriebenen Handbohrmaschinen werden einfache Kraftübertragungen (Schrauben, Hebel u. dgl.) zwischen Hand und Bohrer eingeschaltet, wobei die Maschine zwischen Gebirgstoß und einem festen Widerlager eingespannt wird.

Die einfachste Handbohrmaschine (Abb. 58) besteht aus einer den Schlangenbohrer tragenden Schraubenspindel, der Schraubenmutter und dem Gestell. Die Mutter ist mit zwei Zapfen versehen und wird mit diesen in das als Widerlager dienende Gestell eingehängt. Der Antrieb erfolgt mit Kurbel oder einer Bohrratsche. Der Vorschub des Bohrers entspricht der auf jede Umdrehung entfallenden Gewindesteigung. Bei anderen Maschinen ist der Vorschub regelbar. Dies wird z. B. dadurch erzielt, daß man die Mutter drehbar anordnet, unter Bremswirkung setzt und bis zu einem gewissen Grade an der Drehung der Schraubenspindel teilnehmen läßt.

60. Die mechanisch angetriebenen Drehbohrmaschinen für mildes Gestein arbeiten in der Regel mit Preßluft oder Elektrizität. Früher ordnete man mehrfach den Motor auf einem besonderen Wagen an und ließ ihn von hier aus mittels Gelenk- oder biegsamer Welle den Bohrer bzw. die eigentliche Bohrmaschine antreiben. Jetzt pflegt man fast nur noch Maschinen mit angebautem Motor anzuwenden. Die leichtesten dieser Maschinen werden

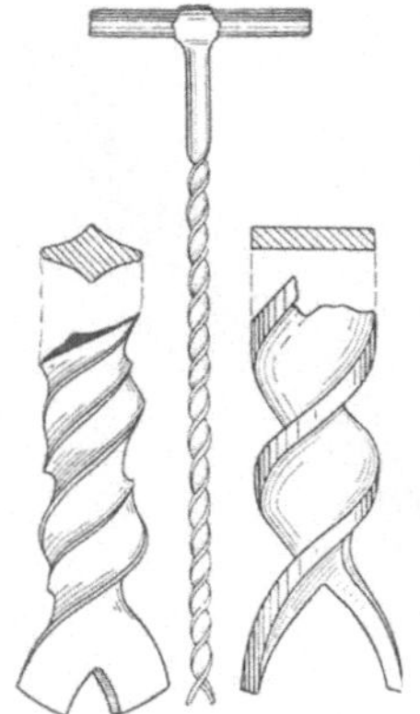

Abb. 57. Schlangenbohrer.

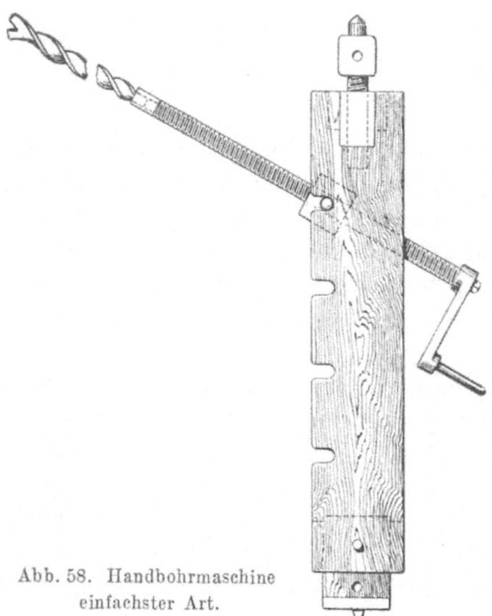

Abb. 58. Handbohrmaschine einfachster Art.

während der Bohrarbeit vom Arbeiter selbst an 2 Griffen gehalten und mittels eines Brustbleches nachgedrückt. Abb. 59 stellt eine elektrisch betriebene Handbohrmaschine dar. Die etwa 1500 minutlichen Umdrehungen des Motors m werden durch ein Differentialrädergetriebe d_1—d_4 auf 250 der Bohrspindel b herabgesetzt. Abb. 60 zeigt eine mittels eines Preßluft-Zahnradmotors angetriebene Drehbohrmaschine dieser Art. Für härtere oder ungleichmäßige Gebirgsarten werden die Maschinen schwerer gebaut und an Gestellen befestigt.

61. Stoßendes Bohren. Bohren mit Hand. Die stoßende Hin- und Herbewegung des Bohrers erfolgt entweder unmittelbar mit Hand oder durch Maschinenkraft. Die Bohrer bestehen aus runden, sechs- oder achtkantigen Stahlstangen von 18—30 mm Dicke, an deren einem Ende die Schneide als **Meißel-, Doppelmeißel-, Kreuz-, Z-** oder **Kronenschneide** ausgeschmiedet wird, wie dies die Abbildungen 61 a—g zeigen. Bei der Meißelschneide sind die beiden Schneidflächen unter einem Winkel von etwa 90° zugeschärft (Abb. 62). Je härter das Gestein ist, um so stumpfer muß

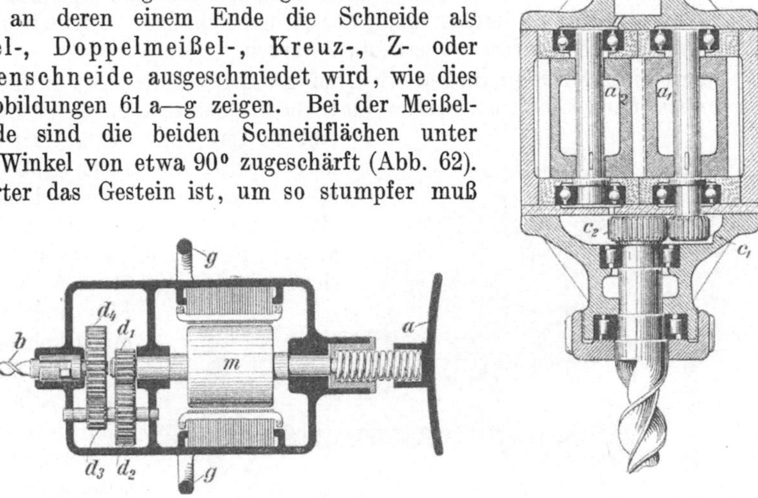

Abb. 59. Elektrisch angetriebene Handbohrmaschine
der Siemens-Schuckertwerke.

Abb. 60.
Freihand-Drehbohrmaschine mit
Preßluftantrieb.

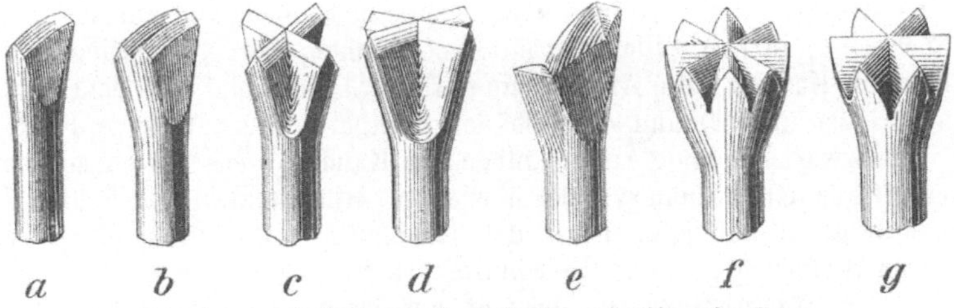

Abb. 61 a—g. Meißelformen für stoßendes und schlagendes Bohren.

man den Schneidenwinkel wählen. Beim Bohren mit Hand wird der als Bohrstange (Abb. 63) ausgebildete Bohrer mit beiden Händen gefaßt und unter fortwährendem Umsetzen gegen die Bohrlochsohle gestoßen. Die

Bohrstange erhält eine Länge von etwa 1,5 m. Um die Bohrer nicht zu oft zur Schmiede schicken zu müssen, pflegt man sie an beiden Enden mit Schneiden zu versehen.

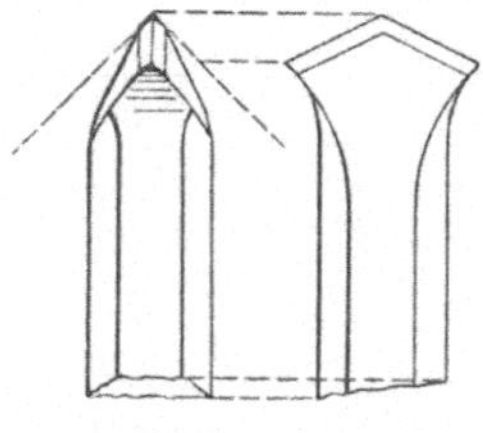

Abb. 62. Zuscharfung eines Meißelbohrers.

62. Bohrarbeit mit Maschinen. Preßluft-Stoß-bohrmaschinen. In den Preßluft-Stoßbohrmaschinen wird die Tätigkeit des Armes durch einen Treib-kolben ersetzt, auf dessen Kolbenstange ein Meißel-bohrer aufgesetzt ist. Der Kolben wird in einem

Abb. 63. Stoßbohrer.

Arbeitszylinder durch den Druck der über eine Steuerung abwechselnd an dem einen und dem anderen Ende eintretenden Preßluft schnell hin- und hergeschleudert. Der Bohrer muß nach jedem Stoße regelmäßig umgesetzt werden. Außerdem muß der Arbeitszylinder entsprechend dem Tieferwerden des Loches vorgeschoben werden.

Bezüglich der Steuerungen wird auf Ziff. 51 verwiesen. Für die Stoß-bohrmaschinen kommen in erster Linie die Kolbensteuerungen in Betracht.

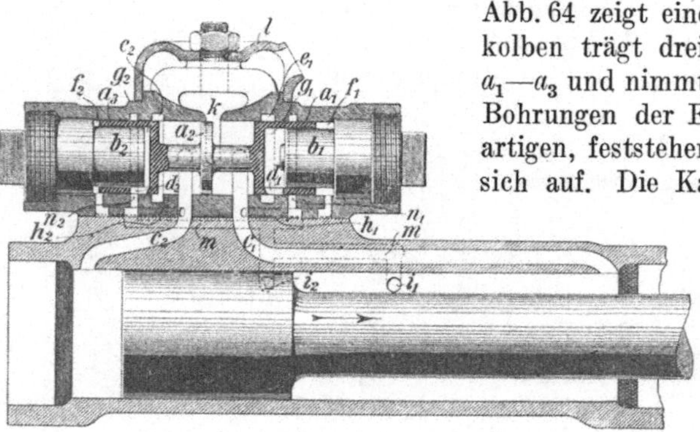

Abb. 64. Bohrmaschinensteuerung der Demag.

Abb. 64 zeigt eine solche. Der Steuer-kolben trägt drei gleich große Bunde a_1—a_3 und nimmt in den zylindrischen Bohrungen der Endbunde die kolben-artigen, feststehenden Stopfen $b_1 b_2$ in sich auf. Die Kanäle $h_1 h_2$ setzen die Ein- und Ausströ-mungskanäle $c_1 c_2$ mit den Ringräu-men $f_1 f_2$ in Verbin-dung; hier wie dort herrschen also wech-selseitig gleiche Drücke. Die Kanäle $e_1 e_2$ stehen dauernd unter Frischluftdruck, so daß die Frischluft einerseits von e_2 über c_2 in den Arbeits-zylinder strömt, um den Kolben nach rechts zu treiben, und anderseits über den Schlitz d_1 in den zylindrischen Steuerraum g_1 tritt. Die Ringfläche f_1 ist über den Kanal h_1 zum Auspuff hin entlastet. Die Abluft aus dem Arbeits-zylinder bläst über c_1 und k durch den drehbaren Auspuff l ins Freie ab. Hat der vorwärtsfliegende Arbeitskolben den Kanal i_2 überschliffen, so gelangt Frischluft aus dem Arbeitszylinder über i_2, m, Ringkanal n_2 und Schlitz d_2 in den Raum g_2, so daß jetzt der in den Räumen f_2 und g_2 vorhandene Druck den Steuerkolben gegen den Frischluftdruck in g_1 umsteuert.

Die Umsetzvorrichtung besteht aus einer von hinten her in den Kolben eintauchenden Drallspindel in Verbindung mit einem Sperrad. Bei der Vorwärtsbewegung des Kolbens und des Bohrers wird die Drallspindel an der Drehung durch das Gesperre nicht gehindert. Demzufolge dreht sich die Drallspindel, und der Kolben mit dem Bohrer fliegt ohne Drehung geradeaus.

Bei der Rückwärtsbewegung wird die Drallspindel festgehalten, und der Kolben muß sich mit dem Bohrer auf den Drallzügen zurückbewegen, also eine gewisse Drehung erleiden.

Der Vorschub erfolgt durch Drehen einer Kurbel von Hand. Der Arbeitszylinder ist unten mit einer Vorschubmutter fest verbunden, so daß er beim Drehen der im Schlitten verlagerten Vorschubspindel voranrücken muß.

Abb. 65 stellt die Ansicht der Demag-Maschine dar. Der untere Teil ist der Vorschubschlitten mit Schraube zur Befestigung der Maschine in einer Kluppe der Spannsäule und mit der Vorschubkurbel (rechts). Der obere Teil ist der Arbeitszylinder mit Luftanschluß und Steuergehäuse (oben) nebst Kolbenstange mit Befestigungsmuffe für den Bohrer (links).

Der Preßluftbedarf einer Stoßbohrmaschine, ausgedrückt in angesaugter Luft, ist etwa 120 bis 180 m³/h. Die Bohrleistung der größeren Maschinen beträgt in festem Granit 10—15 cm minutlich.

63. Die elektrischen Stoßbohrmaschinen, besonders die Kurbelstoßbohrmaschinen von den Siemens-Schuckert-Werken zu Berlin, arbeiten mit einem Kraftbedarf von nur etwa 1½ PS, so daß sie in dieser Beziehung den Preßluft-Stoßbohrmaschinen erheblich überlegen sind. Dafür sind sie aber nicht so schlagkräftig und leiden mehr unter Verschleiß, Brüchen und Betriebstörungen.

64. Verlagerung der Bohrmaschinen. Als Träger der Stoßbohrmaschinen bei der Arbeit verwendet man gewöhnlich Bohrsäulen (Spannsäulen, Bohrspreizen oder Bohrgestelle). Die einfachste Bohrsäule besteht aus einem Stahlrohr, aus dessen einem Ende eine Streckschraube herausgeschraubt wird. Ein sehr festes Einspannen ist bei den Druckwassersäulen möglich, bei denen zwei fernrohrartig ineinander steckende Rohre durch Wasserdruck mittels eines kleinen, am Fuße angebrachten Preßpümpchens auseinandergetrieben werden. Freilich sind solche Säulen schwerer, teurer und ausbesserungsbedürftiger als die Schraubensäulen.

65. Schlagendes Bohren. Bohren mit Hand.
Beim schlagenden Bohren wird die Meißelschneide durch Schläge gegen den Bohrerkopf mittels Fäustels oder Kolbens in das Gestein eingetrieben. Das Gezähe für das schlagende Bohren mit Hand ist das Fäustel (s. Abb. 48, S. 31) und der Bohrer. Außerdem benutzt man für abwärts gerichtete Bohrlöcher

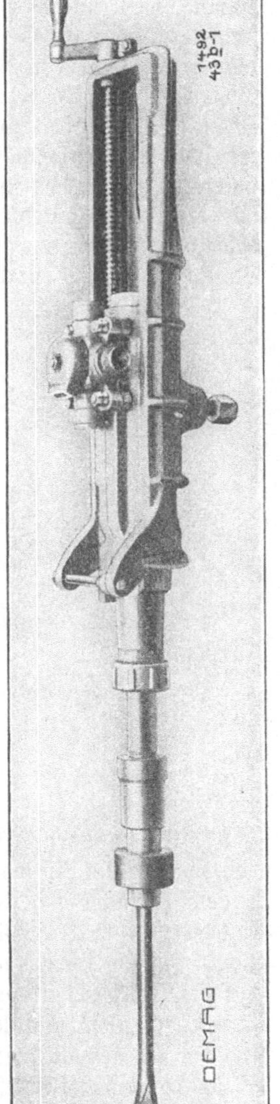

Abb 65. Ansicht der Demag-Stoßbohrmaschine.

den Krätzer und einen Wassereimer mit Schöpfgefäß. Der Bohrer besteht aus einer runden, sechs- oder achtkantigen Stahlstange von 18—20 mm Dicke.

66. Schlagbohrmaschinen. Allgemeines. Bei den Schlagbohrmaschinen wird die Arbeit des Fäustelbohrens nachgeahmt. Der Bohrmeißel bleibt ständig in Berührung mit der Bohrlochsohle, während er von einem in dem Arbeitszylinder durch Preßluft hin- und hergetriebenen Schlagkolben eine sehr große Zahl von Schlägen (1000—2000 minutlich) erhält. Man unterscheidet Bohrhämmer und Hammerbohrmaschinen. Erstere sind mit einem Griff versehen und werden demgemäß bei der Arbeit frei mit der Hand gehalten und entsprechend dem Tieferwerden des Loches nachgedrückt. Letztere besitzen keinen Handgriff, sondern werden in dauernder Verbindung mit einer Vorschubvorrichtung gebraucht. In beiden Fällen besteht die Schlagvorrichtung aus dem Arbeitszylinder mit Steuerung, Schlagkolben und Umsetzvorrichtung und der Einsteckhülse zur Aufnahme des Bohrerendes.

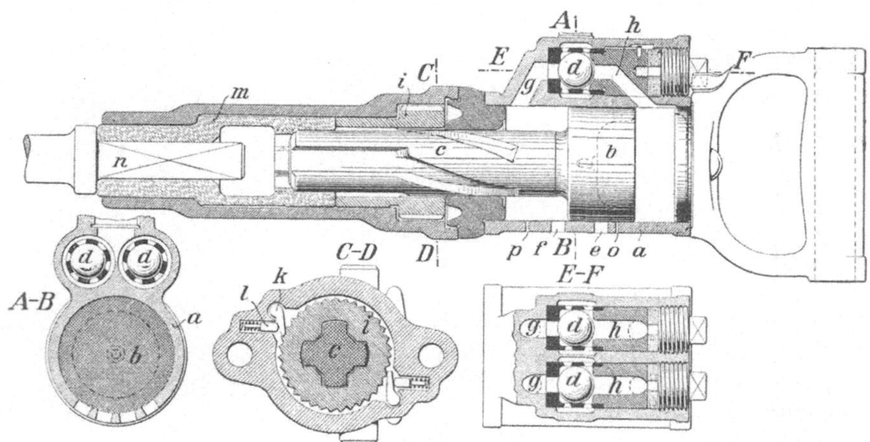

Abb. 66. Flottmannscher Bohrhammer.

67. Die Steuerung ist derjenigen der Abbauhämmer (s. Ziff. 51) ähnlich. Abb. 66 zeigt die Einrichtung und Steuerung der Flottmannschen Maschine: In dem Zylinder a bewegt sich der Kolben b hin und her, dessen vordere Kolbenstange c als Schlagkopf ausgebildet ist, d ist die Steuerkugel, und g und h sind die Einströmungskanäle für die frische Luft. Kugel und Kanäle sind in Parallelschaltung doppelt angeordnet (s. Schnitt $E—F$), damit die Einzelkugel klein und leicht beweglich bleibt und trotzdem in den beiden Kanälen ein reichlich großer Querschnitt für den Durchfluß der Luft zur Verfügung steht. Beide Kugeln d rollen also gleichzeitig zwischen den nahe beieinander befindlichen, kreisförmigen Öffnungen der Kanäle g und h hin und her und verschließen abwechselnd die eine und die andere dadurch daß sie sich auf die Ringsitze auflegen. Der Auspuff erfolgt durch die Löcher e und f. In der gezeichneten Stellung tritt Preßluft durch h hinter den Arbeitskolben und treibt diesen nach vorn. Die Öffnung f ist noch frei, so daß die Luft vor dem Kolben ausströmen kann. Sobald der Kolben seinen Lauf fortsetzt, das Loch f überschleift und dagegen das Loch e für den

Auspuff freigibt, werden die Steuerkugeln d infolge der vor dem Kolben eintretenden Kompression und der hinter ihm wirkenden Druckentlastung herübergeschleudert, und das Spiel wiederholt sich von neuem. Andere, ähnliche Steuerungen arbeiten mit Klappen, Scheiben, Linsen od. dgl.

68. Die Umsetzvorrichtung pflegt bei den für sehr festes Gestein gebrauchten Bohrhämmern ganz zu fehlen, und das Umsetzen findet mittels einiger an der Maschine angebrachten Griffe mit Hand statt. Häufiger sind allerdings die selbsttätigen Umsetzvorrichtungen, die ähnlich denen bei Stoßbohrmaschinen eingerichtet sind. Jedoch ist meist eine besondere Drallspindel nicht vorhanden; vielmehr sind die Drallzüge auf die Kolbenstange selbst geschnitten, und das Sperrad i (Abb. 66) liegt vor dem Kolben. Die Übertragung der dem Kolben bei seinem Rückgange erteilten Drehbewegung auf das Einsteckende n der Bohrstange geschieht durch die Hülse m, die mit vorspringenden Nasen in Längsnuten der Kolbenstange c eingreift, so daß die Hülse an der Drehung des Kolbens teilnimmt.

69. Vorschubeinrichtung. Eine besondere Vorschubeinrichtung ist für die leichteren Hämmer (bis etwa 15 kg) überflüssig, indem der Arbeiter die von ihm frei gehaltene Maschine gegen das Gestein andrückt. Auch mit schwereren Hämmern ist diese Arbeitsweise bei senkrecht oder schräg nach unten gerichteten Löchern durchaus angebracht. Wo dieses Verfahren versagt, wendet man Vorschubeinrichtungen an. Bei dem Vorschub durch Gegengewicht wird der Hammer durch Gewichte angedrückt, die man dadurch, daß man die Tragschnur über Rollen führt, in jeder Richtung wirken lassen kann. Viel gebraucht wird der Preßluftvorschub. Ein Zylinder und ein Kolben stecken fernrohrartig ineinander. Dadurch, daß man Preßluft in den Zylinder führt, treibt man den Kolben heraus; der Bohrhammer

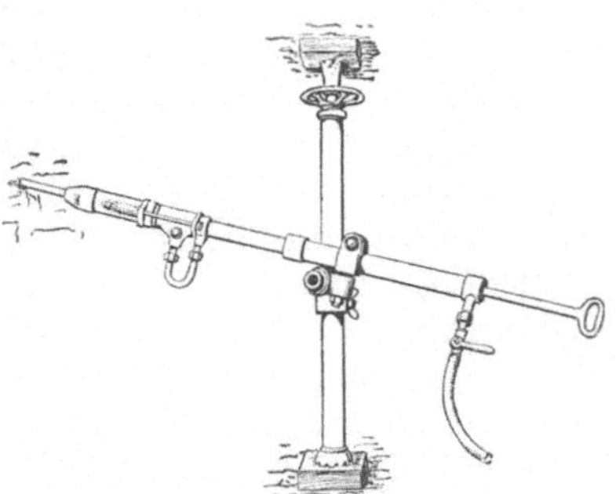

Abb. 67. Ansicht der Hoffmannschen Hammerbohrmaschine.

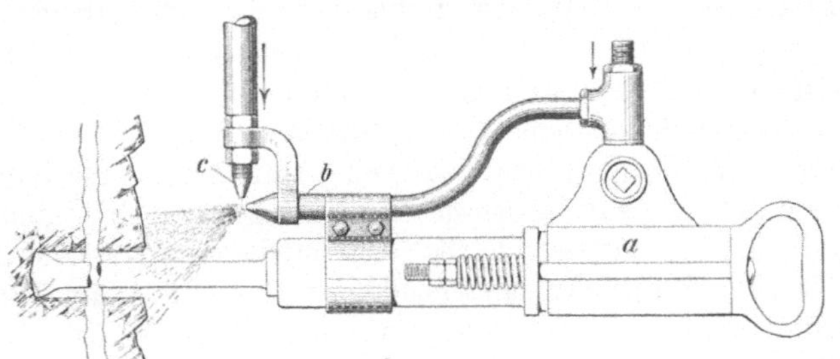

Abb. 68. Niederschlagen des Bohrstaubes.

mit dem Bohrer wird gegen das Gestein gedrückt und folgt dem Tieferwerden des Loches. Durch Abdrosseln des Luftdruckes oder durch Anbringen von Bremsen kann man den Vorschubdruck regeln. Die Anwendung einer solchen

Preßluft-Vorschubvorrichtung zeigt Abb. 67; die hinten eintretende Preßluft wirkt zunächst gegen den Vorschubkolben und tritt dann durch die vordere Verbindung in den Bohrhammer über.

70. Bohrmehl- und Staubbeseitigung. Das Bohrmehl, das weniger als beim stoßenden Bohren durch den Bohrer selbst in Bewegung gebracht wird, fällt bei aufwärts gerichteten Löchern von selbst heraus. Bei waagerechten und schwach geneigten Löchern gebraucht man mit großem Vorteil Schlangenbohrer, die das Bohrmehl herausschrauben. Bei steil geneigten Löchern hält man diese mit Wasser gefüllt oder wendet unter Benutzung von Hohlbohrern Wasser- oder Luftspülung an.

Sehr lästig ist die Staubbildung, die besonders bei Luftspülung, aber auch sonst stets eintritt, wenn nicht unter Anwendung von Wasser gebohrt wird. Gut bewährt hat sich das Niederschlagen des Staubes durch einen mittels der Preßluft selbst fein zerstäubten Wasserstrahl, der seinen Sprühregen gegen die Bohrlochmündung richtet (Abb. 68).

71. Leistungen. Luftverbrauch. Die Leistungen der Bohrhämmer sind in mildem Gebirge außerordentlich hoch und erreichen vielfach 40, 60, ja 80 cm in der Minute. In festem Gestein sinken die Leistungen unverhältnismäßig schnell, erreichen aber immer noch 4—8 cm in der Minute. Am schlechtesten sind die Ergebnisse in sehr hartem, quarzigem Gestein, besonders dann, wenn es eine wechselnde Härte besitzt. In solchem Falle sind Stoßbohrmaschinen leistungsfähiger.

Der Preßluftverbrauch ist erheblich geringer als bei den Stoßbohrmaschinen und beträgt 40—60 m³/h bei den Bohrhämmern und 60—90 m³/h bei den Hammerbohrmaschinen. Dieser geringe Luftverbrauch und die leichte, bequeme Handhabung, die das sofortige Weiterbohren nach dem Schießen während der Abförderung des Haufwerks ermöglicht, machen es erklärlich, daß die Bohrhämmer so schnell die Stoßbohrmaschinen verdrängt haben.

B. Die Sprengstoffe.

a) Allgemeines.

72. Die Explosion. Die Wirkung der Sprengstoffe beruht auf ihrer Explosionsfähigkeit. Die Explosion ist eine sehr schnell verlaufende chemische Umsetzung des Sprengmittels, wobei als Explosionserzeugnisse außer etwaigen festen Rückständen (Rauch) vorzugsweise Gase unter einer hohen Temperatur (Explosions- oder Flammentemperatur) entstehen. Man faßt häufig — wenn auch im wissenschaftlichen Sinne nicht völlig zutreffend — die Explosion als plötzliche Verbrennung auf. In den meisten Sprengstoffen sind nämlich einerseits brennbare und anderseits solche Bestandteile vereinigt, die Sauerstoff abgeben. Die Spannkraft der entstehenden, stark erhitzten, im Bohrloch zusammengedrängten Gase bewirkt die Sprengung. Als solche Gase (Explosionschwaden) kommen hauptsächlich in Betracht: Kohlensäure, Wasserdampf, Stickstoff und unter Umständen auch Kohlenoxyd, Wasserstoff und Sauerstoff.

Es gibt bei der Explosion zwei verschiedene Arten der Fortpflanzung, nämlich Deflagration (Verbrennung) und Detonation. Man unterscheidet hiernach langsam explodierende (deflagrierende) und schnell explodierende (brisante) Sprengstoffe. Zu der ersteren Gruppe gehören insbesondere das

Sprengpulver und die damit verwandten Sprengstoffe. Zu den brisanten Sprengstoffen gehören die Dynamite und die Wettersprengstoffe. Die Explosion pflanzt sich bei deflagrierenden Sprengstoffen nur mit höchstens einigen hundert Metern in der Sekunde, bei den detonierenden dagegen mit mehreren tausend Metern (z. B. bei Dynamit mit 6000 m) fort.

73. Auskochen der Sprengschüsse. Manche Sprengstoffe können im Bohrloche unter unvollkommener Zersetzung ruhig abbrennen (auskochen), statt zu explodieren. Bei auskochenden Schüssen ist die chemische Umsetzung eine andere als bei der Explosion; insbesondere sind es nitrose Dämpfe (Stickoxyde, NO und NO_2), die als unterscheidendes Kennzeichen auftreten. Diese Gase brodeln als gelbroter Qualm aus dem Bohrloche hervor. Von den Ursachen für das Auskochen von Sprengladungen sind die häufigsten: zu schwache oder feuchte Sprengkapseln, Zündung ohne Sprengkapseln allein mit der Zündschnur, Verwendung von gefrorenen oder feucht gewordenen Sprengstoffen, Bohrmehlansammlungen zwischen den einzelnen Patronen der Sprengladung. Die Gase der auskochenden Schüsse sind wegen ihres Stickoxyd- und Kohlenoxydgehaltes giftig und deshalb zu meiden.

74. Sprengkraft. Die Arbeitsfähigkeit der Sprengstoffe läßt sich durch die bei der Explosion entwickelte Wärmemenge ausdrücken. Für die nutzbare Sprengwirkung fällt aber sehr wesentlich die Explosionschnelligkeit ins Gewicht. In zähem, festem Gestein bringen brisante Sprengstoffe, in lagenhaftem, geschichtetem Gestein dagegen solche von geringerer Explosionsgeschwindigkeit die günstigsten Sprengwirkungen hervor. Zur praktischen Erprobung der Sprengwirkung wendet man die Trauzlsche Bleimörserprobe (Brisanzmessung) an. Sie wird in Bleizylindern, deren Maße sich aus der Abb. 69 ergeben, ausgeführt. In dem zylindrischen Hohlraum des Bleimörsers wird eine bestimmte Menge des zu untersuchenden Sprengstoffs (gewöhnlich 10 g) unter Sandbesatz zur Explosion

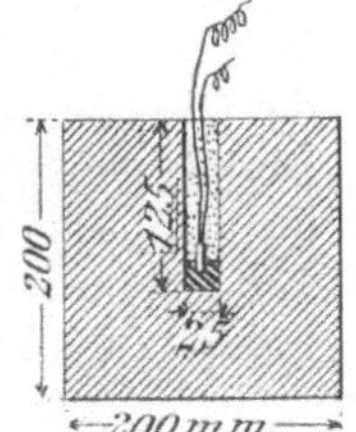

Abb. 69.
Trauzlscher
Bleimörser.

gebracht. Die Auftreibung des Hohlraums dient als Maß für die Sprengwirkung. In Mengen von je 10 g ergeben als Ausbauchung: Sprenggelatine 480 cm³, Dynamit 1 410 cm³, die Wettersprengstoffe 160—230 cm³.

75. Einteilung. Die für den Bergbau wichtigen Sprengstoffe kann man in folgenden Gruppen zusammenfassen:

    A. Pulversprengstoffe (Sprengpulver und Sprengsalpeter).

    B. Brisante Sprengstoffe:

        I. Gesteinsprengstoffe:

            a) Dynamite,

            b) Ammonsalpetersprengstoffe,

            c) Chlorat- und Perchloratsprengstoffe,

            d) Gelatite.

        II. Wettersprengstoffe:

            a) Ammonsalpetersprengstoffe,

            b) halbgelatinöse Sprengstoffe

            c) gelatinöse Sprengstoffe.

Einer besonderen Besprechung bedarf noch das Flüssige-Luft-Spreng-verfahren.

In Preußen werden vom Minister für Handel und Gewerbe für den Vertrieb an den Bergbau die einzelnen Sprengstoffe besonders zugelassen und in die Liste der Bergbausprengstoffe aufgenommen.

76. Lagerung der Sprengstoffe. Die Gruben pflegen über oder unter Tage Lager zu unterhalten, deren Bestand den Bedarf für einige Wochen oder länger zu decken imstande ist. Die Lagerung unter Tage herrscht vor. Sie besitzt den Vorteil einer gegen Einbrüche sowohl als auch gegen Naturereignisse, insbesondere Blitzschläge, gesicherten Lage. Die Bewachung ist leichter und wirksamer. Die Verausgabung und Wiedervereinnahmung der Sprengstoffe erfolgt unter Tage in größerer Nähe der Arbeitspunkte, so daß die ausgegebenen Einzelmengen nur auf kurze Entfernungen befördert zu werden brauchen. Schließlich ist unter Tage in der Regel eine gleichmäßige Temperatur vor-handen, die für die Erhaltung der Sprengstoffe günstig ist, das Gefrieren der sprengölhaltigen Sprengstoffe (s. Ziff. 78) verhindert und gefrorene Spreng-stoffe allmählich zum Auftauen bringt.

b) Einzelbesprechung.

77. Sprengpulver besteht aus Holzkohle, Schwefel und Kalisalpeter in innigstem, feinstem Gemenge. Holzkohle und Salpeter unterhalten die Verbrennung; der Zusatz von Schwefel erleichtert die Zündung und ist für die Gleichmäßigkeit der Verbrennung und ihrer Geschwindigkeit notwendig. Der Salpetergehalt schwankt von 65—75%, der Gehalt an Kohle von 10 bis 20% und derjenige an Schwefel von 8—19%. Man stellt Kornpulver und komprimiertes Pulver her. Die Sprengladungen aus komprimiertem Pulver sind handlich und bequem beim Laden und Besetzen.

Sprengsalpeter ist ein Pulver, bei dem der Kalisalpeter durch Natron-salpeter ersetzt ist. Es ist billiger als das gewöhnliche Sprengpulver, leidet aber mehr durch Feuchtigkeitsaufnahme.

78. Gesteinsprengstoffe. Dynamite. Die Gesteinsprengstoffe dürfen nur in rotem Patronenpapier an den Bergbau abgegeben werden.

Der Hauptbestandteil der Dynamite ist das Sprengöl oder Nitro-glyzerin, das entsteht, wenn man ein Gemisch von Salpeter- und Schwefel-säure auf Glyzerin einwirken läßt. Das Sprengöl ist eine geruchlose, ölige Flüssigkeit von gelblicher Färbung, es ist stark giftig und verursacht schon bei Berührung Kopfschmerzen. Zusammensetzung und Explosionszersetzung ergeben sich aus folgender Formel:

$$2\,C_3H_5N_3O_9 = 6\,CO_2 + 5\,H_2O + 3\,N_2 + \tfrac{1}{2}O_2 .$$

Das Sprengöl wird durch Beimengungen in eine feste Form übergeführt und dabei seine Sprengkraft noch erhöht. Das kräftigste Dynamit ist die Sprenggelatine, die aus 92—94% Nitroglyzerin und 8—6% Kollodium-wolle (nitrierter Baumwolle) besteht. Sie ist eine gummiartige, zähe, gela-tinöse Masse.

Dynamit 1 oder Gelatinedynamit (65% gelatiniertes Sprengöl, 35% Zumischpulver, bestehend in der Hauptsache aus Natronsalpeter und Mehl) ist wegen seiner Billigkeit und kräftigen Wirkung das beliebteste Dynamit.

In seiner äußeren Erscheinung ist es dem Brotteig ähnlich. Die Masse ist weniger zäh und elastisch als die Sprenggelatine. Im übrigen gibt es sehr viele verschiedene dynamitartige Sprengstoff-Zusammensetzungen.

Die sonst noch gebrauchten Dynamitsorten (Dynamit 2—4) enthalten weniger Sprengöl, sind deshalb schwächer und äußern eine mehr schiebende Wirkung.

Alle Dynamite leiden an dem Übelstande der leichten Gefrierbarkeit, da schon bei $+11^{\circ}$ C das Festwerden eintritt. Gefrorenes Dynamit liefert eine schlechte Sprengwirkung und gibt schädliche Nachschwaden, auch ist seine Handhabung gefährlich. Das Auftauen geschieht am besten in wasserdichten Blechbüchsen, die in mäßig warmes Wasser gesetzt werden, ohne daß aber das Wasser mit dem Dynamit in Berührung kommen darf.

Um das Gefrieren zu verhindern, wendet man vielfach Zusätze (Nitrobenzol, Nitrotoluol, Dinitrochlorhydrin oder Dinitroglyzerin) mit gutem Erfolge an.

79. Ammonsalpetersprengstoffe werden als Gestein- und als Wettersprengstoff benutzt. Sie bestehen in der Hauptsache aus Ammonsalpeter, dem brennbare oder explosible Bestandteile (z. B. Naphthalin, Harz, Mehl oder Sprengöl, Trinitrotoluol u. dgl.) zugemischt sind. Die Ammonsalpetersprengstoffe haben günstige Nachschwaden, weil in ihnen der Wasserdampf vorherrscht. Sie sind ferner gegen Stoß und Schlag unempfindlich, so daß sie im Gebrauche und Verkehr ungefährlich sind und wegen ihrer Handhabungsicherheit auf der Eisenbahn als Stückgut zugelassen werden. Im Feuer brennen sie ohne Explosion ab. Auch der Übelstand des Gefrierens besteht nicht. Als Nachteil ist die hygroskopische Natur dieser Sprengstoffe hervorzuheben, ferner ist hier die geringe Ladedichte (der Sprengstoff liegt sehr locker) und deshalb eine nicht immer genügende Sprengwirkung zu nennen.

Die als Gesteinsprengstoffe benutzten Sprengstoffe dieser Gruppe heißen Ammonit 1—7.

80. Die Kaliumchlorat- und Kaliumperchloratsprengstoffe benutzen als sauerstoffabgebenden Körper das Kaliumchlorat ($KClO_3$) und das Kaliumperchlorat ($KClO_4$). Ihre Handhabungsicherheit ist nicht so groß wie die der Ammonsalpetersprengstoffe, übertrifft aber immerhin noch die der Dynamite. Die Chloratsprengstoffe sind verhältnismäßig billig. Die zugelassenen Sprengstoffe führen die Namen Chloratit 1—3 und Perchloratit 1—3.

81. Gelatit (zusammengesetzt aus etwa 30% Sprengöl, 36% Ammonsalpeter, 32% Alkalichloriden und einem geringen Mehl- und Dinitrotoluolzusatz) dient als Ersatz für Dynamit in solchen Gesteinsbetrieben, in denen Kohlenstaubgefahr besteht.

82. Wettersprengstoffe. Durch Sprengpulver und die Gesteinsprengstoffe, insbesondere Dynamit, werden Schlagwettergemische und Kohlenstaub-Aufwirbelungen überaus leicht zur Entzündung gebracht. Der übliche Besatz über der Schlußladung erhöht zwar die Sicherheit beträchtlich, macht aber erfahrungsgemäß diese Sprengstoffe doch noch nicht schlagwetter- und kohlenstaubsicher. Unter „Wettersprengstoffen" versteht man solche Sprengmittel, die im Verhältnis zu Sprengpulver und Dynamit eine wesentlich erhöhte

Sicherheit gegenüber der Schlagwetter- und Kohlenstaubgefahr besitzen, ohne daß aber eine bestimmte Grenze feststeht. In Preußen. verlangt man, daß bei der Erprobung auf Versuchstrecken Wettersprengstoffe gegen Schlagwetter mit mindestens 450 g Ladung und gegen Kohlenstaub mit mindestens 600 g noch sicher sein müssen. Die Schlagwettersicherheit der Sprengstoffe hängt in erster Linie von der Explosions- oder Flammentemperatur, aber auch von sonstigen Umständen (z. B. Flammendauer, Explosionschnelligkeit, Zusammensetzung der Explosionschwaden usw.) ab. Den Namen aller Wettersprengstoffe ist das Wort „Wetter-" vorangesetzt, z. B. Wetter-Detonit, Wetter-Westfalit usw. Verpackt werden die Wettersprengstoffe in gelblichweißem Papier.

Die Zusammensetzung der Ammonsalpetersprengstoffe dieser Gruppe ist etwa 61—84% Ammonsalpeter, 4% Sprengöl, 10—23% Alkalichloride, 0,5—9% Mehl und Nitrokörper.

Bei den halbgelatinösen und gelatinösen Wettersprengstoffen ist das Sprengöl gelatiniert, so daß die Sprengstoffe zum Teil oder ganz gelatinöse Beschaffenheit annehmen. Die halbgelatinösen Wettersprengstoffe enthalten als Hauptbestandteile 12% gelatiniertes Sprengöl, 50—57% Ammonsalpeter und 27—35% Alkalichloride, die gelatinösen dagegen 25—30% gelatiniertes Sprengöl, 24—36% Ammonsalpeter und 35—40% Alkalichloride.

83. Die Sprengkapseln sollen die Explosion der Sprengstoffpatronen auslösen. Es sind zylindrische, an dem einen Ende geschlossene Kupferhülsen, die mit einem sprengkräftigen Zündsatze gefüllt sind. Früher bestand die Füllung gewöhnlich aus Knallquecksilber, und man gebrauchte Zündhütchen mit einer Ladung von 0,3—3 g, die mit Nr. 1—10 bezeichnet wurden. Abb. 70 zeigt Sprengkapsel Nr. 3 mit 0,54 g und Nr. 8 mit 2 g Füllung. Jetzt gibt man den Kapseln vielfach zwei verschiedene Füllungen (Abb. 71). Die Hauptladung b besteht aus Tetryl (Tetranitromethylanilin) oder aus Trotyl (Trinitrotoluol) oder aus einem Gemisch beider Stoffe. Die zum Einleiten der Zündung dienende Aufladung a besteht aus Knallquecksilber oder aus Bleiazid oder aus einem Gemisch von Bleiazid und Bleitrinitroresorzinat. Ein gelochtes Innenhütchen d hält die beiden Füllungen zusammen und schützt die Kapsel gegen das Eindringen von Feuchtigkeit. Bleiazidhaltige Kapseln werden mit Aluminiumhülsen geliefert, da Bleiazid durch Einwirkung auf Kupfer das gefährliche Kupferazid bildet.

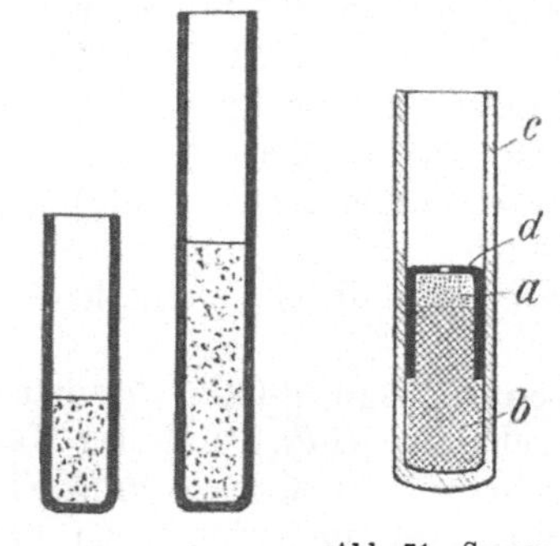

Abb. 70. Sprengkapseln Nr. 3 u. 8 in natürlicher Größe.

Abb. 71. Sprengkapsel mit 2 verschiedenen Füllungen.

84. Vernichtung von Sprengstoffen. Sprengpulver wird am besten in fließendes Wasser geworfen, wenn Schädigungen von Menschen und Tieren infolge Lösens des Salpeters nicht zu befürchten sind. Dynamitpatronen legt man mit ihren Enden aneinander und zündet die erste Patrone durch ein Stückchen Zündschnur (ohne Kapsel) oder mittels darüber gelegten Papiers an. Da der Eintritt einer plötzlichen Explosion der Masse nicht unmöglich ist, muß man sich in eine angemessene Entfernung zurückziehen. Kleinere Mengen Dynamit kann man brockenweise in offenes Feuer schieben, oder man bringt die Patronen einzeln mittels Sprengkapseln zur Explosion. Wasser ist zur Vernichtung von Dynamit in keinem Falle anzuwenden, da es das Sprengöl ungelöst läßt und dieses unter Umständen noch Unheil anrichten kann.

Ammonsalpetersprengstoffe wirft man stückweise in offenes Feuer oder löst sie, falls keine explosive Beimischung vorhanden ist, in Wasser auf.

Gelatinöse Wettersprengstoffe und Chloratsprengstoffe sind wie Dynamit zu behandeln.

C. Zündung der Sprengschüsse.

a) Zündschnurzündung.

85. Die Zündschnur, 1831 von dem Engländer Bickford erfunden, besteht aus einer Pulverseele, die durch Umspinnen mit Jutegarn oder Baumwolle geschützt ist. Zwecks Wasserdichtigkeit und auch zur Verhütung des seitlichen Durchbrennens wird sie geteert oder mit einem Kaolinbrei-Überzug versehen oder mit Guttapercha, Bandwickelungen u. dgl. umkleidet. Die Brenndauer einer guten Zündschnur beträgt 100—120 s/m.

Sprengpulver und ähnliche Sprengstoffe werden unmittelbar durch die Stichflamme der brennenden Zündschnur zur Explosion gebracht. Zur sicheren Zündung der brisanten Sprengstoffe bedient man sich der Vermittlung der Sprengkapseln, die auf die Zündschnur geschoben und an sie angekniffen werden.

86. Das Anzünden der Zündschnur erfolgt in schlagwetterfreien Gruben mit der offenen Lampe. In Schlagwettergruben vermeidet man möglichst die offene Flamme sowohl wie das gefährliche Aussprühen von Funken aus dem Vorderende der Zündschnur durch sog. Anzünder, bei denen die Entzündung der Schnur in einer geschlossenen Hülse vor sich geht. Der Norressche Reißzünder z. B. besteht aus der Papierhülse a (Abb. 72), deren Ende zusammengewürgt und durch die Papierwickelung b verstärkt ist, und dem durchlochten Zündhütchen c mit durchgeführtem Draht d. Beim Gebrauche wird die Zündschnur möglichst tief in die Hülse eingeführt und darauf der an seinem in der Hülse steckenden Ende spiralig aufgedrehte Draht mit kurzem Ruck herausgerissen. Durch die Reibung des Drahtes in dem Zündhütchen wird dessen Entflammung und damit diejenige der Zündschnur eingeleitet.

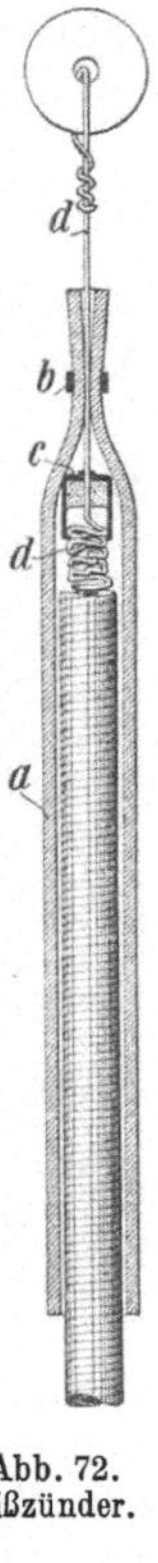

b) Elektrische Zündung.

87. Allgemeines. Für die Zwecke der elektrischen Zündung wird in einer Stromquelle Elektrizität erzeugt. Diese wird durch Leitungen zum Sprengorte bis in die Sprengladung geführt. Hierselbst muß in dem eigentlichen Zünder Gelegenheit zum Umwandeln der Elektrizität in Wärme und zur Übertragung der Entzündung auf die Sprengladung geschaffen sein. Demgemäß sind als wesentliche Teile der elek-

Abb. 72.
Reißzünder.

trischen Zündung gesondert zu behandeln: Stromquelle, Leitung und Zünder. Im übrigen unterscheidet man nach den Strom- und Spannungsverhältnissen: Spaltfunken- oder Spaltglühzündung mit hohen Widerständen, Spaltglühzündung mit niedrigen Widerständen und Brückenglühzündung. Die Verschiedenheiten erhellen aus folgender Tafel:

Art der Zündung	Widerstand des einzelnen Zünders etwa	Ein Zünder erfordert	
		einen Strom von etwa	eine Spannung von etwa
	Ohm	Ampere	Volt
Spaltfunkenzünder oder Spaltglühzünder mit hohen Widerständen	5000—50 000	$^1/_{500}$—$^1/_{5000}$	10—20
Spaltglühzünder mit niedrigen Widerständen	100—3000	$^1/_5$—$^1/_{100}$	3—4
Brückenglühzünder	1—2	0,3—0,6	0,5—2

Als Stromquellen sind hauptsächlich magnetelektrische und dynamoelektrische Maschinen und Trockenelemente eingeführt, während Starkstromleitungen nur ausnahmsweise benutzt werden.

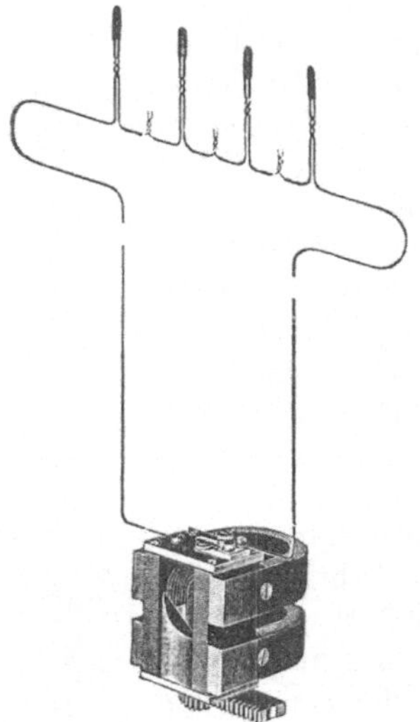
Abb. 73. Magnetelektrische Zündmaschine ohne Gehäuse.

88. Die magnetelektrischen Maschinen liefern elektrische Ströme von niederer bis zu mittlerer Spannung, die von einigen wenigen Volt bis zu mehreren hundert Volt und darüber hinaus steigen kann. Die Maschinen sind für Brücken- und Spaltglühzünder bestimmt. Gewöhnlich sind die Maschinchen so gebaut, daß zwischen den Polen eines oder mehrerer Magnete ein mit isolierten Drahtwickelungen versehener I-Anker (Abb. 73) in schnelle Umdrehung versetzt wird, wodurch in den Wickelungen Wechselströme induziert werden. Der so erzeugte Strom wird an den beiden Enden der Wickelung abgenommen, fließt unmittelbar durch die Zündanlage und bringt die Zünder zur Explosion. Abb. 74 zeigt das äußere Aussehen einer solchen Maschine, die für 1—3 Schuß bestimmt ist.

89. Die dynamoelektrischen Maschinen. Ein mit Drahtwickelungen versehener I-förmiger Anker T (Abb. 75) wird zwischen den Polen eines Elektromagneten M (in der dargestellten Ausführung durch Niederstoßen einer Zahnstange S) in Umdrehung versetzt. Infolge des in den Magnetschenkeln vorhandenen sog. remanenten Magnetismus werden in den Ankerwickelungen Wechselströme induziert, die auf einem Kollektor C gleichgerichtet werden. Im Augenblick der höchsten Erregung wird der innere Stromkreis (z. B. durch Niederdrücken eines Unterbrechers U, wie in der Abbildung angedeutet) geöffnet, und der ganze verfügbare Strom geht durch den äußeren Stromkreis LL_1. Abb. 76 zeigt eine solche dynamoelektrische Maschine mit Zahnstangenantrieb in der Ansicht.

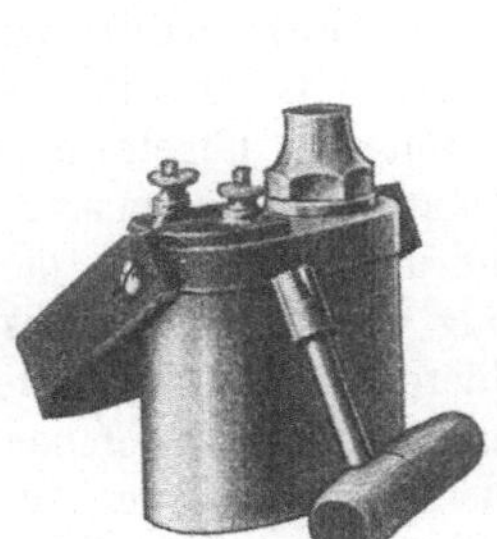

Abb. 74.
Ansicht einer magnet-
elektrischen Zündmaschine
mit Drehschlüsselantrieb.

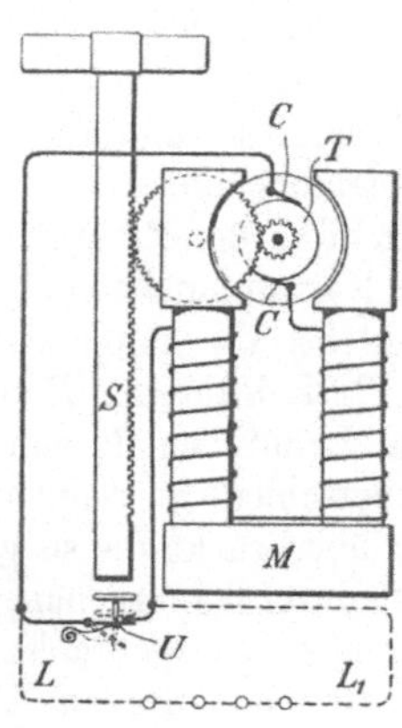

Abb. 75.
Schema einer dynamo-
elektrischen Zahnstangen-
Zündmaschine.

Abb. 76.
Ansicht einer dynamoelektrischen
Zahnstangen-Zündmaschine.

90. Elemente. Von Elementen haben sich für die Zwecke der elektrischen Zündung am besten bewährt die sog. Trockenelemente, da sie keiner Wartung bedürfen und ohne besondere Vorsicht befördert werden können. Am verbreitetsten sind die Hellessen-Elemente mit Zink- und Kohlenelektroden und einem teigigen Elektrolyt. Abb. 77 zeigt eine solche Zündbatterie mit 5 Elementen, die eine Spannung von $6\frac{1}{4}$—$7\frac{1}{4}$ Volt bei $2\frac{3}{4}$ bis 3 Ohm innerem Widerstand ergeben. Einer erhöhten Sicherheit gegen mißbräuchliche oder unabsichtliche Betätigung der Zündvorrichtung dient ein Steckschlüssel, durch den erst der Kontakt hergestellt wird. Man kann mit der Batterie drei Schüsse gleichzeitig zünden.

91. Starkstromleitungen für die Schußzündung zu benutzen, ist unter Umständen bequem. Jedoch ist das Verfahren nur mit besonderer Vorsicht zu handhaben, damit nicht durch Zufall, wie Berührung zweier Leitungen oder mangelhafte Isolation, vorzeitig Strom in die Zündleitungen gelangt.

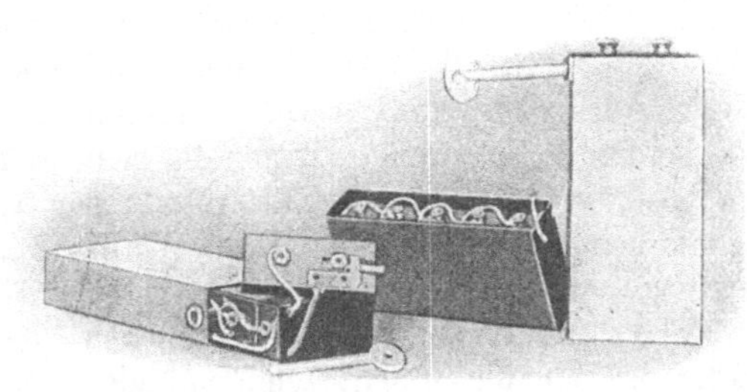

Abb. 77. Zündbatterie mit 5 Hellessen-Elementen.

92. Die elektrischen Zünder bestehen aus den beiden Zuleitungsdrähten und dem Zündkopfe. In diesem ist der Zündsatz untergebracht, in den die beiden Drähte mit ihren Enden oder Polen münden. Hinzukommt für die Zündung brisanter Sprengstoffe die **Sprengkapsel.** Die Zünder werden entweder in fester Verbindung mit der Sprengkapsel in den Handel gebracht oder sind so eingerichtet, daß die Kapsel erst am Orte der Sprengung von dem Arbeiter auf den Zünder gesetzt wird. Die Zuleitungsdrähte wählt man gewöhnlich 1,5—2,5 m lang. Der Zündsatz besteht in der Regel aus chlorsaurem Kali und Schwefelantimon.

Bei dem **Brückenglühzünder der Fabrik elektrischer Zünder zu Köln** (Abb. 78) sind auf eine Kartonpapierschicht a beiderseits Metallblättchen bb geklebt, die durch ein angelötetes, bügelförmig gebogenes Platindrähtchen P miteinander verbunden sind. Damit das Drähtchen P genügend lang wird, ist die Kartonpapierschicht a treppenförmig abgestuft, und das Drähtchen überbrückt die so gebildete Stufe. Der Zündsatz c wird durch Eintauchen, ähnlich wie die Köpfchen der Streichhölzer, aufgebracht. Die Verbindung der Zuleitungsdrähte ee mit den Metallblättchen bb erfolgt durch Lötung. Bei den Spaltglüh- und -funkenzündern ist die Herstellung ähnlich, nur fehlt das Platindrähtchen P, und der Zündsatz selbst erhält durch Beimischung von Kohle oder Metallstaub eine gewisse Leitfähigkeit.

Für Schlagwettergruben müssen alle Teile der Zünder mit Ausnahme des Zündsatzes nicht brennbar sein.

93. Die Zeitzünder haben den Zweck, beim Zünden mehrerer Schüsse deren Kommen mit Zeitunterschieden zu bewirken. Zu diesem Zwecke wird zwischen den eigentlichen Zünder und die Sprengkapsel ein Stückchen Zündschnur oder ein Verzögerungsatz geschaltet. Je nach deren Länge wird die Explosion der Sprengkapsel verzögert.

94. Leitungen. Für die Leitungen kommt hauptsächlich Eisen- und Kupferdraht in Betracht. Die Drähte können entweder blank oder isoliert sein. Bei niedrigen Widerständen von Zündern und Leitungen darf man blanke Leitungen anwenden. Je höher die Widerstände sind und je mehr Zünder man hintereinander schaltet, desto notwendiger wird Isolation. Ferner ist in feuchten Strecken und bei hohen Spannungen wegen der Nebenschlußgefahr Isolation erforderlich. Sehr wichtig ist, daß die Verbindungen der Leitungen nicht durch einfaches Ineinanderhaken, sondern nach Abb. 79 durch sorgfältiges Verdrehen hergestellt werden.

95. Prüfung. Bei wichtigen Schüssen oder Schußreihen ist es zweckmäßig, den oder die zu benutzenden Zünder vor dem Gebrauche auf ihre Leitfähigkeit zu untersuchen. Besonders gut und sicher läßt sich die Prüfung bei Brückenglühzündern, deren metallische Leitung ja nicht unterbrochen ist, vornehmen. Für solche Prüfungen gebraucht man **Galvanoskope,** die lediglich die Stromführung des Stromkreises bekunden, oder **Ohmmeter** und **Meßbrücken,** die gleichzeitig den Widerstand der Zündanlage messen und so die Art etwaiger Fehler besser bemerklich machen.

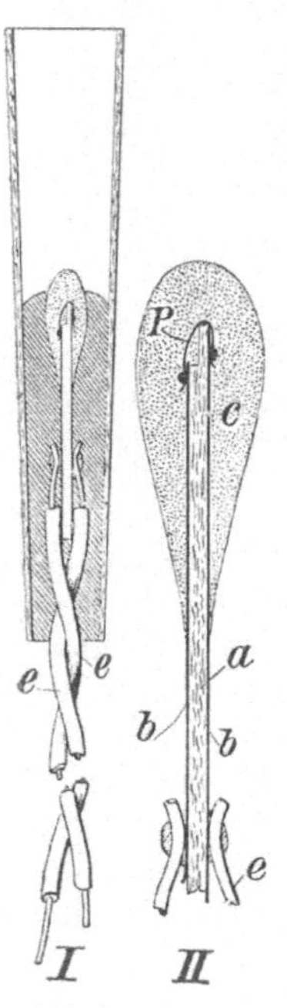

Abb. 78. Brückenglühzünder.

96. Schaltung. Sollen mehrere Schüsse gleichzeitig gezündet werden, so können sie hintereinander, parallel oder gruppenweise parallel geschaltet werden. Am bekanntesten ist die Hintereinanderschaltung, auch Reihen- oder Serienschaltung genannt. Bei ihr durchfließt der Strom nacheinander die sämtlichen Zünder. Bei der Parallelschaltung teilt sich der Strom und

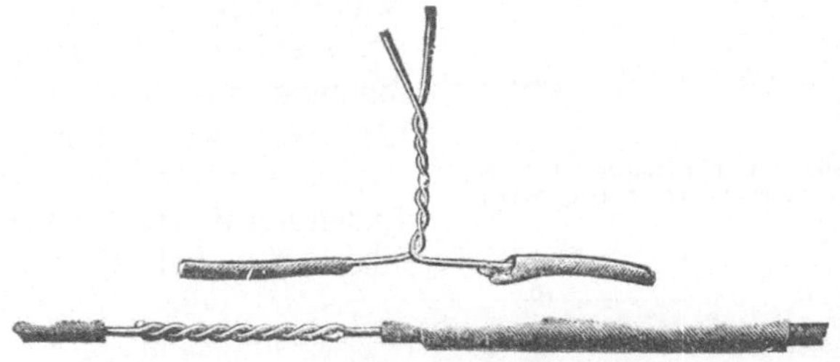

Abb. 79. Gute Leitungsverbindungen.

durchfließt gleichzeitig auf parallelen Zweigen die einzelnen Zünder. Meist pflegt man die Hintereinanderschaltung als die einfachere und sicherere zu bevorzugen.

D. Das Luft-Sprengverfahren.

97. Allgemeines. Der Gedanke, flüssige Luft als Sauerstoffträger für Sprengzwecke zu benutzen, stammt von Linde. Die Sprengpatronen werden dadurch hergestellt, daß man die mit einem Kohlenstoffträger (z. B. Ruß, Korkschleifmehl oder Carben) gefüllten Patronen durch Eintauchen in flüssige Luft tränkt. Die Sprengwirkung ist annähernd so kräftig wie beim Dynamit. Durch Verdampfen der aufgenommenen, bei —191° siedenden Flüssigkeit geht aber das Arbeitsvermögen der Patrone schnell zurück. Nach 5—15 Minuten ist sie nicht mehr explosionsfähig. Es muß also die flüssige Luft vom Erzeugungsorte zum Arbeitspunkte selbst gebracht werden. Dies geschieht in doppelwandigen

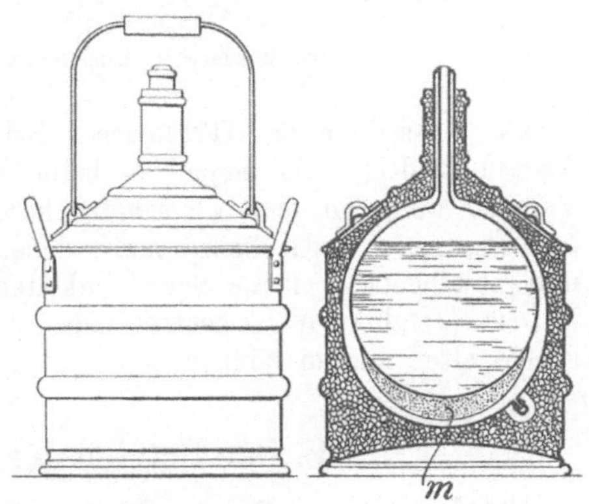

Abb. 80. Tragflasche für flüssige Luft.

Tragflaschen (Abb. 80), aus denen die Flüssigkeit in die Tauchgefäße übergefüllt wird.

98. Das Fertigmachen und Abtun der Schüsse. Der Besatz muß aus durchlässigem Stoff (z. B. Sand, bröckeligem Salzklein) bestehen, damit die auch im Bohrloche noch verdampfenden Gase entweichen können. Bei Verwendung von Letten muß ein Entgasungsröhrchen eingestampft werden.

Die Zündung der Patrone erfolgt am besten durch Vermittlung einer Sprengkapsel, die ihrerseits durch Zündschnur (Abb. 81) oder elektrische Zündung (Abb. 82) entzündet werden kann. Die Zündschnur muß zur Verhütung des vorzeitigen Zündens infolge Durchbrennens innerhalb der Patrone durch eine Hülle a (Abb. 81) geschützt sein. Die elektrischen Zünder müssen einen Zündsatz haben, in den die flüssige Luft nicht eindringt.

Da bei der elektrischen Zündung einer größeren Anzahl von Schüssen die ordnungsmäßige Schaltung der Zünderdrähte viel Zeit erfordert, benutzt man nach dem Vorschlage von Dr. Hecker mit gutem Erfolge die Zündung aus dem Bohrlochtiefsten (Abb. 83), wobei man die Sprengkapsel a mit einer Hülse b vor dem Laden der Bohrlöcher in das Bohrlochtiefste bringt und darauf die Zünderdrähte $z_1 z_2$ sämtlicher Schüsse in Ruhe ordnungsmäßig miteinander verbindet und die Zündleitung prüft. Erst danach werden die Schüsse geladen und besetzt, so daß die durch das vorherige Fertigstellen der Zündanlage gewonnene Zeit der Lebensdauer der Patronen zugute kommt.

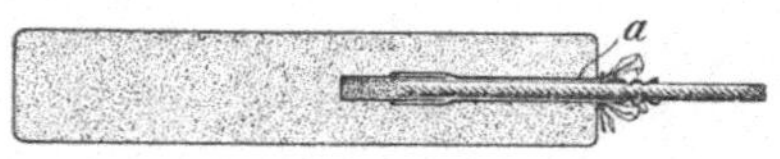

Abb. 81. Zündung einer Luftpatrone mittels geschützter Zundschnur und Sprengkapsel.

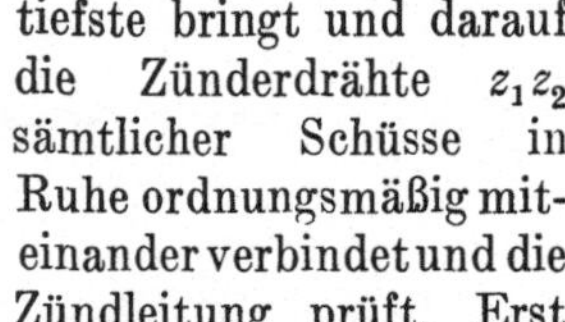

Abb. 82. Patrone mit einer Luft-Sprengkapsel.

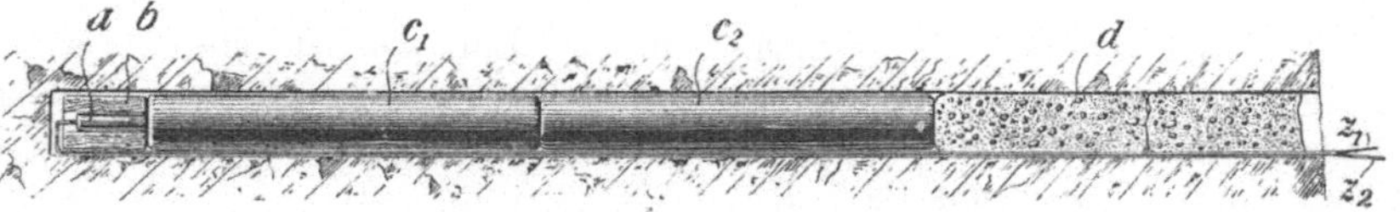

Abb. 83. Zündung aus dem Bohrlochtiefsten nach Dr. Hecker.

99. Aussichten des Verfahrens. Bei hohem Sprengstoffbedarf sind die Kosten niedriger als diejenigen beim Schießen mit festen Sprengstoffen. Voraussetzung für eine wirtschaftliche Durchführung des Verfahrens sind ferner große, weite Grubenräume, in denen der Umgang mit den Beförderungs- und Tauchgefäßen keine Schwierigkeiten macht. Für Schlagwettergruben ist das Verfahren nicht geeignet, da es bisher nicht schlagwettersicher hat ausgestaltet werden können.

E. Der Betrieb der Sprengarbeit.

100. Ladung und Besatz. Diejenige Patrone, die die Sprengkapsel in sich aufnimmt, heißt Schlagpatrone. Man bringt sie als letzte oder auch als vorletzte Patrone in das Bohrloch ein.

Als bester Besatz hat sich der Lettenbesatz bewährt. Bei abwärts gerichteten Löchern genügt auch lose eingefüllter Sand. Ein Nichtbesetzen des Schusses bedeutet stets, auch bei Dynamit, eine arge Sprengstoffvergeudung. Zudem steht bei unbesetzten Schüssen leichter ein ganzes oder teilweises Auskochen der Ladung zu befürchten, so daß durchschnittlich schlechtere Nachschwaden als bei gut besetzten Schüssen zu erwarten sind.

Das Hohlraumschießen besteht darin, daß man bei tiefen Löchern und freier, leicht zu werfender Vorgabe (s. Ziff. 101) Hohlräume zwischen den einzelnen Patronen beläßt. Man spart so an Sprengstoff, vermeidet eine allzu starke Zertrümmerung der Vorgabe und verhindert die lästige Bildung von „Brillen", d. h. das Stehenbleiben des vorderen Teiles des Bohrlochs.

Im Kalibergbau hat sich stellenweise das sog. kombinierte Schießen als vorteilhaft erwiesen, bei dem man in das Bohrlochtiefste zunächst Dynamit und darauf etwa in doppelter Ladungslänge Sprengsalpeter bringt. Auf den Sprengsalpeter folgt ein guter und fester Besatz. Die Zündung der Ladung wird ohne Sprengkapsel allein durch eine Zündschnur bewirkt, die in der Mitte der Sprengsalpeterladung endigt und hier die Explosion einleitet. Man erreicht so, daß die Vorgabe zunächst durch die allmählich sich anspannenden Gase des Sprengsalpeters angerissen wird, während das tatsächliche Durchbrechen bei der kurz darauf einsetzenden Explosion der Dynamitladung erfolgt.

101. Die Vorgabe und das Ansetzen der Schüsse. Der durch den Schuß zu lösende Gebirgsteil heißt Vorgabe. Sind beim Ansetzen der Schüsse keine freien Flächen vorhanden, zu denen der Schuß annähernd parallel an-

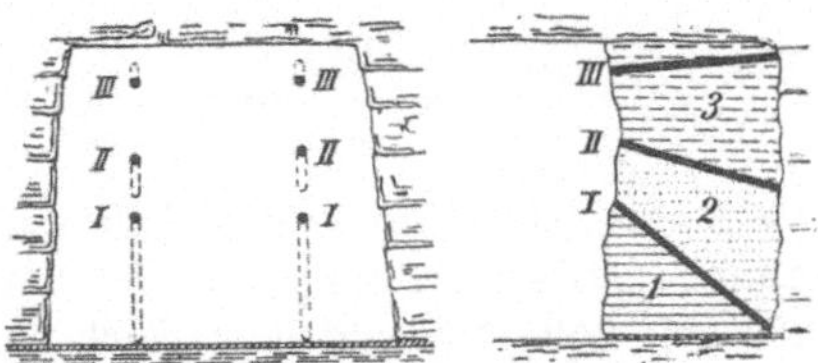

Abb. 84. Einbruch am Liegenden.

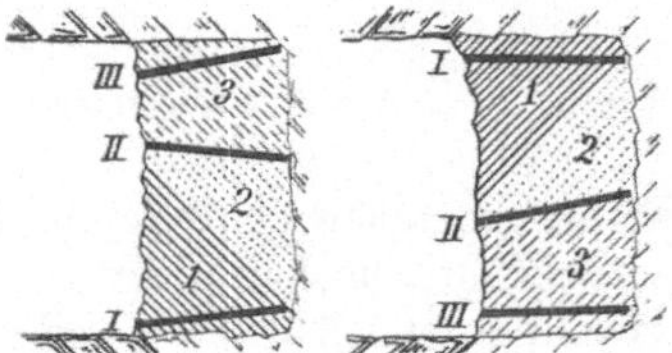

Abb. 85. Einbruch bei verschiedenem
Einfallen der Schichten.

gesetzt werden kann, so sucht man entweder durch die Sprengarbeit selbst „Einbruch" herzustellen, oder man schießt gänzlich „aus dem Vollen". Beim Einbruchschießen setzt man einen Schuß oder mehrere so an, daß zunächst aus dem vollen Gebirge ein Kegel oder Keil herausgesprengt wird, nach dessen Lösung die weiteren Schüsse annähernd parallel zu den auf diese Weise bloßgelegten Flächen angesetzt werden können. Beim Schießen aus dem Vollen werden sämtliche Schüsse etwa senkrecht auf die zu sprengende Gesteinswand und parallel zueinander abgebohrt und gleichzeitig abgetan. Man sucht beim Einbruchschießen die Schichtung des Gebirges möglichst auszunutzen. Abb. 84 zeigt das Ansetzen der Schüsse in einer streichenden Strecke, wenn am Liegenden eine glatte Ablösung vorhanden ist. Befindet sich die Ablösung am Hangenden, so müssen die mit I bezeichneten Einbruchschüsse entsprechend nach oben verlaufen. Wenn bei Querschlägen die Schichten vom Orte wegfallen, so liegt der Einbruch zweckmäßig unten (Abb. 85, links), dagegen oben, wenn sie dem Orte zufallen (Abb. 85, rechts). Fehlen gute Ablösungen, so legt man den Einbruch etwa in die Mitte des Ortes und hebt ihn mit mehreren Schüssen kegelförmig (Abb. 86) oder keilartig (Abb. 87) heraus. Die weiteren Schüsse folgen als Kranz- oder Stoßschüsse.

Bei Einbruchschießen und sorgsamem Ansetzen der Schüsse mit entsprechender Auswahl der Vorgaben spart man an Sprengstoffen und Bohrarbeit. Wo es auf große Beschleunigung der Arbeit ankommt, kann Schießen

aus dem Vollen trotz höherer Sprengstoffkosten mehr angebracht sein, weil
man nicht mehrfach zu besetzen, zu schießen und zu bereißen braucht. Die
Leistungen beim Streckenauffahren und Schachtabteufen hängen durchaus
nicht allein von der Schießarbeit, sondern hauptsächlich von einer guten Überwachung des Betriebes und strengen Innehaltung der Ordnung
bei der Arbeit ab.

102. Unglücksfälle bei der Schießarbeit können
durch frühzeitige Explosion beim Besetzen infolge
zu rauher Behandlung der Ladung eintreten.

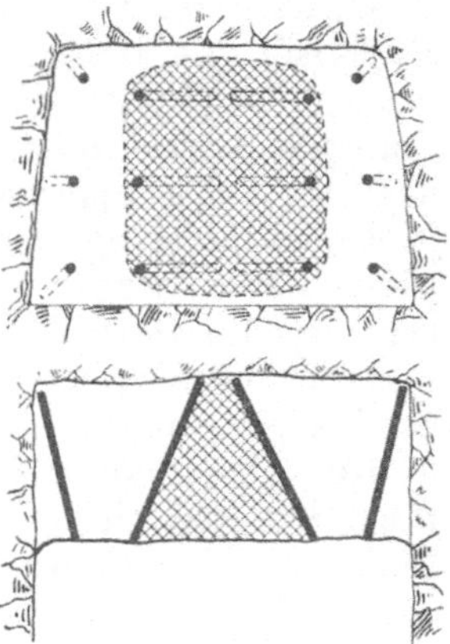

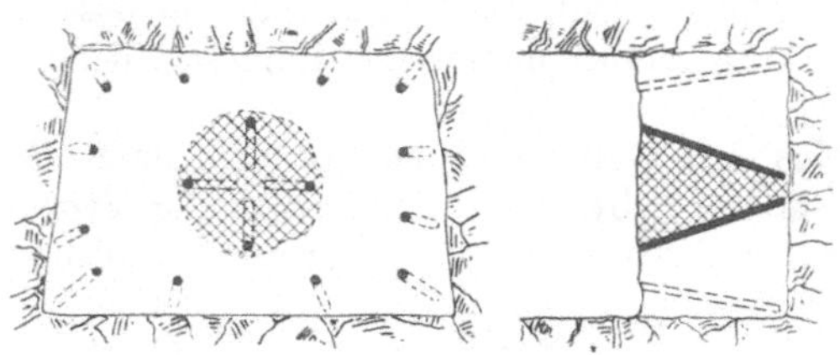

Abb. 86. Kegel-Einbruch.   Abb. 87. Keil-Einbruch.

Ferner entstehen sie dadurch, daß der Mann zu frühzeitig an den Sprengort
zurückkehrt, noch ehe der Schuß gekommen ist, sei es, weil er an ein Versagen glaubt, oder sei es, weil er in dem Knall sich getäuscht hat. Auch das
Zurückkehren zum Schußorte, noch ehe der Qualm sich verzogen| hat,
bringt dem Bergmann durch nachträglich fallendes Gestein oft den Tod.
Versager können nachträglich Unglücksfälle hervorrufen, indem unexplodiert
gebliebene Patronen zur Explosion gelangen, wenn sie vom Schlage der Keilhaue getroffen oder vom Bohrer angebohrt werden. Wenn die Nachschwaden,
wie z. B. bei ganz oder teilweise auskochenden Schüssen, Kohlenoxyd oder
Stickoxydverbindungen enthalten, sind Vergiftungen möglich. Bei der elektrischen Zündung haben sich insbesondere Spätzündungen und Zündungen
durch Streuströme als gefährlich erwiesen. Erstere können auf die Sprengladung selbst oder auf Fehler der Kapsel (z. B. Verbleiben von Sägemehl-
resten zwischen Zünd- und Knallsatz) zurückzuführen sein. Zündungen
durch Streuströme können entstehen, wenn die Zündleitungen mit Starkstromleitungen oder mit Rohrleitungen oder Schienen, die mit Starkstromleitungen in Verbindung stehen, in leitende Berührung kommen, insbesondere
also bei der Förderung mit Fahrdrahtlokomotiven.

Vierter Abschnitt.

Die Grubenbaue.

103. Überblick. Die Bezeichnung „Grubenbaue" umfaßt die Begriffe „Ausrichtung", „Vorrichtung" und „Abbau".

Unter Ausrichtung pflegt man die außerhalb der Lagerstätte zwecks deren
Aufschließung herzustellenden Räume zusammenzufassen. Die Betriebe

innerhalb der Lagerstätte gliedern sich in die Vorrichtungsbetriebe, die das Baufeld zweckmäßig unterteilen und den Abbau vorbereiten sollen, und in den Abbau selbst.

I. Ausrichtung.

A. Ausrichtung von der Tagesoberfläche aus.

(Stollen und Schächte.)

104. Stollen sind söhlig oder nahezu söhlig in Gebirgsgegenden von den Bergabhängen aus aufgefahrene Grubenbaue, die entweder in der Lagerstätte selbst oder in querschlägiger Richtung hergestellt werden. Ein Beispiel gibt Abb. 88, die auch erkennen läßt, daß man das Vortreiben des

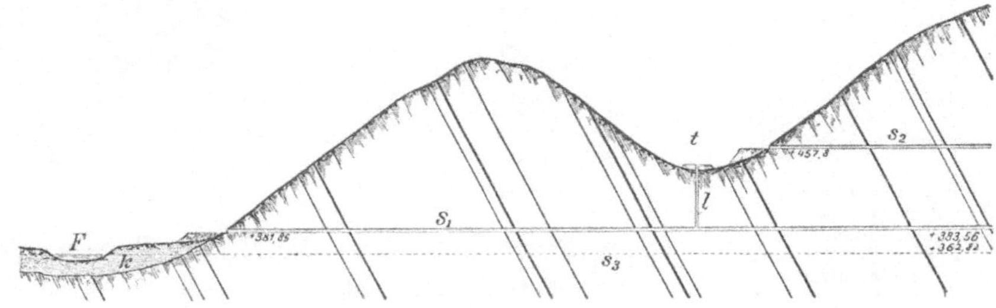

Abb. 88. Stollen mit Lichtloch.

Stollens s_1 durch Herstellung von kleinen Schächten („Lichtlöchern" l), die weitere Angriffspunkte liefern und gleichzeitig zur Wetterführung und Förderung dienen, abkürzen kann.

Außer zur Ausrichtung können Stollen auch zur Wasser- und Wetterlösung dienen; solche Stollen haben namentlich früher vielfach bedeutende Längen erlangt. Ein Beispiel ist der Mansfelder „Schlüsselstollen", der 31 km lang ist und über 3½ Millionen Mark gekostet hat.

105. Bedeutung, Arten und Lage der Schächte. Im ebenen Gelände beginnt die Ausrichtung durch Schächte. Die durch diese aufgeschlossenen Gruben heißen Tiefbaugruben, im Gegensatz zu den Stollengruben.

Werden die Schächte im Einfallen der Lagerstätten niedergebracht, so heißen sie „tonnlägig", im Gegensatz zu den senkrecht hergestellten seigeren oder „Richtschächten".

Tonnlägige Schächte haben verschiedene Vorteile. Während des Abteufens lernt man das Verhalten der Lagerstätten kennen und macht die Arbeit mehr oder weniger durch gewonnene Mineralien bezahlt. Auch fallen Querschläge zwischen Schacht und Lagerstätten fort. Dagegen kommen anderseits die Schächte wesentlich stärker in Druck als seigere Schächte und sind für die Förderung ungünstig wegen der längeren Förderwege und des starken Verschleißes der Fördergestelle, Schachtleitungen und Seile. Auch eignen sie sich nicht für gefaltete Lagerstätten und für solche, über denen Deckgebirge liegt.

Seigere Schächte werden daher heute in den meisten Fällen bevorzugt.

106. Der Schachtquerschnitt (die „Schachtscheibe") ist bei uns heute meist kreisrund, untergeordnet rechteckig; andere Formen treten ganz zurück. Die einzelnen Abteilungen der Schachtscheibe heißen „Trumme" oder „Trümmer".

Ein Beispiel für eine rechteckige Schachtscheibe bietet Abb. 89.

Kreisrunde Schächte haben gegenüber den rechteckigen wichtige Vorteile. Sie sind gegen den Gebirgsdruck widerstandsfähiger als rechteckige Schächte, haben ein günstigeres Verhältnis zwischen Umfang und Querschnitt

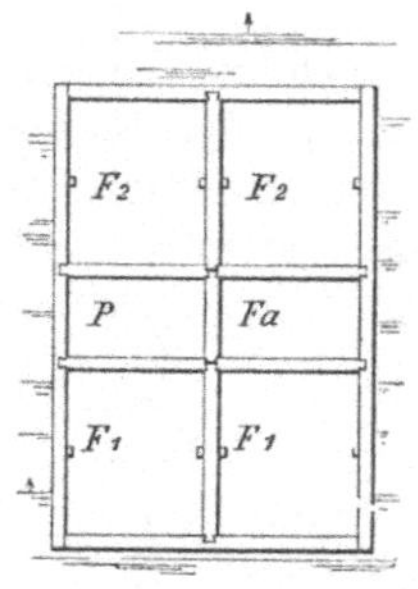

Abb. 89. Rechteckige Schachtscheibe für Doppelförderung.
$F_1 F_2$ = Fördertrumme
Fa = Fahrtrumm
P = Pumpentrumm

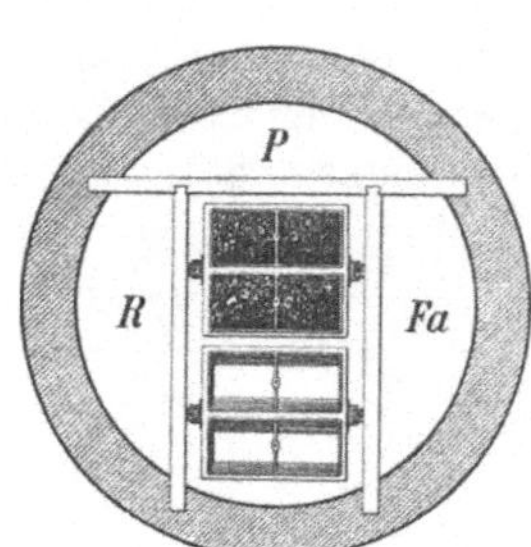

Abb. 90. Einfache Förderung, Schachtdurchmesser 5,0 m.

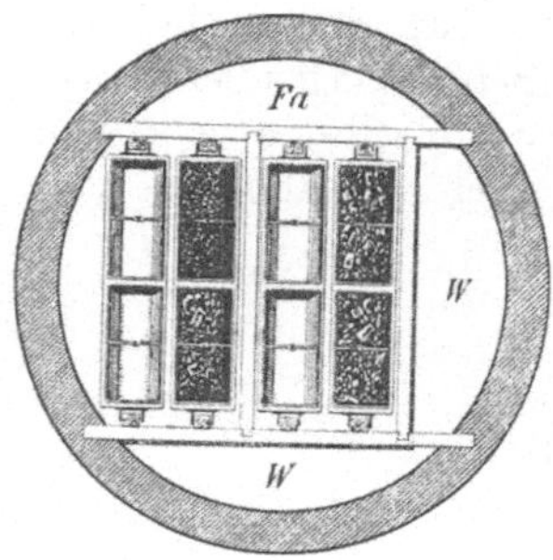

Abb. 91. Doppelförderung, Schachtdurchmesser 5,5 m.

Beispiele für kreisrunde Schachtscheiben.

und lassen sich in Mauerung, Beton, Schmiede- und Gußeisen ausbauen, während rechteckige Schächte auf den Ausbau in Holz oder Profileisen beschränkt sind. Auch können nur runde Schächte wasserdicht ausgebaut werden. Abb. 90 zeigt eine Schachtscheibe für die Förderung mit breiten Fördergestellen, Abb. 91 eine solche für die Förderung mit langen Förderkörben. Für die Einteilung der Schachtscheibe ist der Grundriß der auf der Grube in Verwendung stehenden Förderwagen maßgebend.

Der Durchmesser beträgt bei neuen Schächten für Doppelförderung vielfach 6—7 m. Für Nebenschächte, die für besondere Zwecke (Bewetterung einzelner Feldesteile, Förderung von Versatzmassen u. dgl.) dienen, kommt man unter Umständen schon mit Durchmessern von 1—1,5 m aus.

B. Ausrichtung vom Schachte aus.

107. Sohlenbildung. Die Sohlenbildung ist in den meisten Fällen notwendig, weil dadurch eine zweckmäßige Zerlegung des ganzen, für den Abbau in Betracht kommenden Gebirgskörpers in einzelne Höhenabschnitte ermöglicht wird, die in der Reihenfolge von oben nach unten abgebaut werden.

Bei ganz flacher oder nur ganz schwach und sehr regelmäßig geneigter Lagerung kann man im Steinkohlenbergbau jedes Flöz als eine Sohle für sich benutzen, indem alle Förder-, Fahr- und Wetterwege im Flöze hergestellt und Gesteinsarbeiten fast gänzlich vermieden werden.

Ist die Lagerung unregelmäßig (z. B. flachwellig) und die durchschnittliche Flözmächtigkeit nur gering, so läßt sich eine solche Sohlenbildung überhaupt nicht mehr durchführen. Daher ist es bei solchen Lagerungsverhältnissen vorzuziehen, eine Sohle mit ihren verschiedenen Fahr- und Wetterwegen unterhalb der Lagerstätten vollständig im Gestein herzustellen und von diesem Netze von streichenden und querschlägigen Gesteinstrecken aus die Lagerstätten durch kleine seigere Aufbrüche zu lösen.

Für die Sohlenabstände sind einerseits die auf einer Sohle zu erschließende Mineralmenge und anderseits die Anlage- und Unterhaltungskosten der verschiedenen Sohlenstrecken und Querschläge maßgebend. Im Steinkohlenbergbau betragen die Sohlenabstände bei flacher Lagerung 50 bis 70 m, bei steiler 130—150 m. Planmäßiger Unterwerksbau (siehe den nächsten Absatz) ermöglicht größere Sohlenabstände.

Gewöhnlich geht der Betrieb oberhalb der Fördersohle um. Jedoch kann man auch „Unterwerksbau" betreiben, bei dem die Gewinnungspunkte unterhalb der Sohle liegen. Der Unterwerksbau kommt teils für einzelne, nicht von der unteren Sohle aus zu erreichende Flözteile (infolge von Gebirgstörungen, Mulden, Markscheiden), teils auch in der Weise in Anwendung, daß von einer Sohle aus die Gewinnung planmäßig sowohl nach oben als auch nach unten erfolgt. Das letztere Verfahren ermöglicht größere

Sohlenabstände und bietet in schlagwetterreichen Flözen den Vorteil, daß für die unter der Sohle liegenden Baue die Vorrichtungsbetriebe abfallend hergestellt werden können.

108. Wettersohle. In schlagwetterführenden Steinkohlenbergwerken mit Deckgebirge muß unter

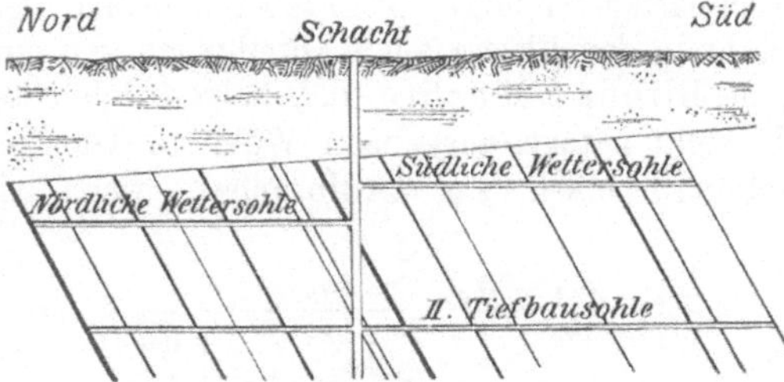

Abb. 92. Wettersohle unter dem Mergel in Westfalen.

diesem für die erste Sohle eine Wettersohle (Abb. 92) hergestellt werden, um die Betriebe auf der Sohle aufsteigend bewettern zu können. Ist das Deckgebirge wasserführend, so ist bei der Anlage der Wettersohle der erforderliche Sicherheitspfeiler nach oben inne zu halten. In Abb. 92 ist wegen des nördlichen Einfallens der Oberfläche des Steinkohlengebirges unter dem Deckgebirge die nördliche Wettersohle tiefer angesetzt als die südliche.

Beim Vorrücken in größere Tiefen wird jede Fördersohle später als Wettersohle für die nächstfolgende Fördersohle benutzt.

109. Ausrichtungsbaue sind:

a) Hauptquerschläge, die, vom Schacht ausgehend, das ganze Baufeld quer zum Streichen durchörtern und Hauptförder- und wetterwege sind (Abb. 93).

b) Richtstrecken, die tunlichst geradlinig im Streichen der Gebirgschichten aufgefahren werden und ebenfalls als Hauptförder- und wetterwege dienen (Abb. 93, rechts).

c) Abteilungsquerschläge, die meist an Richtstrecken angeschlossen werden und gleichlaufend mit dem Hauptquerschlage verlaufen (Abb. 93, rechts). Sie zerlegen das Baufeld in Bauabteilungen. Die Abstände der Abteilungsquerschläge schwanken entsprechend der Länge der Bauabteilungen im allgemeinen zwischen 300—600 m, doch kommen in besonders

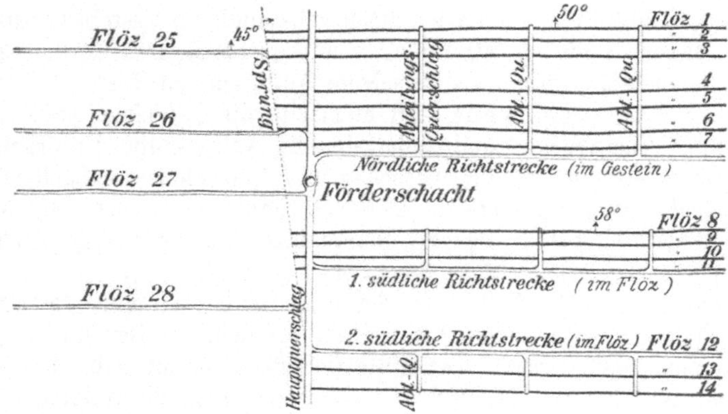

Abb. 93. Verschiedene Ausrichtung in einem festen, flözarmen (links) und einem druckhaften, flözreichen (rechts) Gebirgsmittel.

druckhaftem Gebirge, bei großer Flözmächtigkeit und bei starker Brandgefahr in den Flözen auch Abteilungen von nur 100—200 m Länge vor.

d) Blinde Schächte, d. h. seigere Schächte, die nicht zutage ausgehen. Während der Herstellung heißen sie „Aufbrüche", wenn sie

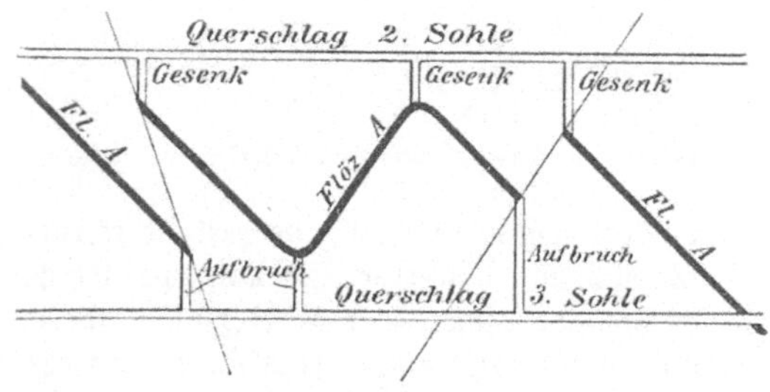

Abb. 94. Lösung von nicht bis zur Sohle reichenden Flözteilen durch blinde Schächte.

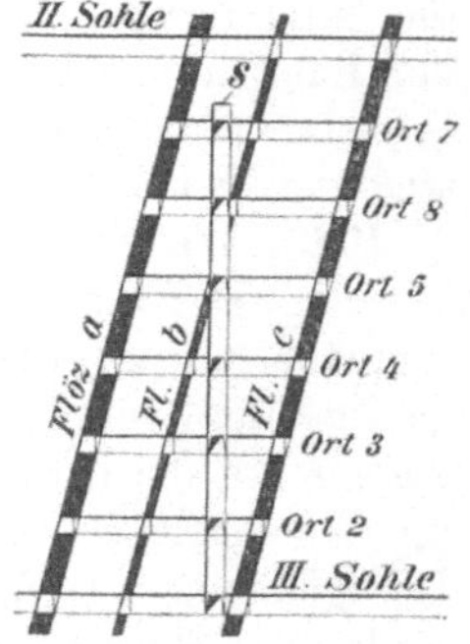

Abb. 95. Lösung einer kleinen Flözgruppe durch einen Stapelschacht.

von unten herauf, „Gesenke", wenn sie von oben herab hergestellt werden.

Große blinde Schächte sind solche, die von einer Stollensohle aus abgeteuft sind und die gesamte Förderung der Grube dem Stollen zuzuheben haben, oder solche, die zwei Fördersohlen miteinander verbinden und zur Entlastung eines durch die Förderung stark in Anspruch genommenen Hauptförderschachtes dienen, auch zur Aus- und Vorrichtung einer neuen Sohle nutzbar gemacht werden können.

Kleine Aufbrüche oder Gesenke ergeben sich aus der Notwendigkeit, Lagerstättenteile zu lösen, die infolge einer Mulden- oder Sattelbildung oder infolge einer Gebirgstörung oder ihrer Lage zur Markscheide nicht bis zur oberen oder unteren Sohle durchsetzen (Abb. 94).

Beim **Gruppenbau** werden mehrere gruppenweise auftretende Flöze durch einen blinden Schacht, der hier „**Stapel**" oder „**Stapelschacht**" heißt, gelöst (Abb. 95) und von diesem aus durch **Ortsquerschläge** zusammengefaßt. Solche Stapelschächte sind bedeutend leistungsfähiger als Bremsberge (s. Ziff. 118), auch geraten sie weniger in Druck als diese. Bei stärkerer Belastung pflegt man sie durch Absetzen an einer Zwischensohle in zwei selbständige Stapel zu zerlegen, um ihre Leistungsfähigkeit zu erhöhen. Stapelschächte kommen hauptsächlich für mittleres und steiles Einfallen zur Anwendung. Der Abstand der Stapelschächte in der Streichrichtung entspricht demjenigen der Abteilungsquerschläge.

II. Vorrichtung.

110. Vorrichtungsbaue. Die Vorrichtung soll in den Lagerstätten die den Abbau vorbereitenden Baue schaffen. Diese sollen das Baufeld unterteilen und dienen im übrigen für die Förderung, Fahrung und Wetterführung. Sie können im **Streichen** und **Einfallen** und unter Umständen diagonal verlaufen. Wir unterscheiden als streichende Strecken **Grund-** oder **Sohlenstrecken**, **Teilsohlenstrecken** und **Abbaustrecken** und als Vorrichtungsbetriebe im Einfallen **Überhauen**, **Abhauen**, **Durchhiebe**, **Bremsberge** und **Rollöcher.**

111. Bauabteilungen. Die Notwendigkeit, eine größere Zahl von Angriffspunkten zu erhalten und die Abförderung der gewonnenen Mineralien zu beschleunigen, führt zur Zerlegung des Baufeldes in Bauabteilungen, die besonders bei gruppenweisem Auftreten der Lagerstätten wichtig sind. Das wichtigste Hilfsmittel sind die Abteilungsquerschläge, die (vgl. Abb. 93, rechts) an streichende Hauptförderstrecken angeschlossen werden und denen das Fördergut durch Bremsberge oder Stapel zugeführt wird. Durch Bildung von Bauabteilungen vermeidet man ferner das lange Offenhalten von Förder- und Wetterstrecken in den einzelnen Flözen, da diese Strecken nur während des Abbaues einer Abteilung unterhalten zu werden brauchen, und ermöglicht die Bewetterung der einzelnen Abteilungen mit Teilströmen.

Neuerdings hat man verschiedentlich die Entfernungen zwischen den Abteilungsquerschlägen größer gewählt und dafür etwa in Abständen von je 100 m jeweilig neue Ortsquerschläge für die gelöste Flözgruppe hergestellt, wobei dann mit dem Vorrücken des Abbaues die weiter zurückliegenden Querschläge nebst den zugehörigen Flözstrecken-Teilstücken abgeworfen wurden.

Die **streichende Länge** der vorzurichtenden Bauabschnitte wird bei der gewöhnlichen Bremsbergförderung in mächtigen Flözen geringer als in schmalen genommen wegen des starken Gebirgsdruckes und des langsameren Verhiebes.

Ferner werden die Baulängen bei druckhaftem Nebengestein geringer gewählt, um die Abteilungen vor Einsetzen eines zu starken Druckes in den Förderstrecken wieder abwerfen zu können. Dagegen tritt die Rücksicht auf die Förderung zurück, da die Schlepperhaspel (Ziff. 338) und Abbaulokomotiven (Ziff. 347) diese von der früheren Schlepperförderung unabhängig machen.

Im allgemeinen kommen Längen von etwa 80—300 m in Betracht.

Beim Abbau mit wandernden Bremsbergen (Ziff. 134) sowie beim Rutschenbau (Ziff. 138 u.f.) tritt die Bedeutung der Einteilung des Baufeldes vor Eröffnung des Abbaues zurück.

Die **flache Bauhöhe** soll so groß sein, daß die Bremsberg- und Rutschenförderung genügend ausgenutzt wird, anderseits aber so niedrig bemessen werden, daß man die gewonnenen Massen rasch abfördern und die Verschlechterung und Erwärmung der Wetter bis zu den obersten Betrieben in mäßigen Grenzen halten kann.

Bei flacher Lagerung tritt deshalb zur Bildung der Abteilungen in **streichender Richtung** noch die Zerlegung im **Einfallen** durch die Bildung von **Teilsohlen**, die mit Hilfe von Blindschächten an die Abteilungsquerschläge angeschlossen werden. Im allgemeinen rechnet man mit flachen Bauhöhen von 80—150 m.

III. Das Auffahren der Aus- und Vorrichtungsbetriebe.

112. Querschläge. Die Querschläge werden heute durchweg unter Benutzung von Bohrhämmern aufgefahren. Der Ausbau richtet sich nach den Gebirgsverhältnissen.

Die Wasserseige wird in der Regel, um die Bahn für die vollen Förderwagen möglichst weit von ihr entfernt halten zu können, an einem Stoß nachgeführt.

Für das Ansteigen kommt außer der Rücksicht auf den Wasserabfluß diejenige auf einen möglichst geringen und gleichmäßigen Kraftaufwand in Betracht. Sind leere Wagen ins Feld zu fahren, so wählt man etwa ein Ansteigen von 1:200 bis 1:250. Müssen Versatzberge ins Feld gefördert werden, so wird das Ansteigen vielfach geringer (1:500 bis 1:1000) genommen; man findet sogar „totsöhlig" aufgefahrene Querschläge, sofern die Rücksicht auf die Wasserabführung sie zuläßt. Durch die Verringerung des Gefälles erzielt man auch den Vorteil, daß die flache Bauhöhe vom Schacht zu den Feldesgrenzen hin sich wenig ändert.

113. Richtstrecken, die ihre Hauptbedeutung für Steinkohlengruben mit zahlreichen Flözgruppen und großen streichenden Baulängen haben, sollen die Förderung der Abteilungsquerschläge sammeln und dem Hauptquerschlage zuführen (Abb. 93, rechts). Sie müssen möglichst dem Gebirgsdruck entzogen werden, um Störungen der Förderung durch Brüche zu verhüten. Man fährt sie daher vielfach in unbauwürdigen Flözen mit gutem Nebengestein oder ganz in besonders festem Nebengestein auf. Im letzteren Falle kann man sie völlig geradlinig treiben, was besonders bei flacher Lagerung vorteilhaft ist.

114. Blinde Schächte erhalten meist rechteckigen Querschnitt, werden aber neuerdings bei größeren Ansprüchen an die Leistungsfähigkeit und Standdauer auch mit Kreisquerschnitt hergestellt. Sie werden ein- und zweitrümmig ausgeführt. Eintrümmig baut man in der Regel Stapelschächte aus, weil bei diesen durchweg mehrere Anschlagspunkte vorhanden sind. Solche Blindschächte brauchen (Abb. 96) außer dem Förder- und Fahrtrumm nur noch ein Trumm für das Gegengewicht, das hier der Raumersparnis halber lang und schmal gehalten wird. Zweitrümmige Bremsschächte sind leistungsfähiger; sie werden bevorzugt, wenn jedesmal nur ein Anschlagspunkt vorhanden ist.

Die blinden Schächte werden meist durch Aufbrechen von unten hergestellt, wobei man wegen der einfachen Förderung und Wasserlösung große Leistungen erzielen kann. Die gewonnenen Berge bleiben, soweit sie in einem Trumm des Aufbruchs Platz finden, hier liegen, um die auf einer Bühne stehenden Hauer vor Absturz noch weiter zu sichern. Die einzelnen Abteilungen des Querschnitts (Bergetrumm, Fahrtrumm, Wetter- und Holzfördertrumm) verteilt man am besten entsprechend der endgültigen Einteilung, damit

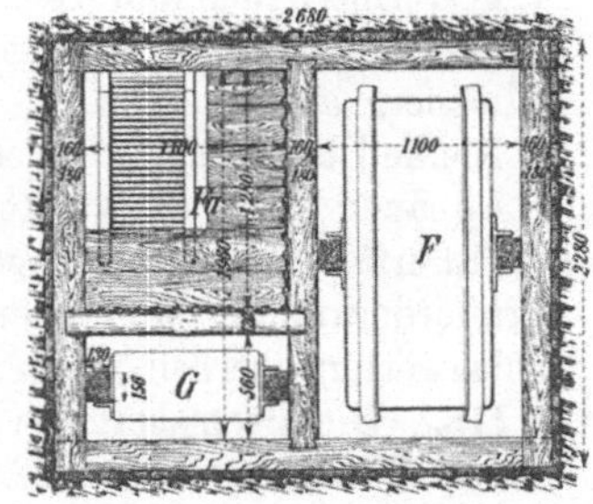

Abb. 96. Querschnitt eines eintrümmigen Blindschachtes.

der endgültige Ausbau gleich beim Hochbrechen eingebracht werden kann. Die infolge der Auflockerung in dem Bergetrumm nicht Platz findenden Berge müssen unten mittels eines Schiebers abgezogen werden. Auch kann man für diese überschüssigen Bergemengen ein besonderes Rolloch einrichten. Die Holzförderung erfolgt durch eine einfache Rolle, die oben aufgehängt und über die ein Seil geführt wird.

115. Grundstrecken. Die Grund- oder Sohlenstrecken dienen zur Erkundung des Verhaltens von Lagerstätte und Nebengestein sowie zur Vorrichtung weiter im Streichen liegender Bauabteilungen. Nach Beendigung des Abbaues über ihnen sind sie Wetterstrecken für den tiefer umgehenden Abbau.

Um die Bewetterung zu erleichtern und für den Fall eines Streckenbruches den Leuten einen Fluchtweg offen zu lassen, fährt man Grundstrecken entweder mit Begleitort auf, indem man den Sohlenpfeiler anstehen läßt und in zweckmäßigen Abständen Wetterdurchhiebe in

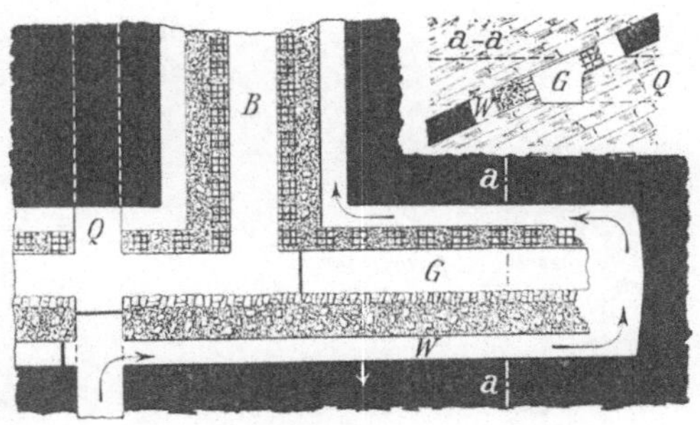

Abb. 97. Breitauffahren einer Grundstrecke.

ihm herstellt, — oder man treibt sie durch „Breitauffahren" zu Felde, d. h. man gewinnt die Kohle in solcher Breite, daß die Berge vom Bahnbruch untergebracht werden können, und spart im Versatz eine Wetterrösche aus. Letzterer Betrieb (Abb. 97) wird wegen seiner einfachen und günstigen Bewetterung, wegen der Entlastung der Strecke vom Gebirgsdruck nach dem Zusammenpressen des Versatzes, wegen der guten Hauerleistung und der vollständigen Gewinnung der Kohle in frischer und stückreicher Beschaffenheit bevorzugt.

116. Teilsohlenstrecken (vergl. Ziff. 111) finden besonders bei flacher Lagerung wegen der wesentlich größeren Bauhöhe Verwendung, da hier ihre

Vorteile — Erhöhung der Zahl der Angriffspunkte und Verkürzung der Förder- und Wetterwege — voll zur Geltung kommen.

Die zwischen den einzelnen Sohlen- und Teilsohlenstrecken getriebenen Abbaustrecken werden im Abschnitt „Abbau" besprochen.

117. Überhauen und Abhauen. Überhauen werden teils als solche dauernd benutzt (Fahr- und Wetterüberhauen), teils später zu Bremsbergen oder Rollöchern ausgebaut.

Kleine Überhauen zwischen zwei Abbaustrecken nennt man „Durchhiebe".

Abhauen haben die vorstehend genannten Aufgaben für den Unterwerksbau zu erfüllen. Sie haben gegenüber den Überhauen den Nachteil der Aufwärtsförderung der Mineralien. zeichnen sich aber vor den Überhauen durch Schlagwettersicherheit während der Herstellung aus.

118. Die Bremsberge (vgl. Ziff. 348 u. f.) sind die wichtigsten schwebenden Vorrichtungsbetriebe. Sie finden bei flacher sowohl wie bei steiler Lagerung Verwendung. „Örterbremsberge" sind Bremsberge mit Zwischenanschlägen, die die von einer Anzahl Abbaustrecken gelieferte Fördermenge der nächsten Sohlen- oder Teilsohlenstrecke zuführen sollen. Sie werden durchweg für eintrümmige Förderung eingerichtet und nur verhältnismäßig kurze Zeit benutzt. „Transportbremsberge" sind solche, die das auf einer Teilsohle angekommene Fördergut zur Hauptfördersohle herunterfördern, also länger betriebsfähig bleiben sollen. Sie fassen meist die Förderung von mehreren Örterbremsbergen zusammen.

Für jedes Bremsbergfeld ist eine **Fahrverbindung** von unten nach oben vorzusehen. Bei zweiflügeligem Betriebe wird vielfach für jeden Bauflügel eine solche Verbindung hergestellt, doch kann man auch mit einem einzigen Fahrüberhauen auskommen und dieses durch Umbrüche auf den einzelnen Strecken mit der andern Seite verbinden, sofern nicht (bei flacher

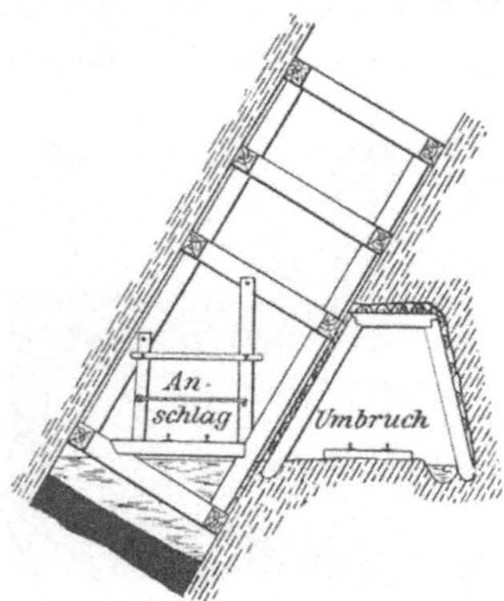

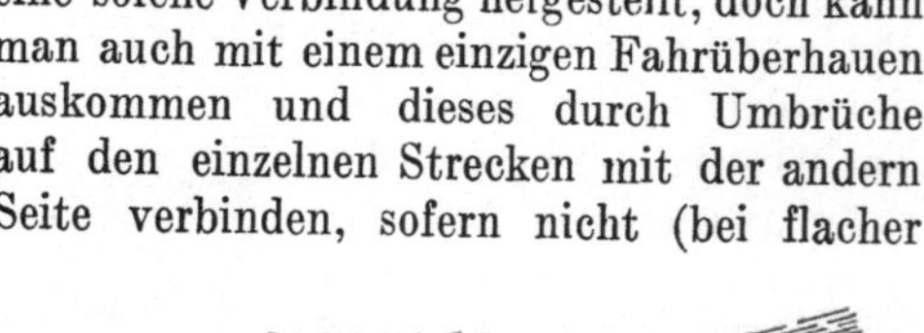

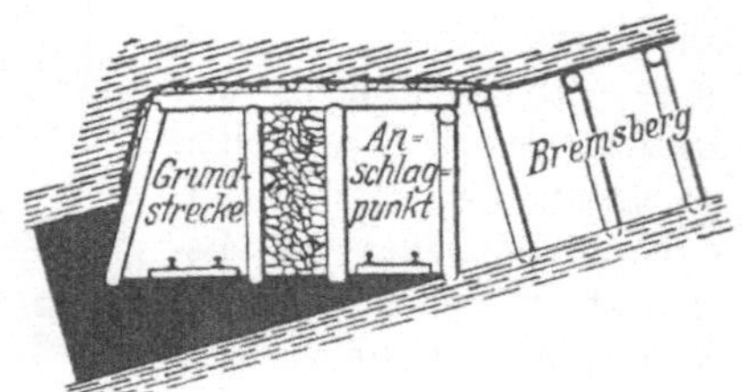

Abb. 98. Bremsberganschlag mit Umbruch im Liegenden bei steilerem Einfallen.

Abb. 99. Bremsberganschlag mit Bergemauer bei flacher Lagerung.

Lagerung) der Bremsberg selbst mit einer Fahrabteilung ausgerüstet werden kann.

Am Fuße der Bremsberge sind Vorkehrungen zum Schutze der Grundstrecke gegen abstürzende Wagen zu treffen, auch ist hier in der Regel ein wetterdichter Abschluß zur Verhütung von Wetterverlusten durch den Bremsberg vorzusehen. Einen Anschlag mit Umbruch im Liegenden zeigt Abb. 98, einen solchen mit Umbruch im Hangenden und Abschluß durch Bergemauer Abb. 99.

119. Rollöcher (Rollkasten, Rollen) bilden bei steilerer Lagerung einen billigen Ersatz für Bremsberge. Sie eignen sich in erster Linie für Fördergut, das einer rauhen Behandlung ausgesetzt werden kann (Erze, Salze, Versatzberge, Braunkohle). Im Steinkohlenbergbau beschränkt ihre Verwendung sich für größere Förderhöhen fast ausschließlich auf die Bergeförderung; für geringere Höhen werden sie neuerdings auch wieder zur Kohlenförderung benutzt. Sie müssen mit einer Schutzverkleidung ausgerüstet und mit einer Fahrabteilung versehen werden, damit Verstopfungen gefahrlos beseitigt werden können. Auch kann man sie durch Abkleiden eines Trummes in Blindschächten herstellen. Ein Beispiel gibt Abb. 100.

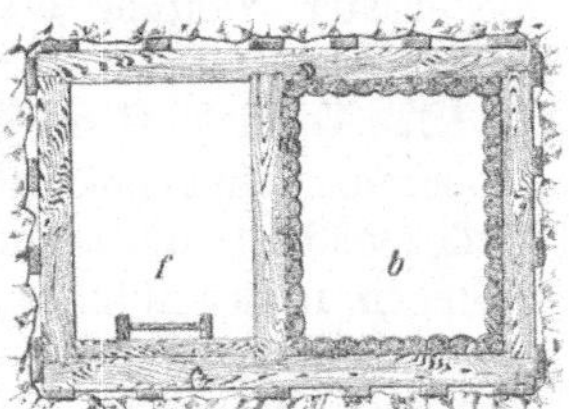

Abb. 100. Bergerolloch mit Fahrtrumm.

IV. Abbau.

120. Allgemeine Erfordernisse. Für den Abbau ist zunächst Vollständigkeit der Gewinnung der vorhandenen Mineralien wesentlich. Der sog. „Raubbau", d. h. die Beschränkung des Abbaues auf die wertvollsten Lagerstätten und Lagerstättenteile, ohne Rücksicht auf die Möglichkeit einer späteren Gewinnung der restlichen Teile, ist zu verwerfen.

Die Reihenfolge im Abbau der einzelnen Flöze ist so zu wählen, daß der spätere Abbau durch den vorhergegangenen möglichst wenig erschwert und gefährdet, vielmehr nach Möglichkeit erleichtert wird. Hiernach wird in der Regel, besonders bei flacher Lagerung und beim Abbau ohne Versatz, das hangende Flöz vor dem liegenden abgebaut. Doch erleidet diese Regel je nach der Flözmächtigkeit, der Kohlenbeschaffenheit, der Gasentwicklung, der Gesteinsbeschaffenheit und dem Abbauverfahren mannigfache Ausnahmen.

Der Abbau soll der Vorrichtung so rasch wie möglich folgen.

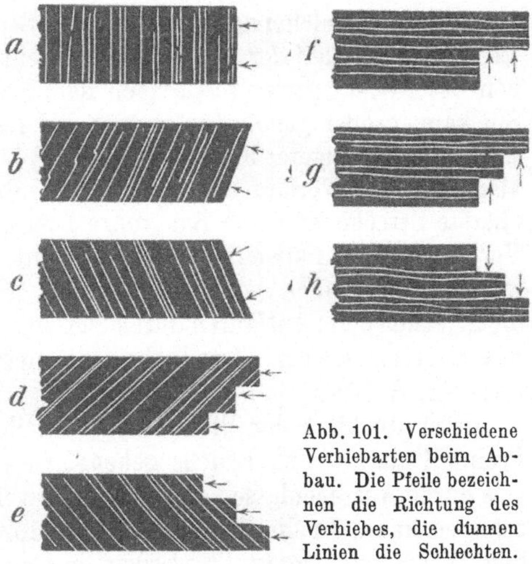

121. Unterschiede. Bei Bremsbergförderung unterscheidet man den einflügeligen und den zweiflügeligen Abbau. Im allgemeinen wird der zweiflügelige bevorzugt, da er die doppelte Angriffsfläche und Fördermenge liefert. Seinem Grundgedanken nach einflügelig ist der Strebbau mit wandernden Bremsbergen (Ziff. 134) und der Rutschenbau (Ziff. 138 u. f.).

Abb. 101. Verschiedene Verhiebarten beim Abbau. Die Pfeile bezeichnen die Richtung des Verhiebes, die dünnen Linien die Schlechten.

Man unterscheidet drei Hauptgruppen von Abbauarten, nämlich:

1. den Bruchbau,
2. den Abbau mit völligem oder teilweisem Bergeversatz und
3. den Abbau mit Bergfesten.

Grundsätzlich verdient der Abbau mit Bergeversatz den Vorzug, da er bei möglichster Wahrung des Zusammenhangs des Gebirges den vollständigsten Abbau gestattet.

122. Verhieb. Beim Abbau werden durch die Abbaustrecken einzelne Stöße abgegrenzt, die gemäß Abb. 101 in verschiedener Weise angegriffen werden. Maßgebend ist dabei einmal der Verlauf der Schlechten in der Kohle (Ablösungen, in der Abbildung durch weiße Linien angedeutet), da ein senkrecht gegen diese gerichtetes Vorgehen die Gewinnung wesentlich erleichtert. Außerdem kommt namentlich bei steilem Einfallen die Gefahr des Stein- und Kohlenfalles in Betracht. Gegen den Steinfall sichert man sich durch Voranstellen des unteren Teiles, gegen den Kohlenfall durch Voranstellen des oberen Teiles des Stoßes. Der schwebende oder abfallende Verhieb eignet sich für stärkere Flözneigung.

A. Abbauverfahren ohne Unterstützung des Hangenden.

123. Pfeilerbau. Von den hier in Betracht kommenden Abbauarten ·ist der Pfeilerbau die wichtigste. Bei ihm geht dem eigentlichen Abbau eine Einteilung des Baufeldes durch Abbaustrecken in einzelne Pfeiler voraus, damit man den alten Mann, den man zu Bruche gehen läßt, beim Abbau hinter sich lassen, d. h. an der Grenze des Baufeldes („Pfeilerrückbau") den Abbau beginnen kann. Wegen des Zubruchbauens des Hangenden heißt der Pfeilerbau auch „Pfeilerbruchbau".

124. Der streichende Pfeilerbau. Die Stärke der Pfeiler, die im umgekehrten Verhältnis zur Zahl der Abbaustrecken steht, richtet sich nach der Beschaffenheit des Nebengesteins sowie nach dem Fallwinkel und der Flözmächtigkeit. Sie kann größer genommen werden bei festem Nebengestein, steilerem Fallwinkel und geringerer Flözmächtigkeit. Auf gleichbleibende Stärke der Pfeiler, also parallelen Verlauf der Abbaustrecken ist besonderer Wert zu legen. Die oberste Strecke muß die Baugrenze zuerst erreichen, da beim Rückbau der Verhieb mit dem obersten Pfeiler beginnt. Die übrigen Strecken und Pfeiler folgen in Abständen von 5—10 m nach. Wie Abb. 102 erkennen läßt, können die Strecken beim Auffahren durch Durchhiebe zwischen den einzelnen Strecken mit angeschlossenen Wetterscheidern oder -lutten bewettert werden (vgl. Ziff. 212, S. 109).

Beim Rückbau der Pfeiler ist bei steiler Lagerung eine Sicherung gegen Steinfall aus dem zu Bruche gehenden alten Mann über ihnen erforderlich, was durch Anstehenlassen einer Schwebe am oberen Rande eines jeden Pfeilers erfolgen kann. In dieser müssen (Abb. 102) etwa alle 5 m Durchbrüche für den Wetterzug hergestellt werden, der einfach an sämtlichen Pfeilerstößen entlang nach oben steigt. Vielfach ersetzt man aber die Schwebe wegen der großen Kohlenverluste durch einen Stempelschlag in der Sohle jeder Abbaustrecke oder (in dünneren Flözen) durch die vom Nachreißen der Strecken stammenden Berge. Der Grundstreckenpfeiler wird, soweit er nicht schon bei der Vorrichtung mit Versatz abgebaut ist, zum Schutze der Grundstrecken und späteren Wetterstrecken anstehen gelassen. Auch der Bremsberg muß durch Sicherheitspfeiler geschützt werden, falls er nicht schon vorher in Bergeversatz gesetzt worden ist. Die Wiedergewinnung der Sicherheitspfeiler ist wegen des später immer mehr steigenden Gebirgsdruckes vielfach unmöglich, daher ihr Ersatz durch Bergeversatz stets anzustreben.

125. Der schwebende und diagonale Pfeilerbau. Beim schwebenden und diagonalen Pfeilerbau werden die Vorrichtungstrecken schwebend bzw. diagonal aufgefahren und sodann die Pfeiler in umgekehrter Richtung zurückgebaut. Die Verfahren kommen nur bei flacher Lagerung in Betracht und sind wegen der Schlagwettergefahr infolge der ansteigenden Streckenbetriebe nicht zu empfehlen.

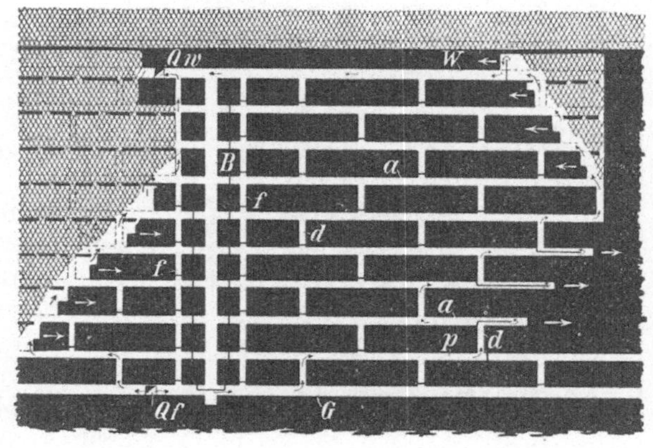

Abb. 102. Schema des Streckenbetriebes und Abbaues beim streichenden Pfeilerbau. *G* Grundstrecke, *p* Begleitort, *Qf* Förderquerschlag, *Qw* Wetterquerschlag, *B* Bremsberg, *f* Fahrüberhauen, *W* Wetterstrecke, *aa* Abbaustrecken, *dd* Durchhiebe.

126. Beurteilung. Der Pfeilerbau hat den Vorzug der allgemeinen Anwendbarkeit in allen solchen Lagerstätten, in denen nicht reichlicher Bergefall oder die Notwendigkeit, die Hohlräume auszufüllen, ohne weiteres zum Abbau mit Versatz nötigen.

Dagegen ergeben sich beim Pfeilerbau Kohlenverluste von 20—30% und mehr. Die Wetterführung ist sehr ungünstig, sowohl an und für sich als auch wegen der im alten Mann zurückbleibenden Kohle mit ihrer Gas- und Wärmeentwicklung. Auch wird das Gebirge stark in Bewegung gebracht und dadurch in größeren Tiefen ein immer stärkerer Gebirgsdruck hervorgerufen. Die Bergschäden sind demgemäß bedeutend. Dazu kommt die Verschlechterung der Kohle durch Entgasung und Zerdrückung.

Wirtschaftlich steht dem Vorteil, daß die Kosten für den Bergeversatz fortfallen, die Verteuerung des Abbaues durch das Auffahren der vielen Strecken und Durchhiebe und durch die hohen Kosten für die Unterhaltung der Strecken und Bremsberge gegenüber.

127. Der Pfeilerbau in einzelnen Abschnitten (Pfeilerbruchbau oder Bruchbau) wird auf flach gelagerten, mächtigen Flözen angewendet. Solche sind die „Sattelflöze" (4—15 m mächtig) im oberschlesischen Steinkohlenbecken sowie die meisten deutschen Braunkohlenflöze.

Bei dem Bruchbau auf den Sattelflözen (Abb. 103) sind die beim Rückbau der Pfeiler gebildeten einzelnen Abschnitte meist 7—8 m breit. Nachdem in der Firste der Abbaustrecke bis zum Hangenden hochgebrochen ist, wird die im Pfeilerabschnitt anstehende Kohle (in der Regel durch firstenartigen Verhieb) angegriffen.

Bei größerer Flözmächtigkeit und geringer Festigkeit des Hangenden läßt man, wie die Abbildung zeigt, zunächst am Umfang des Abschnittes Kohlenbeine stehen. Nach beendigtem Verhieb werden die Beine noch so weit wie möglich hereingewonnen, worauf dann durch Rauben der Zimmerung der ausgekohlte Abschnitt zu Bruch geworfen wird. Die vordere und untere Kante des Abschnittes wird nach der Abbildung durch dicht gestellte Stempel begrenzt, die sog. „Orgeln" $(O_1 O_2)$ bilden und später die Nachbarabschnitte gegen den alten Mann schützen.

Liegen die Gebirgsverhältnisse günstig, so kann ohne Bein gearbeitet werden, es muß dann aber die Zimmerung an der oberen und hinteren Grenze jedes Abschnittes gegen die hereinbrechenden Massen des alten Mannes besonders abgesteift werden.

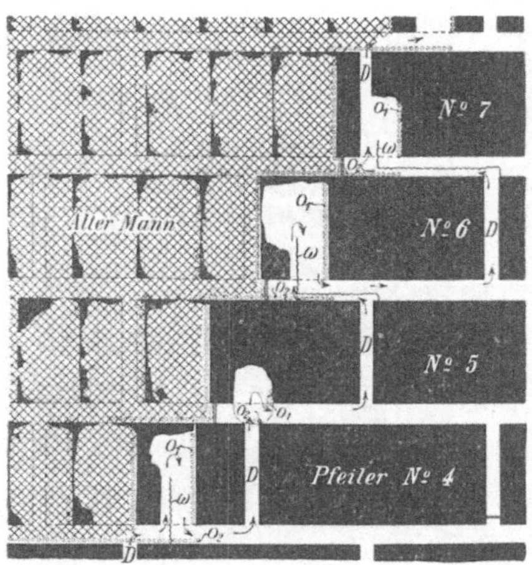

Abb. 103. Grundriß mehrerer Abbaubetriebe beim oberschlesischen Pfeilerbau.

Im Braunkohlenbergbau sind die aus lockeren Gebirgsmassen bestehenden Deckgebirgsschichten vielfach von so geringer Mächtigkeit, daß die geworfenen Brüche sich gleich bis zur Erdoberfläche fortpflanzen. Liegt das Flöz flach und ist seine Mächtigkeit groß, so wird der Abbau in söhligen Bauabschnitten geführt. Geneigte Flöze von geringerer Mächtigkeit werden mit Bauabschnitten, die im Einfallen liegen, abgebaut. Ein Beispiel für den Abbau in söhligen Scheiben gibt Abb. 104. Von der Hauptförderstrecke aus werden durch die mit Begleitstrecken l aufgefahrenen Hilfstrecken v, deren Abstand 100—300 m beträgt, Hauptabschnitte gebildet, die durch ein Netz von streichenden

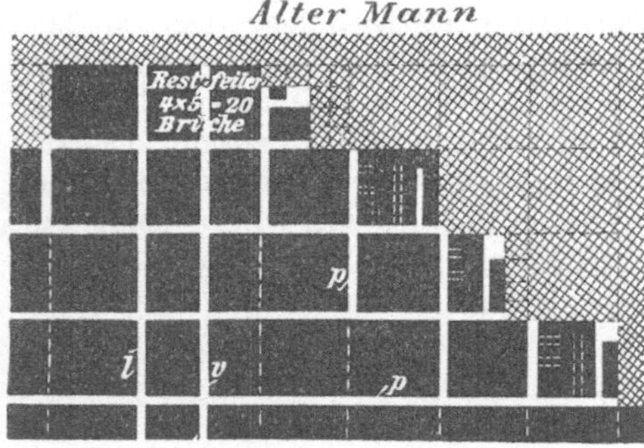

Abb. 104. Deutscher Braunkohlenbruchbau.

und querschlägigen Strecken $p\,p$ in eine Reihe von Bruchabschnitten geteilt werden. Der einzelne Bruch erhält etwa 12 bis 20 m² Fläche. Die Brüche werden durch die in der Abbildung teilweise gestrichelt dargestellten Hilfstrecken abgegrenzt. Die Firste wird durch Stempel mit Kappe und Querpfählen gesichert. Bei gebrächer Kohle muß man um den Bruch herum gegen den alten Mann Kohlenbeine stehen lassen. Zur Verringerung der Kohlenverluste ersetzt man aber vielfach die Beine durch Schutzstempel („Orgeln").

B. Abbauverfahren mit Unterstützung des Hangenden.

a) Allgemeines über den Abbau mit Bergeversatz.

128. Vor- und Nachteile. Durch das Einbringen von Bergeversatz können zwar nur bei äußerst sorgfältiger Ausführung des Versatzes Gebirgsbewegungen nahezu vermieden werden; stets aber werden die Senkungen verringert und verlaufen milder und gleichmäßiger.

Außerdem ermöglicht der Bergeversatz eine gute Zusammenhaltung des Wetterstroms und einen wesentlich reineren Abbau, verringert die Unfälle durch Stein- und Kohlenfall und den allgemeinen Gebirgsdruck erheblich und drückt die Holzkosten herunter. Dazu kommt eine günstige Hauerleistung und der Wegfall der Aufwärtsförderung der Berge im Schachte sowie des Haldensturzes und überdies die Gewinnung der Kohle in gas- und stückreicher Beschaffenheit.

Diesen Vorteilen stehen freilich als Nachteile gegenüber die Schwierigkeiten der Bergebeschaffung und die nicht unerheblichen Kosten, die das Heranfördern und das Einbringen des Versatzes verursacht. Um diese Nachteile zu vermindern, sucht man neuerdings mit einem nur teilweisen Versatze (Streifen- oder Rippenversatz) auszukommen und das Versatzgut möglichst an Ort und Stelle zu gewinnen.

129. Arten und Wirksamkeit des Versatzes. Die Wirksamkeit des Versatzes hängt von der Art des Versatzgutes und seines Einbringens und von der Neigung der Lagerstätten ab. Feinkörniges Versatzgut wie Sand u. dgl. trägt bedeutend besser als grobe Berge, die sich stärker zusammendrücken. Bei flachem Einfallen ist ein dichter Versatz, sofern er durch die Leute eingebracht werden soll, schwer zu erreichen. Außerdem kann ein Versatz mit eigenen, d. h. aus dem Bahnbruch oder aus einem Bergemittel oder Nachfallpacken stammenden Bergen die Senkungen nicht verhüten, sondern nur verzögern. Wirksam ist auf die Dauer nur der Versatz mit fremden, d. h. von anderswoher zugeführten Bergen, weil nur diese einen wirklichen Ersatz für die gewonnenen Mineralien bieten.

Unter Berücksichtigung dieser Gesichtspunkte kann man im allgemeinen für die Zusammenpressung von Versatz folgende Zahlen annehmen:

Art des Versatzes	Endgültige Höhe im Verhältnis zur ursprünglichen Kohlenmächtigkeit
Guter Spülversatz[1]	85—95%
Blasversatz[2]	50—70%
Handversatz bei steiler Lagerung { mit feinkörnigen Bergen . .	75—85%
{ mit grobkörnigen Bergen . .	60—75%
Handversatz bei flacher Lagerung { mit Zuführung fremder Berge	40—60%
{ mit Beschränkung auf eigene Berge	15—30%

[1] S. unten, Ziff. 146 u. f.   [2] S. unten, Ziff. 326 u. f.

130. Wirkung des Versatzes beim Abbau. Hinter dem Abbaustoß setzt sich ein aus Schieferschichten gebildetes Hangendes auf den Versatz, und zwar

bei genügend raschem Vorrücken des Abbaues ohne Bruch; das Hangende
folgt also in Gestalt einer „Welle" dem Abbaustoß (Abb. 105). Es wirkt daher durch einen mäßigen Druck auf den Stoß im Sinne einer Erleichterung
der Kohlengewinnung, wenn auf richtigen Fortschritt der Abbaustöße und
richtigen Abstand zwischen Kohlenstoß und Versatz geachtet wird. Dagegen
läßt sich Sandstein-Hangendes weniger leicht beeinflussen; es bricht meist von
Zeit zu Zeit durch und setzt sich ruckweise auf den Versatz (Näheres s. Ziff. 229).

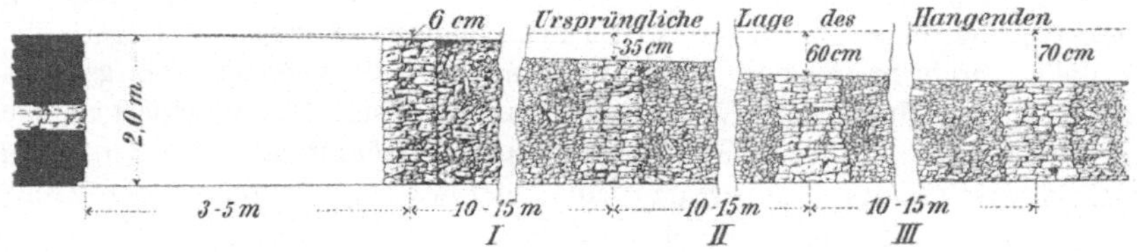

Abb. 105.   Verlauf der Senkung des Hangenden beim Abbau mit Bergeversatz.

Auf Nachbarflöze wirkt der Abbau mit Bergeversatz in einem Flöze
insofern ungünstig, als der Versatz, solange er noch nicht zusammengepreßt
ist, nachgibt und so einen stärkeren Druck des Hangenden in den Nachbar-
flözen und seine Ausnutzung für die Gewinnung verhindert. Man soll also
den Abbau im Nachbarflöz nicht unmittelbar nachfolgen lassen.

131. Beschaffung der Versatzberge. Bei dem Versetzen der eigenen
Berge muß das Schüttungsverhältnis, d. h. das Verhältnis zwischen dem
Raummaß der hereingewonnenen und dem der anstehenden Berge, in Rechnung gestellt werden, das etwa zwischen 1,5:1 und 2:1 schwankt. Man
kann danach berechnen, wieviel Abbauraum z. B. mit dem Inhalt eines Berge-
mittels versetzt werden kann.

Fremde Berge stammen aus den verschiedenen Gesteinsarbeiten in
der Grube, ferner aus den Aufbereitungsbetrieben, aus alten Bergehalden
und aus den Schlacken- und Aschenhalden benachbarter Hüttenwerke. Auch
Kesselasche kann benutzt werden. Stehen solche Berge nicht zur Verfügung
oder reichen sie nicht aus, so muß man zur Gewinnung von Versatz in Stein-
brüchen und Sandgruben oder in besonderen unterirdischen Hohlräumen
(„Blindörtern" und „Bergemühlen") schreiten.

b) Der Strebbau.

132. Wesen des Strebbaues. Beim Strebbau wird die ganze Höhe des
Abbaustoßes einer Bauabteilung gleichzeitig, vom Bremsberge aus vor-
rückend, angegriffen. Die Förderung erfolgt nach rückwärts durch Strecken,
die im Versatz ausgespart werden. Wird der Verhieb entlang einer ununterbrochenen Linie geführt, so handelt es sich um den Abbau „mit breitem Blick"
(Abb. 106, links), andernfalls um denjenigen „mit abgesetzten Stößen" (Abb. 106,
rechts). Grundsätzlich verdient das Vorgehen mit breitem Blick den Vorzug
wegen seiner günstigeren Wetterführung, der gleichmäßigen Nachsenkung
des Hangenden und der Möglichkeit, maschinelle Schrämarbeit in großem
Maßstabe anzuwenden. Doch läßt es sich nur bei flacherer Lagerung durchführen.

133. Der streichende Strebbau ist der in Abb. 106 dargestellte. Die im Versatz nachgeführten Strecken liegen bei mittlerem und steilem Einfallen an der oberen Grenze des zugehörigen Strebs, bei flachem Einfallen in dessen Mitte, um in diesem Falle das Versetzen und die Abförderung der Kohlen vom Abbaustoß zu erleichtern. In steil geneigten Flözen muß der Versatz über den Strecken mittels eines besonderen Stempelschlages („Bergekastens") abgefangen werden.

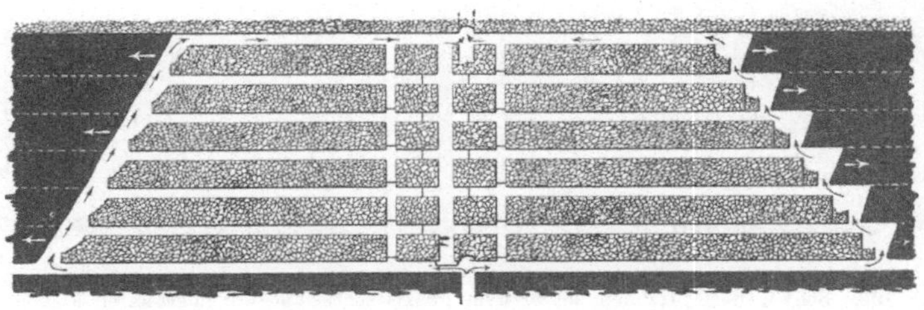

Abb. 106. Strebbau mit breitem Blick und mit abgesetzten Stößen.

134. Strebbau mit wandernden Bremsbergen. Bei dem als „Aufrollen der Bremsbergfelder" bezeichneten Abbauverfahren (Abb. 107) ist keine vorherige Einteilung eines Flözflügels in Bauabteilungen erforderlich. Man läßt hierbei die Abbaustöße so lange vorrücken, bis der Gebirgsdruck das Offenhalten der Strecken und der Bremsberge zu sehr erschwert. Dann wird der neue Bremsberg nicht besonders hergestellt, sondern lediglich im Versatz durch Bergemauern und Holzpfeiler abgegrenzt, aber zugleich mit versetzt, damit er ganz gleichmäßig mit seiner Umgebung durch den Gebirgsdruck zusammengedrückt wird.

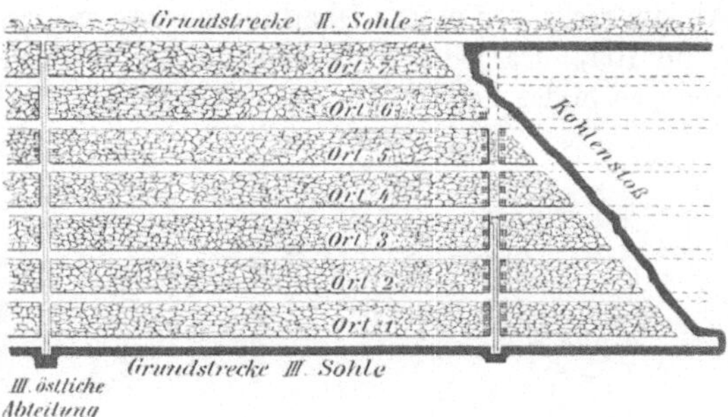

Abb. 107. Strebbau mit wandernden Bremsbergen.

Hat der Versatz sich gesetzt, so wird entsprechend dem Vorrücken der einzelnen Streben der Bremsberg ausgeräumt und fahrbar gemacht, so daß die Förderung allmählich von dem alten auf den neuen Bremsberg übergehen kann.

135. Der schwebende Strebbau. Beim schwebenden Strebbau schließen sich an das erste Vorrichtungs-Überhauen, das die Wetterverbindung mit der oberen Sohle herstellt, beiderseits die schwebend zu Felde rückenden und von schwebenden Abbaustrecken im Versatz gefolgten Abbaue an. Die Förderung erfolgt in den letzteren durch Abbremsen der Förderwagen (Abb. 108, rechts) oder durch Schüttelrutschen s_2 (Abb. 108, links). Im ersteren Falle kann man bei der gezeichneten Zusammenfassung je zweier Strecken für eine gemeinsame Bremsvorrichtung mit einspurigen Strecken aus-

kommen, im letzteren Falle den Rutschen s_2 die Förderung durch
Rutschen s_1 zubringen lassen, um die Stöße breiter nehmen und die
Rutschen s_2 besser ausnutzen zu können.

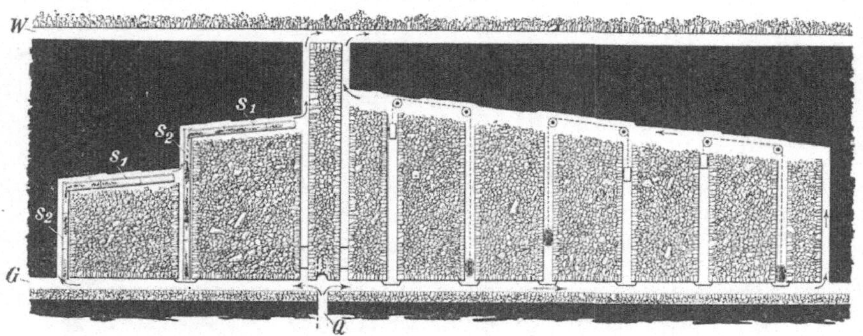

Abb. 108. Schwebender Strebbau mit breitem Blick (rechts) und mit abgesetzten Stößen (links).

c) Der Firsten- und Strossenbau auf Erzgängen.

136. Firstenbau. Der seit alters auf steil einfallenden Erzgängen übliche
Firstenbau hat mit dem streichenden Strebbau die Abbaurichtung, mit
dem schwebenden Strebbau die schwebend nachgeführten Förderwege
gemeinsam. Nur werden die letzteren hier als Stürzrollen ausgebaut. Der
Abbau rückt von einem Überbrechen aus an dessen unterem Ende zu Felde
(Abb. 109). Da jeder Stoß dem nächst unteren in etwa 8—10 m Abstand
folgt, so bildet sich in dem entsprechend hochrückenden Versatz eine Treppe
heraus.

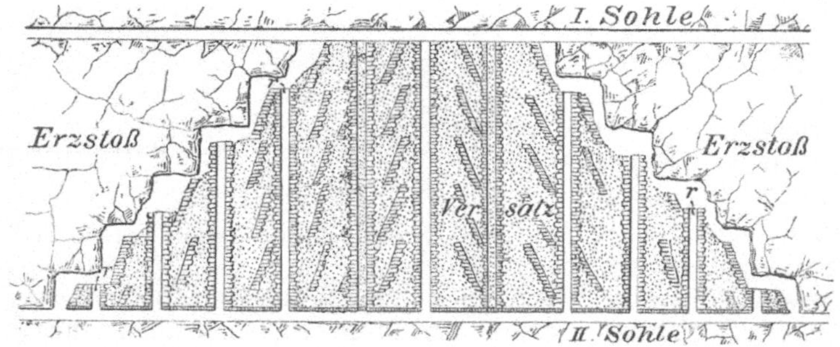

Abb. 109. Schema des Firstenbaues auf Erzgängen.

Die für die Förderung dienenden Rollöcher (r in Abb. 109) werden von
der Kameradschaft der untersten Firste in ihrem Versatz ausgespart und
von den Hauern der oberen Firsten dem Vorrücken entsprechend stückweise
höher geführt. Die Rollen werden bei geringer Gangmächtigkeit tonnlägig,
in mächtigeren Gängen seiger hergestellt und mit Schrotzimmerung, Bruch-
oder Ziegelsteinmauerung oder auch mit Eisenblechzylindern ausgebaut.

137. Strossenbau. Der Strossenbau greift die Lagerstätten im Gegensatz zum Firstenbau in der Reihenfolge von oben nach unten an, so daß

sich nicht im Bergeversatz, sondern in der Lagerstätte selbst eine Treppe herausbildet. Der Abbau erinnert an einen streichenden Strebbau mit Voranstellen der oberen Stöße und hat heute kaum noch Bedeutung.

d) Der Rutschenbau.

138. Kennzeichnung. Wenn man die vor einem Strebstoß gewonnenen Mineralien bis zur Sohle oder Teilsohle unmittelbar am Abbaustoße entlang durch geeignete Vorrichtungen herabfördert, kann man die Abbaustrecken und Bremsberge entbehren. Man erzielt dadurch große Ersparnisse an Anlage- und Unterhaltungskosten. Jedoch ist ein solcher Abbau nur möglich, wenn das Hangende nicht zu ungünstig und das Flöz- und Gebirgsverhalten einigermaßen gleichmäßig ist, die für den geschlossenen Versatz erforderlichen großen Bergemengen mit nicht zu großen Kosten regelmäßig beschafft werden können und der Betrieb mit regelrechter und straffer Einteilung in Hauer- und Nebenarbeiten durchgeführt wird.

139. Abbau bei flacher Lagerung. Ist das Einfallen so schwach, daß das Fördergut nicht mehr auf dem Liegenden rutscht, so müssen besondere Fördereinrichtungen zu Hilfe genommen werden. Festliegende offene Blechrutschen eignen sich für diesen Zweck wenig, da sie im allgemeinen nur für geringere Höhen in Betracht kommen und bei kleinem Fallwinkel überdies vollständig versagen. Man bedient sich daher in der Regel der im Abschnitt „Förderung" näher beschriebenen maschinellen Abbaufördereinrichtungen, in erster Linie der Schüttelrutschen, sofern nicht das Einfallen so flach und die Mächtigkeit so groß ist, daß Bandförderung vorzuziehen oder Schlepperförderung im Abbau möglich ist. Als Zufluchtsörter für die Hauer und zur Gewinnung gewisser Mengen eigener Berge durch Nachreißen des Nebengesteins kann man sog. „blinde" Strecken („Blindörter") nachführen. Ein Beispiel für einen solchen

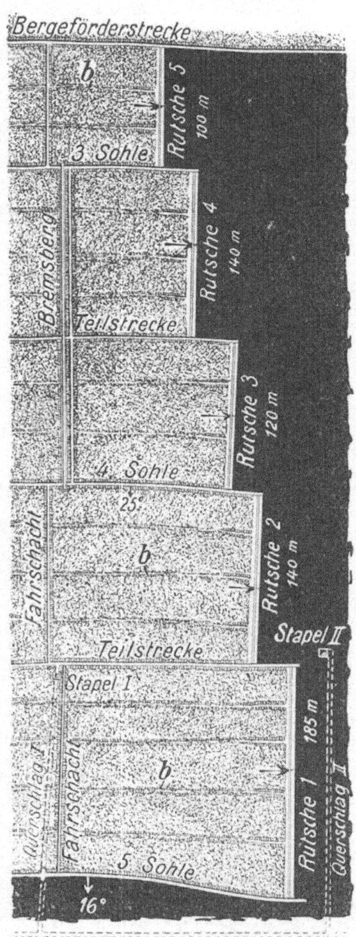

Abb. 110. Rutschenbau mit 4 abgesetzten Stößen.

Abbau liefert Abb. 110, die fünf Rutschenstöße mit Höhen von 185, 140, 120, 140 und 100 m darstellt. Die oberen Rutschen 4 und 5 münden auf eine Sohlen- und eine Teilstrecke, die das Fördergut einem Bremsberge zuführen, während die Teilsohle für Rutsche 2, wo das Flöz flacher einfällt, von dem

Stapel I bedient wird und Rutsche 1 unmittelbar der Hauptsohle zufördert.
Die Abbildung deutet an, wie nach entsprechendem Vorrücken des Abbaues
ein weiter im Streichen hergestellter Stapel II in Betrieb genommen und
dadurch die frühere Förderstrecke auf der Teilsohle entbehrlich sowie das
ununterbrochene Fortschreiten des Abbaues in gleicher Richtung („Aufrollen") möglich gemacht wird. Die Blindörter sind mit *b* bezeichnet; die
noch fehlenden Berge werden durch die Rutschen zugeführt.

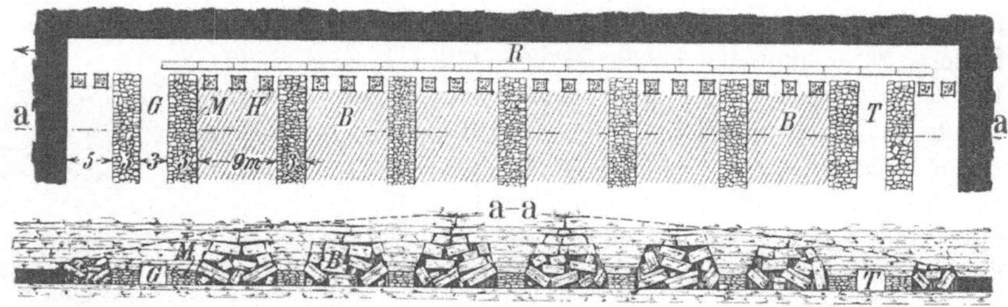

Abb. 111. Abbau mit Rippenversatz im Grundriß und Querprofil nach *a—a*.

Der Rippenversatz wird durch Abb. 111 veranschaulicht. Zwischen
den Versatzmauern, die rechtwinklig zum Stoß nachgeführt werden, läßt
man das Hangende in den Feldern *B* zu Bruch gehen, wobei nötigenfalls noch
durch kleine Schüsse nachgeholfen wird. Die Bruchmassen bilden eine Auflagefläche für die hö-
heren Schichten des
Hangenden und gleich-
zeitig eine seitliche Ab-
stützung der Berge-
mauern. Ein Durch-
brechen des Hangen-
den bis zum Stoß wird
durch die in einigem
Abstande dem Stoße
folgenden Holzpfeiler
verhütet, die auf eine
Lage von Feinkohlen
gesetzt werden, so daß
sie nach dem Ausräu-
men des Kohlenbettes
leicht wiedergewonnen
und weiter vorn von
neuem gesetzt werden
können.

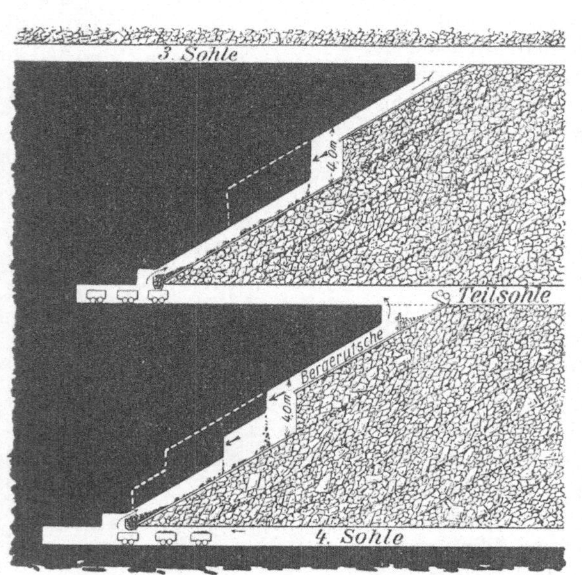

Abb. 112. Schrägbau.

**140. Abbau bei
steiler Lagerung.** Wird
das Einfallen so stark, daß die Kohle auf dem Liegenden rutscht, so muß der
Stoß zur Vermeidung einer Gefährdung der unteren Hauer schräg, mit dem

unteren Ende voran, gestellt werden. Auch der Verhieb erfolgt in schräger
Richtung (Schrägbau), und zwar nach Abb. 112 in Flözen mit Bergemittel
in einem Stoß (Abbau oberhalb der Teilsohle), um die fallenden Berge auf
besonderen Bühnen abfangen zu können; in bergemittelfreien Flözen kann
(Abbau unterhalb der Teilsohle) mit zwei Stößen gleichzeitig vorgegangen
werden. Ein rascherer Verhieb läßt sich durch Einbau von Schutzbühnen
b_1—b_3 (Abb. 113) ermöglichen, die das Belegen mit einer größeren Zahl von
Hauern gestatten; der Stoß zeigt
hier einen sägezahnartigen Angriff.

Das unterste Stück (in 2—4 m
Höhe) wird senkrecht angegriffen,
um die Kohlensammeltrichter einbauen zu können. Auch oben wird
der Stoß ins Einfallen gestellt, um
den druckgefährlichen spitzen Winkel zu beseitigen und Platz für
die Bergekippe zu schaffen.

Der Rutschenbau mit abgesetzten Stößen ist der Firstenbau in

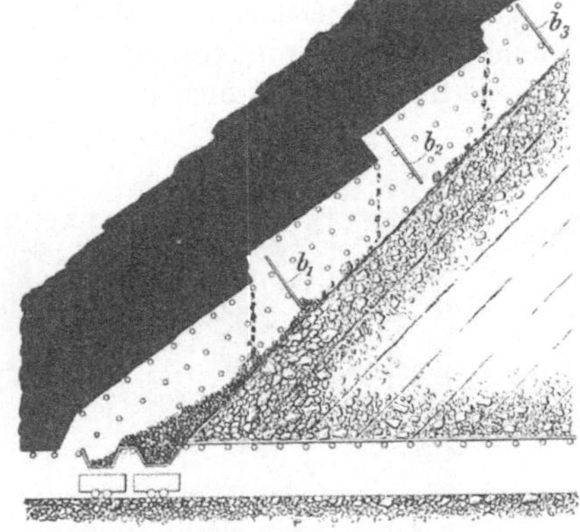

Abb. 113. Schrägbau mit Schutzbühnen und Rutschfläche aus Waschbergen.

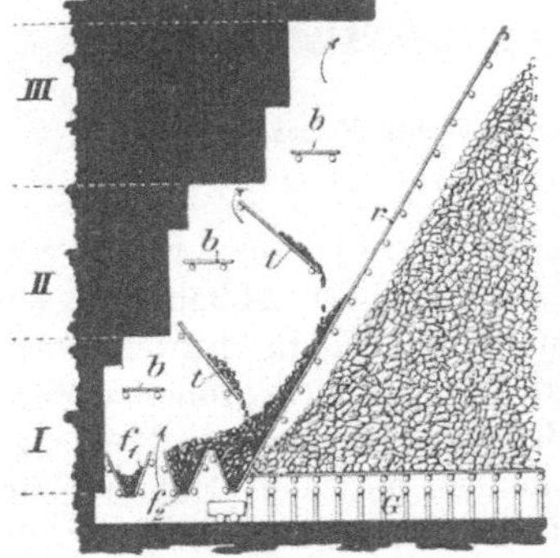

Abb. 114. Arbeitsbühnen und Kohlen-
trichter beim Firstenbau.

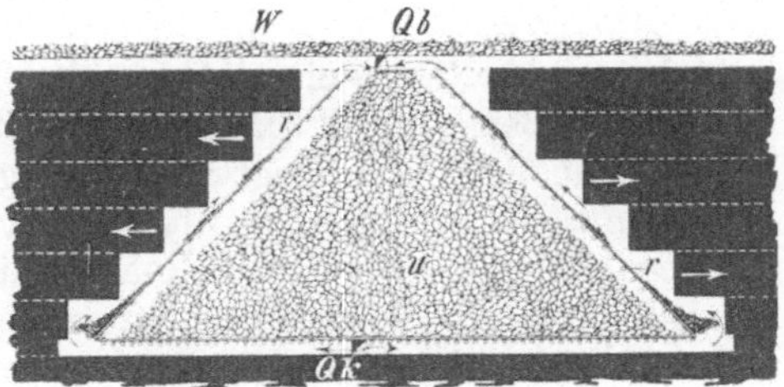

Abb. 115.
Firstenbau mit Kohlenrutschen.

seiner Ausbildung für Steinkohlenflöze. Die beim Erzfirstenbau üblichen Roll-
löcher sind hier unterdrückt, da sie sich wegen des größeren Druckes und
der größeren Bauhöhe nur mit großen Kosten würden offen halten lassen.
Je nach dem größeren oder geringeren Einfallen des Flözes wird die Böschung
durch entsprechendes Abstufen des Verhältnisses zwischen Firstenstoßhöhe
und -breite flacher oder steiler genommen. Während der Arbeit stehen die
Hauer auf Bühnen, die nach Bedarf verlegt werden (b in Abb. 114, die auch
die Hilfsrutschen t und die Kohlensammeltrichter $f_1\,f_2$ veranschaulicht). Die
Rutschfläche für Kohlen und Berge kann beim Schräg- und Firstenbau entweder durch die Böschung des Versatzes selbst (Abb. 113) oder durch eine
besondere Holzrutsche, die immer wieder umgelegt wird (Abb. 114 und 115)
gebildet werden. Im ersteren Falle muß auf die Versatzböschung eine feinkörnige Deckschicht aus Waschbergen gebracht werden, um Kohlenverluste

zu vermeiden; auch kann gemäß Abb. 112 die Böschung mit Holzbrettern (oder Blechrutschen mit ∟ = Querschnitt) abgedeckt werden.

Bei gutem Gebirge kann der ganze Abbaustoß 100—150 m flache Höhe erhalten; bei druckhaftem Gebirge oder größerer Flözmächtigkeit werden Teilsohlen mit je 30—50 m Abbauhöhe gebildet.

e) Abbau in einzelnen Streifen (Stoßbau).

141. Der streichende Stoßbau. Beim streichenden Stoßbau werden gewöhnlich zwei Förderstrecken benutzt, von denen die obere, neu aufgefahrene für die Zuführung der Versatzberge, die untere, ältere für die Weg-

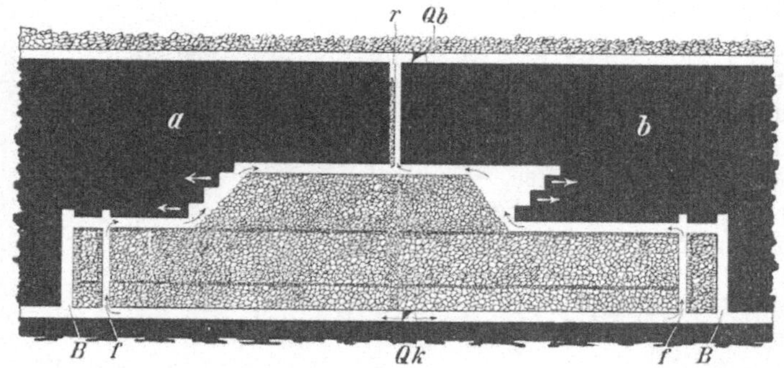

Abb. 116. Schema eines zweiflügeligen streichenden Stoßbaues. Kohlenbremsberge an beiden Seiten.

förderung der Kohlen dient (Abb. 116). Die letztere wird jedesmal wieder versetzt. Die Berge werden bei dem dargestellten, zweiflügeligen Abbau durch ein Rolloch aus dem oberen Querschlage Qb zugeführt, die Kohlen durch zwei Bremsberge B an den Abbaugrenzen abgefördert. Wird der Stoßbau in größerem Maßstabe betrieben, so wechseln Kohlen- und Bergebremsberge bzw. Rollöcher miteinander ab. Rollöcher und Bremsberge können mit dem Höherrücken des Abbaues stückweise versetzt und abgeworfen werden. Die Höhe der Stöße richtet sich gemäß den früher erörterten Gesichtspunkten nach der Lagerung, der Gebirgsbeschaffenheit, der Flözmächtigkeit und der Förderung. In letzterer Hinsicht ist zu berücksichtigen, daß mechanische Abbauförderung möglich ist und infolgedessen unter Umständen auch in flachgelagerten Flözen von geringer Mächtigkeit verhältnismäßig große Stoßhöhen gewählt werden können. In sehr mächtigen Flözen mit steilem Einfallen dagegen werden vielfach der Kohlenfallgefahr wegen nur Stöße von Streckenhöhe gebildet.

Bei flachem Einfallen oder, im Falle steiler Lagerung und großer Mächtigkeit, bei Stößen von nur Streckenhöhe kann man statt der zwei Förderstrecken für jeden Stoß auch mit der oberen Strecke allein auskommen, so daß Kohlen und Berge auf ihr in entgegengesetzten Richtungen gefahren werden. Dementsprechend genügt dann auch die Hälfte der Bremsberge.

Die Wetterführung ist beim streichenden Stoßbau nicht günstig. Durch die Trennung der einzelnen Betriebspunkte wird zwar eine Teilung des Wetterstromes, dafür aber eine ungünstige und unübersichtliche Verzettelung der Wetter bewirkt und ihrer Erwärmung Vorschub geleistet. Nur ausnahmsweise (z. B. bei ganz flacher Lagerung) kann auf Schlagwettergruben eine Reihe von Stößen von dem gleichen Wetterstrome bestrichen werden, indem dieser abwechselnd aufwärts und abwärts geführt wird.

142. Der schwebende Stoßbau. Bei flacher Lagerung gehört zu jedem der schwebend vorrückenden Stöße (Abb. 117) eine nach unten (rechts) und eine nach oben (links) führende För-
der-, Fahr- und Wetterstrecke. Dem Fortschritte des Abbaues entsprechend wird die erstere immer länger, die letztere, die mit versetzt wird, immer kürzer. Die Wetterführung ist einfach, die Gewinnung einer größeren Förderleistung, wie die Abbildung zeigt, durch Einlegen von Teilsohlen möglich; in letzterem Falle wird auch die Bewetterung günstiger, da mehrere Betriebspunkte vom gleichen Strome versorgt werden können.

In steil aufgerichteten Flözen kann der schwebende Stoßbau nur in der Weise betrieben werden, daß jeder Stoß beiderseits von einem Holzverschlag abgegrenzt wird, der zunächst die gewonnenen Kohlen bis zu ihrer Abförderung auf der zugehörigen Teilsohlenstrecke aufnimmt und sodann mit Bergen verstürzt wird.

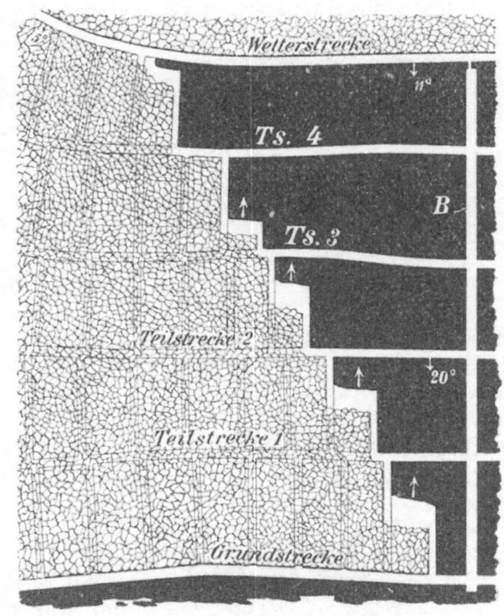

Abb. 117. Schwebender Stoßbau bei flacher Lagerung über mehreren Teilsohlen.

f) Besondere Ausbildung einzelner Abbauverfahren für mächtige Lagerstätten.

143. Vorbemerkung. Lagerstätten von einer im Erzbergbau noch als mäßig zu bezeichnenden Mächtigkeit (4 m und darüber) verursachen im Steinkohlenbergbau bereits erhebliche Schwierigkeiten wegen des stärkeren Gebirgsdruckes, der Erschwerung des Ausbaues, der größeren Brandgefahr und schwierigeren Einbringung von Versatz (bei flacher Lagerung) und der größeren Kohlenfallgefahr (bei steiler Lagerung). Für solche Fälle wird ein Zerlegen der Lagerstätte in Streifen („Scheiben“ oder „Platten“) von so geringer Stärke erforderlich, daß sie ohne besondere Schwierigkeit gewonnen werden können.

144. Der Scheibenbau. Der Scheibenbau wird durch Zerlegen eines Flözes in streichende Bänke oder Scheiben gekennzeichnet, deren Zahl und Mächtigkeit sich nach der Mächtigkeit und dem Verhalten des Flözes richtet, vielfach auch durch eingelagerte Bergemittel bestimmt wird.

Der Abbau kann in den verschiedenen Scheiben nahezu gleichzeitig zu Felde rücken, indem in jeder Scheibe der Stoß gegen die vorhergehende etwas zurückbleibt. Es kann aber auch mit der Inangriffnahme einer weiteren Scheibe bis nach Beendigung des Abbaues der vorhergehenden gewartet werden. Ein Beispiel für das letztere Verfahren liefert Abb. 118. Hier wird zunächst die Unterbank mittels Strebbaues abgebaut und sodann die Ober-bank durch Pfeiler-rückbau mit Bergever-satz gewonnen. Für den Versatz in der Oberbank dient das Bergemittel, das in der unteren Bank ange-baut wird.

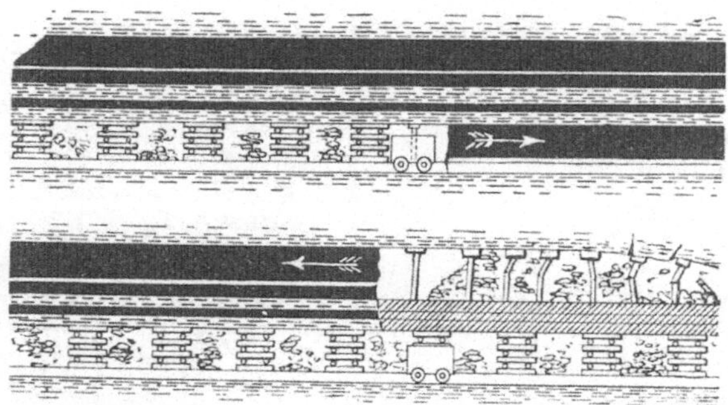

Abb. 118. Langsprofil durch einen Scheibenbau; Strebbau nach der Baugrenze hin in der Unterbank (oben), Pfeilerbau mit Versatz zum Bremsberge zuruck in der Oberbank (unten).

Bei der Anwendung von Pfeilerrückbau in den einzelnen Bänken wird zweckmäßig der Abbau in der einen Bank jedesmal nach Hereingewinnung eines Abschnitts von einigen Metern unterbrochen, damit vor seinem weitern Fortschreiten erst ein entsprechender Abschnitt in der andern Bank ge-wonnen werden kann. Auf diese Weise kön-nen die Leute durch den alten Mann in den Nachbarscheiben nicht belästigt oder gefähr-det werden.

145. Plattenbau. Beim Plattenbau wird die Lagerstätte in söhlige Platten zerlegt. In die-sen kann der Abbau streichend (als Stoßbau) oder querschlägig (als Querbau) geführt werden.

Beim Stoßbau muß man sich mit Stößen von Streckenhöhe begnügen, die aber in der ganzen Flözmächtigkeit vorgetrieben werden. Die nicht von den Förderstrecken eingenom-menen Teile des Querschnitts werden gleich versetzt. Die einzelnen Stoßstrecken legt man in den einzelnen Platten abwechselnd mehr nach dem Hangenden oder dem Liegenden hin, so daß sie eine durch den Versatz ge-bildete feste Sohle haben.

Der Querbau wird durch Abb. 119 ver-anschaulicht. Auch hier werden die Vorrich-tungstrecken in den einzelnen Scheiben etwas gegeneinander versetzt, damit jede eine feste Bergeversatzsohle erhält. Jede Platte wird etwa 2½—3 m hoch genommen. Der Versatz folgt dem Verhieb jedes Querstreifens auf

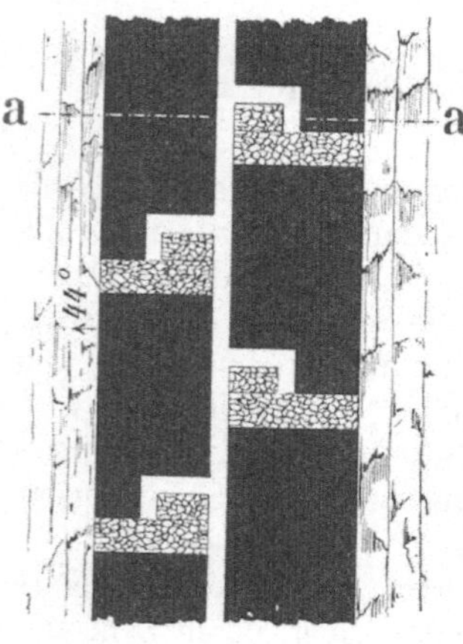

Abb. 119.   Querbau von einer Mittelstrecke aus.

dem Fuße nach. Zur Beschleunigung des Abbaues kann das Flöz in seigerer Richtung in mehrere Abschnitte eingeteilt werden, in denen gleichzeitig

Abbau geführt wird. Die Abschnitte als solche werden in der Reihenfolge von oben nach unten in Angriff genommen, wogegen die Gewinnung der einzelnen Scheiben in der Reihenfolge von unten nach oben erfolgt.

g) Der Abbau mit Spülversatz.

146. Bedeutung des Spülversatzes. Die Einspülung des Versatzes mit Hilfe eines Wasserstromes ermöglicht eine besonders dichte Ausfüllung der Hohlräume. Daher kommt der Spülversatz in erster Linie für sehr mächtige Lagerstätten in Betracht, weil in diesen auch eine mäßige Zusammendrückung des Versatzes bereits eine starke Senkung bedeutet. Außerdem kann es sich über Tage um die Notwendigkeit der Schonung besonders wichtiger oder besonders empfindlicher Bauwerke handeln (Kirchen, Hüttenwerke, Fabrikgebäude. Kanalschleusen. Eisenbahnen).

Auch für den Abbau selbst kann der Spülversatz Vorteile bringen, da das Einbringen des Versatzes durch einen Wasserstrom sich bei flacher Lagerung und großer Flözmächtigkeit verhältnismäßig billig stellt und außerdem bei Tonschiefer-Hangendem dessen sicheres Tragen durch den Versatz die Steinfallgefahr verringert und eine erhebliche Holzersparnis in den Strecken ermöglicht. Bei Sandstein-Hangendem kann allerdings auch der Spülversatz Hohlraumbildung unter dem Hangenden und entsprechende Gebirgsbewegungen durch ruckartiges Setzen des Hangenden nicht verhüten.

Größere Bedeutung hat der Spülversatz für den Abbau der mächtigen Sattelflöze Oberschlesiens — zumal hier große Sand- und Lehmablagerungen als Spülgut zur Verfügung stehen — und für den deutschen Kalisalzbergbau erlangt.

147. Versatzgut. Für den Spülversatz kommen in erster Linie feinkörnige Berge in Betracht. Wo man Sand billig und in genügenden Mengen haben kann, zieht man ihn seiner guten Eigenschaften, insbesondere seiner raschen Abtrocknung wegen vor. Jedoch ist man meist genötigt, sich ganz oder doch größtenteils mit Waschbergen, Kesselasche, Lehm, granulierter Hochofenschlacke usw. zu begnügen.

Als Zusatz können auch grobe Berge verwandt werden, wenn sie nicht zu hart sind und sich daher ohne zu große Kosten auf die gewünschte Korngröße (je nach den Förderlängen 40—100 mm) zerkleinern lassen. Setzt man zuviel grobe Berge zu, so wird der Versatz nicht dicht genug.

148. Wasserzusatz. Da alles Wasser wieder gehoben werden muß, ist der Wasserzusatz auf ein möglichst geringes Maß herabzudrücken. Dazu ist eine möglichst gründliche Mischung von Wasser und Versatzgut erforderlich und außerdem eine möglichst große treibende Druckhöhe für den Schlammstrom erwünscht. Anzustreben ist die „Druckspülung", bei der der Mischbehälter stets voll gehalten und so die Gesamtdruckhöhe der Falleitung ausgenutzt wird, wogegen bei Eintritt von Luft in die Falleitung nur die lebendige Kraft des Schlammstromes zur Geltung kommt („Stoßspülung"). Je weiter die Spültrübe geleitet werden muß, je stärker die Leitungen ansteigen und je größer die Korngröße des Spülgutes ist, um so größer wird der Wasserverbrauch. Als sehr günstig kann ein Wasserverbrauch von 1 m³ auf 1 m³ Versatzgut bezeichnet werden.

149. Mischanlagen. Bei nicht zu großen Schachttiefen kann die Mischung des Spülstromes über Tage erfolgen, wogegen größere Teufen die Mischung unter Tage als vorteilhafter erscheinen lassen.

Wenn man Sand und Lehm als Versatzgut benutzt, kann man die Massen gleich durch den Wasserstrahl selbst über Tage abspritzen und auf diese Weise mit der Gewinnung die Mischung verbinden. Andernfalls werden diese Versatzmassen in große, wannenartige Behälter B (Abb. 120) gestürzt und aus diesen mittels eines Strahlrohres s_1 abgespritzt, wobei Lehmklumpen, um sie möglichst wenig aufzulösen, durch Hochdruckstrahlrohre $s_2 s_3$ durch ein grobmaschiges Sieb r getrieben werden. Bei kleineren Anlagen

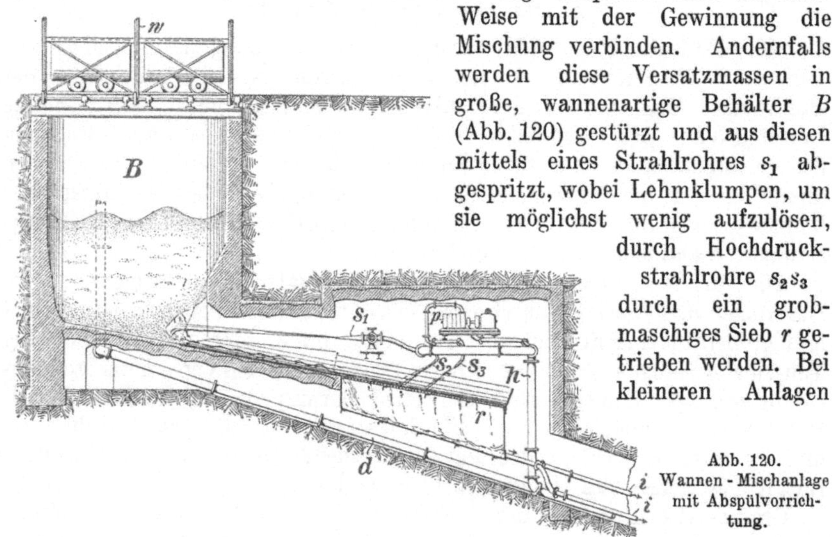

Abb. 120. Wannen - Mischanlage mit Abspülvorrichtung.

genügt ein Trichter, der in der Regel einen Rost zur Zurückhaltung von zu groben Stücken erhält und in dem durch Wasserstrahlen oberhalb oder unterhalb des Rostes oder durch Erzeugen eines Sprühregens, durch den das Versatzgut hindurchfällt, ein gleichmäßiges Durchmischen mit möglichst wenig Wasserzusatz erfolgt.

Zur Abkürzung der Rohrleitungen kann man in der Nähe der Bauabteilung, die mit Spülversatz abgebaut werden soll, oder an der Gewinnungstelle für das Spülgut (Sandablagerung u. dgl.) besondere Spülschächte niederbringen, für die ein Durchmesser von 0,8—1,5 m l. W. genügt, da sie nur die Rohrleitung und die Fahrten zur Überwachung und Instandhaltung der Leitung aufzunehmen brauchen.

150. Rohrleitungen. Der Verschleiß der Rohrleitungen ist in söhligen oder schwachgeneigten Leitungen stärker als in seigeren Leitungen, in Krümmern stärker als in geraden Leitungsteilen, am erheblichsten in denjenigen Krümmern, die den Übergang zwischen Schacht- und Streckenleitungen vermitteln. Bei runden Leitungen kann der Verschleiß durch Ausfüttern mit Holz- oder Porzellaneinlagen verringert werden. Außerdem kann man

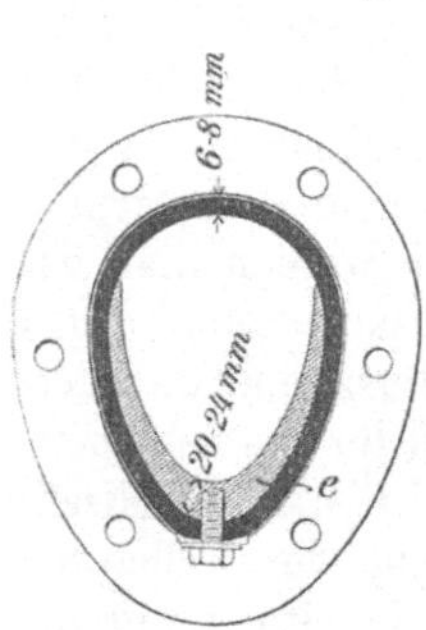

Abb. 121. Spülrohr mit eiförmigem Querschnitt und Walzeiseneinlage.

kreisrunde Rohre mehrfach drehen, da der Verschleiß sich auf den unteren Teil des Querschnitts beschränkt. Eine andere Lösung stellen eiförmige Rohre

(Abb. 121) aus Flußeisen mit Walzeiseneinlagen dar, bei denen zwar das Drehen fortfällt, dafür aber die Einlagen mehrmals erneuert werden können. Neuerdings werden auch Rohre aus Eisenbeton für den Teil des Rohrnetzes verwandt, der im Anschluß an die Schachtleitung längere Zeit liegen bleibt.

Die lichte Weite der Rohrleitungen beträgt etwa 150 mm für kleinere und 180—190 mm für größere Anlagen.

Krümmer müssen möglichst schlank gebaut werden. Sie erhalten ebenfalls Einlagen oder eine größere Dicke an der dem Anprall ausgesetzten Seite.

151. Abbauverfahren mit Spülversatz. Im Abbau ist gemäß Abb. 122 der ausgekohlte Hohlraum durch Verschläge $v_1 v_2$ abzugrenzen, die aus Brettern, Versatzleinen mit daran entlang gespannten oder eingewebten Drähten u. dgl.

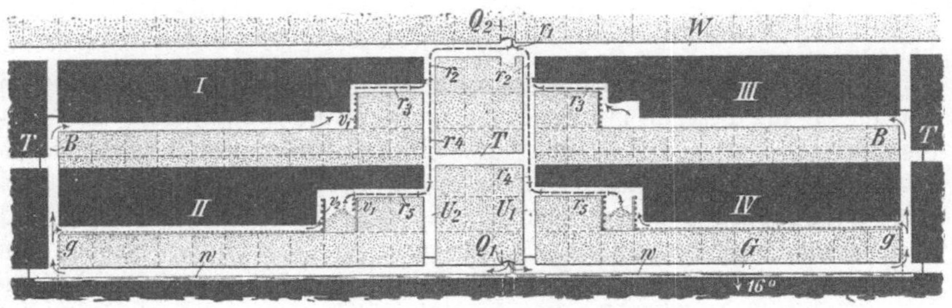

Abb. 122. Zweiflügeliger Stoßbau mit Spülversatz und eingelegter Teilsohle.

bestehen und dem abfließenden Wasser den Durchgang gestatten müssen. Da das Offenhalten von Strecken im Versatz Schwierigkeiten macht, so sind für den Spülversatz am besten der Stoßbau (Abb. 122) und der Pfeilerbau mit Bergeversatz geeignet.

Die Verschläge verteuern den Abbau erheblich. Man sucht sie daher möglichst zu verbilligen und möglichst oft wieder zu benutzen und außerdem die Spülabschnitte möglichst groß zu machen. Bei festem Gebirge kann man je 200 m² und mehr auf einmal verspülen.

152. Besondere Arten des Spülversatzes. Wenn man den Spülversatz nur für einzelne Bauabschnitte verwenden und daher besondere Mischanlagen und Rohrleitungen sparen will, aber Druckwasser zur Verfügung hat, so kann man sich damit helfen, daß man feinkörniges Versatzgut, Waschberge u. dgl. in die Baue stürzt und es (beispielsweise auf einer Rutsche) mittels Wasserstromes in den Abbauraum spült. Auch kann man in solchen Fällen Handversatz nachträglich noch verdichten, indem man in ihn ein besonders feinkörniges Gut (Lehm) einspült.

153. Der Spülversatz im deutschen Kalisalzbergbau. Für den Kalisalzbergbau hat der Spülversatz insofern besondere Bedeutung, als er eine vollständige Mineralgewinnung aus den mächtigen Lagerstätten bei mäßiger und gleichförmiger Senkung des Hangenden ermöglicht, auch ein bequemes und billiges Einfördern der als Versatzgut dienenden Fabrikrückstände gestattet. Er muß mit gesättigter Rohsalzlauge betrieben werden, damit die Lagerstätten nicht angefressen werden, und kommt einstweilen nur für die Hartsalz- und Sylvinitgruben in Betracht, da Carnallit zu leicht von der Lauge angegriffen wird. Die Verschläge werden wegen der großen Mächtigkeit der Lagerstätten in die Strecken gesetzt.

154. Wasserklärung und -hebung. Das abfließende Wasser führt einen mehr oder weniger großen Teil der eingespülten Stoffe (bei tonigem Spülgut bis zu 20%) wieder mit fort. Die Klärung kann entweder in größeren Behältern erfolgen, aus denen das Wasser mit der fortschreitenden Klärung nach und nach von oben nach unten durch besondere Öffnungen abgezapft wird (Sumpfklärung), oder in alten Bauen, durch die man die Trübe auf einem längeren Wege langsam laufen läßt, damit sie sich hier abklärt (Laufklärung), oder als Filterklärung durch das Durchlaufen der Trübe durch Handversatz, der auf diese Weise gleich (Ziff. 152) verdichtet wird.

Für das Heben der ablaufenden Wasser wird zweckmäßig eine besondere Pumpe aufgestellt, um den Verschleiß von der Hauptwasserhaltung fernzuhalten.

155. Die Kosten des Spülversatzes sind je nach den verschieden hohen Kosten für die Beschaffung des Versatzgutes selbst (Gewinnungs- und Förderungs-, in manchen Fällen auch Aufbereitungskosten), nach der verschieden großen Länge der Rohrleitungen, nach den wechselnden Kosten der Verschläge und nach den Ausgaben für Rohrverschleiß, Wasserklärung und Wasserhebung sehr verschieden. Unter günstigen Bedingungen rechnet man mit Kosten von 0,80—1,60 ℳ je Tonne Kohlen, in ungünstigen Fällen können diese Kosten auch auf 2,50 ℳ und darüber steigen.

h) Der Abbau mit Bergfesten.

156. Erläuterung. Beim Abbau mit Bergfesten bleiben Lagerstättenpfeiler unverritzt anstehen, die dauernd größere Bewegungen des Deckgebirges verhüten sollen, sei es, weil die Wasser des Deckgebirges unbedingt ferngehalten werden müssen oder weil das abzubauende Mineral nur geringen Wert hat oder in solchen Mengen vorkommt, daß die Abbauverluste durch die stehen gelassenen Pfeiler nicht ins Gewicht fallen. Wegen der starken Abbauverluste sucht man diesen Abbau immer mehr durch den Abbau mit Bergeversatz zu ersetzen.

157. Stärke und Abstand der Pfeiler. Die Pfeilerstärke wächst einerseits mit der Teufe, anderseits mit der Abnahme der Druckfestigkeit des Minerals. Für den Abstand der Pfeiler ist die Festigkeit des Hangenden

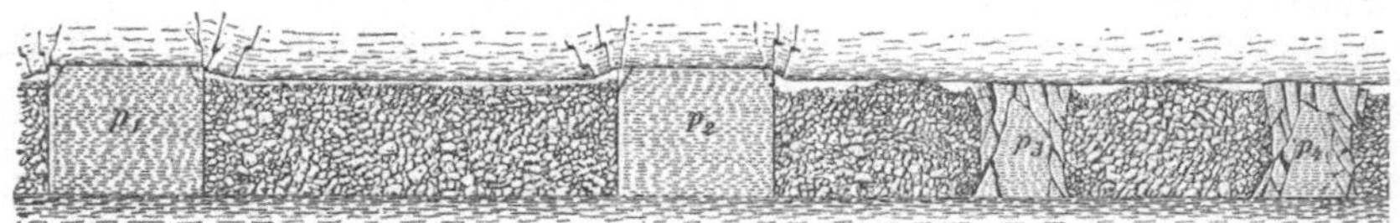

Abb. 123. Kammerbau mit lockerem Versatz und zu großem Abstande (links) oder zu geringer Stärke (rechts) der Pfeiler.

in Betracht zu ziehen. Durch Einbringen von Bergeversatz kann ein größerer Abstand der Pfeiler ermöglicht werden, indem der Versatz das Durchbiegen des Hangenden zwischen den Pfeilern und das seitliche Ausweichen der unter Druck stehenden Pfeiler verhindert oder abschwächt. Jedoch kann der Versatz diese Aufgabe nur erfüllen, wenn er entweder bei steilem Einfallen oder als Spülversatz eingebracht wird, also genügend dicht liegt. Sonst treten die durch Abb. 123 veranschaulichten Wirkungen ein.

158. **Der Abbau** selbst kann zunächst in der Weise erfolgen, daß die Abbauräume nach Art breiter Streckenbetriebe zu Felde rücken (Örter-

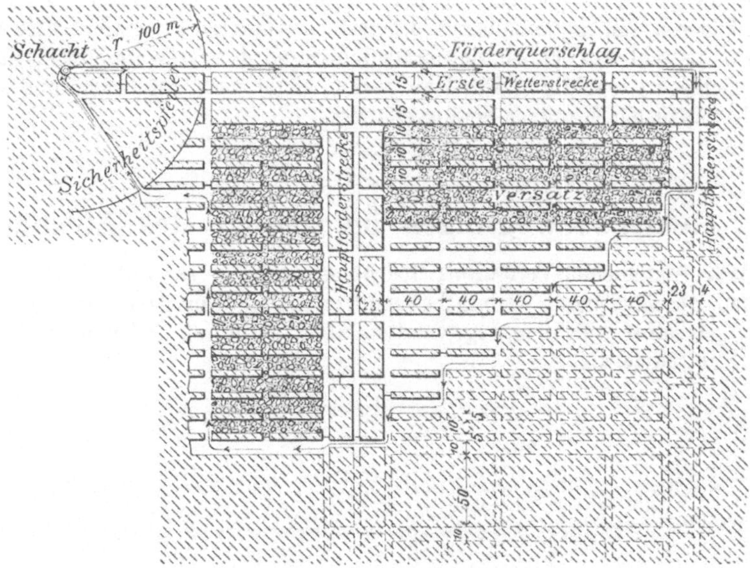

Abb. 124. Örterbau auf einem Kalisalzbergwerk.

bau). Einen solchen Abbau auf einem mächtigen Steinsalzlager mit flachem Einfallen zeigt Abb. 124. Vom Förderquerschlage aus sind in Abständen von rd. 250 m Hauptförderstrecken aufgefahren, zu deren Schutz auf beiden Seiten Sicherheitspfeiler von 23 m Stärke belassen werden. Das zwischen zwei Hauptstrecken liegende Abbaufeld von 200 × 240 m wird in der ganzen Mächtigkeit des Lagers durch Abbauörter von je 10 m Breite durchörtert,

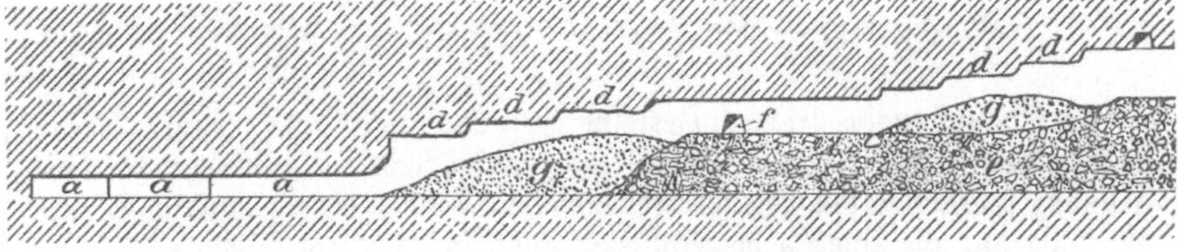

Abb. 125. Firstenverhieb im deutschen Kalisalzbergbau. *g* Haufwerk, *e* Versatz.

zwischen denen 5 m starke Pfeiler stehen bleiben. Die letzteren werden zur Verringerung der Abbauverluste und zur Herstellung einer Wetterverbindung alle 40 m durchbrochen. Die Hohlräume werden durch Versatz ausgefüllt.

Der **Kammerbau** ist dadurch gekennzeichnet, daß jeder Hohlraum rings von Sicherheitspfeilern als Wänden eingefaßt ist. Er beschränkt sich auf Lagerstätten von großer Mächtigkeit.

Der Abbau in diesen Kammern, die in einzelnen Lagerstätten Längen von 50—100 m erhalten können, erfolgt meist mit dem sog. „Firstenverhieb", indem man zunächst (Abb. 125) mit einem Einbruch a von etwa Streckenhöhe die ganze Länge der Kammer auf ihrer Sohle durchörtert und dann den höheren Teil firstenbauartig in einzelnen Absätzen d angreift. Der Versatz e besteht aus Fabrikrückständen oder wird aus Bergemühlen durch Querschläge f zugeführt. Das Haufwerk g bleibt zunächst liegen und wird nach Abbau der Kammer herausgefördert.

V. Gebirgsbewegungen im Gefolge des Abbaues.

159. Allgemeiner Verlauf der Bodenbewegungen. Der Verlauf der an den Abbau anschließenden Gebirgsbewegungen hängt von dem Verhalten des Gebirges selbst, von dem angewandten Abbauverfahren und von der Größe der Hohlräume ab.

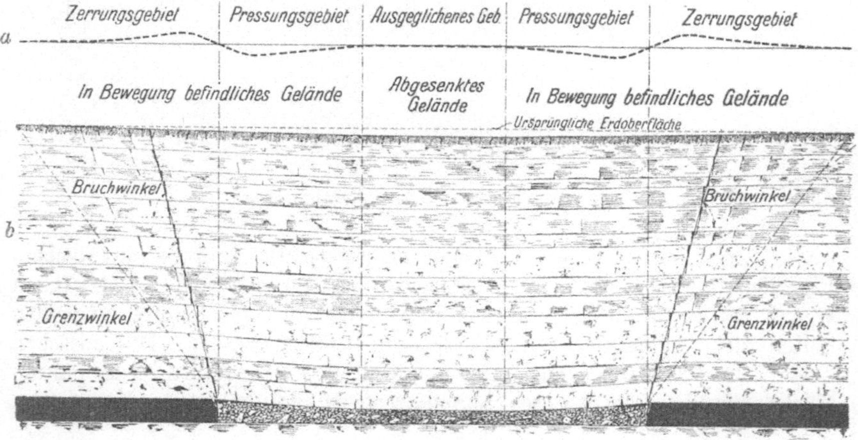

Abb. 126 a und b. Abbauwirkungen im Gebirge und an der Erdoberfläche.

Granit- und steinsalzartige Gesteine (vgl. unten, Ziff. 229) können so zäh und fest sein, daß in ihnen Hohlräume von mäßiger, ja selbst großer Ausdehnung jahrhundertelang offen stehenbleiben können (Glockenbildung). Die Wirkung auf die Oberfläche wird sich dann in einem plötzlichen Einsturz solcher Hohlräume äußern.

Sandstein neigt ebenfalls zur Glockenbildung, jedoch können die Glocken infolge der Schichtung des Gesteins nach und nach durch Ablösen einzelner Schichten verfüllt werden, so daß unter Umständen eine Fortpflanzung der Senkungen bis zur Erdoberfläche nicht eintreten, d. h. der Bruch „sich totlaufen" wird.

Schiefertonartiges Gebirge dagegen drückt sich rasch in die Hohlräume hinein, und die Bewegung pflanzt sich auch aus größeren Teufen rasch (oft schon in einigen Tagen) bis zur Tagesoberfläche fort, wobei aber der Verlauf der Senkungen im Gegensatz zu den vorhin erwähnten Gesteinen ruhig und gleichmäßig ist. Eigentümlich ist dem Tonschiefergebirge das „Quellen" des Liegenden, das auf dem Nachgeben des letzteren gegenüber dem durch die Lagerstätte nach unten übertragenen Drucke des Hangenden beruht und durch die aufblähende und zersetzende Wirkung von Wasser und Luft auf den Tonschiefer verstärkt werden kann.

160. Fortpflanzung der Senkungsvorgänge nach der Erdoberfläche hin. Wechseln verschiedenartige Gebirgschichten miteinander ab, so ergibt sich an der Oberfläche mit zunehmender Teufe immer deutlicher das Bild einer flachen, über die Ränder des Abbaugebietes hinaus ausgedehnten Senkungsmulde (Abb. 126 b). Die dabei auftretenden Spannungen führen an den Rändern der Senkungsmulde zu Zerrungserscheinungen (Erdrissen, Erweiterung der Stoßfugen bei Straßenbahnen, Auseinanderziehen von Rohrleitungen u. dgl.) und nach dem Innern der Mulde hin zu Pressungserscheinungen (Mauerstauchungen, Übereinanderschieben von Treppenstufen, Torflügeln usw., Schienenpressungen u. a.).

Die Größe der zerrenden und pressenden Kräfte ist in Abb. 126 a schematisch dargestellt.

Eine besondere Erscheinung sind die Tagebrüche, d. s. tiefe und scharf abgegrenzte Senkungsgebiete. Sie treten in erster Linie beim Bruchbau auf mächtigen, flach gelagerten Flözen auf, können aber auch in Flözen von geringer Mächtigkeit eintreten, wenn beispielsweise gemäß Abb. 127 bei steilem Einfallen Sicherheitspfeiler stehen geblieben sind und später durch den beim Abbau entstandenen Gebirgsdruck zerdrückt und zum Abrutschen gebracht werden.

161. Sicherheitspfeiler dienen zum Schutze gegen die Folgen der Gebirgsbewegungen. Man unterscheidet:

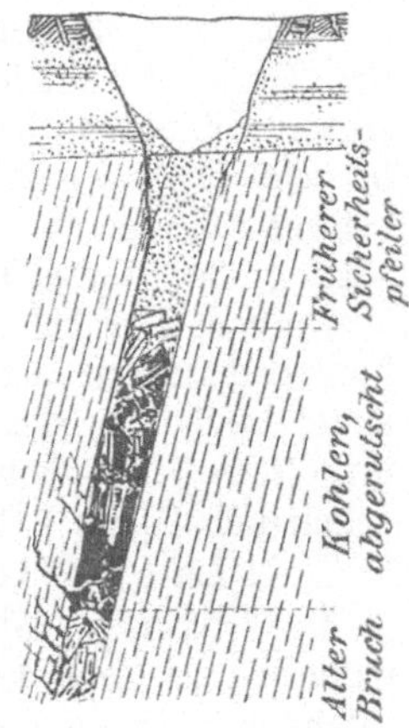

Abb. 127. Tagebruch bei steiler Lagerung.

a) Sicherheitspfeiler für Tagesgegenstände, sofern diese besondere Bedeutung haben (große öffentliche Gebäude und Anlagen, geschlossene Ortschaften). Bei ihrer Bemessung müssen die Bruchwinkel berücksichtigt werden.

b) Markscheide-Sicherheitspfeiler, die eine gegenseitige Gefährdung von Nachbargruben durch Wassereinbrüche sowie gegenseitige Störungen der Wetterführung verhüten sollen.

c) Deckgebirgs-Sicherheitspfeiler, die zum Schutze gegen wasserführendes Deckgebirge anstehen bleiben.

d) Sicherheitspfeiler für Grubenbaue aller Art wie Schächte, Aufbrüche, Bremsberge, Querschläge usw.

Der Steinkohlenbergmann sucht die Sicherheitspfeiler nach Möglichkeit abzubauen, da sie starke Kohlenverluste bringen, an ihren Rändern Brucherscheinungen im Gebirge und an der Erdoberfläche zur Folge haben und sich bei größerer Teufe zerdrücken. Die Sicherheitspfeiler für blinde Schächte, Bremsberge, Querschläge und Grundstrecken werden jetzt fast regelmäßig gewonnen.

Fünfter Abschnitt.

Grubenbewetterung.

I. Die Grubenwetter.

162. Allgemeines. Die in der Grube vorkommenden Luftgemische nennt man „Wetter". Man unterscheidet frische oder gute, matte oder stickende, böse oder giftige und schlagende Wetter. Der Zweck der Grubenbewetterung ist 1. den Menschen und Tieren die zum Atmen und dem Geleuchte die zum Brennen erforderliche Luft zuzuführen, 2. die in der Grube auftretenden matten, giftigen oder schlagenden Wetter bis zur Unschädlichkeit zu verdünnen und fortzuspülen, 3. in tiefen Gruben die Temperatur herabzukühlen.

163. Der Wetterbedarf einer Grube. Die Erfahrung lehrt, daß man für Zweck 1. mindestens $\frac{3}{4}$ m³ frischer Wetter je Kopf der Belegschaft minutlich bedarf, aber besser 1—2 m³ vorsieht. Ein Pferd braucht etwa 5 mal soviel Luft wie ein Mensch. Wie groß die Wettermengen für die beiden anderen Zwecke sein müssen, läßt sich wegen der allzu großen Verschiedenheiten nicht zahlenmäßig angeben. Oft ist dieser Wetterbedarf mehrfach größer als derjenige· für Zweck 1. Die insbesondere für Herabkühlung der Grubentemperatur erforderliche Wettermenge hängt in erster Linie von der Tiefe der Grube und außerdem von der geothermischen Tiefenstufe (Erdwärmen-Tiefenstufe) ab. Diese ist durchschnittlich 33 m, d. h. die Temperaturzunahme beträgt für je 33 m Tiefe 1° C. Näheres über die Bildung der Grubentemperaturen folgt in Ziff. 180.

Im Oberbergamtsbezirk Dortmund werden in der Regel 3 m³ Wetter minutlich je Kopf der Belegschaft gefordert. Wo aber die Schlagwettergefahr groß ist oder wo es sich um heiße Baue handelt, werden sogar bis zu 10 m³ Wetter auf den Kopf in die Grube geleitet.

164. Die atmosphärische Luft besteht im wesentlichen aus 21 Raumteilen Sauerstoff und 79 Raumteilen Stickstoff. Dazu kommt ein Kohlensäuregehalt von durchschnittlich $0{,}04 = \frac{1}{25}$ %. Der Gehalt an Wasserdampf wechselt stark. 1 m³ trockene Luft wiegt bei 0° C und 760 mm Druck 1,293 kg.

165. Der Sauerstoff (spez. Gewicht 1,1) ist ein farb-, geruch- und geschmackloses Gas, das sich leicht mit anderen Körpern unter Wärmeentwicklung (Oxydation, Verbrennung, Explosion) verbindet. Die ausgeatmete Luft besteht aus 17% Sauerstoff, 4% Kohlensäure und 79% Stickstoff.

In solcher Luft kann der Mensch nicht mehr leben, auch Lampen erlöschen darin. Wetter mit einem auf 19—20 % verminderten Sauerstoffgehalt werden bereits als recht matt empfunden. In der Grube findet ferner Sauerstoffverbrauch durch Oxydation des Holzes (Fäulnis) und der Kohle statt, der auf Steinkohlengruben den durch das Atmen von Menschen und Tieren verursachten wesentlich zu übersteigen pflegt.

166. Der Stickstoff (spez. Gewicht 0,97) ist ein farb-, geruch-, geschmackloses und in chemischer Beziehung träges Gas. Außer in der Luft findet er sich manchmal in Bläsergasen und in den Nachschwaden der Sprengstoffe.

167. Der Wasserdampf (H_2O), spez. Gewicht 0,62, ist stets mehr oder weniger in der Luft vorhanden. Wieviel Wasserdampf die Luft aufnehmen kann, hängt von deren Temperatur ab. Der Grad der Sättigung der Luft mit H_2O („relative Sättigung") über Tage ist an verschiedenen Orten sehr verschieden und beträgt bei uns etwa 75 %. Gemessen wird er durch Hygrometer oder Schleuderthermometer.

Der Sättigungsgrad des Wetterstromes in der Grube steht in einem gewissen Zusammenhange mit den Temperaturverhältnissen. In tiefen Gruben pflegt die Temperatur des Wetterstromes im einziehenden Schachte, in den Querschlägen und den Abbauen schnell zu steigen, um auf der Wettersohle und im ausziehenden Schachte wieder abzunehmen. Solange die Temperatur steigt, wird zumeist der Wetterstrom nicht voll mit Feuchtigkeit gesättigt sein. Die volle Sättigung pflegt aber einzutreten, sobald eine stärkere Abkühlung stattfindet. Alle tiefen Gruben werden, falls überhaupt Wasserzugänge vorhanden sind, durch den Wetterstrom ständig ausgetrocknet. Die Austrocknung ist im Winter stärker als im Sommer, weil die Wetter einen geringeren Wasserdampfgehalt mitbringen und eine stärkere Erwärmung der Wetter in der Grube stattfindet. Nur Kalisalzgruben zeichnen sich durch einen trockenen ausziehenden Strom aus.

168. Die Kohlensäure (CO_2) hat ein spez. Gewicht von 1,52, ist farb- und geruchlos und von schwach säuerlichem Geschmack. Der Gehalt der Grubenwetter an Kohlensäure wird vermehrt 1. durch die Atmung der Menschen und Tiere und das Brennen der Lampen, 2. durch Fäulnis des Holzes und Oxydation der Kohle, 3. durch die Sprengarbeit, 4. durch gelegentliche Ursachen (Ausströmungen aus Kohle oder Gestein, Grubenbrände, Explosionen, Feuerungsanlagen, Lokomotiven). Ein fleißig arbeitender Mann atmet minutlich etwa 0,8 l CO_2 aus, eine Benzinsicherheitslampe erzeugt in derselben Zeit 0,15 l. Am erheblichsten pflegt die unter 2. genannte Kohlensäurequelle zu sein, namentlich auf älteren Gruben, auf denen ein ausgedehnter alter Mann vorhanden ist. Besonders gefürchtet sind in manchen Steinkohlenbezirken (z. B. in Waldenburg und im Gardbezirk in Frankreich) Kohlensäureausbrüche, wobei plötzlich erhebliche Gasmengen aus dem bisher festen Kohlenstoße unter Zerstörung des Gefüges der Kohle frei werden (vgl. Ziff. 174). Das wenn auch nicht unbedingt sichere, so doch immerhin beste Bekämpfungsmittel gegen diese Gefahr ist die gewollte Auslösung solcher Ausbrüche durch schwere Sprengschüsse zu einem bestimmten Zeitpunkte bei zurückgezogener Belegschaft — das sog. Erschütterungschießen —. Sonst tritt Kohlensäure namentlich in Braunkohlengruben in reichlichen Mengen auf.

Wegen ihrer Schwere sammelt sich die Kohlensäure vorzugsweise an tief gelegenen Punkten (in Schächten, Abhauen, Gesenken, Brunnen) an, so daß Vorsicht geboten ist. Erlischt die Lampe, so ist dringende Gefahr vorhanden.

169. Das Kohlenoxyd (CO) mit dem spez. Gewicht 0,97 ist die niedrigere Oxydationstufe des Kohlenstoffs, es ist farb- und geruchlos, brennbar und sehr giftig. Es entsteht in der Grube bei Bränden, bei Schlagwetter- und Kohlenstaubexplosionen, bei dem Auskochen von Sprengschüssen und unter Umständen durch Brennstoff-Lokomotiven, wenn die Zufuhr der Verbrennungsluft nicht richtig eingestellt ist. Die Giftigkeit des CO beruht darauf, daß es sich mit den roten Blutkörperchen verbindet und diese für die Aufnahme von Sauerstoff ungeeignet macht. Die Behandlung von Vergifteten läuft darauf hinaus, durch frische Luft oder noch besser durch reinen Sauerstoff das CO aus dem Blute des Verunglückten abzuscheiden und die Atemtätigkeit (z. B. durch Einspritzen des Reizmittels Lobelin-Ingelheim) anzuregen.

170. Der Schwefelwasserstoff (H_2S) mit dem spez. Gewicht 1,2 ist noch viel giftiger als Kohlenoxydgas, ist aber im Gegensatz zu diesem leicht kenntlich an seinem starken Geruch nach faulen Eiern. Er bildet sich bei der Fäulnis organischer Stoffe in Gegenwart schwefelhaltiger Verbindungen. Von Wasser wird er begierig verschluckt. Auf H_2S muß man besonders beim Anfahren von Wasseransammlungen im alten Mann gefaßt sein. Auch findet er sich auf manchen Kalisalzgruben im Salze eingeschlossen.

171. Das Wasserstoffgas (H), spez. Gewicht 0,069, ist ein brennbares, also im Gemische mit Luft explosibles Gas, das für die Atmung unschädlich ist. Es findet sich zuweilen im Salze eingeschlossen auf Kalisalzgruben und kann hier nach Freiwerden zu Explosionen Veranlassung geben.

172. Das Stickoxyd (NO und NO_2) ist ein gelbroter, giftiger Qualm, der in der Grube nur entsteht, wenn Sprengstoffe auskochen, statt zu explodieren (s. S. 45). Die giftige Wirkung äußert sich erst einige Stunden nach dem Einatmen durch Atembeschwerden.

173. Das Grubengas (CH_4), auch „Sumpfgas", „leichter Kohlenwasserstoff", „Methan" genannt, besitzt das spez. Gewicht 0,558. Ein Kubikmeter wiegt 0,7218 kg. Es ist farb- und geruchlos, brennbar, nicht giftig, trotzdem aber wegen der Erstickungsgefahr nicht ungefährlich. Es entsteht bei der Verkohlung pflanzlicher Stoffe; am häufigsten findet es sich in der Steinkohle, wo es die Poren und Hohlräume oft unter erheblichem Drucke erfüllt. Der Übertritt des Gases aus der Kohle oder dem Gestein geht vor sich 1. durch regelmäßiges Ausströmen, 2. durch plötzliche Gasausbrüche, 3. durch Bläser. Außerdem ist 4. der Übertritt des Grubengases aus dem alten Mann in die Grubenräume zu besprechen. Wegen der Leichtigkeit des Grubengases steigt es nach dem Ausströmen zunächst nach oben und sammelt sich hier an. Es findet sich deshalb besonders häufig an den höchsten Punkten der Grubenbaue, in Auskesselungen der Firste, in Aufhauen und Aufbrüchen. Nach seinem Austritt mischt sich das Grubengas durch Diffusion mit den sonstigen Grubenwettern. Ein Gemisch von Grubengas mit Luft entmischt sich nicht wieder.

Das regelmäßige Ausströmen des Grubengases findet durch ununterbrochenen, allmählich abnehmenden Ausfluß des Gases statt. Bisweilen ist es durch das Gehör wahrnehmbar, wenn nämlich kleine Kohlenpartikelchen unter einem knisternden Geräusche von dem Kohlenstoß abspringen (die Kohle „krebst"). Ein frischer Kohlenstoß entgast am stärksten, aber die Gasentwicklung dauert auch aus bereits gewonnener Kohle fort.

174. Gasausbrüche, wie sie bereits bei Besprechung der Kohlensäure geschildert wurden, entstehen, wenn das Gefüge der Kohle plötzlich zerstört und damit dem in den Poren eingeschlossenen Gase Gelegenheit zum plötzlichen Entweichen gegeben wird. Aus zwei Gründen kann dies eintreten, nämlich entweder durch den inneren Druck der in der Kohle enthaltenen Gase selbst oder aber durch äußeren Gebirgsdruck. Im ersten Falle bricht das Gas plötzlich aus, indem es das Gefüge der Kohle zerbricht und diese in fein zerteiltem Zustande mit sich reißt, ähnlich wie die Kohlensäure aus einer plötzlich geöffneten Mineralwasserflasche herausquillt und dabei das Wasser als Schaum mit sich reißt. Im zweiten Falle handelt es sich um ein plötzliches Zerquetschen von einzelnen Kohlenpfeilern durch den Gebirgsdruck, wobei ebenfalls große Gasmengen mit einem Schlage frei werden können.

175. Bläser. Werden Gasansammlungen in Klüften, Spalten oder sonstigen Hohlräumen des Gebirges angehauen oder angebohrt, so „bläst" das Gas durch die entstandene Öffnung aus. Es sind dies Bläser 1. Ordnung. Sie können unter Umständen jahrelang erhebliche Gasmengen liefern, wenn es sich um ausgedehnte und verzweigte Kluftvorkommen handelt. Bläser können auch nachträglich in einem vorher geschlossenen Gebirge entstehen, indem durch Abbau-Bruchwirkungen sich Risse auftun, die den oberen Grubenbauen Grubengas aus den zu Bruch gegangenen Abbauen und aus den etwa darüber befindlichen bauwürdigen oder unbauwürdigen Flözen zuführen (Bläser 2. Ordnung).

176. Der Übertritt des Grubengases aus dem alten Mann in die Grubenbaue erfolgt durch die Diffusion der Gase, ferner durch das Niedergehen des Hangenden, wobei die Gase aus dem alten Mann gedrückt werden, und schließlich als Folge der Luftdruckschwankungen. Sinkt nämlich der Atmosphärendruck, so wird das Volumen einer gewissen Gasmenge im alten Mann, die an der Druckschwankung teilnimmt, entsprechend wachsen, und dieser Volumenzuwachs wird in die Grubenräume übertreten. Bei steigendem Barometer werden dagegen die Wetter im alten Mann zusammengepreßt, und frische Luft strömt aus den Strecken in den alten Mann nach. Daher müssen die Grubenwetter bei fallendem Barometerstande gasreicher und bei steigendem gasärmer werden. Dagegen ist ein Zusammenhang zwischen den Luftdruckschwankungen und den Schlagwetterexplosionen nicht sicher nachweisbar, da etwa ebenso viele Explosionen bei fallendem wie bei steigendem Barometerstande sich ereignen. Es liegt das daran, daß die Ansammlung größerer, gefährlicher Grubengasmengen nicht allein vom Luftdruck, sondern auch von sonstigen Zufälligkeiten abhängt und insbesondere der Zufall der Entzündung einer etwaigen Schlagwetteransammlung völlig unabhängig vom Barometerstande ist.

177. Die Schlagwetterexplosion. Ausströmendes Grubengas verbrennt an der Luft nach bewirkter Entzündung mit hellblauer, wenig leuchtender

Flamme. Durch Mischung mit atmosphärischer Luft entsteht ein explosions-
fähiges Gemenge. Beträgt der CH_4-Gehalt in dem Gemische weniger als
5 % einerseits und mehr als 14 % anderseits, so hört die Explosionsfähigkeit
auf. Ungefährlich sind freilich auch solche Gemische in der Grube nicht.
Denn Gemische unter 5 % werden immerhin die Flammen von Sprengschüssen
oder auch von etwa entstehenden Schlagwetter- oder Kohlenstaubexplo-

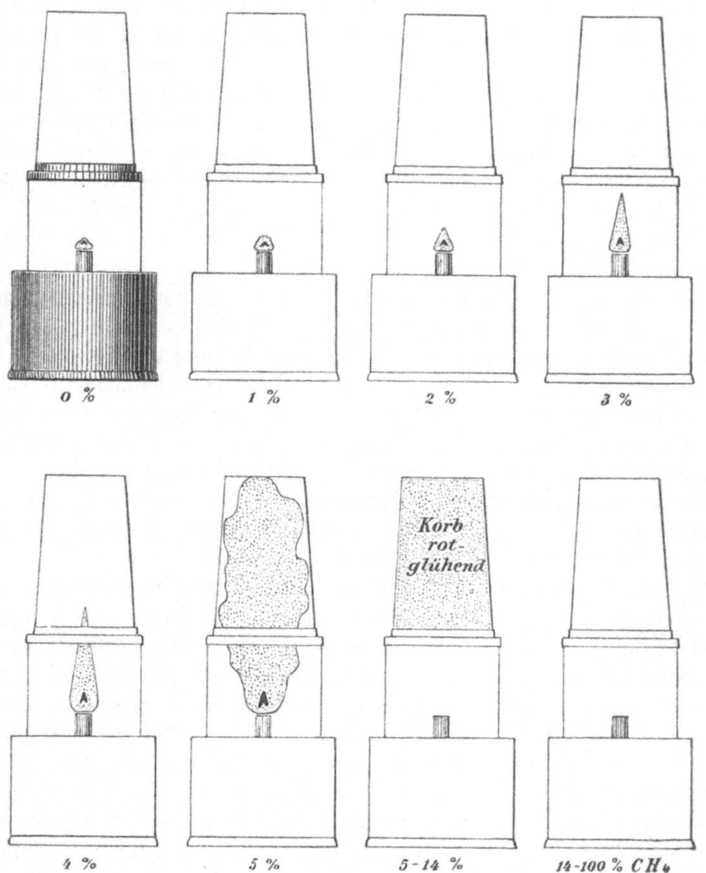

Abb. 128. Flammenerscheinungen der Benzinlampe in Schlagwettergemischen.

sionen verstärken, so daß diese weiter schlagen. Sind ferner irgendwo mehr
als 14 % vorhanden, so muß es auch eine Grenzzone geben, in der der CH_4-
Gehalt soweit herabgemindert ist, daß das Gemisch in diesem Teile ex-
plosibel wird. Bei der günstigsten Zusammensetzung des Explosionsgemisches
kann die Flammentemperatur rechnungsmäßig auf 2650° C und der in
einem allseitig geschlossenen Raume entstehende Gasdruck auf etwa 10 at
steigen. Die Entzündung der Gasgemische tritt bereits bei etwa 650° C
ein, jedoch bedarf die Entzündung in diesem Falle einer Zeit von etwa

10 Sekunden (Verzögerung der Entzündung). Die Entzündung verläuft um so schneller, je höher die Temperatur ist.

Die Entstehungsursachen für Schlagwetterexplosionen in der Grube sind: Gebrauch offener Grubenlampen, Benutzung von Feuerzeug oder unbefugtes Öffnen der Sicherheitslampe, ungenügende Sicherheit der Sicherheitslampen, Schießarbeit, Grubenbrand, Funkenreißen beim Schrämen, Bohren oder Niedergehen des Hangenden. Die Hauptursachen sind Geleucht und Sprengarbeit. Die andauernde Bekämpfung der Schlagwetterexplosionen hat gute Erfolge gezeitigt, wie die folgenden Zahlen lehren. Auf eine durch eine Schlagwetterexplosion zu Tode gekommene Person entfiel in Preußen eine Förderung von:

$$
\begin{array}{llll}
539\,623 & \text{t im Durchschnitt der Jahre} & 1881\text{—}1890, \\
1\,100\,810 & \text{\textquotedblright\ \textquotedblright\quad\textquotedblright\quad\textquotedblright\quad\textquotedblright} & 1891\text{—}1900, \\
1\,772\,102 & \text{\textquotedblright\ \textquotedblright\quad\textquotedblright\quad\textquotedblright\quad\textquotedblright} & 1901\text{—}1910, \\
2\,551\,064 & \text{\textquotedblright\ \textquotedblright\quad\textquotedblright\quad\textquotedblright\quad\textquotedblright} & 1911\text{—}1920, \\
3\,239\,975 & \text{\textquotedblright\ \textquotedblright\quad\textquotedblright\quad\textquotedblright\quad\textquotedblright} & 1921\text{—}1927. \\
\end{array}
$$

178. Erkennen der Schlagwetter. Trotz der mannigfachen Vorschläge, die für den Nachweis gefährlicher Schlagwettergemische auf Grund der chemischen oder physikalischen Eigenschaften des Methans gemacht worden sind, ist das in der Hand des Bergmannes am besten brauchbare Erkennungsmittel die gewöhnliche Sicherheitslampe geblieben. Über der eigentlichen Dochtflamme bildet sich infolge des Mitverbrennens des CH_4 eine Vergrößerung oder Verlängerung der Flamme, nämlich ein blaß hellblau gefärbter Flammenkegel (Aureole). Diese Flammenverlängerung ist bei Benzinlampen von 1 % CH_4 an zu erkennen. Art und Größe der Flammenerscheinungen zeigt Abb. 128. Noch schärfer zeigt die mit Alkohol gespeiste **Pieler**lampe den CH_4-Gehalt an, wie dies Abb. 129 darstellt.

179. Die physikalischen Verhältnisse der Grubenwetter. Nimmt man an, daß die Temperatur der Grubenluft 20—25° C beträgt und der Sättigungsgrad annähernd 100 % erreicht, so berechnet sich das für überschlägliche Rechnungen meist zugrunde gelegte Gewicht von 1 m³ Grubenluft auf etwa 1,2 kg.

In der Grube nimmt das Volumen der Wetter nach dem Ausziehschachte hin meist stark zu (im Ruhrbezirk um etwa 10 %), in erster Linie durch die eintretende Erwärmung und die Wasserdampfaufnahme, sodann aber auch durch die Aufnahme fremder Gase und durch die Wirkung der Depression und des verschiedenen statischen Luftdruckes an den Meßpunkten.

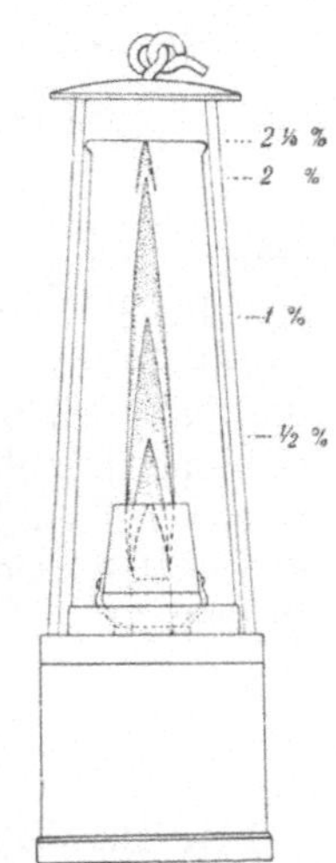

Abb. 129. Flammenerscheinungen der Pieler-Lampe in Schlagwettergemischen.

180. Die Grubentemperaturen. Neben der jeweiligen Tagestemperatur kommen für die Bildung der Grubentemperatur in Betracht: 1. die Verdichtungswärme, 2. die Gebirgswärme, 3. die Aufnahme oder der Niederschlag von Wasserdampf, 4. chemische Wirkungen, insbesondere die Oxydation von Kohle oder Holz, 5. sonstige Einflüsse. Die Abb. 130 zeigt anschaulich, welche Bedeutung im Verhältnis zueinander die vier erstgenannten

Einwirkungen in einem bestimmten Falle haben. Die sonstigen, bei der Bildung der Grubentemperatur mitwirkenden Einflüsse (z. B. warme Zuflüsse, Sprengarbeit, Elektromotoren) spielen meist nur eine verhältnismäßig geringe Rolle.

Der im menschlichen Körper erzeugte Überschuß an Wärme, der um so größer ist, je mehr Arbeit der Mensch leistet, muß an die Außenluft abgegeben werden. Andernfalls tritt eine Wärmestauung ein, die eine verminderte

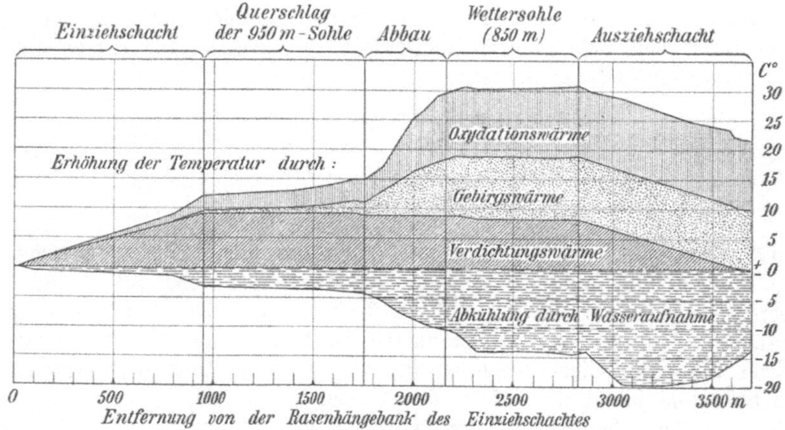

Abb. 130. Die hauptsächlichen Beeinflussungen der Temperatur unter Tage auf einer 850 m tiefen Grube des Ruhrbezirkes.

Arbeitsleistung und gegebenenfalls Gesundheitschädigungen im Gefolge hat. Die Kühlstärke der Luft hängt ab von ihrem **Wärmegrad**, von dem **Feuchtigkeitsgehalt** und von der **Wettergeschwindigkeit**. Die künstliche Kühlung der Grubenwetter zwecks Verstärkung ihrer Kühlwirkung ist bisher in größerem Maßstabe noch nicht durchgeführt worden. Dagegen ist man auf das Herabdrücken des Feuchtigkeitsgehaltes und das Verstärken der Wettergeschwindigkeit vor den Arbeitspunkten mit Erfolg bedacht gewesen.

II. Der Kohlenstaub.

181. Die Kohlenstaubgefahr. Der Kohlenstaub auf Steinkohlengruben, der teils durch die zermalmende Wirkung des Gebirgsdruckes, teils durch die Zerkleinerung der Kohle bei den Gewinnungsarbeiten und der Förderung entsteht, ist, wenn er in der Luft aufgewirbelt wird, in ähnlicher Weise explosionsgefährlich wie ein Schlagwettergemisch. Die Einleitung einer Kohlenstaubexplosion ist freilich schwieriger als die einer Explosion von Schlagwettern. Es muß ein kräftiger Luftstoß, der die Staubaufwirbelung veranlaßt, vorhergehen und die zündende Flamme folgen. Diese Bedingungen treffen zusammen bei einem Sprengschuß oder einer Schlagwetterexplosion, die deshalb die gewöhnlichen Ursachen von Staubexplosionen sind. Am entzündlichsten und gefährlichsten verhält sich der Fettkohlenstaub mit

25—30% Gas. Schwerer entzündlich ist der Gas- und Gasflammkohlenstaub, am schwersten entzündlich der Magerkohlenstaub. Bei weniger als 16—18% Gasgehalt pflanzen sich Explosionen nur schwer fort. Neben der chemischen Zusammensetzung ist das physikalische Verhalten der verschiedenen Kohlenarten von Bedeutung für die Staubexplosionsgefahr. Insbesondere wächst die Gefährlichkeit des Staubes mit seiner Feinheit.

Da nicht der Kohlenstaub selbst, sondern hauptsächlich das in ihm enthaltene Gas verbrennt, so werden Kohlenstaubexplosionen durch Verkoken des Staubes gekennzeichnet sein. Fettkohlenstaub liefert große zusammenhängende Kokskrusten. Nicht backender Kohlenstaub fühlt sich nach der Explosion sandig an und hat seine Weichheit verloren.

182. Die Bekämpfung der Kohlenstaubgefahr kann durch Anwendung des Wassers oder des Gesteinstaubes geschehen. Außerdem unterscheidet man zwischen der allgemeinen Verwendung des Bekämpfungsmittels an allen Punkten, wo Staub entsteht oder vorhanden ist, und der sog. Sperrensicherung. Während man mit jener die Entstehung jeder Staubexplosion zu verhüten beabsichtigt, soll diese die unbegrenzte Fortpflanzung der einmal entstandenen Explosion verhindern.

Für die Benutzung des Wassers werden die Gruben mit Spritzwasserleitungen ausgerüstet, mittels deren die Grubenbaue zur Vermeidung einer Ablagerung von trockenem Kohlenstaub nach Bedürfnis befeuchtet werden können. Neben der mit Hand vorgenommenen Berieselung werden in wichtigen Strecken auch Wasserbrausen angebracht, die entweder die Luft feucht halten sollen und dann mehr oder weniger dauernd arbeiten oder durch selbsttätige Vorrichtungen die unter ihnen herfahrenden Kohlenwagen benetzen.

Die Berieselung ist durch die Einführung des Gesteinstaubverfahrens stark zurückgedrängt worden, weil sie weniger sicher wirkt, durch die Nässe und Erhöhung der Luftfeuchtigkeit die Leute belästigt und durch die Durchtränkung des Gebirges die Steinfallgefahr erhöht.

183. Verwendung des Gesteinstaubes. Gesteinstaub wirkt dadurch, daß er der Flamme Wärme entzieht und somit diese abkühlt und schließlich löscht. Bei seiner Verwendung unterscheidet man für die Verhütung von Explosionen beim Schießen den Außenbesatz und die Schußbestaubung, ferner für das Ablöschen entstandener Explosionen die Streuung und die Sperren. Der Außenbesatz (Abb. 131) besteht darin, daß man etwa 1,5 kg Staub in einem Papierbeutel oder auf einem Brette in der Schußrichtung unmittelbar vor dem Bohrloche anbringt, so daß die Schußflamme den Staub mitreißen muß. Für mehrere mit Zeitzündung abgegebene Schüsse verwendet man die Schußbestaubung. Die

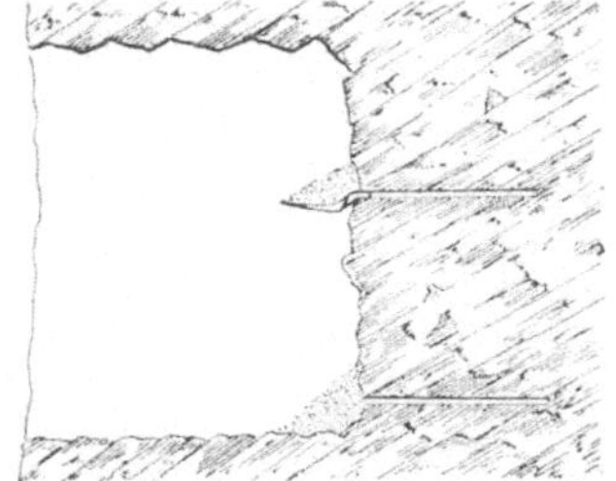

Abb. 131. Außenbesatz.

Vorgabe und die Schußstelle werden namentlich in der Schußrichtung in einem Umkreise von 5 m mit mindestens 10 kg je Schuß eingestaubt. Die Streuung soll in sämtlichen zur Förderung, Fahrung und Wetterführung dienenden Grubenbauen (nur mit Ausnahme der Abbaubetriebe) erfolgen und so stark sein, daß das abgelagerte Staubgemenge niemals mehr als 50% brennbare Bestandteile enthält. Bei dem Sperrverfahren soll eine etwa entstandene Explosion auf größere Staubmassen, die im freien Strecken-

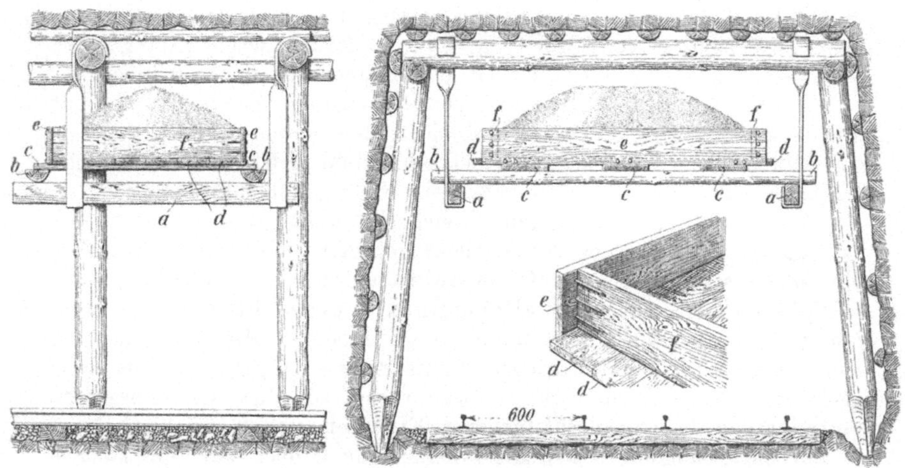

Abb. 132.   Gesteinstaubsperre.

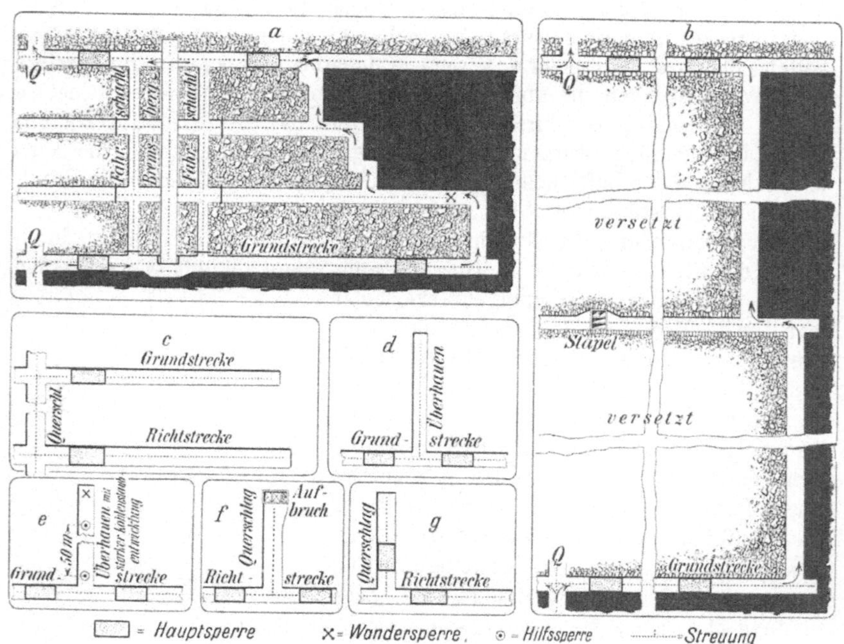

Abb. 133.   Anordnung der Sperren unter verschiedenen Betriebsverhältnissen.

querschnitt angeordnet sind (Abb. 132), stoßen und dadurch am Fortschreiten behindert werden. Durch Hauptsperren (mit 400 kg Gesteinstaub je m²

Streckenquerschnitt) werden die Wetterabteilungen, die Aus- und Vorrichtungsbetriebe und die Abbauflügel gegeneinander abgeriegelt; Wandersperren
(mit 80 kg Staub je m² Streckenquerschnitt) dienen zur Trennung der einzelnen Abbaubetriebe eines Abbauflügels. Hilfsperren (ebenfalls 80 kg je m²)
werden namentlich in Auf- und Abhauen angeordnet, in denen eine Streuung
in der vorgeschriebenen Stärke nicht aufrechterhalten werden kann. Abb. 133
zeigt die Anordnung der Sperren unter verschiedenen Verhältnissen.

III. Die Bewegung der Wetter.

A. Der Wetterstrom und seine Überwachung.

184. Gefälle des Wetterstromes. Für die Bewetterung eines Grubengebäudes muß ein ununterbrochen fließender Wetterstrom erzeugt werden.
Die Bewegung der Luft oder der Wetter-
zug geht wie jede Bewegung eines Kör-
pers hervor aus der Störung des Gleich-
gewichts. Im Wetterstrom kann deshalb
nicht ein einheitlicher, gleichmäßiger Luftdruck herrschen, sondern der Druck muß
in der Richtung des ausziehenden Stromes
geringer werden. Die Luftspannung sinkt
also auf dem ganzen Wege des Stromes
oder, anders ausgedrückt, es besteht ein
Druckgefälle, ähnlich dem Gefälle eines
Flusses. Gemessen werden diese Druckunterschiede in Millimetern Wassersäule.
Schematisch ergibt sich beispielsweise das
Bild der Abb. 134. Der vom Ventilator
erzeugte Unterdruck ist im Saugkanal am
größten (—115) und ist an der Mündung
des einziehenden Schachtes ± 0. Das Gefälle verteilt sich auf den ganzen Wetterweg, jedoch ungleichmäßig.

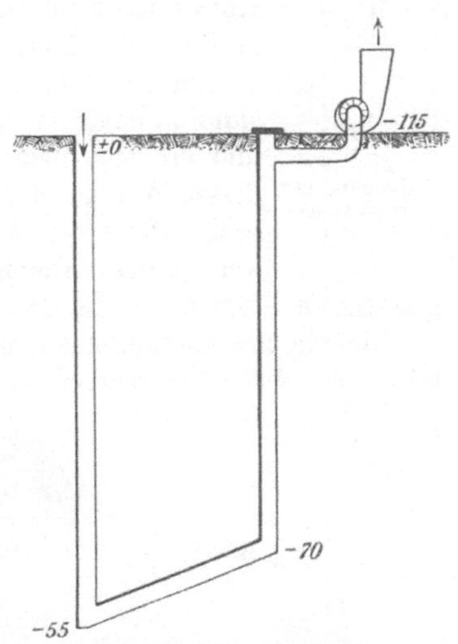

Abb. 134. Schema des Druckgefälles bei
einer Grubenbewetterung.

185. Die Messung des Gefälles geschieht naturgemäß in der Nähe des
Ventilators. Hierfür benutzt man einen Depressionsmesser, der aus einer
mit Wasser gefüllten, U-förmig gebogenen Glasröhre $a_1 a_2$ (Abb. 135) und
einem Maßstabe c zwischen den beiden Rohrschenkeln besteht. Das eine
Ende der Glasröhre wird durch einen Schlauch b mit dem Raume in Verbindung gebracht, dessen Depression bestimmt werden soll; das zweite Ende
mündet ins Freie. Der Maßstab ist gewöhnlich so eingerichtet, daß er seinen
Nullpunkt in der Mitte hat und von hier aus nach oben und nach unten
zählt. Sehr zweckmäßig sind die selbsttätig schreibenden Depressionsmesser (z. B. derjenige von Ochwadt), bei denen mittels Schwimmers die
jeweilig vorhandene Depression in Form einer Kurve auf einer Trommel auf-
geschrieben wird, so daß man einen bleibenden Ausweis über den Gang des
Ventilators erhält.

Um die Depression richtig zu messen, muß man den Schlauch b (Abb. 135) so in den Saugkanal münden lassen, daß der Strom in die ihm entgegengerichtete Öffnung des Schlauchendes (am besten eines vorgeschalteten Röhrchens) bläst (vgl. Ziff. 187).

186. Messung der Stromgeschwindigkeit. Zur Messung der Stromgeschwindigkeit bedient man sich gewöhnlich der Casella-Anemometer (Abb. 136). Ein solches besitzt acht windmühlenähnlich gestellte Flügel aus Aluminiumblech, die auf einer gegen ein Saphirlager sich stützenden Achse angeordnet sind. Die Achse trägt eine Schraube ohne Ende, die ein Zählwerk mit solcher Radeinteilung betätigt, daß auf dem Zifferblatt der vom Luftstrom in der Meßzeit zurückgelegte Weg unmittelbar in Metern abgelesen werden kann. Die abgelesene Geschwindigkeit bedarf noch der Richtigstellung (Korrektion), da das Anemometer nicht reibungsfrei läuft. Die Korrektion ist keine Konstante, sondern ist für jede Geschwindigkeit verschieden. Sie muß durch Eichen festgelegt werden.

Für Messungen im Wetterkanal benutzt man besser das unempfindlichere Robinson-Schalenkreuz, das durch den Staub und die sich niederschlagende Feuchtigkeit weniger leidet und dessen Anzeige durch schräges Auftreffen des Luftstromes nicht beeinflußt wird. Für die Messung sehr langsamer Luftströme wendet man Anemometer mit großen, aus Glimmerblättchen gefertigten Flügeln an, die den Vorzug eines sehr leichten Ganges besitzen.

Die Geschwindigkeitsmessung wird in der Grube in der Regel an bestimmten Meßstellen vorgenommen, deren eine für jeden Sonderstrom vor-

Abb. 136.   Casella-Anemometer.

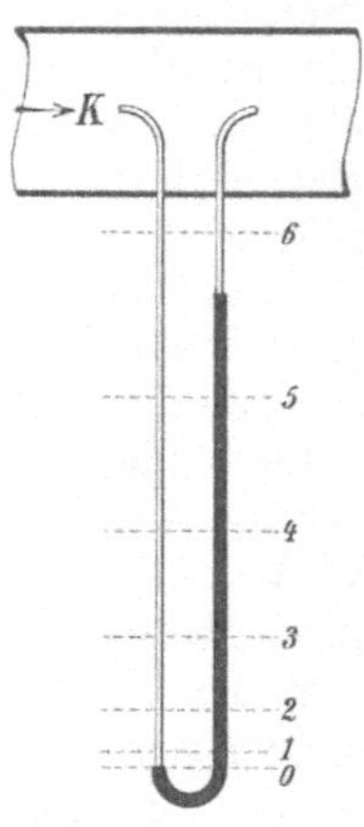

Abb. 137.   Grundgedanke des Volumenmessers.

Abb. 135.
Gewöhnlicher Depressionsmesser.

handen zu sein pflegt. Stöße und Firste der Strecke sind hier mit einem glatten Bretterverzuge auf 3—4 m Länge verschalt. Man legt die Meßstellen zweckmäßig in einem geraden Streckenteile in einiger Entfernung von

Abzweigungen an, um störende Wirbelbildungen auszuschließen. Die mittlere Stromgeschwindigkeit erhält man ungefähr in $^1/_3$ oder $^2/_3$ der Streckenhöhe und -breite.

187. Die hydrostatischen Geschwindigkeits- oder Volumenmesser werden nach dem in Abb. 137 dargestellten Grundgedanken gebaut. In dem Kanal K bewegt sich ein Wetterstrom in der Pfeilrichtung. Läßt man ein mit seinem Ende dem Gasstrome entgegengerichtetes Rohr und ein Rohr, dessen Ende in der Stromrichtung umgebogen ist, in den Kanal münden, so werden beide Rohre verschiedene Drücke aus dem Gasstrome ableiten. Schaltet man zwischen die Rohre ein Manometerrohr, so stellt sich in diesem der Wasserspiegel entsprechend den verschiedenen Drücken ein. Der Unterschied der beiden Wasserspiegel ist also ein Maßstab für die Gasgeschwindigkeit in dem Kanal K. Bei dem schreibenden Geschwindigkeits- und Volumenmesser der Hydro-Apparate-Bauanstalt zu Düsseldorf (Abb. 138), der gleichzeitig mit einem schreibenden Depressionsmesser verbunden ist, tauchen in die Flüssigkeitsäulen des Gerätes zwei Schwimmer a und b ein, von denen a die Schreibstange für die Aufzeichnung der Depression und b diejenige für Aufzeichnung der Geschwindigkeit trägt. Der Wetterstrom im Kanal L bläst in das ihm entgegengerichtete Röhrchen g, so daß sein Gesamtdruck im Raume e zur Wirkung kommt. Dagegen ist das Röhrchen h gleichlaufend zur Kanalwand abgeschnitten, so daß es in den Raum d nur den statischen Druck des Wetterkanals überträgt. Über dem Schwimmer a ist der äußere Luftdruck vorhanden.

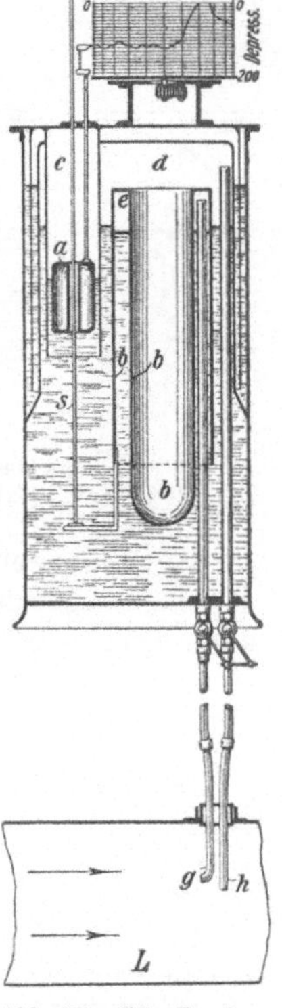

Abb. 138. Schreibender Geschwindigkeits- und Depressionsmesser.

188. Die hauptsächlichsten Formeln[1]) für die Wetterbewegung sind:

$$\text{I.} \quad V = F \cdot v.$$

Die Formel gibt die Wettermenge als Produkt aus Querschnitt und Geschwindigkeit an.

$$\text{II.} \quad h = k \cdot \frac{L \cdot U \cdot v^2}{F}.$$

Die Formel II („Depressionsformel") gibt die für die Bewegung der Wetter erforderliche Depression, die dem Widerstande entspricht, an. In ihr hat k folgende Werte:

---

[1]) In diesen Formeln bedeuten
V: die Luftmenge in m³/s,
F: den Streckenquerschnitt in m²,
L: die Streckenlänge in m,
U: den Streckenumfang in m,
v: die Geschwindigkeit in m/s,
h: die Depression in mm Wassersäule,
k: eine Konstante, die der Beschaffenheit der Wandungen Rechnung trägt.

Heise-Herbst, Leitfaden, 3. Aufl.   7

0,0003, wenn die Strecke glatt ausgemauert ist,
0,0009, wenn die Strecke im Gestein ohne Zimmerung steht,
0,0016, wenn die Strecke in Türstockzimmerung steht,
0,0002—0,0024 für Schächte je nach der Art des Aus- und des Einbaues,
0,0002—0,0004 für glatte Eisenblechlutten je nach dem Durchmesser.

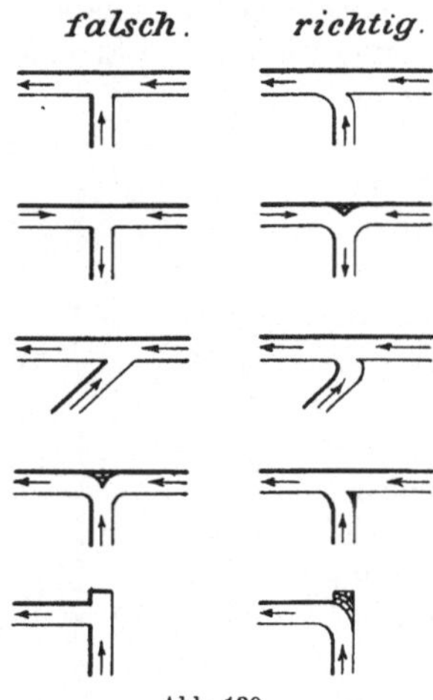

falsch.   *richtig.*

Abb. 139.
Falsch und richtig angeordnete
Streckenabzweigungen.

Nicht berücksichtigt sind in Formel II Biegungen, plötzliche Richtungsänderungen, Einschnürungen u. dgl., die sich der Rechnung entziehen, aber auf den Wetterstrom außerordentlich schädlich einwirken können.

Abb. 139 zeigt in Gegenüberstellung unsachgemäß und richtig angeordnete Streckenabzweigungen. Besonders ungünstig ist es, wenn zwei Wetterströme mit entgegengesetzter Bewegungsrichtung aufeinanderprallen, wie dies in den drei mittleren Abbildungen der linken Seite dargestellt ist.

Das „Temperament" der Grube wird durch die Formel

$$k = \frac{V}{\sqrt{h}}$$

gegeben. Aus dieser Formel ergibt sich die „gleichwertige (äquivalente) Grubenöffnung" oder „Grubenweite" A (Öffnung in einer dünnen Wand, die bei gleichem Druckunterschiede auf beiden Seiten dieselbe Luftmenge wie die Grube durchströmen läßt), wie folgt:

$$\text{III.} \quad A = 0{,}38 \, \frac{V}{\sqrt{h}}.$$

Der Kraftbedarf (N) der Wetterführung in PS schließlich ist

$$\text{IV.} \quad N = \frac{V \cdot h}{75}.$$

Aus den 4 Formeln folgt z. B., daß bei Vermehrung der Wettergeschwindigkeit in einer beliebigen Grube die Wettermenge im gleichen, der Widerstand im quadratischen und der Kraftbedarf im kubischen Verhältnis zur Wettergeschwindigkeit steigt.

B. Die Mittel zur Erzeugung der Wetterbewegung.

189. Überblick. Man unterscheidet zwischen natürlicher und künstlicher Wetterführung. Die natürlichen Verhältnisse, die einen Wetterzug in der Grube im Gefolge haben können, sind: Erwärmung oder Abkühlung der Grubenwetter durch die Gebirgstemperatur; Aufnahme spezifisch leichter Gase, namentlich des Wasserdampfes; Stoßwirkung fallenden Wassers; Abkühlung der Wetter durch dieses und Stoß- und Saugwirkung des Windes.

Die Mittel zur künstlichen Erzeugung des Wetterzuges sind Wetteröfen, Wettermaschinen und Strahlgebläse.

190. Natürliche Wetterführung. Die Wirkung des natürlichen Wetterzuges macht sich namentlich geltend, wenn Höhenunterschiede zwischen den Tagesöffnungen der Grubenbaue vorhanden sind. In einer flachen Stollengrube (Abb. 140) ist im Sommer die im Schachte befindliche Luftsäule infolge Einwirkung der Gesteinstemperatur kühler, also dichter und schwerer als die äußere Luftsäule S. Die Folge ist, daß die Luft im Schachte nieder-

Abb. 140. Wetterwechsel in einer Stollengrube.

sinkt, daß also der Schacht ein- und der Stollen auszieht (Sommerstrom). Im Winter dagegen ist die im Schachte befindliche Luft wärmer und leichter als die vor dem Stollenmundloch stehende Außenluft. Der Schacht zieht aus und der Stollen ein (Winterstrom). Im Frühjahr und Herbst muß jedesmal ein Stocken des Wetterzuges vor der schließlichen Umkehr der Stromrichtung eintreten.

In Tiefbaugruben mit zwei Schächten kann auch bei gleicher Höhenlage beider Schächte ebenfalls ein natürlicher Wetterzug entstehen, wenn nämlich in der Grube eine Erwärmung der Luft eintritt. Es ist dies bei flachen Gruben im Winter und bei tiefen, warmen Gruben unter Umständen während des ganzen Jahres der Fall. Welcher Schacht unter solchen Verhältnissen der ein- und welcher der ausziehende wird, hängt von Zufälligkeiten oder künstlicher Mitwirkung ab, so daß eine bestimmte Stromrichtung wie bei Stollengruben nicht besteht.

191. Die Wetteröfen können über oder unter Tage stehen. Abb. 141 zeigt einen über Tage aufgestellten Wetterofen, der mit dem ausziehenden Schachte durch einen Wetterkanal in Verbindung steht und an einen Schornstein angeschlossen ist. Von der Höhe dieses Schornsteins hängt im wesentlichen die Saugkraft des Ofens ab. Die unter Tage befindlichen Wetteröfen sind wirksamer, weil die hohe Luftsäule im ganzen ausziehenden Schachte erwärmt wird. Sie machen aber den ausziehenden Schacht unfahrbar, auch sind sie wegen der Brandgefahr und der Möglichkeit des Umschlagens der Stromrichtung der Wetter (z. B. im Falle von Grubenbränden) bedenklich.

192. Die Wettermaschinen werden den Wetteröfen wegen der erwähnten Nachteile dieser meist vorgezogen. Man benutzt fast ausschließlich Schleuderräder (Zentrifugalventilatoren). Bei ihnen sind auf einer Achse radial gestellte Schaufeln, deren Fläche in der Achsenrichtung

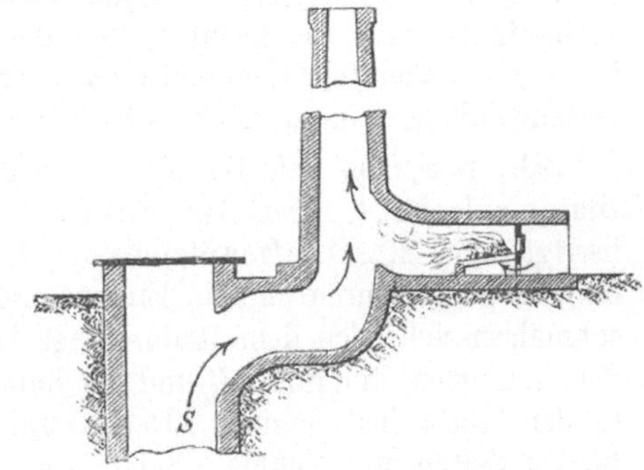

Abb. 141. Wetterofen über Tage.

liegt, angebracht. Da, wo die Achse durch die Seitenwände geführt ist, befindet sich die Saugöffnung. Bei der Drehung des Rades wird die Luft axial angesaugt und tangential herausgeschleudert.

Die Schaufeln können am Umfange **radial** auslaufen oder in der Drehrichtung **nach vorn** oder **nach rückwärts** gelehnt sein. In allen Fällen können die Schaufeln gerade oder gekrümmte Flächen besitzen. Es läßt sich nicht sagen, daß eine bestimmte Schaufelstellung und Schaufelform für alle Fälle den Vorzug verdient. Tatsächlich haben sich sehr verschiedene Ausführungen gut bewährt.

Die Ventilatoren können **einseitig** oder **zweiseitig saugend** eingerichtet werden. Bei nur einseitiger Einströmung (Abb. 142) ergibt sich der Übelstand, daß der Luftdruck das Schaufelrad nach der Saugseite hin zu verschieben trachtet. Bei einem zweiseitig saugenden Ventilator (Abb. 143) ist die Verlagerung der Achse schwieriger, da sie länger sein und mindestens durch **einen** Saugkanal oder aber durch beide hindurch geführt werden muß. Ferner ist die Herstellung der Zuführungskanäle verwickelter und umständlicher.

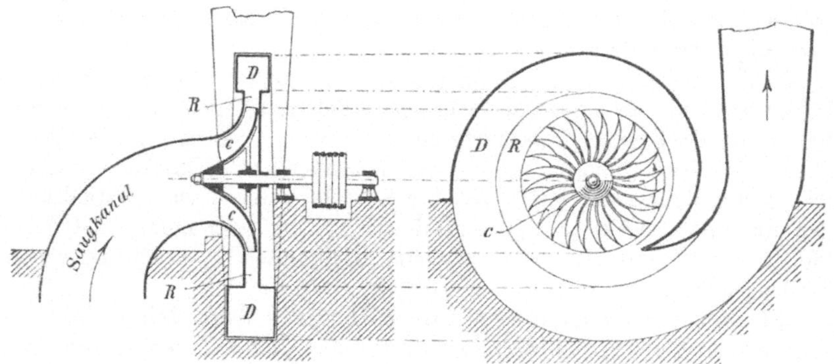

Abb. 142. Rateau-Ventilator.

Um die in der herausgeschleuderten Luft steckende lebendige Arbeit nutzbar zu machen, muß der Ventilator ummantelt werden. Die **Ummantelung (der Diffusor)** besitzt die Form einer Spirale und läuft in einen Auslaufhals aus. Sie bewirkt, daß die Luft ohne stärkere Wirbelbildung in einem einheitlichen, geschlossenen Strome mit allmählich verminderter Geschwindigkeit in die Atmosphäre übergeführt wird.

193. Beispiele. Als Beispiele seien der **Rateau-** und der **Capell-Ventilator** aufgeführt. Der **Rateau-Ventilator** (Abb. 142) saugt einseitig und besitzt einen stark aufgewölbten, auf der Achse sitzenden Radboden. Die doppelt gekrümmten und im Einlauf nach vorn gebogenen Schaufeln c verschmälern sich nach dem Radumfange hin. Die Ummantelung besteht aus dem schmalen Ringraum R und der äußeren Erweiterung D, welche letztere in den Auslaufhals endigt. Der **Capell-Ventilator** (Abb. 143) saugt von beiden Seiten an. Schmale Schöpfschaufeln c führen die Luft in das Rad. Dieses ist überall gleich breit und durch eine mittlere Scheibe in zwei Hälften geteilt. Bemerkenswert ist die Bildung toter Keilstücke k am Radumfange, welche die Austrittsöffnungen der Luft aus dem Rade verkleinern, und die Anbringung der kleinen Zwischenschaufeln d. Die Auslaufspirale ist im Querschnitt einfach rechteckig.

194. Der mechanische Wirkungsgrad eines Ventilators ist das Verhältnis der tatsächlichen Nutzleistung (s. Formel IV, S. 98) zu der der Antriebsmaschine zugeführten Energie, also $\dfrac{N}{N_i}$. Man drückt gewöhnlich den mechanischen Wirkungsgrad in Prozenten von N_i aus. Mechanische Wirkungsgrade von 70—80 % sind als gut zu bezeichnen. Es ist zu beachten, daß der mechanische Wirkungsgrad nicht allein von der Güte der Ventilatoranlage, sondern auch von der Grubenweite abhängt. Bei einer bestimmten Grubenweite ist der mechanische Wirkungsgrad am günstigsten, bei geringerer oder größerer Grubenweite findet ein Abfall statt.

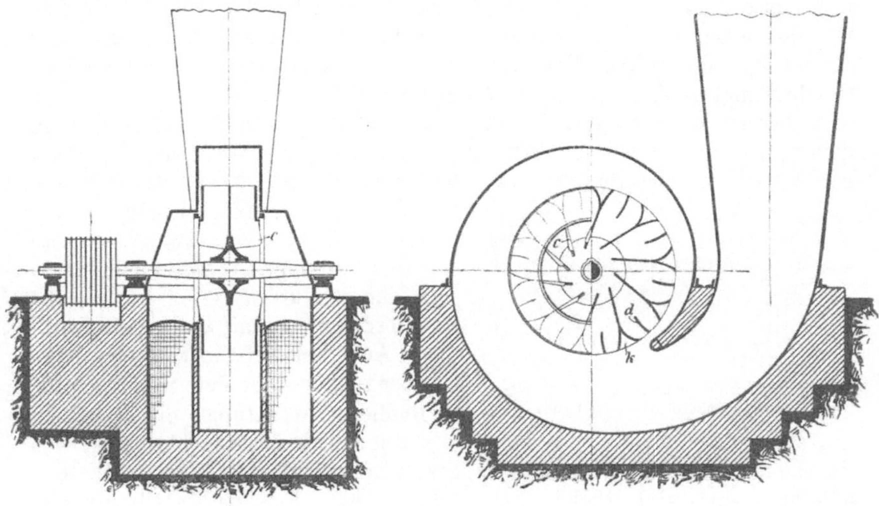

Abb. 143. Capell-Ventilator.

195. Durchgangsöffnung. Jeder Ventilator setzt genau wie die Grube selbst dem Durchgange der Luft einen gewissen Widerstand entgegen. Wir können den Durchgang der Luft durch den Ventilator ebenfalls mit ihrem Durchgange durch eine Öffnung in einer dünnen Wand vergleichen, durch eine Öffnung also, die bei gleichem Druckunterschiede auf beiden Seiten dieselbe Luftmenge wie der Ventilator durchziehen läßt. Eine solche Öffnung nennen wir seine Durchgangsöffnung. Meistens baut man den Ventilator derart, daß seine Durchgangsöffnung etwa dreimal so groß wie die Grubenweite ist.

196. Die theoretische Depression h, die ein Ventilator erzeugen kann, hängt allein von der Umfangsgeschwindigkeit u des Rades ab. Es besteht für dieses Verhältnis die Formel:

$$h = 0{,}122\,u^2.$$

Die gebräuchlichen Umfangsgeschwindigkeiten liegen zwischen 30 und 60 m/s, woraus sich theoretische Depressionen von 110—439 mm Wassersäule errechnen. Die tatsächliche Depression, die ein Ventilator liefert, ist stets kleiner als die theoretische. Das Verhältnis der tatsächlichen Depression zur theoretischen nennen wir den **manometrischen Wirkungsgrad**. Auch dieses Verhältnis wird gewöhnlich in Prozenten, und zwar der theoretischen Depression, ausgedrückt. Der manometrische Wirkungsgrad ist bei fast völlig verschlossenem Saugkanal am größten, um mit zunehmender Grubenweite infolge der Wirbelbildungen in der durchströmenden Luft allmählich zu sinken. Die erzielbaren manometrischen Wirkungsgrade steigen bis etwa $75\,\%$

197. Das Zusammenarbeiten zweier Schleuderräder. Man kann zwei Ventilatoren nebeneinander — in **Parallelschaltung** — arbeiten lassen, wobei also beide aus einem und demselben ausziehenden Schachte saugen. Die theoretisch erzielbare Depression bleibt hierbei aber dieselbe, die auch ein einziger der beiden Ventilatoren liefern würde, wenn er mit gleicher Geschwindigkeit allein liefe. Die Bewetterungsarbeit verteilt sich — wiederum rein theoretisch betrachtet — zur Hälfte auf die beiden Ventilatoren, von denen also jeder die volle Depression und die halbe Wettermenge liefert. Ein Vorteil für die Bewetterung tritt praktisch freilich nur dadurch ein, daß die Durchgangsöffnung infolge des Vorhandenseins zweier Ventilatoren verdoppelt wird, so daß der erreichbare Nutzen gering ist und die Anordnung kaum ausgeführt wird.

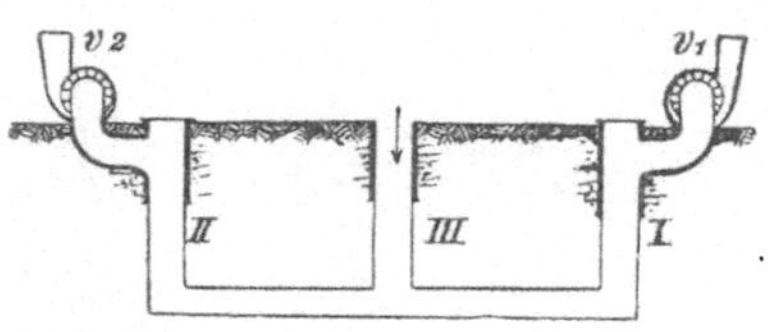

Abb. 144. Zwei Ventilatoren auf verschiedenen Wetterschächten derselben Grube.

Auf vielen Gruben findet man aber zwei oder mehrere in Betrieb befindliche Ventilatoren, die bei einem einzigen Einziehschachte nicht aus einem und demselben Saugkanal saugen, sondern auf verschiedenen Wetterschächten eines einheitlichen Bergwerks stehen. Für die Ventilatoren ist dann ein Teil der unterirdischen Wetterwege gemeinsam (Abb. 144). Bemerkenswert ist, daß die Ventilatoren v_1 und v_2 sich gegenseitig beeinflussen. Steht v_2 still, ohne daß sein Saugkanal verschlossen ist, so wird der im Betrieb befindliche Ventilator v_1 Luft sowohl vom einziehenden Schachte III als auch vom Schachte II her ansaugen. Sobald v_2 in Gang kommt, wird die von v_1 gelieferte Wettermenge sinken. Erreicht v_2 eine bestimmte Drehgeschwindigkeit, so beginnt dieser Ventilator ebenfalls Luft auszuwerfen. Wenn also mehrere sich gegenseitig beeinflussende Ventilatoren vorhanden sind, so muß das Verhältnis der Umlaufzahlen dauernd überwacht werden. Läuft einer der Ventilatoren zu langsam, so stockt vielleicht die Wetterführung in dem von ihm beherrschten Teile des Grubengebäudes oder schlägt gar um.

Durch **Hintereinanderschalten** zweier Ventilatoren kann man die doppelte Depression auf das Grubengebäude wirken lassen. Allerdings wird die ganze Anlage in Herstellung und Betrieb teuer, und die erzielbaren Vorteile sind gegenüber den Nachteilen des doppelten Maschinenbetriebes zu gering.

198. Die Strahlgebläse sind den für die Kesselspeisung gebrauchten Injektoren oder den Strahlpumpen ähnlich. Sie beruhen darauf, daß ein Flüssigkeits-, Dampf- oder Luftstrahl mit hohem Drucke aus einer Düse, die in oder vor einem weiten Rohre angebracht ist, ausspritzt und die umgebende Luft in der Strahlrichtung mitreißt. Zur Vermeidung schädlicher Wirbelbildungen werden vor die eigentliche Strahldüse Leitdüsen eingebaut, die bewirken, daß die Luft annähernd gleichmäßig auf dem ganzen Querschnitte eine nach vorn gerichtete Bewegung erhält (Abb. 145).

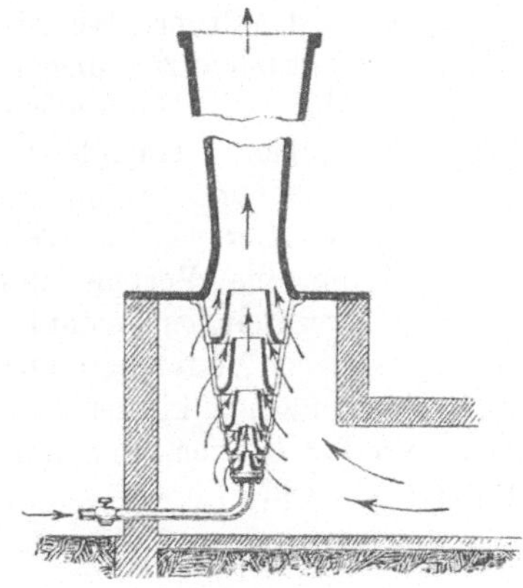

Abb. 145. Strahlgebläse.

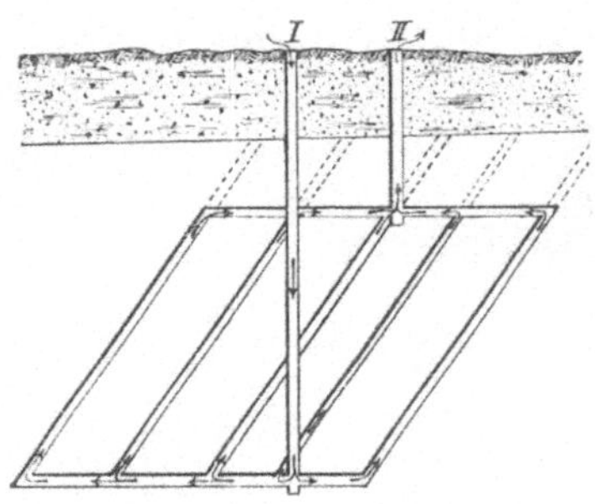

Abb. 146. Schema der aufsteigenden Wetterführung.

Wenn auch ein Strahlgebläse sich durch mannigfache Vorteile, insbesondere Einfachheit, Billigkeit, bequeme Aufstellung, leichte Inbetriebsetzung und Wartung, geringen Raumbedarf und Betriebsicherheit auszeichnet, so ist doch der Wirkungsgrad selbst bei guter Ausführung sehr gering (10—15 %). Aus diesem Grunde werden Strahlgebläse zur Bewetterung ganzer Gruben selten gebraucht, wogegen sie für kleine, nur wenig Betriebskraft erfordernde Sonderbewetterungen vielfach Verwendung finden.

199. Zusammenwirken der natürlichen und künstlichen Wetterführung. Fast auf jeder Grube besteht auch bei Vorhandensein einer künstlichen Bewetterung ein natürlicher Wetterzug, dessen Wirkung allerdings durch den künstlichen Wetterzug mehr oder weniger verschleiert wird, der sich aber bemerkbar macht, wenn der Ventilator zum Stillstand kommt. Erwünscht ist, daß der natürliche und der künstliche Wetterstrom eine und dieselbe Richtung besitzen.

Die Ausnutzung des natürlichen Wetterzuges erfolgt in der Regel am sichersten, wenn man die sog. aufsteigende Wetterführung anwendet, bei der nach Abb. 146 die Wetter auf dem kürzesten Wege in das Grubentiefste geführt werden, um sodann vor den Bauen aufsteigend nach dem ausziehenden Schachte zu ziehen. Die abfallende Wetterführung, bei der die Baue in der Richtung von oben nach unten vom Wetterstrome bestrichen werden, ist minder günstig und außerdem für Schlagwettergruben bedenklich.

200. Wetterumstellvorrichtungen an Ventilatoranlagen gestatten, daß man den Ventilator je nach Bedürfnis saugend oder blasend arbeiten lassen kann. Abb. 147 zeigt eine solche Umstellvorrichtung. Bei der gezeichneten Stellung der Klappen d_1 und d_2 saugt der Ventilator die Luft durch den Kanal c aus der Grube und befördert sie durch den Schlot a ins Freie. Werden dagegen die Klappen d_1 und d_2 in die gestrichelte Lage gebracht, der die gestrichelten Wetterstrompfeile entsprechen, so saugt der Ventilator die Luft durch den kurzen Schlot b an und bläst sie durch e in die Grube. Wetterumstellvorrichtungen sind z. B. für Stollengruben empfehlenswert, um sowohl im Sommer wie im Winter die Vorteile des wechselnden natürlichen Wetterzuges ausnutzen zu können. Sie werden aber auch gern für Gruben verwandt, die viel unter Brandgefahr leiden.

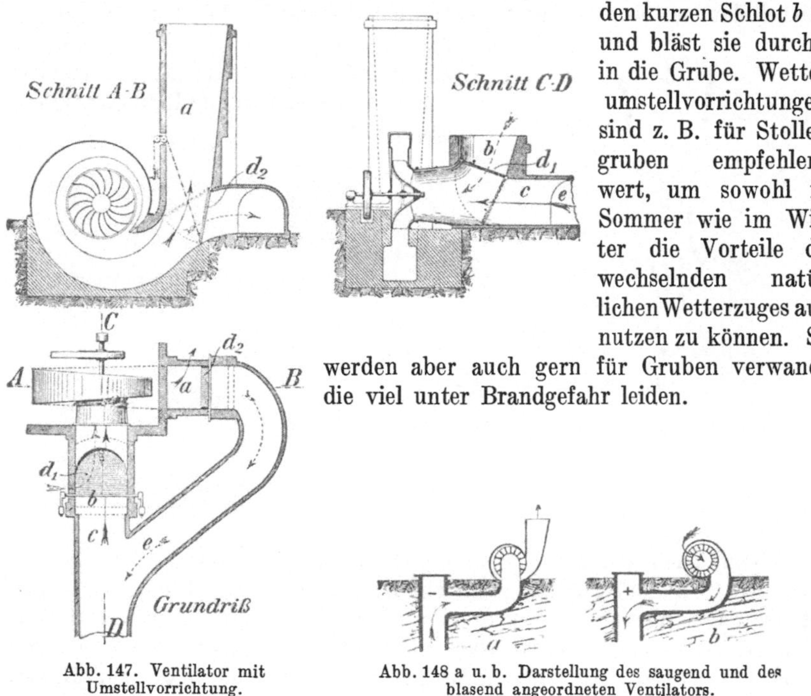

Abb. 147. Ventilator mit Umstellvorrichtung.

Abb. 148 a u. b. Darstellung des saugend und des blasend angeordneten Ventilators.

C. Die Führung und die Verteilung der Wetter im allgemeinen.

201. Wetterschächte. Wenn der Ventilator unter Tage aufgestellt wird, so bleiben der einziehende und der ausziehende Schacht unverschlossen, und beide Schächte können ohne weitere Vorkehrungen sowohl für die Förderung als auch für sonstige Betriebszwecke benutzt werden. Bei Aufstellung des Ventilators über Tage dagegen, die zumeist vorgezogen wird, muß der Schacht, an den der Ventilator angeschlossen ist, mit einem Verschlusse versehen werden. Soll der Ventilator saugend arbeiten (Abb. 148a), so erhält der ausziehende Schacht einen Verschluß, dagegen der einziehende, wenn der Ventilator blasend wirken soll (Abb. 148b). Im ersteren Falle herrscht in der Grube Unterdruck (Depression) gegenüber der äußeren Atmosphäre, im letzteren Falle Überdruck (Kompression). Im allgemeinen ist die saugende Bewetterung häufiger. Es liegt dies hauptsächlich daran, daß man des für den einziehenden Strom benutzten tiefsten Schachtes in der Regel auch für die Hauptförderung bedarf und daß es lästig ist, an dem Hauptförderschachte einen Schachtverschluß anzubringen.

202. Schachtverschlüsse. Wird der Ventilatorschacht nur für die Wetterführung benutzt, so daß er dauernd verschlossen gehalten werden kann, so wird er oben durch Mauerung abgewölbt oder durch eine eiserne Verschlußhaube geschlossen. Soll der Schacht zwar nicht für die regelmäßige Förderung, wohl aber für die Fahrung und für gelegentliches Einhängen von Baustoffen zugänglich bleiben, so wird er zweckmäßig durch eine wetterdichte Schachtkaue, die unmittelbar über der Rasenhängebank errichtet wird und mit unter Depression steht, verschlossen. Der Zugang zur Kaue erfolgt durch eine Schleuse. Dient der Schacht für die regelmäßige Förderung, so benutzt man als Verschluß Schachtdeckel oder Hängebank-Schleusen.

203. Schachtdeckel. Für den Verschluß mittels Schachtdeckels erhält jedes Fördertrumm wetterdichte Wandungen, die von der Mündung

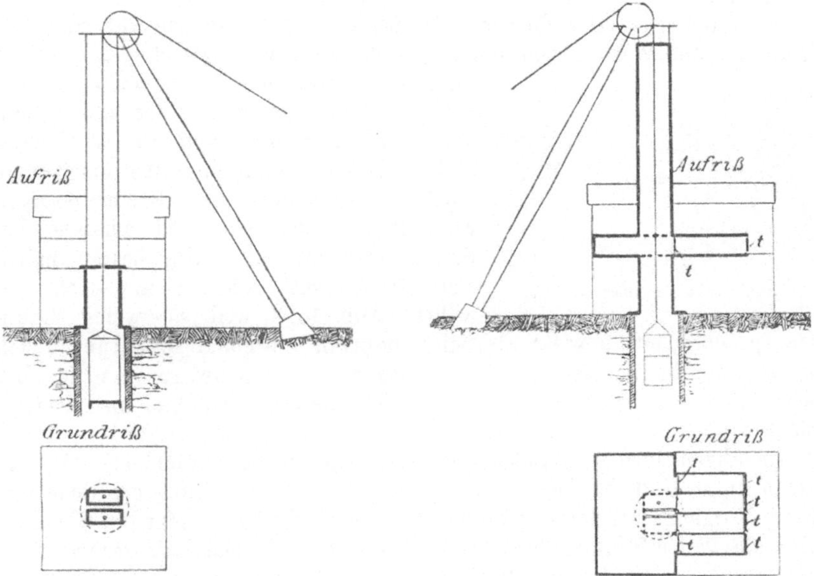

<table>
<tr><td>Abb. 149. Schachtdeckelverschluß.</td><td>Abb. 150. Hängebank-Schleusenverschluß.</td></tr>
</table>

des Schachtes bis zur Höhe der Hängebank emporgeführt sind. Hier legt sich auf die so geschaffene Mündung des Trumms ein loser, ebener Deckel, der das Schachtinnere gegen die Atmosphäre abschließt. Kommt der Förderkorb oben an, so wird der Deckel von einem oberhalb des Seileinbandes angebrachten Querstücke mit angehoben und hochgenommen, während der den Maßen des Trumms genau angepaßte Boden des Korbes nun den Verschluß besorgt (Abb. 149). Der Deckel leidet unter den andauernden Stößen sehr; außerdem sind erhebliche Wetterverluste (durchschnittlich 15—20 %) unvermeidlich.

204. Hängebank-Schleusen. Beim Hängebank-Schleusenverschluß (Abb. 150) stehen die Fördertrumme bis dicht unter die Seilscheiben und außerdem ein mehr oder minder großer Teil der Hängebank unter Depression. Dieser Teil ist durch eine Wettertürenschleuse tt mit der Förderabteilung einerseits und mit der übrigen Hängebank anderseits verbunden. Durch diese Schleuse werden die vollen Wagen nach außen, die leeren nach innen gefördert, wobei jedesmal mindestens eine Tür geschlossen ist. Die Wetterverluste sind bei gut ausgeführten und unterhaltenen Luftschleusen geringer als beim Schachtdeckelverschluß. Dafür wird aber die Förderung stark behindert, da das Öffnen der Türen entgegen der Depression lästig ist und Mühe und Zeit kostet. Zur Erleichterung der Bedienung können nach der Bauart der Maschinenfabrik Humboldt z. B. Schiebetüren durch Elektromotoren bewegt werden, die so miteinander verkuppelt sind, daß von zwei zusammengehörigen Türen stets nur eine geöffnet werden kann. Bei der Hinselmannschen Schleuseneinrichtung erfolgt das Durchschleusen der Wagen in senkrechter Richtung mittels eines kleinen Bremsschächtchens.

205. Schachtwetterscheider. Die beiden Tagesöffnungen, die eine jede Grube für den Wetterstrom besitzen muß, bestehen am zweckmäßigsten aus zwei gesonderten Schächten, von denen der eine dem einziehenden und der andere dem ausziehenden Strome voll zur Verfügung steht. Durch Einbau eines Wetterscheiders wird es ermöglicht, mit einem einzigen Schachte für den ein- und ausziehenden Strom auszukommen. Am besten haben sich Schachtwetterscheider aus Holz bewährt (Abb. 151), weil sie wenig Raum

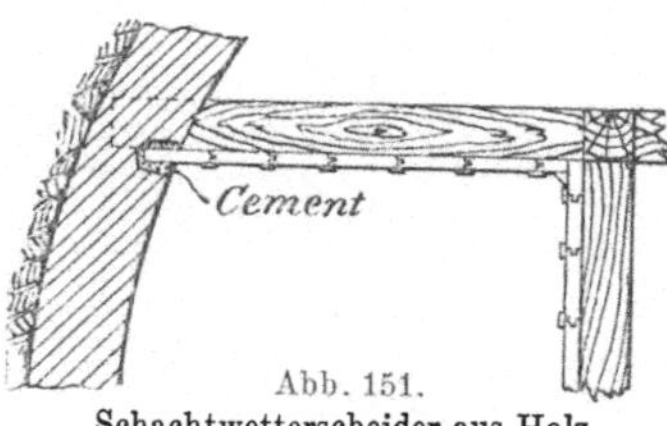

Abb. 151.
Schachtwetterscheider aus Holz.

beanspruchen, eine gewisse Elastizität besitzen und bei Ausbesserungen sich bequem bearbeiten lassen. Vorgeschlagen und stellenweise versucht sind ferner Schachtscheider aus Zement- oder Monierplatten und aus eisernen Blechen.

Im allgemeinen sind Schachtwetterscheider nicht empfehlenswert. Sie leiden unter Undichtigkeiten, und im Falle einer Zerstörung des Scheiders durch Vorgänge bei der Förderung, durch eine Explosion oder durch Brand wird die Wetterführung der ganzen Grube in Mitleidenschaft gezogen.

206. Lage des Wetterschachtes. Je nach der Lage des ausziehenden Wetterschachtes im Baufelde kann man zwei grundsätzlich verschiedene Arten der Bewetterung unterscheiden: die rückläufige (zentrale) und die grenzläufige (diagonale). Im ersteren Falle liegt der Wetterschacht in der Nachbarschaft des einziehenden Schachtes, etwa in der Mitte des Baufeldes. Die Wetter ziehen also zunächst von dem einziehenden Schachte in der Richtung auf die Feldesgrenzen, um sodann nach Bewetterung der Baue wieder etwa nach dem Mittelpunkte des Grubenfeldes zurückzukehren. Im andern Falle werden mehrere Wetterschächte auf die Feldesgrenzen gesetzt. Die Wetter ziehen also von der Mitte des Feldes aus den Feldesgrenzen zu, um hier durch die Wetterschächte ins Freie befördert zu werden. Die rückläufige Wetterführung ist für die erste Entwicklung der Grube günstig; je mehr sich aber die Baue von den Schächten entfernen und den Feldesgrenzen nähern, um so günstiger liegen die Bedingungen für die grenzläufige Wetterführung.

207. Teilströme. Für größere Gruben ist es unmöglich, daß ein einziger, ungeteilter Wetterstrom die sämtlichen Baue nacheinander bestreicht. Der

Wetterweg würde zu lang werden, die Streckenquerschnitte wären zu eng, die Wettergeschwindigkeiten zu hoch, und schließlich erhielten die letzten Arbeitspunkte nicht mehr genügend frische Wetter. Das einfache Mittel zur Behebung dieser Schwierigkeiten ist die Teilstrombildung. Die Teilung des Wetterstromes beginnt in der Regel schon im einziehenden Strome, indem sich von hier aus die Ströme für die verschiedenen Sohlen abtrennen. Diese Hauptströme verzweigen sich wieder in Teilströme nach den verschiedenen Querschlägen und Richtstrecken, aus denen weiter die einzelnen Grundstrecken und Bremsbergfelder ihre Teilströme empfangen. Nach Bewetterung der Baue vereinigen sich die Teilströme allmählich wieder, wie das Abb. 152 schematisch andeutet.

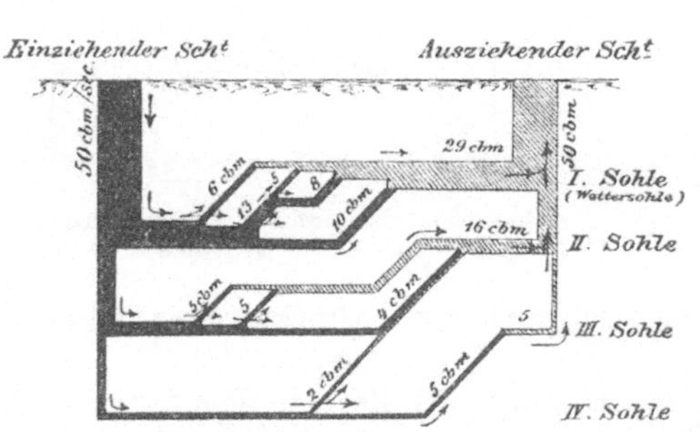

Abb. 152. Schematische Darstellung der Teilstrombildung.

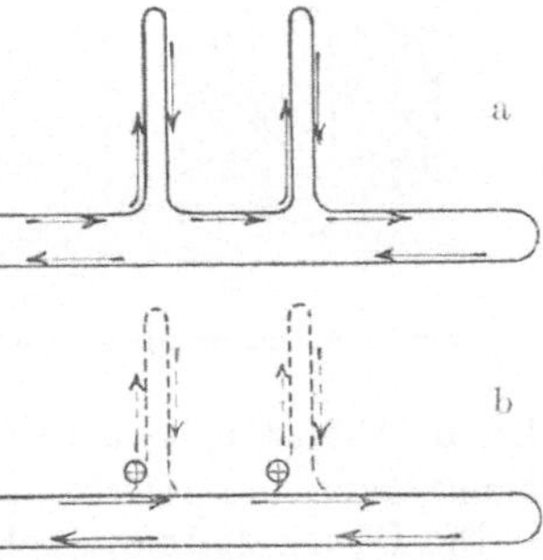

Abb. 153 a u. b. Entlastung eines Wetterstromes durch Einrichten von Sonderbewetterungen.

Das Stärkeverhältnis der Ströme ist andauernd dem Wetterverteilungsplane entsprechend zu regeln und zu überwachen. Die Mittel, die man bei der Regelung der Stromverteilung anwenden kann, haben eine Verstärkung zu schwacher und eine Schwächung zu starker Teilströme zum Ziel. Die Verstärkung schwacher Ströme geschieht durch Erweiterung der Streckenquerschnitte, erneute Stromteilung und durch Anwendung der Sonderbewetterung (Abb. 153 b). Um zu starke Ströme zu schwächen, kann man sie durch Anhängen weiterer Betriebe belasten oder aber drosseln. Die Drosselung besteht in dem Einbau eines künstlichen Widerstandes, der bewirkt, daß nur die gewünschte Wettermenge noch durch den verbleibenden Streckenquerschnitt zu ziehen vermag.

208. Wettertüren. Zur Durchführung der planmäßigen Wetterleitung dienen in erster Linie die Wettertüren. Man unterscheidet zwischen Türen, die den Querschnitt der Strecke vollkommen verschließen und den Strom lediglich leiten (Stromleitungs- oder Absperrtüren), und Türen, die gleichzeitig den Strom teilen und zu diesem Zwecke eine Durchgangsöffnung für die Wetter besitzen (Stromverteilungs- oder Drosseltüren). Die Türen werden stets so aufgestellt, daß sie vom Wetterzuge zugedrückt werden. Damit sie sich von selbst schließen, stellt man sie etwas schräg oder bringt die Angeln in versetzter Stellung an. An wichtigeren Punkten stellt man zwei oder auch drei Türen hintereinander auf, damit mindestens eine immer geschlossen ist. Von der größten Wichtigkeit sind bei rückläufiger Wetterführung z. B. die zwischen dem ein- und ausziehenden Schachte vorhandenen Türen, da sie einen besonders großen Depressionsunterschied auszuhalten haben und von ihrer Dichtigkeit die gesamte Bewetterung der Grube abhängt. An Punkten, wo es weniger auf einen dichten Wetterabschluß ankommt, ersetzt man die Türen durch **Wettergardinen** (Vorhänge aus Segelleinen). Besonders häufig geschieht

Abb. 154. Stromverteilungstür.

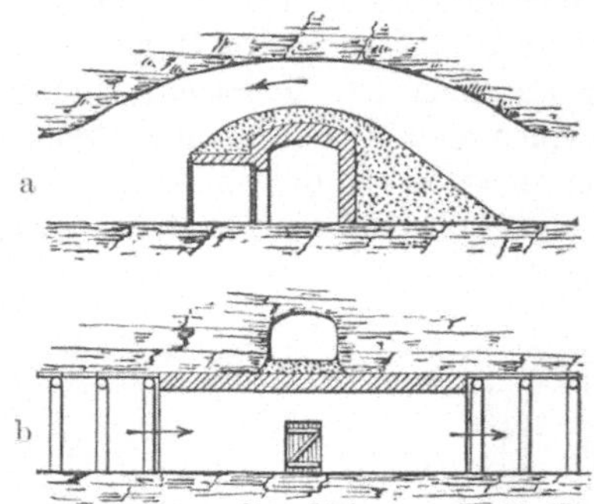

Abb. 155 a u. b. Gemauertes Wetterkreuz
im Längs- und Querschnitt.

dies in Abbaustrecken, wo Türen infolge der regen Druckwirkung unzweckmäßig sind.

Die **Drosseltüren** (Abb. 154) besitzen in der Regel in dem festen Felde oberhalb des eigentlichen Türflügels eine Öffnung, deren freier Querschnitt durch einen Schieber beliebig eingestellt werden kann.

209. Wetterdämme und Wetterkreuze. Soll eine Strecke dauernd geschlossen werden, so ist sie am besten durch einen gemauerten **Wetterdamm** abzusperren. Schneller aufzuführen, aber weniger dicht sind Wetterdämme aus Bretterlagen, die auf Türstöcke oder eigens gesetzte Stempel genagelt werden.

Des öftern muß man einen Wetterstrom einen andern kreuzen lassen, ohne daß eine Mischung beider Ströme stattfinden darf. Es geschieht dies

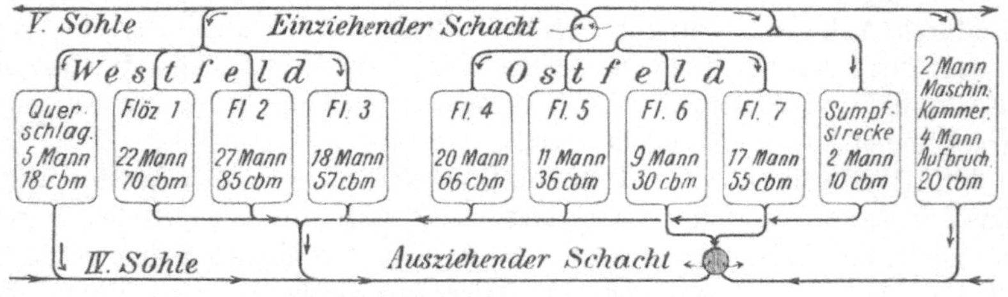

Abb. 156. Teil eines Wetterstammbaumes.

mittels sog. **Wetterkreuze** (**Wetterbrücken**), die in sehr verschiedener Ausführung angewandt werden. Nach Abb. 155 ist das in doppeltem Schnitte dargestellte Wetterkreuz gemauert, und die Dichtigkeit ist durch Verstampfen mit Letten erhöht. Ein fahrbarer Durchgang mit zwei Wettertüren gestattet, aus dem einen Wetterweg in den andern zu gelangen.

210. Wetterriß und Wetterstammbaum. Um einen schnellen Überblick über die Bewetterung einer Grube zu gewinnen, pflegt man einen sog. Wetterriß und einen Wetterstammbaum zu führen. Auf dem Riß, der häufig auch bereits für die einzelnen Steigerabteilungen hergestellt und auf dem Laufenden erhalten wird, ist der Weg jedes einzelnen Stromes zur Darstellung gebracht. Auf dem Wetterstammbaum (Abb. 156) sind die sämtlichen Teilströme mit der Stärke der Belegschaften sowie mit ihren Wettermengen in Kubikmetern angegeben.

D. Die Bewetterung der Streckenbetriebe.

211. Einteilung. Man unterscheidet fünf Arten der Bewetterung von Streckenbetrieben, nämlich

    a) unter Benutzung des vom Hauptventilator erzeugten Wetterstromes (des „Selbstzuges") die Bewetterung:

        1. mittels Begleitstreckenbetriebes,

        2. mittels Wetterscheider,

        3. mittels Breitauffahrens und Wetterröschen,

        4. mittels Lutten; und

    b) unter Benutzung selbständig angetriebener Bewetterungs-Einrichtungen:

        5. die Sonderbewetterung.

212. Der Begleitstreckenbetrieb besteht darin, daß man (Abb. 157) eine einzelne Strecke nicht für sich allein, sondern in Begleitung einer Parallelstrecke ins Feld treibt, so daß dann die Begleitstrecke als Wetterabzugstrecke benutzt werden kann. Man gibt den beiden Parallelstrecken eine Entfernung von 10—20 m voneinander und verbindet sie alle 15—20 m durch Durchhiebe.

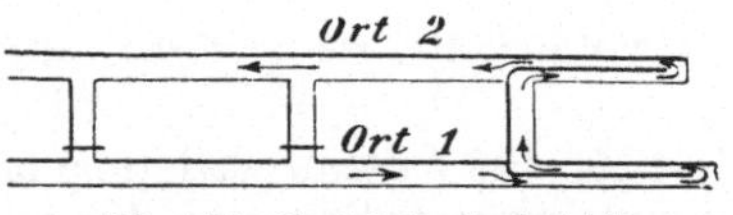

Abb. 157. Begleitstreckenbetrieb.

Von diesen ist stets nur der letzte für den Wetterdurchzug offen, während die rückwärts belegenen sorgfältig durch Wetterdämme verschlossen werden. Da die Wetter auf solche Weise in beiden Streckenbetrieben nicht unmittelbar vor Ort gelangen, müssen nötigenfalls noch die in der Abbildung gezeichneten Hilfswetterscheider eingebaut werden.

Der Begleitstreckenbetrieb ist, abgesehen von den Fällen, wo ohnehin zwei parallele Strecken ins Feld geführt werden müssen, nur empfehlenswert, wenn die Strecken auf der Lagerstätte selbst aufgefahren werden, so daß der Streckenbetrieb durch das Fallen nutzbarer Mineralien sich bezahlt macht.

213. Betrieb mit Wetterscheidern. Ein Wetterscheider (s. auch Abb. 157) besteht aus einer dichten Wand, die die Strecke in zwei voneinander geschiedene Wetterwege trennt. Der eine Weg dient für die frischen, der andere für die abziehenden Wetter. Wetterscheider werden aus Holz, Wetterleinen oder Mauerung aufgeführt. Abb. 158 zeigt einen hölzernen Wetterscheider, der durch Festnageln von Brettern auf einer Reihe von Stempeln hergestellt ist. Für lange Strecken sind in erster Linie die gemauerten ($\frac{1}{2}$—$1\frac{1}{2}$ Stein starken) Wetterscheider geeignet.

214. Die Bewetterung von Strecken mittels Breitauffahrens und Wetterröschen wird namentlich für kurze Entfernungen gern angewandt. Zu diesem

Zwecke werden die Strecken in einer Breite von 8—15 m aufgefahren, um teilweise versetzt zu werden. In dem Versatz oder zwischen dem Versatz und dem festen Stoß werden, wie dies Abb. 159 andeutet, die für den Betrieb und die Wetterführung erforderlichen Wege ausgespart. Soweit sie lediglich der Wetterführung dienen, heißen sie Wetterröschen. Eine solche Bewetterung ist einfach, bequem und billig und genügt vielfach auf 50—100 m, bisweilen auch (bei dichtem Versatz oder steiler Lagerung) bis 200 m.

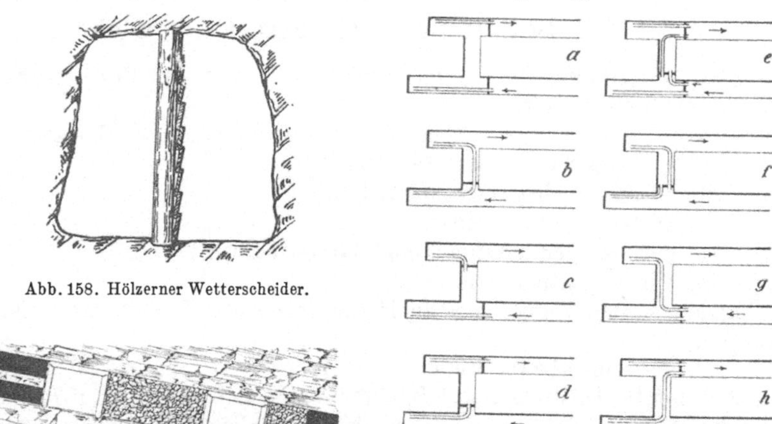

Abb. 158. Hölzerner Wetterscheider.

Abb. 159. Wetterrösche bei flacher Lagerung.

Abb. 160 a—h. Luttenbewetterung mit Selbstzug in verschiedener Anordnung.

215. Die Luttenbewetterung mit Selbstzug besteht darin, daß in den vom Hauptventilator bewegten Wetterstrom im Anschluß an Wettertüren Luttenleitungen als Wetterwege eingeschaltet werden, die der Strom durchstreichen muß. Die Abb. 160 zeigt, wie auf verschiedene Weise zwei gleichzeitig vorangetriebene Strecken, auch Überhauen oder Schächte bewettert werden können. Nach Abb. 160a und b wirkt die eine Lutte saugend und die andere blasend, nach Abb. 160c wirken beide Lutten blasend und nach Abb. 160d beide saugend. Nach den Abbildungen 160e—h ist für die beiden Streckenbetriebe gleichzeitig eine Teilung des Wetterstromes vorgenommen; außerdem ergeben sich auch hier wieder die Verschiedenheiten je nach der saugenden und blasenden Wirkung.

Die Lutten werden aus 1,5—2 mm starkem Eisenblech gefertigt. Für die Wetterdichtigkeit einer längeren Luttenleitung entscheidend sind die Verbindungen der einzelnen, in der Regel 2 m langen Luttenstücke.

Am einfachsten, aber am wenigsten dicht sind die Einstecklutten (Abb. 161). Bei diesen ist jedes einzelne Stück schwach konisch gehalten, so daß der innere Durchmesser des einen Endes 5 mm weiter ist als der äußere Durchmesser des anderen. Die im übrigen mit Wulsten versehenen Enden werden einfach ineinander gesteckt. Abb. 162 zeigt die jetzige genormte Ausführungsform der Bandverbindung. Die stets gleich weiten Luttenenden stoßen stumpf voreinander und werden durch ein herumgelegtes, mit Segeltuch gefüttertes Eisenblechband *a*, das durch einen Keil *b* angezogen werden kann, miteinander verbunden. Bei den Muffenverbindungen

(Abb. 163) steckt man das Ende der einen Lutte *a* in das erweiterte und durch Umbördelung und eingelegten Ring *b* verstärkte Ende der nächsten Lutte *c*. Die Verbindungstelle wird mit einer Kittmischung verschmiert. Die sicherste Verbindung ist diejenige mit festen Bunden und losen Flanschen (Abb. 164). Die Lutten *a* und *b* tragen an den Enden angenietet oder aufgeschweißt einen abgedrehten Bund *c* und werden nach Zwischenlegen eines Dichtungsringes *e* mittels der lose aufsitzenden Flanschen *f* und Schrauben *g* zusammengeschraubt.

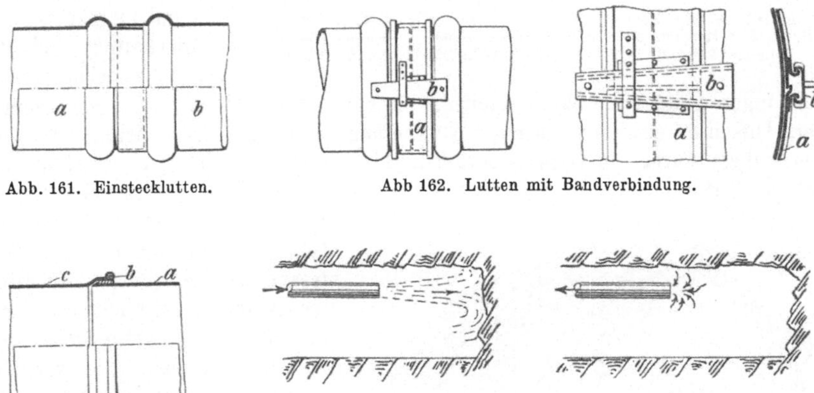

Abb. 161. Einstecklutten.   Abb 162. Lutten mit Bandverbindung.

Abb. 163. Muffenlutten.   Abb. 165 a u. b. Wirkung der blasenden (a) und der saugenden (b) Luttenbewetterung.

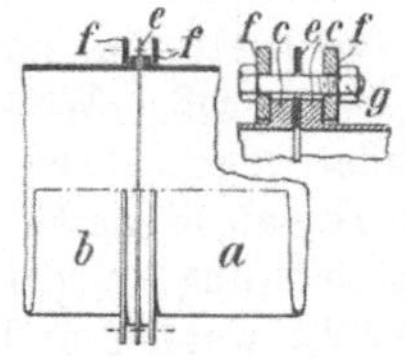

Abb. 164. Flanschenlutten.

Wie bereits im ersten Absatz dieser Ziffer gesagt, unterscheidet man bei jeder Luttenbewetterung — sowohl derjenigen mit Selbstzug als auch der Sonderbewetterung — blasende und saugende Bewetterung (Abb. 165 a und b). Bei der blasenden Bewetterung wird der Arbeitsort durch den strahlartig austretenden Luftstrom kräftig bespült, so daß sich hier Schlagwetter nicht ansammeln können und auch eine gute Kühlwirkung auf die arbeitenden Leute sich bemerkbar macht. Bei der saugenden Bewetterung tritt dagegen eine lebhaftere Saugwirkung nur in der unmittelbaren Nähe des Luttenendes ein. Anderseits hat die blasende Bewetterung den Nachteil, daß die vom Arbeitsorte fortgespülten Schlagwetter und Sprengstoffschwaden sich über die ganze Streckenlänge verbreiten.

216. Die Sonderbewetterung besteht darin, daß man unter Benutzung von Lutten aus dem Hauptwetterstrome einzelne, in der Regel mit schwierigen Widerstandsverhältnissen behaftete Teile ausschaltet, indem man für diese einen neuen Antrieb schafft. Man muß dabei Vorsorge treffen, daß die aus dem zu bewetternden Orte abströmenden Wetter sich nicht im Kreislauf mit der von der Luttenleitung angesaugten Luft mischen können. Die Ansaugestelle muß also im frischen Strome — genügend weit vor dem Austritt der verbrauchten Wetter — liegen (Abb. 166).

Als Antriebskräfte für die Sonderbewetterung benutzt man Druckwasser, Preßluft, Elektrizität oder Menschenkraft, als Vorrichtungen für die Erzeugung der Wetterbewegung selbst Strahldüsen oder Ventilatoren.

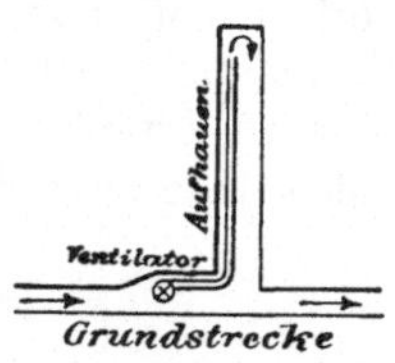

Abb. 166. Anschluß der Sonderbewetterung an den Hauptstrom.

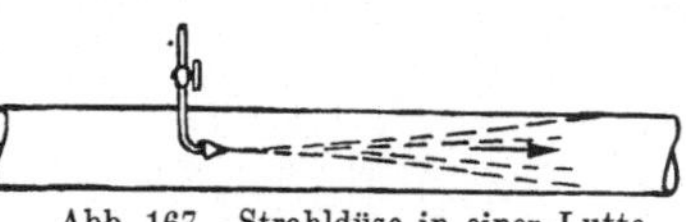

Abb. 167. Strahldüse in einer Lutte.

Die Anwendung einer Strahldüse für Druckwasser oder Preßluft zeigt Abb. 167. Der Wirkungsgrad solcher Düsen in gewöhnlichen Lutten ist allerdings gering und wird kaum mehr als 1—5 % betragen (vgl. S. 103).

Dafür sprechen aber Anlage- und Unterhaltungskosten überhaupt nicht mit. Um bei längeren Leitungen genügende Wettermengen bis vor Ort zu bringen, baut man mehrere Düsen in gewissen Abständen voneinander in die Luttenleitung ein. In der Anlage teurer, im Wirkungsgrade und in der Leistungsfähigkeit aber besser als die Strahldüsen sind die Luttenventilatoren. Es sind dies Schraubenräder mit einem der Luttenweite etwa entsprechenden Durchmesser, die den Schraubenflügeln eines Flugzeugs ähnlich sind und den Luftstrom ungeknickt durch die Lutte treiben. Sie werden zugleich mit ihrem Preßluft- oder elektrischem Antriebe unmittelbar in der Luttenleitung selbst untergebracht. Abb. 168 zeigt einen solchen Ventilator in der Ansicht. Für sehr großen Wetterbedarf wendet man Streckenventilatoren an, die außerhalb der Luttenleitung in der Strecke aufgestellt werden und nach Art der in Ziff. 192 besprochenen Zentrifugalventilatoren gebaut sind. Für den Antrieb wird neben Preßluft und elektrischem Strom gelegentlich auch Druckwasser gebraucht.

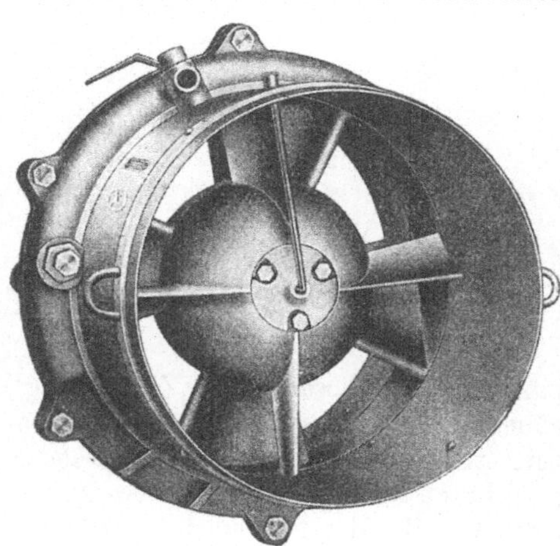

Abb. 168. Luttenventilator der Flottmannwerke.

IV. Das Geleuchte des Bergmanns.

217. Offene Lampen. Auf schlagwetterfreien Gruben stand früher fast ausschließlich die offene Rüböllampe in Anwendung. Eine Ausführungsform zeigt Abb. 169. Die Leuchtkraft solcher Lampen beträgt etwa 1,4 HK. Die Lampen sind einfach und billig in der Anschaffung, aber teuer im Betriebe, da die Ölkosten je Schicht 10—15 ₰ ausmachen.

Jetzt haben sich auf schlagwetterfreien Gruben fast allgemein Azetylenlampen eingebürgert, deren eine in Abb. 170 dargestellt ist. Der Lampentopf B dient zur Aufnahme des zu einer Patrone zusammengepreßten Kalziumkarbids K und damit gleichzeitig als Gaserzeugungsraum. Dem Topfe ist der Wasserbehälter A aufgesetzt und mit ihm durch die Stange D und Flügelschraube H in Verbindung gebracht. J ist der Brenner, R der Leuchtschirm und G die Verschlußschraube für die Füllöffnung. Die Schraube E regelt den Wasserzutritt zum Karbid und kann je nach Bedarf geöffnet werden. Wird zu viel Gas entwickelt und kann dieses nicht sämtlich durch den Brenner austreten, so entweicht der Überschuß durch den Wasserbehälter und tritt durch eine in der Schraube G vorgesehene Sicherheitsöffnung ins Freie.

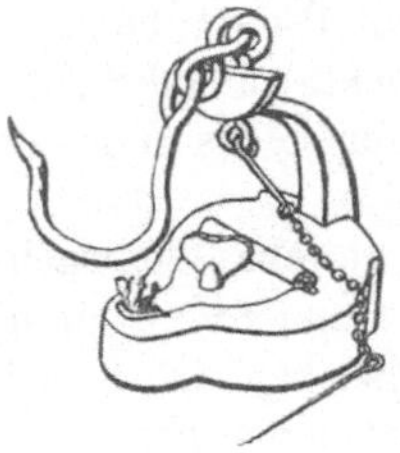

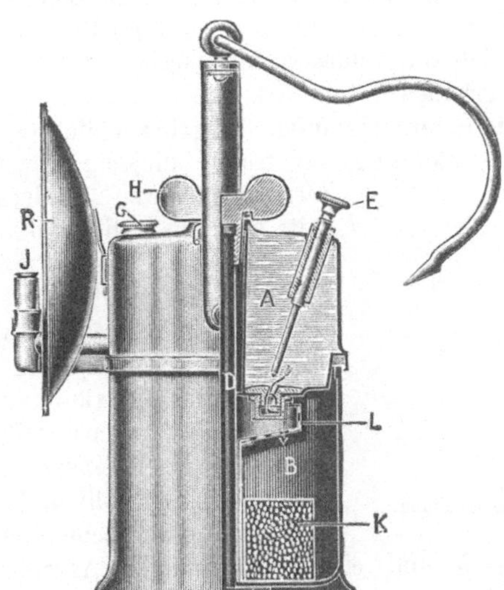

Abb. 169. Offene Öllampe.

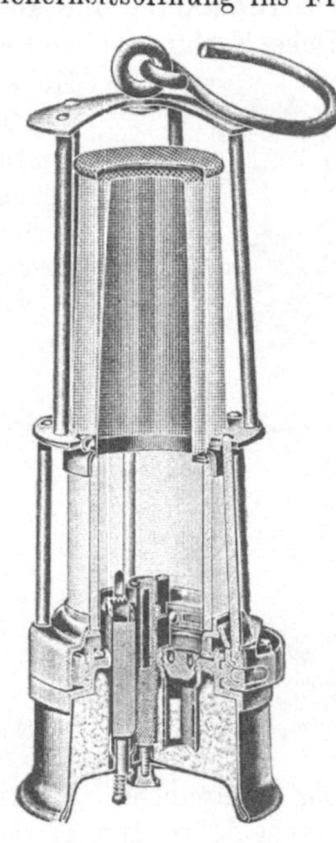

Abb. 170. Offene Azetylenlampe
von S e i p p e l.

Abb. 171. W o l f sche
Benzinsicherheitslampe.

Da also bei reichlicher Gasentwicklung im Gaserzeugungsraum ein Überdruck entsteht, wird das Ausfließen des Wassers aus A verlangsamt und, wenn der Gasdruck ebenso groß oder größer als der Druck der im Behälter stehenden Wassersäule wird, sogar gänzlich verhindert. Somit regelt sich bis zu einem gewissen Grade die Azetylenerzeugung selbsttätig. Die Lampe besitzt eine Leuchtkraft von 8—10 HK und brennt 8—10 Stunden.

218. Die Sicherheitslampe (1816 von D a v y erfunden) war ursprünglich eine Öllampe mit aufgesetztem Drahtkorb. Zwischen Öltopf und Drahtkorb wurde bald noch ein Glaszylinder geschaltet. Jetzt ist man allgemein zu den W o l f schen Sicherheitslampen übergegangen, die durch B e n z i nb r a n d, i n n e r e Z ü n d v o r r i c h t u n g und M a g n e t v e r s c h l u ß gekennzeichnet werden. Die Hauptteile der W o l f schen Lampe sind T o p f, G l a sz y l i n d e r, D r a h t k o r b und G e s t e l l. Durch Verschrauben des unteren

Gestellringes mit dem oberen Rande des Topfes werden die Teile in der aus Abb. 171 ersichtlichen Weise miteinander verbunden. Ein in der Abbildung nicht dargestellter Magnetverschluß hindert das unbefugte Losdrehen der Verschraubung. Den Abschluß der Lampe nach oben bildet der Gestelldeckel, an dem der Haken befestigt ist. Am Topfe ist die Zündvorrichtung (in der Abbildung links vom Dochte) und die Stellschraube zum Groß- und Kleinstellen der Flamme (rechts hinter dem Dochte) angebracht. Der Innenraum des Topfes ist mit Watte, die zum Aufsaugen des Benzins dient, angefüllt.

Die Drahtkörbe sind aus Eisen- oder Messingdraht gewebt. Schwach konische Korbformen von etwa 40—50 mm unterer Weite und 88—94 mm Höhe und Drahtgewebe von 144 Maschen auf 1 cm² und 0,3—0,4 mm Drahtdicke entsprechen den Erfordernissen der Schlagwettersicherheit, Haltbarkeit und Leuchtkraft am besten. Durch einen doppelten Drahtkorb läßt sich die Schlagwettersicherheit der Lampe wesentlich erhöhen.

219. Die innere Zündung. Die gebräuchlichste Art der inneren Zündung war früher diejenige mittels Zündstreifen. In letzter Zeit hat aber die Metallfunkenzündung größere Verbreitung gefunden.

Als Beispiel einer Zündvorrichtung mit Zündstreifen sei die Wolfsche Reibzündung für Phosphor-Zündpillen angeführt (Abb. 172). Der in einem Stahlblechkasten a befindliche Zündstreifen ist zwischen einer

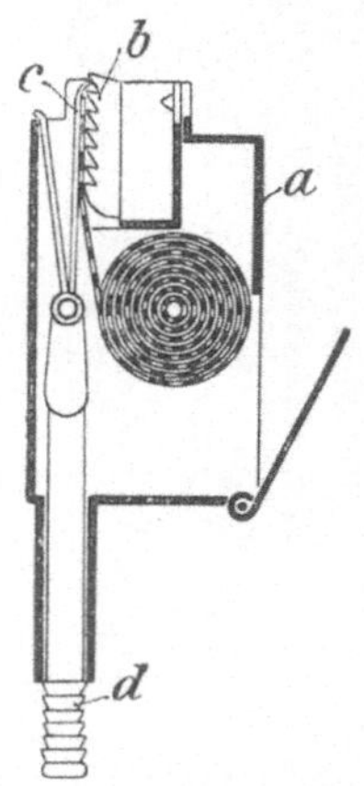

Abb. 172. Wolfsche Reibzündvorrichtung für Zündstreifen mit Phosphorpillen.

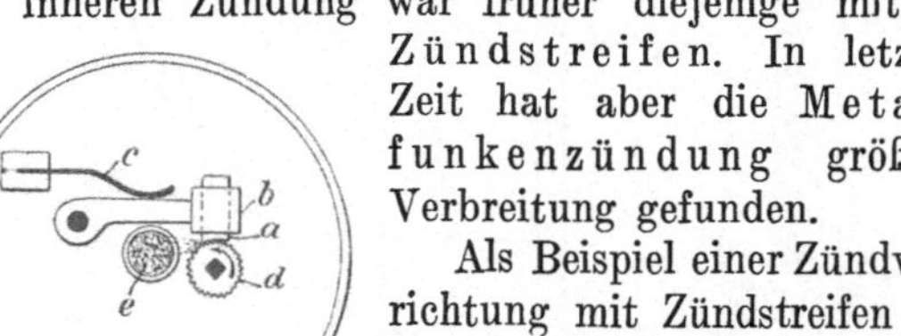

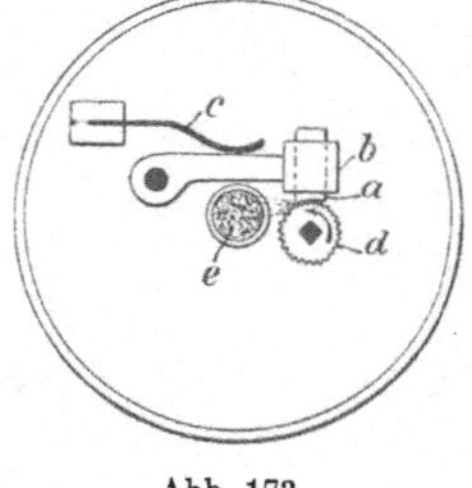

Abb. 173. Metallfunkenzundung.

festen, zweireihigen Zahnstange b und einem dreizinkigen Anreißer c hindurchgeführt. Infolge der nach oben gerichteten Zähne der Zahnstange wird der Zündstreifen beim Abwärtsziehen des Anreißers mittels der Griffstange d in der höchsten Stellung festgehalten. Hierbei entzündet sich durch die Reibung der krallenartigen Zinken die Zündpille, und bei der Aufwärtsbewegung der Stange d und des Anreißers c wird der brennende Zündstreifen mit nach oben genommen.

Bei der Metallfunkenzündung (Abb. 173) wird ein aus einer Cerlegierung bestehender Stift a von dem Kopfe b eines durch die Feder c angedrückten Hebels gehalten und gegen die Zähne eines Stahlrädchens d gepreßt. Da Cerlegierungen die Eigenschaft starken Funkens besitzen, wenn sie von harten Gegenständen gerieben oder gekratzt werden, so spritzen bei jeder Drehung des Rädchens d in der Pfeilrichtung Funken gegen den Docht der Lampe, die diesen bei Benzinbrand mit Leichtigkeit zu entzünden vermögen.

220. Der Wolfsche Magnetverschluß ist in Abb. 174 dargestellt. Ein doppelarmiger, um einen Stift drehbarer Hebel a, der in den unteren Gestellring eingebaut ist, greift mit einer klauenartigen Nase b in eine Ausfräsung des Topfgewindes ein und verhindert so das Auseinanderschrauben der beiden

Teile. Der Hebel steht dabei unter dem Drucke der Feder *c*. Im Gestellringe sind ferner zwei Körper *N* und *S* aus weichem Eisen untergebracht, die, wenn man den Gestellring an einen Hufeisenmagneten anlegt, zum Nord- und Südpol werden. Durch die magnetische Wirkung wird der Kopf des Ankers mit der Nase nach außen und der Schwanz nach innen gezogen, so daß der Verschluß aufgehoben wird.

221. Mantellampen. Damit der Wetterstrom nicht unmittelbar gegen den Drahtkorb bläst und eine etwa darin entstandene Schlagwetterflamme durch das Drahtnetz treibt, umgibt man die Körbe wohl mit Blechmänteln (Mantellampen). Abb. 175 zeigt den Schlitzmantel von Friemann & Wolf, durch den der Luftstrom eine in der Nebenzeichnung besonders dargestellte, mehrfache Richtungs-

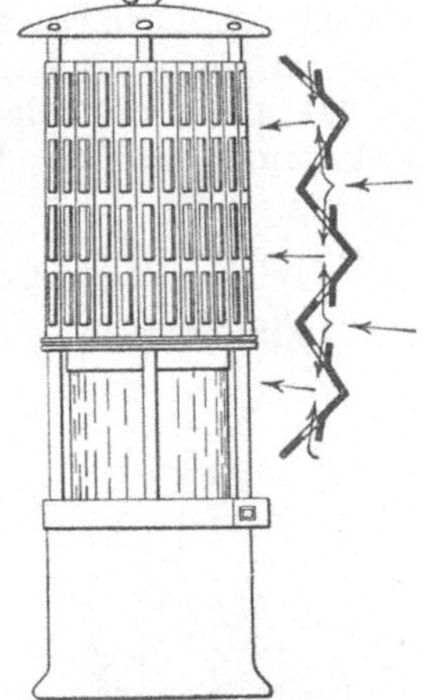

Abb. 175. Wolfsche Mantellampe.

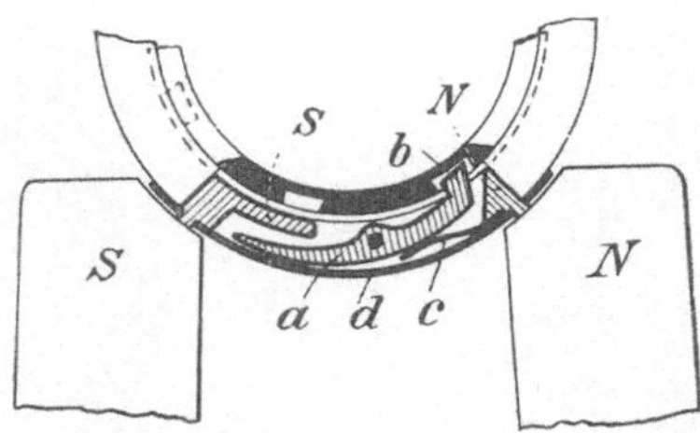

Abb. 174. Wolfscher Magnetankerverschluß.

änderung erleidet, ehe er den Drahtkorb erreicht. Dadurch wird die Geschwindigkeit, mit der er auf den Drahtkorb stößt, stark vermindert.

222. Schlagwettersicherheit der Sicherheitslampen. Die Sicherheitslampen sind tatsächlich schlagwettersicher nur in ruhenden oder schwach bewegten Wettergemischen. Gegenüber 8—9 prozentigen Schlagwettergemischen sind Lampen mit einfachem Drahtkorbe bei Stromgeschwindigkeiten von 4—5 m bereits unsicher. Lampen mit zweckmäßig gewählten Doppelkörben blasen in gleichen Schlagwettergemischen erst bei 7—8 m Wettergeschwindigkeit durch. Geringer ist freilich die Sicherheit auch dieser Lampen in Gemischen von hohem, an der oberen Explosionsgrenze (13—14 %) stehendem Methangehalt.

Auch die Zündvorrichtung kann eine gewisse Gefahr in sich bergen. Die Bandzündung mit Phosphorpillen ist freilich vollkommen sicher. Die Cerfunkenzündung aber hat sich nicht als völlig und in jeder Beziehung schlagwettersicher erwiesen; immerhin genügt sie in den neueren Ausführungen den Anforderungen, die man berechtigterweise stellen kann.

223. Tragbare elektrische Lampen. Allgemeines. Wegen der unzureichenden Sicherheit der Benzinsicherheitslampen sind diese auf allen Schlagwettergruben durch elektrische Lampen verdrängt worden. Die Benzinsicherheitslampen sind nur noch in der Hand der Aufsichtsbeamten, der Wettermänner und der mit der Ausführung der Schießarbeit betrauten Personen verblieben. Die elektrischen Lampen haben aber auch auf den Nicht-Schlagwettergruben vielfach Eingang gefunden.

Man unterscheidet bei den tragbaren Lampen Handlampen und Mützen- oder Kopflampen. Die Handlampe besteht aus dem Unterteil, in dessen Gehäuse der Stromspeicher (Akkumulator) untergebracht ist, und dem Oberteil, das die Glühbirne nebst Schutzglas, Schalt- und Trageeinrichtung zusammenfaßt. Beide Teile werden durch eine Verschraubung miteinander verbunden. Bei den Mützen- oder Kopflampen ist der Stromspeicher von der eigentlichen Lampe getrennt und wird auf dem Rücken getragen. Die mit ihm durch eine kurze Leitung verbundene Lampe ist auf der Vorderseite der Mütze des Mannes angebracht.

224. Die Akkumulatoren. Als Stromspeicher dienen entweder Bleiakkumulatoren mit festem Elektrolyt oder alkalische mit flüssigem

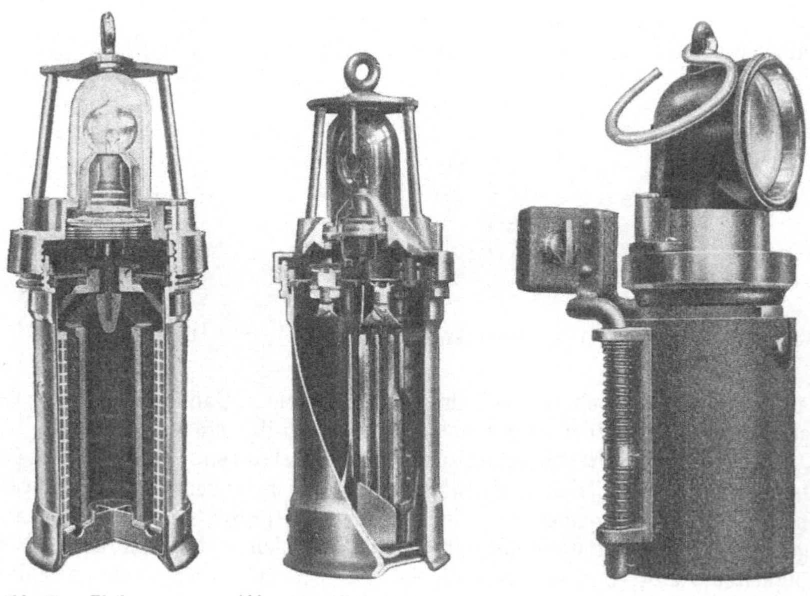

Abb. 176. Bleilampe (2 voltig) der C e a g.   Abb. 177. Alkalische Lampe der C e a g.   Abb. 178. Lokomotivlampe von F r i e m a n n & W o l f.

Elektrolyt. Bei den Bleiakkumulatoren besteht die wirksame Masse der positiven Platte aus Bleisuperoxyd, die der negativen aus Bleischwamm. Die als Elektrolyt benutzte Schwefelsäure wird durch Zusatz von Wasserglas in eine feste, gelatineartige Form gebracht. Als alkalische Akkumulatoren werden jetzt allgemein Nickel-Kadmium-Akkumulatoren (positive Platte: Nickelhydroxyd, negative Platte: Kadmiumschwamm) benutzt. Die alkalischen Akkumulatoren sind zwar in der Anschaffung teurer, aber wegen ihrer guten Haltbarkeit auf die Dauer billiger als die Bleiakkumulatoren und werden jetzt meist bevorzugt.

225. Glühbirne und Schutzglas. Es stehen jetzt allgemein Wolframdrahtlampen in Anwendung. Die anfängliche Lichtstärke beträgt je nach Spannung und Stromstärke 1—3,8 HK. Die Lichtstärke läßt während der Dauer der achtstündigen Schicht bei den Bleilampen um 25—30% und bei den alkalischen

Lampen um 30—40% nach. Das Schutzglas wird zum Schutze gegen Blendung meist innen mattiert und außerdem noch innen geriffelt (Prismenglas).

226. Ausführungsformen. Die Abbildungen 176 und 177 zeigen eine Blei- und eine alkalische Lampe, teilweise geschnitten. Abb. 178 stellt eine Lokomotivlampe dar.

227. Ortsfeste elektrische Beleuchtung. Der immer mehr erkannte Wert einer wirksamen Beleuchtung durch Starklichtlampen, wie sie sich bei tragbaren Lampen nicht erzielen läßt, hat zur Schaffung ortsfester elektrischer Beleuchtungsanlagen geführt. Sofern elektrischer Strom nicht zur Verfügung steht, kann man diesen entweder in der Lampe selbst oder doch am Arbeitsorte erzeugen, indem man durch einen schnelllaufenden Druckluftmotor eine kleine Dynamo betreibt, die entweder eine Einzellampe oder eine Gruppe von Lampen (Gruppenbeleuchtung) speist. Abb. 179 zeigt eine solche Einzellampe, bei der die Dynamo mit Turbinenantrieb im Fuße untergebracht ist („Turbinenlampe"). Bei der Gruppenbeleuchtung, die in der Regel 8—12 Lampen umfaßt, ist nur ein Stromerzeuger vorhanden, der sich in einem mit Tragegriffen versehenen Schutzkasten befindet. Ein Kabel führt den Strom den einzelnen Lampen zu.

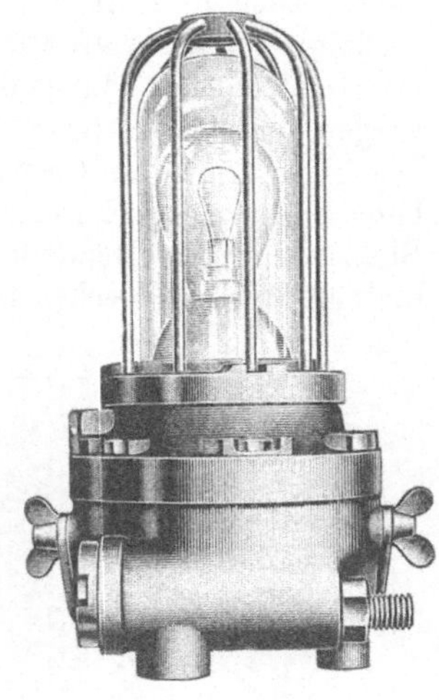

Abb. 179. Turbinenlampe
von S e i p p e l.

Sechster Abschnitt.

Grubenausbau.

I. Der Grubenausbau in Abbaubetrieben und Strecken aller Art.

A. Allgemeine Erörterungen.

228. Aufgaben des Grubenausbaues. Der Grubenausbau soll in der Hauptsache einerseits die Bergleute gegen den Stein- und Kohlenfall schützen, anderseits die Grubenräume offenhalten.

Bei der ersten Aufgabe handelt es sich hauptsächlich um die Zurückhaltung loser Schalen oder Massen. Ihre Wichtigkeit erhellt aus der Tatsache, daß im Durchschnitt der Jahre 1924—1929 27,7% der gemeldeten Unfälle und 44,0% der tödlichen Unfälle im preußischen Steinkohlenbergbau allein durch Stein- und Kohlenfall herbeigeführt wurden. Die zweite Hauptaufgabe (Offenhalten der Grubenbaue) schließt vorzugsweise den Kampf gegen den Gebirgsdruck in sich.

Außerdem soll der Ausbau vielfach noch den Bergeversatz bei steiler Lagerung tragen oder die Bruchmassen des alten Mannes in mächtigen.

flachgelagerten Flözen zurückhalten. Auch dient er verschiedentlich nur zum dichteren Abschluß der Stöße, z. B. in brandgefährlicher Kohle oder in einem durch Wasseraufnahme blähenden Tonschiefer.

Eine besondere Stelle nimmt der wasserdichte Ausbau ein.

Im Vergleich mit Bauausführungen über Tage kommt dem Grubenausbau in Strecken der Rückhalt an den Gebirgstößen zugute, der ihn befähigt, auch in stark verdrücktem Zustande noch Widerstand zu leisten.

229. Gesteinsarten und Gebirgsdruck. Nach ihrem Verhalten gegenüber dem Gebirgsdruck können die vier Hauptgruppen der granitartigen, sandsteinartigen, tonschieferartigen und steinsalzartigen Gesteine unterschieden werden. Die granitartigen Gesteine sind infolge ihres Kristallgefüges als zäh zu bezeichnen, zeigen aber eine gewisse Elastizität. Sie ertragen ein weitgehendes Bloßlegen durch Herstellung von Hohlräumen und neigen zur Glockenbildung, d. h. sie brechen über den Hohlräumen in glockenartigen, sich nach

Abb. 180. Gefährdung des Abbau- und Streckenbetriebes durch Einlagerungen im Hangenden.

obenhin allmählich verengenden Weitungen aus. Die sandsteinartigen Gesteine sind spröder, dabei aber doch noch in gewissem Grade elastisch. Auch sie brechen unter Glockenbildung nach. Ganz anders verhält sich die Klasse der tonschieferartigen Gesteine. Sie sind mild und zäh. Bei geringen Tiefen biegen sie sich einfach durch und suchen den Hohlraum ohne Bruch wieder auszufüllen. Bei größerem Gebirgsdruck zeigen sie die Eigentümlichkeit eines langsamen Fließens, wobei die Gesteinsmasse allmählich von den Stellen höheren zu denjenigen geringeren Druckes abwandert. So erklärt sich die bekannte Erscheinung des „Quellens" des Liegenden. Die steinsalzartigen Gesteine zeigen ein Verhalten, das teils dem der granitartigen und teils dem der tonschieferartigen Gesteine ähnlich ist.

Da Sandstein und granitartige Gesteine bei genügender Ausdehnung des Hohlraumes gewölbeartig nachbrechen, werden unter Entlastung der Firste die Stöße als Widerlager zunehmend belastet. Eine gleich starke Belastung der Stöße tritt in tonschieferartigem Gebirge nicht ein; dagegen ist der Firstendruck stärker.

Wichtig ist für die Druckerscheinungen der Unterschied, ob mit oder ohne Versatz abgebaut wird. Bei Sandstein-Hangendem lastet sein ganzer Druck, da es sich zunächst noch selbst trägt und nicht auf den Versatz setzt, auf dem Abbaustoße, bis eine Bruchspalte aufreißt und unter Entlastung des Abbaustoßes das Hangende niedergeht. Die Spannungen lösen sich also von Zeit zu Zeit ruckartig aus. Im Tonschiefergebirge bleiben die Druckverhältnisse in Firste und Abbaustoß wesentlich gleichmäßiger. Die bereits früher (Ziff. 130) erwähnte „Druckwelle" folgt regelmäßig dem Abbaustoße nach. Durch die Verhiebgeschwindigkeit und ein entsprechend rasches Nachführen des Versatzes kann man den Druck auf die Kohle so regeln, daß er gerade groß genug bleibt, um den Hauern die Arbeit zu erleichtern, aber klein genug wird, um die Kohle stückreich gewinnen zu lassen. Neben diesen Druckerscheinungen im großen tritt bei gebrächem Gebirge die besonders gefährliche Erscheinung des Sturzes von Schalen, Gebirgskeilen, Fremdkörpern usw. auf, die sich infolge des Freilegens des Hangenden oder infolge von Erschütterungen durch die Schießarbeit aus dem Gebirgsverbande lösen. Abb. 180 zeigt beispielsweise die Bedrohung der Leute durch Toneisensteinkonkretionen k und versteinerte Baumstämme („Kessel") b.

230. Ausbaustoffe. Nach den Ausbaustoffen unterscheidet man den Ausbau in Holz, Eisen und Stein, welcher letztere wieder als Mauerung, Beton- und Eisenbetonausbau ausgeführt werden kann.

Der Holzausbau findet am meisten Verwendung, da er verhältnismäßig billig, leicht in verschiedenen Abmessungen herzustellen, bequem einzubringen und auszuwechseln und schon an sich ohne besondere Maßnahmen etwas nachgiebig ist. Auch erfordert er wenig Raum und warnt im Abbau. Nachteilig ist die Empfindlichkeit des Holzes gegen Fäulnis und Vermoderung in matten Wettern.

Der Eisenausbau braucht noch weniger Raum als der Holzausbau und läßt sich nicht an Ort und Stelle bearbeiten, bietet aber die Möglichkeit, dem Gebirgsdruck bruchfrei nachzugeben und so auch bei Verformung des Ausbauquerschnitts noch Widerstand zu leisten. Gegen matte Wetter ist er nicht empfindlich, wohl aber gegen Feuchtigkeit und besonders gegen saure und salzige Wasser.

Der Ausbau in Stein kommt für alle solche Hohlräume in Betracht, die lange stehen sollen, namentlich wenn sie ungünstigen Einwirkungen durch Wasser und matte Wetter ausgesetzt sind. Demgemäß finden wir ihn in Füllörtern, Pferdeställen, Maschinenräumen und Stollen. Außerdem ermöglicht er den luftdichten Abschluß von Kohlenstößen oder Schiefertonschichten, den Abschluß der Gebirgswasser und die Herstellung möglichst glatter Wandungen zur Verringerung der Reibung (in Rollöchern und Wetterkanälen).

Durch die nachgiebige Ausführung der Mauerung und durch die Einführung des Eisenbetons ist das Anwendungsgebiet für den Ausbau in Stein neuerdings erheblich erweitert worden.

231. Arten des Grubenausbaues. Ein starrer Ausbau kann in größeren Teufen den gewaltigen Kräften, wie sie bei einer Verschiebung größerer Gebirgsmassen auftreten, auch bei kräftigster Ausführung auf die Dauer nicht standhalten. Daher ist für solche Fälle neuerdings der nachgiebige Ausbau von Bedeutung geworden, da er die Gebirgsbewegungen bis zu einer gewissen Grenze mitmacht, ohne zerstört zu werden. Dieser Ausbau ist besonders wichtig für den Streckenausbau, da dieser länger stehen muß, und für mächtige Lagerstätten, in denen der Abbau langsamer fortschreitet und außer-

dem eine im Verhältnis gleiche Senkung des Hangenden erheblich mehr aus-
macht als in Lagerstätten von geringerer Mächtigkeit. Die Nachgiebigkeit
kann durch Quetscheinlagen, durch bruchfreie Verformung des Querschnitts
(in Strecken), durch Einpressen des Ausbaues in die Sohle oder durch Um-
hüllung mit nachgiebigen Packungen erzielt werden.

Nach der Zeitdauer, für die der Ausbau berechnet ist, unterscheidet man
den verlorenen und den endgültigen Ausbau. Der erstere wird so leicht
und billig wie möglich ausgeführt und nach Möglichkeit zwecks erneuter
Verwendung wieder gewonnen.

Gewöhnlich folgt der Ausbau lediglich der Gewinnung nach. Bei manchen
Arbeiten jedoch eilt er ihr voraus, nämlich bei der Getriebezimmerung
in Strecken aller Art und in Schächten sowie bei der Pfändungs- und
Vortreibearbeit im Abbau.

Der Ausbau in Holz und Eisen kann aus einzelnen Stücken bestehen oder
durch Zusammenfügen mehrerer Teile gebildet werden. Im ersten Falle
ergibt sich der einfache („Stempel-" oder „Bolzen-")Ausbau, im letzteren
Falle der zusammengesetzte („Türstock-" und „Schalholz-") Ausbau. Der
Ausbau in Stein kann ein offener oder geschlossener sein, je nachdem er nur
einen Teil des Streckenumfanges (Stöße, Firste oder Sohle) oder den ganzen
Umfang schützen soll.

B. Die Ausführung des Ausbaues.

a) Der Ausbau in Holz.

1. Allgemeines.

232. Holzarten. Für den deutschen Bergmann kommen im wesentlichen
in Frage: von Laubhölzern die Eiche und untergeordnet die Rot- und die
Weißbuche (Hainbuche), stellenweise auch die Akazie, von Nadelhölzern die
Kiefer und die Fichte oder Rottanne.

In den letzten Jahrzehnten ist die wertvollste Holzart, das Eichenholz,
mehr und mehr durch Nadelhölzer verdrängt worden. Besonders im Abbau
und in den bald wieder abzuwerfenden Abbaustrecken herrschen die Nadelhölzer vor, da man hier keine dauerhaften Holzarten braucht, sondern nur
billige, nachgiebige und die Gebirgsbewegungen anzeigende Hölzer verlangt.
Im Streckenausbau treten die Vorzüge des teureren Eichenholzes (Zähigkeit,
Dauerhaftigkeit) schon mehr in den Vordergrund.

Ein Festmeter (d. h. ein m³ Holzmasse) trockenen Holzes wiegt etwa
500 kg (Fichtenholz) bis 800 kg (Eichenholz). Ein Stempel von 1,5 m Länge
und 13 cm Dicke trägt ungefähr 30000—50000 kg.

Man unterscheidet bei den einzelnen Holzarten nach dem Zellenaufbau
den „Splint", das „Reifholz" und das „Kernholz". Der Splint ist bei den
Laubhölzern im allgemeinen weicher, bei den Nadelhölzern härter als das
Kernholz.

233. Fäulniserscheinungen und ihre Bekämpfung. Das Holz wird durch
verschiedene kleine Lebewesen angegriffen, von denen einige nur den Holzsaft,
andere auch den Zellstoff selbst befallen. Am schädlichsten wirkt der Haus-
schwamm, der zum Gedeihen eine gewisse mittlere Feuchtigkeit und eine

mittlere Wärme von 15—30° C braucht. Wärme und feuchte Luft wirken im großen und ganzen nur insofern schädlich, als sie günstige Daseinsbedingungen für diese Lebewesen schaffen. Die Vernichtung der schädlichen Pilze kann durch Tränken des Holzes mit zerstörenden (antiseptischen) Stoffen geschehen. Dadurch wird eine längere Standdauer der Hölzer und damit eine Ersparnis nicht nur an Holzkosten, sondern auch an Zimmerhauerlöhnen ermöglicht.

Die Tränkung ist zwecklos für alle Hölzer, deren Standdauer schon durch den Druck sehr verkürzt wird, also für den Ausbau im Abbau und in druckhaften Strecken. Der Anteil der auf einer Grube zweckmäßig zu tränkenden Hölzer schwankt je nach den Druckverhältnissen zwischen 10 und 40% des Gesamtholzverbrauchs.

234. Die Tränkflüssigkeiten sind entweder Salzlösungen oder Teeröle. Zu den ersteren gehören Zink- und Quecksilberchlorid, Eisen- und Kupfervitriol, Fluorsalze, Kochsalz usw. Die Teeröle werden bei der Teergewinnung erhalten, sie gehören zur Gruppe der Phenole und sind unter den Namen „Kresol", „Kreosot", „Karbolineum" u. a. bekannt.

Die Salzlösungen können durch Wasser an feuchten Standorten ausgewaschen werden. Sie werden daher zweckmäßig durch Tieftränkverfahren bis in den Kern eingeführt. Das billigste Salz ist Kochsalz, das in völlig gesättigter Lösung eingeführt werden kann. Die Teeröle haben bei kräftiger fäulniswidriger Wirkung den Vorzug, der Auslaugung durch Wasser zu widerstehen. Sie werden jedoch von der Holzmasse nur langsam aufgenommen, greifen die Haut an, sind feuergefährlich und verschlechtern durch ihren Geruch die Wetter, erschweren auch das rechtzeitige Erkennen eines Grubenbrandes.

235. Tränkverfahren. Das Tränken des Holzes mit den Lösungen kann durch oberflächlichen Anstrich, durch Eintauchen in die Lösung und durch das sog. „Druckverfahren" (mit und ohne Saugwirkung und mit und ohne Dämpfung) erfolgen. Das Anstrichverfahren ist teuer und wenig wirksam, so daß im allgemeinen nur die beiden anderen Verfahren in Betracht kommen.

Für das Tauchverfahren muß gut ausgetrocknetes und von Rinde und Bast befreites Holz gewählt werden. Salzlösungen werden vom Holze gut aufgenommen und dringen daher wesentlich tiefer ein als Phenolverbindungen.

Beim Saug- und Druckverfahren wird zunächst durch Herstellen einer Luftverdünnung der Saft und die Luft großenteils aus dem Holze herausgesaugt und dann etwa 2—5 Stunden lang die Tränkflüssigkeit mit einem Drucke von mehreren Atmosphären in das Holz eingepreßt. Der Absaugung kann eine vorbereitende Behandlung mit Wasserdampf (jedoch am besten nicht von höherer Temperatur als etwa 80°) vorausgehen. Dieses Verfahren ist besonders für die Tränkung von Reif- und Kernholz geeignet, das bei den anderen Tränkeinrichtungen die Flüssigkeit nicht genügend aufnimmt. Andere ähnliche Verfahren arbeiten ohne Saugen, also nur mit Druckwirkung. Beim „Spartränkverfahren" mit Teerölen gewinnt man, da die in den Porenräumen enthaltene Tränkflüssigkeit wirkungslos ist, diese durch nachträgliches Auspressen mit Druckluft wieder zurück, um nur die von den Zellwänden aufgenommene Flüssigkeit im Holz zu belassen.

Die Kosten der verschiedenen Tränkarten schwanken für ein Festmeter Holz je nach den angewandten Verfahren etwa zwischen 2 und 10 ℳ. Die erzielbaren Ersparnisse sind um so größer, je günstiger die Verhältnisse für den Pilzangriff sind und je länger das Holz stehen muß.

2. Einfacher Holzausbau (Stempelausbau).

236. Anwendung und allgemeine Ausführung. Der einfache Stempelausbau wird vorzugsweise in flözartigen Lagerstätten im Abbau bei gutartigem Gebirge angewendet. Bei steiler Lagerung gibt man dem Stempel etwa 5° „Strebe" gegen das Einfallen hin, damit er durch die schiebende Wirkung des Hangenden noch fester gedrückt wird.

Kurze Stempel zum vorübergehenden Abstützen von überhängenden starken Kohlenbänken u. dgl. heißen „Bolzen". Zwischen Stempel und Firste wird ein „Anpfahl" aus Halb- oder Rundholz getrieben, der kleine Fehler bei der richtigen Bemessung der Länge des Stempels ausgleicht, eine größere Fläche des Hangenden abfängt und gleichzeitig als nachgiebige Einlage wirkt. Im deutschen Braunkohlenbruchbau werden die Anpfähle a (Abb. 181) länger genommen und noch mit Pfählen oder Brettern b verzogen.

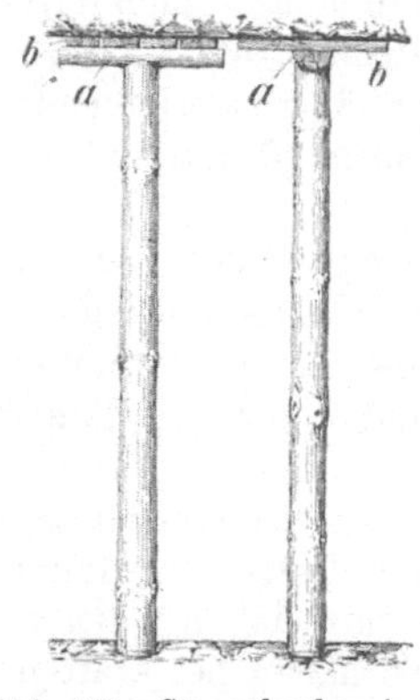

Abb. 181. Stempelausbau im deutschen Braunkohlenbruchbau.

237. Nachgiebiger Stempelausbau. Gebrochene Stempel sind wertlos, da sie nicht mehr tragen. Sie verengen außerdem in Strecken den Querschnitt und hindern im Abbau mit geschlossenem Bergeversatz die maschinenmäßige Abbauförderung und die Arbeit mit Schrämmaschinen sowie das gleichmäßige Zusammendrücken des Versatzes. Daher verdienen in druckhaften Strekken, im Abbau mächtiger Flöze, der langsamer fortschreitet, und im Rutschenbau nachgiebige Stempel den Vorzug, die bei größerer Sicherheit ein gleichmäßiges Setzen des Hangenden ermöglichen und die Holzkosten wesentlich herabdrücken.

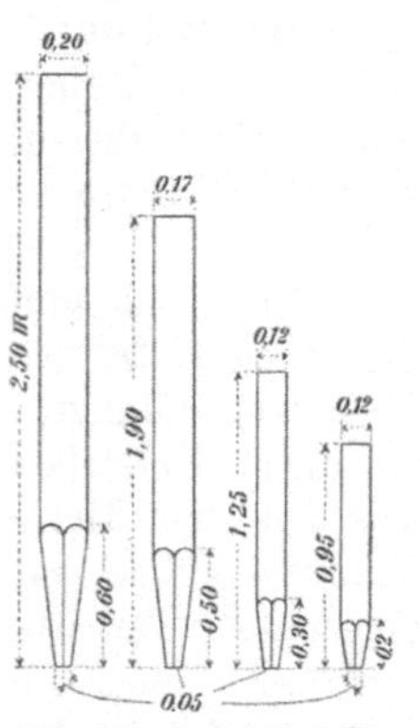

Abb. 182. Angespitzte Stempel verschiedener Länge.

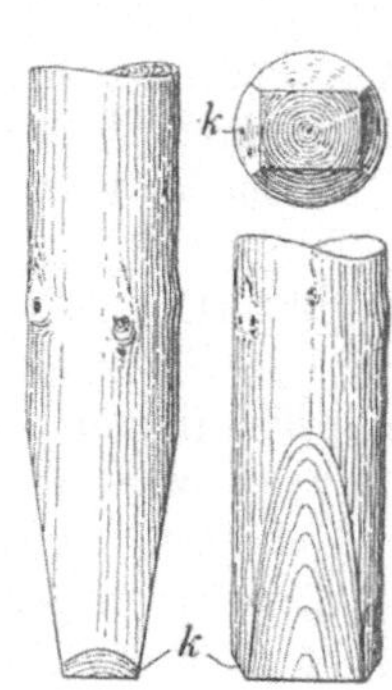

Abb. 183. Angeschärfter Stempel mit verbrochenen Kanten.

Das wichtigste Mittel zur Erzielung einer ausreichenden Nachgiebigkeit ist das Anspitzen oder Anschärfen der Stempel am unteren Ende. Man schafft dadurch künstlich eine schwache Stelle, die dem Drucke zuerst nachgibt, so daß der Stempel am Fuße unter entsprechender Verkürzung quastartig auseinander gestaucht wird. Abb. 182 zeigt verschiedene Stempel mit den ihren Längen entsprechenden Anspitzlängen. Wichtig ist die dauernde Beobachtung der Stempel und ihr rechtzeitiges Nachspitzen.

Abb. 183 stellt einen angeschärften Stempel dar, der bei Seitendruck benutzt wird, indem man die durch das Anschärfen entstehende Schneide in die Richtung der stärksten Beanspruchung stellt.

238. Stempelausbau mit Biegungsbeanspruchung. Beim Abfangen von Schweben oder Firsten oder von Versatzbergen oder bei der Sicherung eines Abschnittes gegen den alten Mann wird der Stempelausbau neben der Druck- oder Knickbeanspruchung auch auf Biegung in Anspruch genommen. Abb. 184 zeigt, wie man bei größerer Flözmächtigkeit solche Stempel durch Verspreizungen mit gegen die Stempel sich anlehnenden Rundhölzern sichert.

Bei Stempeln, die den Bergeversatz abfangen sollen, ist Nachgiebigkeit besonders wichtig. Sie wird außer durch Fußpfahl und Anpfahl (Abb. 188) auch noch dadurch erzielt, daß man die Stempel anspitzt oder anschärft; doch ist dann eine Verstärkung des Stempelschlages durch Hilfstempel u. dgl. erforderlich (vgl. Abb. 196 auf S. 127).

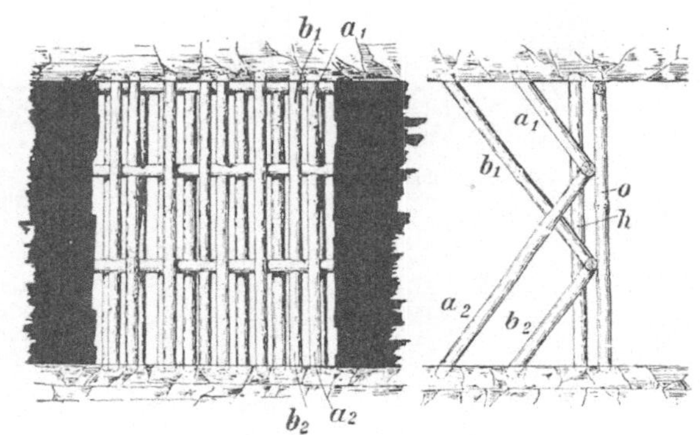

Abb. 184.   Streckensicherung durch eine Orgel mit Versatzung im oberschlesischen Pfeilerbau.

3. Zusammengesetzter Holzausbau.

239. Holzpfeiler (Holzschränke, Scheiterhaufen, Kreuzlager, s. Abb. 198 auf S. 127) werden aus kreuzweise gelegten Holzstücken gebildet. Sie finden als nachgiebiger und starrer Ausbau Verwendung. Nachgiebige Holzpfeiler werden zweckmäßig im Innern mit klaren Bergen ausgefüllt, um sie einigermaßen gegen Verschiebungen zu sichern, ohne ihr Zusammenpressen durch den Gebirgsdruck zu verhindern. Sie kommen in erster Linie bei flacher Lagerung in Betracht, können aber auch bei größeren Fallwinkeln eingebaut werden; doch müssen sie dann durch vorgeschlagene Stempel vor dem Abrutschen gesichert werden. Ihr Hauptverwendungsgebiet finden die Holzpfeiler beim Ausbau wichtiger, d. h. lange Zeit offen zu haltender Strecken und beim Ausbau von Bremsbergen, sofern diese Strecken und Bremsberge beiderseits in Versatz stehen.

Starre Holzpfeiler werden gemäß Abb. 111 (S. 74) beim Abbau mit Teil- oder Selbstversatz verwandt. Sie werden hier mit Kanthölzern aus festen Holzarten (z. B. abgeworfenen Eisenbahn-Eichenholzschwellen) aufgebaut und erhalten eine Unterlage aus Kohlen- oder Bergeklein, um durch deren Fortkratzen ihr Umsetzen zu ermöglichen, da sie, dem Abbaustoß folgend, immer wieder abgetragen und aufgebaut werden müssen. Sie können Drücke von 200—250 t aufnehmen.

240. Türstockzimmerung. Wenn in Strecken Seitendruck nicht wirksam und nur das Hangende gegen Hereinbrechen zu sichern ist, wendet man die polnische Türstockzimmerung (Abb. 185) an, bei der die Beine oben ausgekehlt werden, um der Kappe eine günstige Auflagefläche zu sichern. Häufiger ist die auch für Seitendruck geeignete deutsche Türstockzimmerung mit Verblattung (Abb. 186). Verschiedene Verblattungen für die

Abb. 185. Polnischer Türstock.

Abb. 186. Deutscher Türstock mit schrägen Beinen.

Abb. 187. Verschiedene Verblattungen bei deutschen Türstöcken.

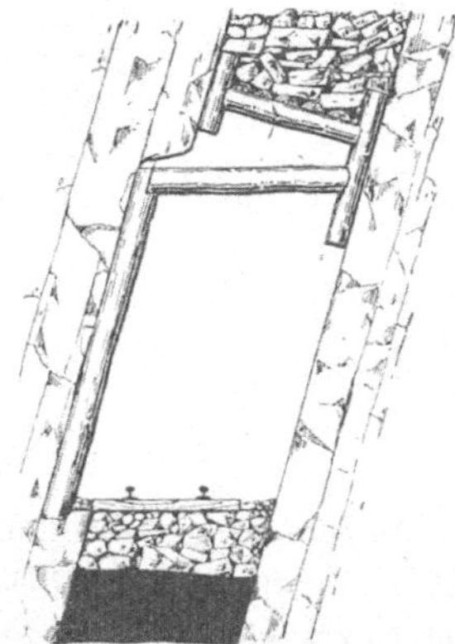

Abb. 188. Halber Türstock mit Fußpfahl am Liegenden und Abfangen des Bergeversatzes.

gleichzeitig durch Pfeile angedeuteten Druckrichtungen sind in Abb. 187 dargestellt.

Bei der schwedischen Türstockzimmerung treten an die Stelle der Verblattungen schräge Schnittflächen, die mit der Säge hergestellt werden. Bei vollständiger Durchführung geht sie in die Vieleckzimmerung über, wie sie in druckhaftem Gebirge angewendet wird (s. Ziff. 243).

Soll die Türstockzimmerung auch gegen Sohlendruck widerstandsfähig sein, so muß sie durch ein viertes Holz, die „Grundschwelle" oder das „Sohlenholz" vervollständigt werden. Durch Verblattung mit den Beinen entsteht ein geschlossener Türstock oder „Viergespann".

In einspurigen streichenden Strecken begnügt man sich bei steilerer Lagerung, wenn der Druck vom Hangenden her die Hauptrolle spielt, vielfach mit halben Türstöcken („Handweisern", Abb. 188).

241. Verbindung zwischen den einzelnen Türstöcken. Das Gebirge in den einzelnen Feldern zwischen den Türstöcken wird durch den Verzug gesichert. Dieser besteht aus Schwarten (Scheiden) oder Pfählen (Spitzen) oder neuerdings auch aus Maschendraht (Drahtgitter oder „Drahtspitzen"). Für die Firste werden in wichtigeren Strecken vielfach alte Grubenschienen verwandt. In erster Linie ist der Verzug der Firste wichtig, wogegen der Verzug der Stöße nur lose Schalen abhalten kann, dagegen bei starkem Seitendruck zwecklos ist, da dieser durch Druck auf den Verzug die Türstockbeine knickt oder umwirft. Gegenseitig werden die Türstöcke in wichtigeren Strecken, besonders bei rutschendem und schiebendem Gebirge, durch Zwischentreiben von „Bolzen" abgesteift.

242. Nachgiebige Türstockzimmerung. Bei der nachgiebigen Türstockzimmerung sucht man die Kappen im Vergleich zu den Stempeln möglichst widerstandsfähig zu machen. Das geschieht:

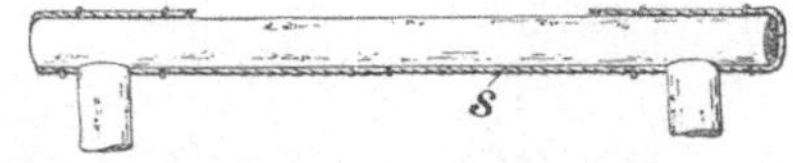

Abb. 189. Verstärkung einer Kappe durch ein eingezogenes Drahtseil.

1. durch Schwächen der Stempel am unteren Ende. Dies wird, wenn die Stempel nicht ganz vom Seitendruck entlastet sind, nicht durch Anspitzen, sondern durch Anschärfen in der Richtung des Seitendruckes erreicht;

2. durch Verstärken der Kappe. Zu diesem Zwecke kann man für die Kappe einen eisernen Träger oder eine Stahlschiene wählen, oder man kann Holzkappen durch darunter gespannte, abgelegte Drahtseile (s in Abb. 189) verstärken.

Außerdem können unter die Beine sowohl wie auch zwischen Beine und Kappen Quetschhölzer, meistens Rundhölzer, gelegt werden.

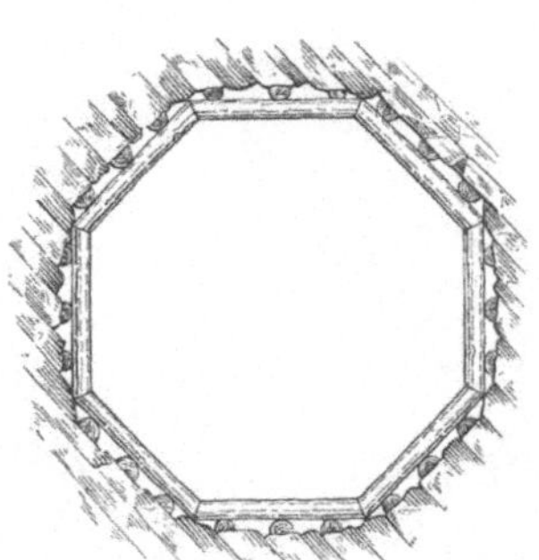

Abb. 190. Vieleckausbau.

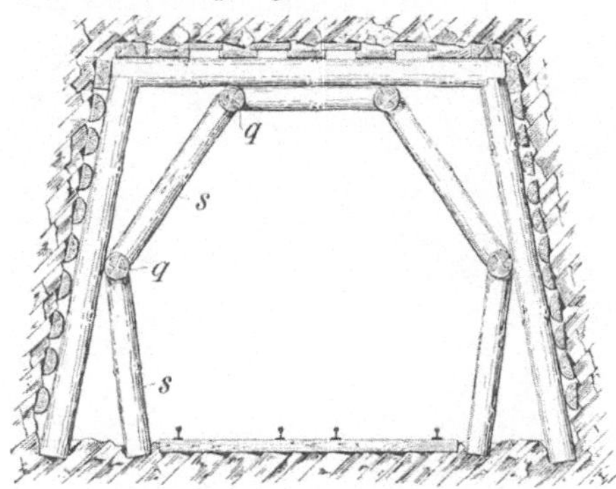

Abb. 191. Nachgiebiger Vieleckausbau zur Verstärkung von Türstöcken.

243. Vieleckausbau. Für größeren Gebirgsdruck bewährt sich besser als die einfache Türstockzimmerung der Vieleck- (Polygon-, Kniegelenk-) Ausbau (Abb. 190). Er gestattet die Verwendung kürzerer und daher billigerer Hölzer und nimmt infolge der gewölbeähnlichen Wirkung größere Druckkräfte auf, ermöglicht auch einen annähernd kreisförmigen Streckenumfang, wodurch sich die Druckbeanspruchung verringert. Mit diesen Vorzügen verbindet der Vieleckausbau die Möglichkeit einer erheblichen Nachgiebigkeit durch Einschalten von Rundhölzern, die als Quetschhölzer an allen Knickstellen wirken

(Abb. 191). Die stumpf voreinander stoßenden Ausbauteile werden vielfach durch nachgiebige **Kniegelenkschuhe** miteinander verbunden (Abb. 192, vgl. auch Abb. 209 auf S. 131).

244. Schalholzzimmerung. Diese Zimmerung soll nur den Druck vom Hangenden her abfangen. Daher wird das unter das Hangende gelegte Schal-

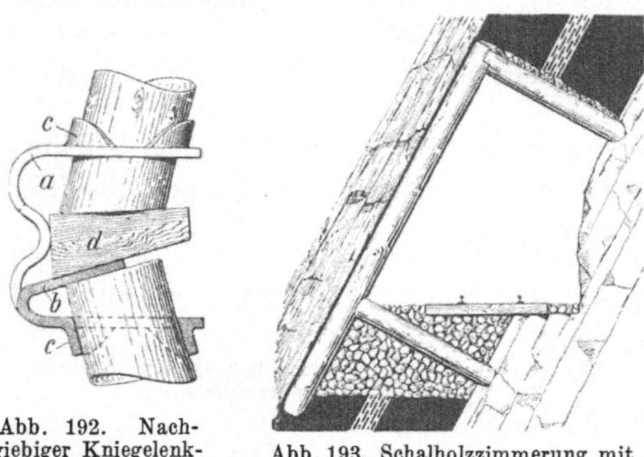

Abb. 192. Nachgiebiger Kniegelenkschuh.

Abb. 193. Schalholzzimmerung mit untergeschlagenem Bahnstempel.

holz (eigentlich ein Halbholz, vielfach aber auch ein Rundholz) durch einen oder mehrere Stempel, die senkrecht gegen das Einfallen eingetrieben werden, gestützt. Der Ausbau tritt in Strecken an die Stelle der Türstockzimmerung, wenn (bei flacher Lagerung) die Kappen der Türstöcke unter das Hangende gelegt werden. Bei der Zimmerung nach Abb. 193 ist das Schalholz oben durch einen angeblatteten Firstenstempel, unten durch einen Bahnstempel gegen das Liegende abgestützt.

Im Abbau müssen bei steilerer Lagerung die Schalhölzer (Kappen) in schwebender Richtung eingebaut werden, bei flachem Einfallen können sie

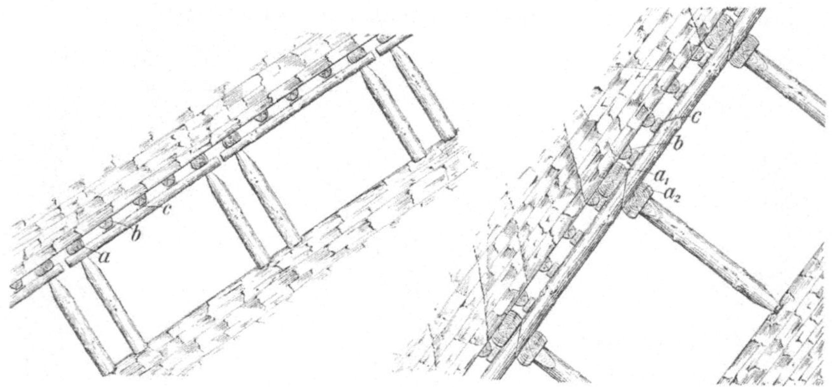

Abb. 194. Schalholzzimmerung mit selbständig getragenen Kappen.

Abb. 195. Schalholzzimmerung mit verbundenen Kappen.

streichend gelegt werden. Die Abbildungen 194 und 195 geben zwei Beispiele, die gleichzeitig die Möglichkeit der nachgiebigen Ausführung der Schalholzzimmerung durch Verwendung angeschärfter Stempel veranschaulichen. In beiden Fällen werden Quetschhölzer a verwandt, die zweckmäßig gleich über Tage auf die Kappen genagelt und bei größerer Flözmächtigkeit (Abb. 195) über und unter den Kappen angebracht werden. Um an Stempeln zu sparen, können die Kappen durch Schrägschnitt (Abb. 195) oder Verblattung miteinander verbunden werden. Einen nachgiebigen Schalholzausbau für

Strecken zeigt Abb. 196, nach der sowohl der Firstenstempel k wie auch der Bahnstempel s_1 angespitzt ist, damit der Versatz zusammengedrückt werden kann. Der dadurch gegen Firstendruck geschwächte Stempel k ist durch den Hilfstempel s_2 mit Quetschholz abgestützt. Bei solchen Zimmerungen kann man ohne einen besonderen Stempelschlag für den Bergeversatz

Abb. 196. Nachgiebiger Schalholzausbau mit Hilfstempel in Strecken.

Abb. 197. Schalholz- in Verbindung mit Türstock-Ausbau.

auskommen, falls man von vornherein für genügende Höhe der Strecke gesorgt hat.

245. Verbindungen zwischen Türstock- und Schalholzzimmerung werden in Flözstrecken angewendet, deren Hangendes nicht angegriffen wird und die

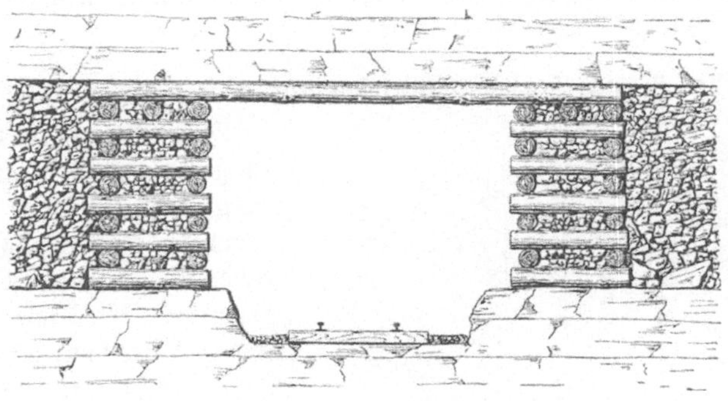

Abb. 198. Firstenbänke auf Holzpfeilern.

mit Türstöcken ausgebaut werden sollen. Ein Beispiel zeigt Abb. 197. Wegen der geringen Flözmächtigkeit ist die Kappe nur mit einer Verblattung für Seitendruck versehen.

246. Der Ausbau mit Firstenbänken ergibt sich aus der Schalholzzimmerung, indem man die Stempel ganz fortläßt und die Kappen beiderseits in das Gebirge einbühnt oder auf Holzpfeilern (Abb. 198) oder Bergemauern aufruhen läßt. Ein solcher Ausbau zeichnet sich durch große Nachgiebigkeit aus; die Kappen werden vor Bruch geschützt, da sie die ganzen Gebirgsbewegungen ohne weiteres mitmachen können. Wenn das Hangende angegriffen werden kann, ersetzt man zweckmäßig die Kappe gemäß Abb. 199 durch einen kleinen Türstock („Stutztürstock"). Man erzielt dann den Vorteil, daß man mit kürzeren Kappen auskommt und ein Auswechseln des Ausbaues erleichtert wird.

247. Die Schwalbenschwanzzimmerung. Bei der Verzimmerung von Bremsbergen und Abhauen wird die Türstockzimmerung durch die Schwalben-

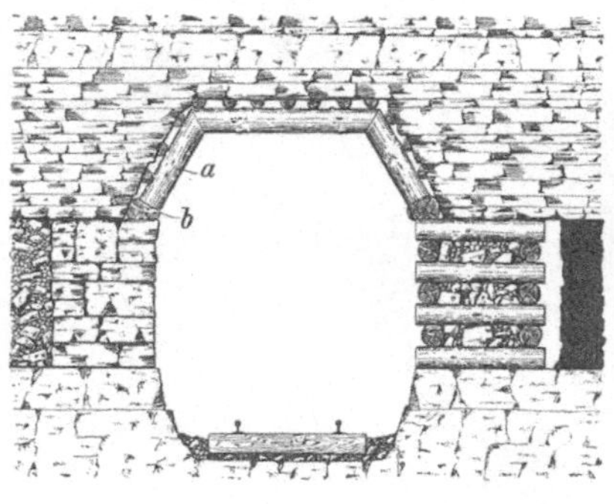

Abb. 199. Stutztürstock auf Holzpfeilern und Bergemauern.

Abb. 200. Schwalbenschwanzzimmerung.

schwanzzimmerung ersetzt. Diese besteht (Abb. 200) aus der „Kappe" am Hangenden, den „Stoßhölzern" an den Seiten und dem „Grundholz" am Liegenden. Die Stoßhölzer werden mit dem Grundholz und der Kappe durch schwalbenschwanzförmige und in der Richtung des Einfallens sich keilförmig verengende Einschnitte bzw. Zapfen verbunden, so daß man nach der Fallrichtung hin einen festen Verband erhält.

4. Voreilender Ausbau (Getriebe- und Abtreibezimmerung).

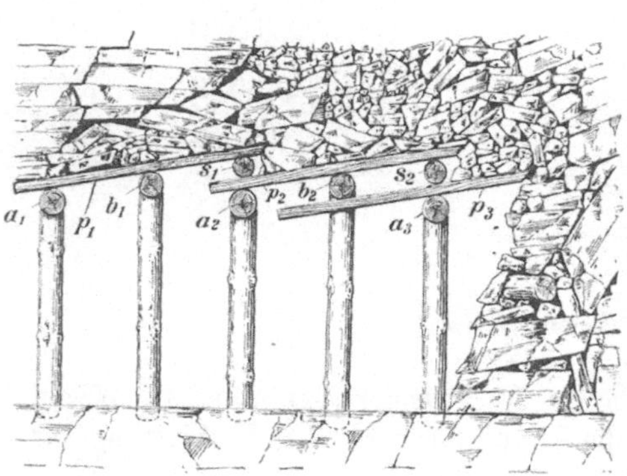

Abb. 201. Firstengetriebe mit Anstecken von einem Türstock aus.

248. Die Getriebezimmerung ist eine Streckenzimmerung, die gegen hereingebrochene Massen oder gegen rollendes Gebirge Sicherheit geben soll. Wird nur die Firste durch Abtreiben gesichert, so erhält man das „Firstengetriebe"; sollen auch die Stöße gesichert werden, so ergibt sich das „Strecken-" oder „Stollengetriebe".

Ein Firstengetriebe wird durch Abb. 201 veranschaulicht. Von der Kappe a_1—a_3 eines Türstocks aus werden die Getriebepfähle p_1—p_3 nach vorn getrieben, und zwar in solchem Maße schräg nach oben, daß unter ihrem vorderen Ende wieder Platz für eine neue Zimmerung geschaffen wird. Diese Pfähle bestehen aus hartem Holz und werden. am vorderen Ende zur Erleichterung des Eindringens einseitig zugeschärft Sind die Pfähle um eine Feldbreite vorgetrieben, so werden sie durch die „Pfändlatten" $s_1\, s_2$ unterfangen, Rund- oder auch Halbhölzer, unterhalb deren der neue Türstock eingebaut wird. Zwischen dessen Kappe $a_2\,(a_3)$ und der Pfändlatte wird durch die „Pfändkeile" ein geeigneter Hohlraum offengehalten, der das Eintreiben der nächsten Pfahlreihe gestattet.

Beim **Streckengetriebe** müssen auf allen Seiten Pfähle vorgetrieben werden, unter Umständen auch auf der Sohle. Beim Streckentreiben im Schwimmsand muß man noch den Ortstoß selbst durch eine aus „Zumachebrettern" zusammengesetzte und gegen das letzte Geviert abgespreizte „Vertäfelung" sichern (vgl. auch Ziff. 282, S. 150).

249. Vortreibezimmerung im Abbau. Bei gebrächem Hangenden oder beim Vorhandensein eines Nachfallpackens über dem Flöze, der beim Abbau gehalten werden soll, ist das Hangende vor dem Einbringen der endgültigen Zimmerung abzufangen, namentlich in Flözen von größerer Mächtigkeit mit bankweiser Gewinnung von oben nach unten. Nach Abb. 202 (bei *I*) werden

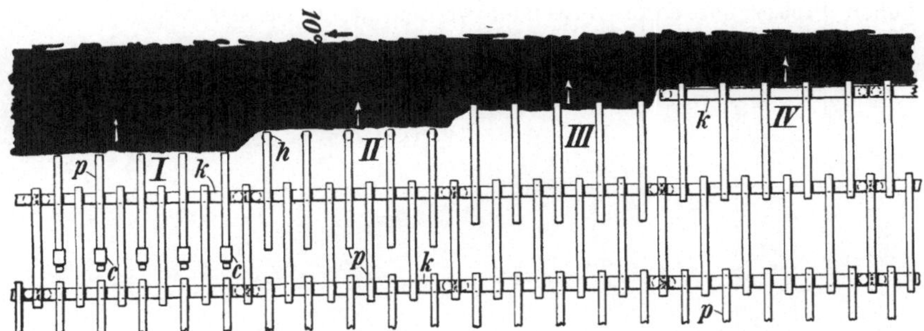

Abb. 202. Vortreibezimmerung im Abbau, Verhieb rechtwinklig zum Stoß.

die über dem Schalholz k vorgetriebenen Pfähle p mit ihrem vorderen Ende fest gegen das Hangende gepreßt, was durch Keile c geschieht, die am hinteren Ende der Pfähle zwischen diese und das Hangende eingetrieben werden. Sind die Pfähle ein Stück weit vorgedrungen (Abb. 202 bei *II*), so können sie durch „Vorbaustempel" h gestützt werden. Bei hinreichend fester Kohle lassen sich die Pfahlenden auch durch Einbühnen in den Kohlenstoß sichern (Abb. 202 bei *III*), bis sie schließlich durch ein neues Schalholz (Abb. 202 bei *IV*) unterfangen werden. Auch die Abbildungen 194 und 195 lassen die Sicherung des Hangenden durch vorgetriebene Verzugpfähle b erkennen, die vorläufig durch Keile c festgehalten werden.

Abb. 203 veranschaulicht, wie bei vorausgehender Gewinnung der Oberbank die neue Kappe noch vor Entfernung der Unterbank an ihren Platz gebracht werden kann. Die Kappen ruhen hier auf Flacheisen c, die mit Bügeln e an der letzten, fest eingebauten oder vorläufig abgestützten Kappe a aufgehängt sind und am hinteren Ende durch Keile b in ihrer Lage festgehalten werden. Die Bügel werden zwischen der Kappe und dem Hangenden durchgesteckt und sodann durch die Schäkel d mit dem Flacheisen c verbunden.

Im Streckenbetriebe wird das „Vorpfänden" mit ähnlichen Bügeln durchgeführt, die an den letzten Kappen aufgehängt werden und die vorzutreibenden Eisenbahnschienen oder Langhölzer tragen.

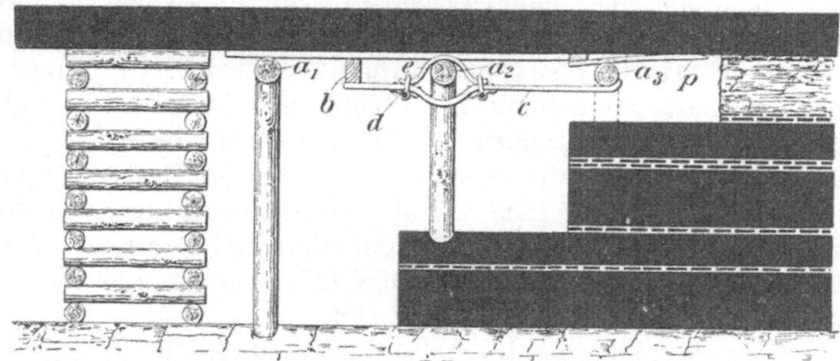

Abb. 203. Unterstutzung der neuen Kappe durch Unterhange-Eisen.

b) Der Ausbau in Eisen.

250. Stempelausbau. Im Abbau können eiserne Stempel wegen ihres hohen Preises nur dann verwendet werden, wenn sie sich wiedergewinnen

a   b
Abb. 204a und b.
Starre Stahlrohrstempel
mit Holzkern.

Abb. 205. Nachgiebige Eisenstempel von Schwarz in Verbindung mit Kappschiene.

Abb. 206. Vorbaustempel von Korfmann.

lassen. Starre Stempel kommen für den Abbau mit Rippen- und Selbstversatz (Abb. 111 auf S. 74) in Betracht. Sie bestehen meist aus einfachen Rohren oder Profileisen. Abb. 204a und b zeigt zwei Ausführungen von Rohrstempeln.

Sie können, wie dargestellt, mit durchgehenden Holzkernen versehen werden, die den Widerstand gegen Knickung erhöhen. Nach Abb. 204b sind oben und unten kurze Holzpfropfen eingetrieben, die eine genaue Anpassung an die Flözmächtigkeit sowie ein leichtes Rauben ermöglichen, auch ein gewisses Absenken des Hangenden und damit einen günstigen Abbaudruck gestatten.

Abb. 205 veranschaulicht einen nachgiebigen Stempel. Oberstempel a und Unterstempel b bestehen hier aus ⊔-Eisen; sie werden mittels eines Bügels c zusammengehalten, der sich mittels kleiner Vorsprünge in Rasten d des Unterstempels einlegt und den ein

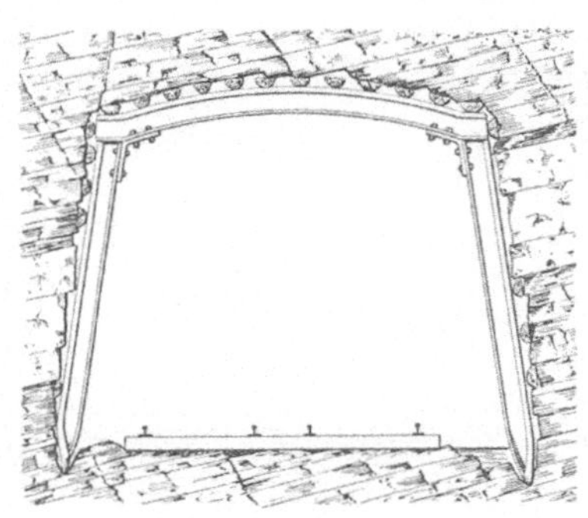

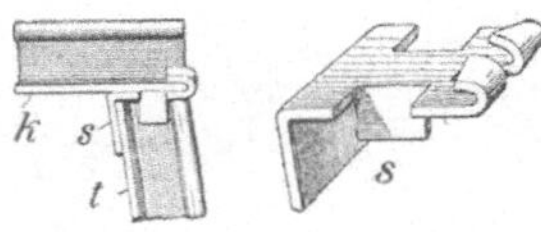

Abb. 207. Eiserner Türstock mit Winkelverbindung.   Abb. 208. Streckengerustschuh aus Blech.

Exzenterbolzen e durch entsprechende Verdrehung gegen den Holzkeil f preßt. Dieser wird dann durch den Gebirgsdruck mittels des unten keilförmig verjüngten Oberstempels zusammengequetscht. Das Einstellen des Stempels auf die erforderliche Höhe wird außer durch die Rasten im Unterstempel dadurch erleichtert, daß der Oberstempel in zwei Reihen gegeneinander versetzte Schlitze trägt, in die abwechselnd die Keile g eingetrieben werden, bis die gewünschte Länge erreicht ist. Möglichst leicht und einfach gestaltete Vorbaustempel (Abb. 206) dienen als „fliegende Stempel" zur vorläufigen Unterstützung der Vortreibepfähle (s. Ziff. 249).

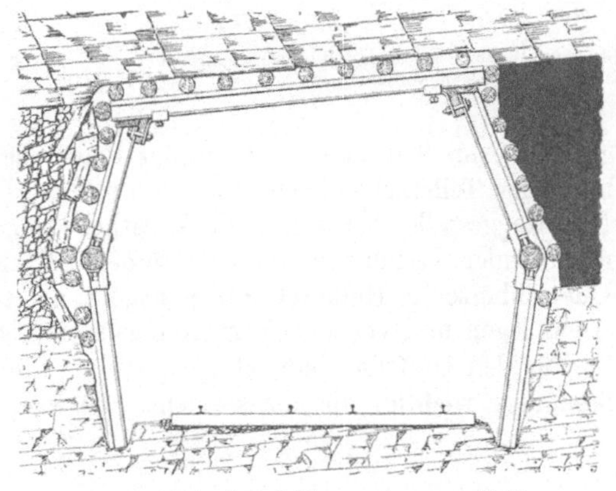

Abb. 209. Kniegelenk-Schienenausbau von Moll.

251. Türstockausbau. Beim eisernen Türstockausbau ist zwar eine Verbindung durch Verblattung ebenfalls möglich; meist erfolgt die Verbindung aber durch besondere Winkel, die der gewünschten „Strebe" entsprechend gebogen sind und mit Schrauben am Stempel oder an der Kappe befestigt werden, oder durch Schuhe (Streckengerüst-, Kappschuhe), die die Verbindung zwischen Kappe und Türstock herstellen. Abb. 207 zeigt die erstgenannte und Abb. 208 (in einem Beispiel) die zweite Verbindungsart. Als Profile kommen Eisenbahnschienen und Eisenträger in Betracht, erstere werden beim Türstockausbau bevorzugt.

Nachgiebigkeit kann beim eisernen Türstockausbau dadurch erzielt werden, daß man die Beine anschärft, damit sie sich in das Liegende hineindrücken können (Abb. 207), oder dadurch, daß man eine eiserne Kappe durch Holzbeine stützt, welche letzteren wieder unten angeschärft werden können. Die Kappe hat in dem Falle der Abb. 207 eine Durchbiegung nach oben erhalten, so daß sie als ein Gewölbe den Firstendruck auf die Beine überträgt.

252. Sonstige Ausführungsformen. Der Vieleckausbau wird neuerdings auch in Eisen ausgeführt. Ein Beispiel gibt Abb. 209. Eine Besonderheit des Eisenausbaues ist der Ausbau mit Streckengestellen oder Ringen. Wenn kein größerer Druck zu erwarten ist, sind die offenen Strecken-

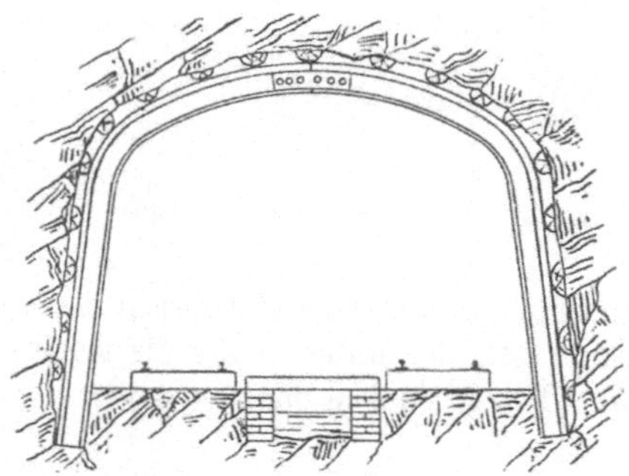

Abb. 210. Offenes Streckengestell (Korbbogen) aus
Eisenbahnschienen.

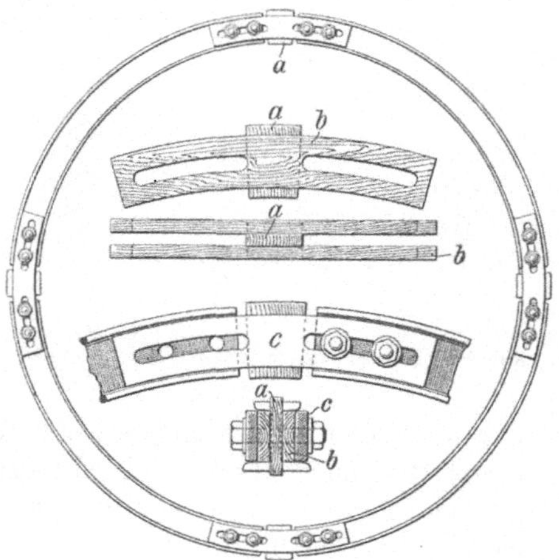

Abb. 211. Nachgiebiger Kreisringausbau von
K o r f m a n n.

gestelle (Abb. 210) beliebt, die in der Regel aus zwei durch Verlaschung verbundenen Teilstücken bestehen. Für größeren Druck wählt man geschlossene Kreisringgestelle, bei denen die Teilstücke starr oder nachgiebig (Abb. 211) miteinander verbunden werden können. In letzterem Falle sind auf die Quetschhölzer *a* Holzbretter *b* genagelt, die sich an die Stege des Profileisens legen und von den Verbindungslaschen *c* überdeckt werden.

Für den Gestellausbau ist die gute gegenseitige Verbolzung der Gestelle besonders wichtig, die ihr seitliches Ausweichen unter Druck verhindert.

c) Der Ausbau in Stein.

1. Mauerung.

253. Steine. In Betracht kommen natürliche Bruchsteine und künstliche Steine, welche letzteren wieder Ziegel- (Back-) und Zementsteine sein können. Die Ziegelsteine (aus Lehm oder Schieferton hergestellt) bilden die Regel. Die Kantenlängen des deutschen Normalsteines sind: $6,5 \times 12 \times 25$ cm. Auf $1 \, m^3$ Mauerung rechnet man 400 Steine und $0,3 \, m^3$ Mörtel.

Besonders hartgebrannte Steine nennt man „Klinker". Die zulässigen Druckbeanspruchungen für Mauerwerk sind für

Ziegelmauerwerk in Kalkmörtel . . . . .   7 kg/cm²
       „   „ Zementmörtel . . . .   12 „
bestes Klinkermauerwerk in reinem Zement 20—40   „

254. Mörtel. Man unterscheidet „Luftmörtel" und „hydraulischen Mörtel". Ersterer besteht aus gelöschtem Kalk mit Sandzusatz (meist im Verhältnis 1:2), letzterer aus Verbindungen von Kalk, Kieselsäure und Tonerde, die unter Wasseraufnahme neue Verbindungen eingehen und dadurch hohe Festigkeit erlangen. Sie werden für die Grubenmauerung bevorzugt. Solche Mörtelarten sind der Traß, der Wasserkalk und die Zemente. Unter diesen sind nach ihrer Herstellung, chemischen Zusammensetzung und Verwendbarkeit zu unterscheiden der Portlandzement, die Hüttenzemente (Hochofen- und Eisenportlandzement) und die Tonerde- oder Schmelzzemente.

Bei **Traßmörtel** und **Wasserkalk** dauert die Erhärtung 4—6 Monate. Bei den **Zementen** ist das „Abbinden", d. h. der Übergang aus dem breiigen in den festen Zustand, und das „Erhärten" zu unterscheiden. Das Abbinden erfolgt bei den Schnellbindern in 15—20 Minuten, bei den Langsambindern in 1—2 Stunden. Als Zusatz zum hydraulischen Mörtel kommt in erster Linie scharfkörniger Sand, außerdem Ziegelmehl oder Asche zur Anwendung. Beispiele für verschiedene Mörtelmischungen gibt die nachstehende Übersicht:

	Kalk	Wasser-kalk	Traß	Zement	Sand	
					Flußsand	Schlak-kensand
	Teile	Teile	Teile	Teile	Teile	Teile
I. Gewöhnliches Mauerwerk (Scheibenmauern)	1	1	1	—	4	—
Desgl.	—	1	—	—	1	2
Desgl. für trockene Räume .	1	—	—	—	2	3
II. Höher beanspruchtes Mauerwerk (Gewölbe, Fundamente u. dgl.), sehr fest .	—	1	1	1	3	—
Desgl., mäßig fest	1	—	—	1	2	3

Für salzhaltiges Wasser eignet sich am besten der **Magnesiazement**, der durch Brennen von Magnesit oder Dolomit erhalten, mit Chlormagnesiumlauge angemacht und für die Mauerung im Salzgebirge bevorzugt wird.

255. Ausführung der Mauerung. Die Steine sollen auf allen Seiten von Mörtel eingehüllt sein. Um einen möglichst innigen Verband zu erzielen,

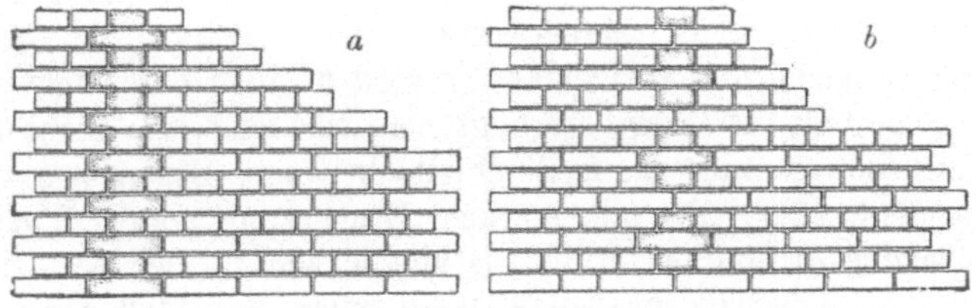

Abb. 212 a und b.   Beispiele für Mauerverbände.

legt man sie in der Regel so, daß immer eine Lage längsgerichteter Steine („Läufer") mit einer Lage quergerichteter Steine („Binder") abwechselt. Die wichtigsten solcher Verbände sind der **Blockverband** (Abb. 212 a)

und der Kreuzverband (Abb. 212 b).   Die umrandeten Vertikalreihen
zeigen, daß kreuzartige Figuren entstehen, und zwar haben beim Blockverband
je zwei dieser Kreuze einen Balken gemeinsam, während sie beim Kreuzverband
durch eine Läuferreihe voneinander getrennt sind.

Beim Mauern sind Hohlräume hinter der Mauer zu vermeiden, damit alle
Teile der Mauerung gleichmäßig tragen.

256. Formen der Mauerung. Man unterscheidet Scheibenmauern und
Gewölbe. Die ersteren sollen hauptsächlich den in ihrer Ebene wirkenden
Druck aufnehmen, die letzteren
sind für Druck senkrecht gegen
die Mauerfläche bestimmt.

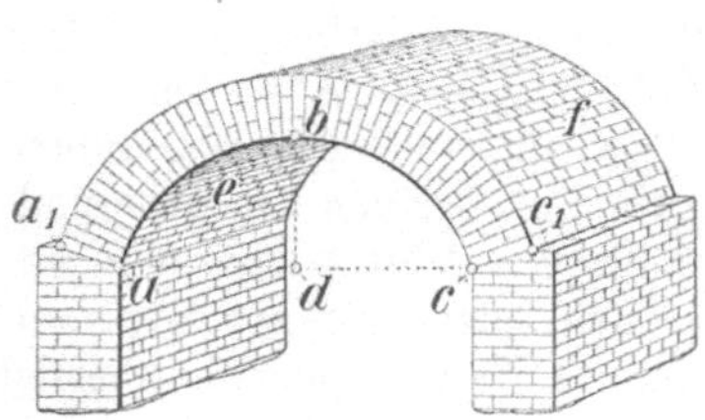

Abb. 213.
Stutzgewölbe auf Scheibenmauern.

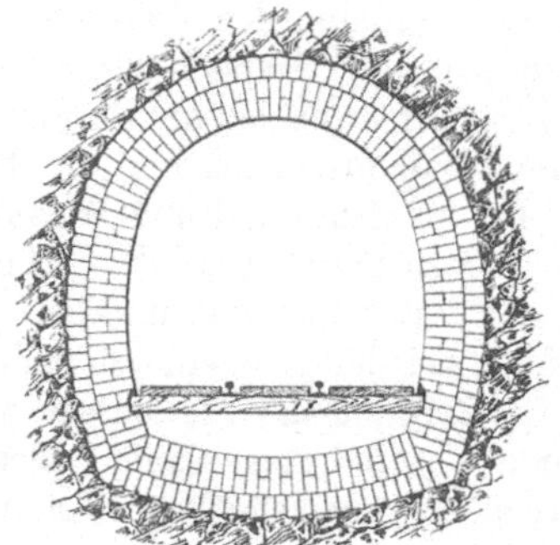

Abb. 214.   Geschlossenes Gewölbe mit
flacherem Sohlenbogen.

Als Gewölbe kommen für die Grubenmauerung in der Regel nur die nach
einer Kreislinie geschlagenen Kreisbogengewölbe in Betracht, die den ganzen
auf ihnen lastenden Gebirgsdruck auf die Widerlager oder Kämpfer übertragen.   Sie werden ausgeführt als „volle Tonnengewölbe", deren Widerlager
in einer Ebene liegen, und „Stutzgewölbe" (Abb. 213), deren Widerlager
zwei gegeneinander geneigte Ebenen bilden.   Die letzteren kommen mit einem
geringeren Nachbrechen in der Firste aus.

Die innere Gewölbefläche (e) eines Gewölbebogens (Abb. 213) heißt
„Leibungsfläche", ihr höchster Punkt (b) der „Scheitel"; die äußere Wölbung
(f) heißt „Rückenfläche".   Die Linie ac ist die „Sehne", die Linie bd die
„Pfeilhöhe" des Gewölbes.   Je größer das Verhältnis von Pfeilhöhe zur Sehne
(die sog. „Spannung" des Gewölbes) ist, um so größer ist seine Tragfähigkeit.

Soll größerer Seitendruck abgewehrt werden, so müssen auch die Seiten-
mauern als Gewölbe hergestellt werden (Abb. 214).   Man erhält dann einen
elliptischen Querschnitt des Mauerwerks.

Ist auch Sohlendruck vorhanden, so wird auch in der Sohle eine Aus-
wölbung hergestellt, und zwar begnügt man sich hier, um nicht die Sohle
zu tief ausheben zu müssen, nach Möglichkeit mit Bogen von geringerer
Spannung (Abb. 214).   Bei sehr starkem Druck kann man auf das Sohlen-
gewölbe verzichten, um der Sohle die Möglichkeit zu belassen, sich hoch-
zudrücken und dadurch den Ausbau zu entlasten. Man muß dann allerdings
die Sohle häufig nachsenken, was in Strecken mit stärkerer Förderung nachteilig ist.

257. Herstellung der Mauerung. In der Regel muß zunächst eine verlorene Zimmerung eingebracht werden, der die Mauerung in einem ge-

wissen Abstand folgt, indem nach und nach die verlorene Zimmerung wieder ausgebaut wird. Dem Schlagen des Gewölbes geht die Aufstellung der Lehrgerüste oder Lehrbogen voraus, die der Leibungsfläche des Gewölbes entsprechend geschnitten sind. Diese werden durch Bretterverschalung mit einem Mantel umgeben, auf den das Mauerwerk zu liegen kommt.

258. Zusammengesetzter Ausbau. Bei geringem Seitendruck kann man die Mauerung auf die Verwahrung der Stöße durch Scheibenmauern beschränken, auf die eiserne (Abb. 215) oder hölzerne Kappen gelegt werden. Man spart dann das schwierige und mit größeren Kosten herzustellende Gewölbe und erreicht doch einen Schutz der Stöße gegen den Luftzutritt.

Für größere Hohlräume ist das Kappenge-

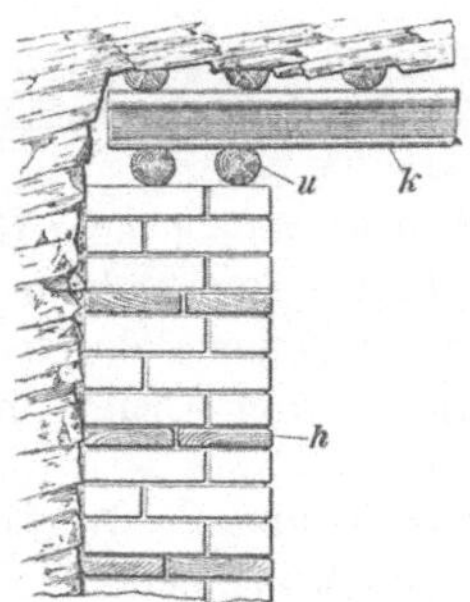

Abb. 215. Mauerung mit Holzeinlagen.

Abb. 216. Kappengewölbe.

wölbe (Abb. 216) geeignet, das aus einer Verbindung von $\mathbf{I}$-Trägern mit Mauerbogen besteht.

259. Nachgiebige Mauerung. In Strecken mit sehr starkem, aber nicht für lange Zeit anhaltendem Druck empfiehlt es sich, das Mauerwerk nachgiebig herzustellen, was durch Quetschhölzer ermöglicht wird, die in das Mauerwerk eingelegt werden. In Abb. 215 z. B. sind auf jede dritte Steinlage Bretter h von etwa 4 cm Stärke gelegt und zwischen diesen Lufträume gelassen, damit das gequetschte Holz seitlich ausweichen kann. Die Unterzüge u verteilen den Auflagedruck der Schienen k auf die Mauerung und dienen gleichzeitig als weitere Quetschhölzer.

Für den Ausbau größerer Räume in stark druckhaftem Gebirge haben sich vollständige Holzgewölbe nach Art der Steingewölbe gut bewährt.

2. Betonausbau.

260. Einfacher Betonausbau. Die als „Beton" bezeichneten Zementmischungen bestehen aus dem Zementmörtel (Zement und Sand) und grobkörnigen Zuschlägen wie Kies, Schlacke, Sandstein-, Granit-, Basaltkleinschlag u. dgl. Der Kleinschlag bildet wegen seiner rauheren Oberfläche und seiner scharfen Kanten mit dem Mörtel ein festeres Steingerippe als der Kies. Beispiele für Betonmischungen gibt die nachstehende Zahlentafel:

Mischung	Verwendungszweck	Mischungsverhältnis			
		Zement	Sand	Kies	Klein-schlag
		Raumteile			
I	Maschinenfundamente	1	2	—	3
II	Stampfbeton in Strecken und Schächten bei stärkerem Druck	1	3	6	—

Für die Ausführung des einfachen Betonausbaues ergeben sich die im folgenden besprochenen verschiedenen Möglichkeiten:

1. In der Regel wird der Beton durch Einstampfen hinter verschalten Lehrgerüsten eingebracht (Stampfbeton). Diese bestehen aus einem hölzernen oder eisernen Gerippe mit Verschalung aus Holzbrettern oder Eisenblechen. Sie werden nach Erhärten des Betons wieder entfernt und weiter vorn von neuem aufgestellt. Die verlorene Zimmerung kann in stark druckhaften Strecken mit eingestampft werden.

2. Bei dem Gußverfahren bringt man den Beton in flüssiger Form mit Hilfe von Gießrinnen ein, wobei auf tunlichst sparsamen Wasserzusatz zu achten ist.

3. Bei dem Preßverfahren wird zunächst die Kleinschlag- oder Grobkiesbeimengung trocken hinter die Verschalung gebracht und sodann flüssiger, reiner Zement durch eine Rohrleitung unter Druck in sie eingepreßt.

Das Guß- und Preßverfahren werden gelegentlich beim Schachtausbau benutzt.

4. Das Spritzbeton- (Torkret-) Verfahren besteht darin, daß man eine Zementmörtelmischung mit Hilfe von Preßluft und Druckwasser gegen den zu schützenden Gebirgstoß spritzt und so diesem einen fest zusammenhaftenden Verputz als Überzug gibt. Durch vorheriges Bedecken des Stoßes mit einem Drahtnetz, gegen das der Beton gespritzt wird, läßt sich die Widerstandsfähigkeit des Verputzes noch steigern. Allerdings reicht er nicht zum Abhalten stärkeren Gebirgsdrucks aus, sondern soll in der Hauptsache das Lösen von Gesteinschalen und die Zersetzung der Stöße durch Wasser und Wetter verhüten sowie die Wetterwiderstände durch Schaffen einer glatteren Oberfläche verringern.

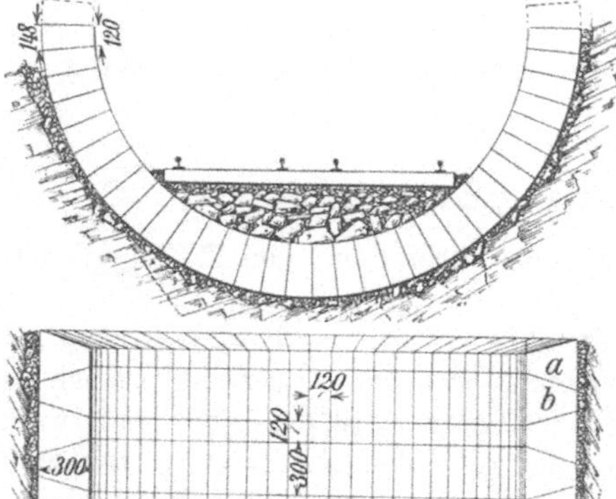

Abb. 217. Keilsteinausbau von Herzbruch.

5. Der Ausbau in Betonsteinen verwendet Formsteine, die mittels des Stampfverfahrens über Tage hergestellt werden und denen man genügende Zeit zur Erhärtung gibt. Alsdann werden sie unter Tage zu Gewölben oder Ringen zusammengebaut. Zur Erzielung einer gewissen Nachgiebigkeit kann man zwischen die einzelnen Steine Pappscheiben oder Holzbrettchen legen. Formsteine sind in mannigfacher Gestalt vorgeschlagen und angewandt worden. Abb. 217 zeigt als Beispiel den Keilsteinausbau.

261. Eisenbetonausbau. Beim Eisenbetonausbau tritt eine innige Verbindung des Betons mit Eisenteilen, die in ihn eingelegt werden, ein. Da die letzteren im Gegensatz zum reinen Beton starke Biegungsbeanspruchungen ertragen können, so eignet sich ein solcher Ausbau für druckhaftes Gebirge (insbesondere für ungleichmäßige Druckverteilung) und für große Räume. Auch kann man bei Verwendung von Eisenbeton Firstengewölbe als Korbbogengewölbe (das sind Gewölbe nach mehreren Krümmungshalbmessern, Abb. 218), oder als Gewölbe mit geringer Pfeilhöhe ausführen und dadurch mit geringerem Gebirgsausbruch auskommen.

Beim Eisenbeton ist ein feinkörnigerer Zuschlag als beim gewöhnlichen Beton erforderlich. Auch werden fettere Mischungen als bei letzterem verwendet (1:5 bis 1:7). Die Eiseneinlagen können von der verschiedensten Art und Stärke sein (von der Eisenbahnschiene bis hinab zum Drahtgewebe). Stets müssen sie durch Haken, Drahtschlingen u. dgl. zu einem festen Netzwerk verbunden und möglichst in die Linien der stärksten Beanspruchung gelegt werden. Auch hier geht dem Einbringen des Betons die Herstellung einer Lehrverschalung voraus. Das Ausfüllen des Raumes zwischen dieser und dem Gebirge erfolgt durch Stampfen. Für den Anschluß an das Gebirge verwendet man vielfach aus Sparsamkeitsrücksichten einen mageren und grobstückigen gewöhnlichen Beton („Füllbeton").

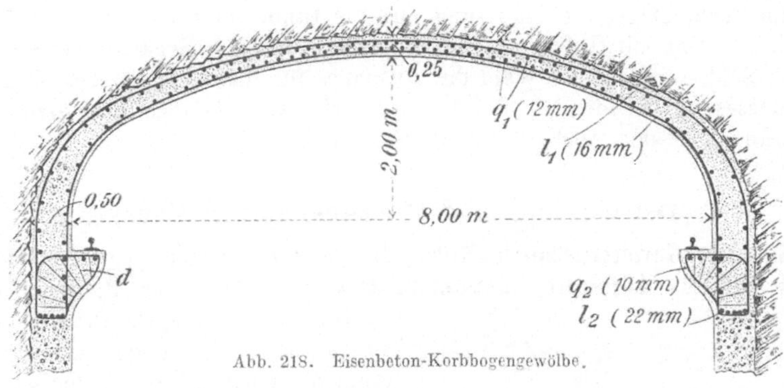

Abb. 218. Eisenbeton-Korbbogengewölbe.

Abb. 218 zeigt den Querschnitt durch eine mit Eisenbeton ausgebaute Maschinenkammer. Die in der Querrichtung des Raumes liegenden Rundeisen sind mit $l_1 l_2$, die in der Längsrichtung liegenden mit $q_1 q_2$ bezeichnet. Die Konsolen d für die Kranbahn sind in einem Stück mit dem Ausbau hergestellt worden.

Für besonders starke Beanspruchungen ist der Ausbau nach Breil in „Verbund-Tübbings" (Beton-Ringstücken mit eisernem Gitterwerk als Einlage) bestimmt. Jeder Ring setzt sich aus 3—6 solchen Gitterwerk-Teilstücken zusammen, die aus Winkeleisenringen mit angenieteten Längs- und Querversteifungen bestehen, durch Nietlaschen untereinander und mit den Teilstücken der Nachbarringe verbunden und dem Aufbau entsprechend mit Beton ausgestampft werden.

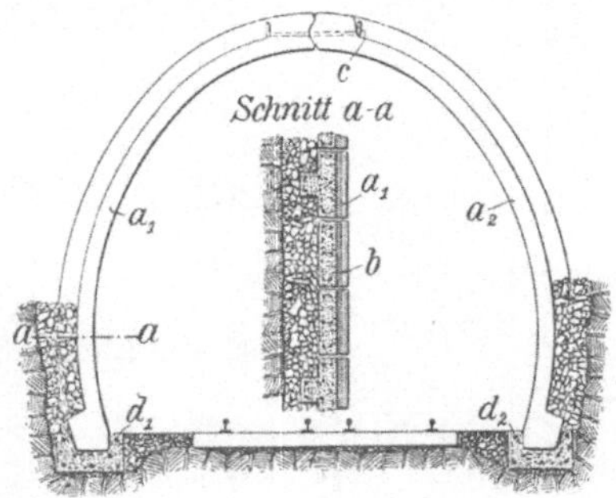

Abb. 219. Walter-Henkel-Ausbau.

Der Eisenbetonausbau wird auch in fertigen Teilstücken ausgeführt. Als Beispiel sei der Walter-Henkel-Ausbau genannt (Abb. 219). Er besteht aus zwei Bogenstücken, die in der Firste mit einem Wälzgelenk zusammenstoßen und mit einer Verstärkungs-Rückenrippe versehen sind. Sie kommen auf Sohlenklötze aus Stampfbeton oder, bei stärkerem Sohlendruck, auf eine Sohlenschwelle zu stehen.

262. Nachgiebigkeit läßt sich beim Betonausbau, wenn er als geschlossene Masse eingebracht wird, durch Umhüllen mit Holzpackung, beim Betonausbau in Formsteinen und beim Eisenbetonausbau in fertigen Stücken durch nachgiebige Zwischenlagen erzielen.

II. Der Schachtausbau.

263. Vorbemerkung. Der Schachtausbau ist für die Kosten des Schachtabteufens von erheblicher Bedeutung. Von der Wahl des Ausbaues hängt ferner die Querschnittsform des Schachtes ab, da man z. B. hölzernen Ausbau nur für rechteckige, die Mauerung nur für runde oder viereckig gewölbte und den Ausbau mit Gußringen (Tübbings) nur für runde Schächte verwenden kann. Schließlich ist die Wahl des Ausbaues für das Gelingen des Wasserabschlusses entscheidend. Bei blinden Schächten können geringere Anforderungen an den Ausbau gestellt werden.

A. Der Geviert- und Ringausbau mit Verzug.

264. Der Geviertausbau in Holz. Bei dem Holzausbau von Schächten bildet ein aus 4 Hölzern zusammengesetzter, rechteckiger Rahmen, das Geviert, den Hauptbestandteil der Zimmerung. Die langen Hölzer des Rahmens heißen „Jöcher", die kurzen werden „Kappen" (auch kurze Jöcher oder Heithölzer) genannt. Die Verbindung der einzelnen Hölzer zu Gevierten geschieht durch die Verblattung.

Der Ausbau ist entweder ganze Schrotzimmerung (Abb. 220) oder Bolzenschrotzimmerung (Abb. 221). Die ganze Schrotzimmerung be-

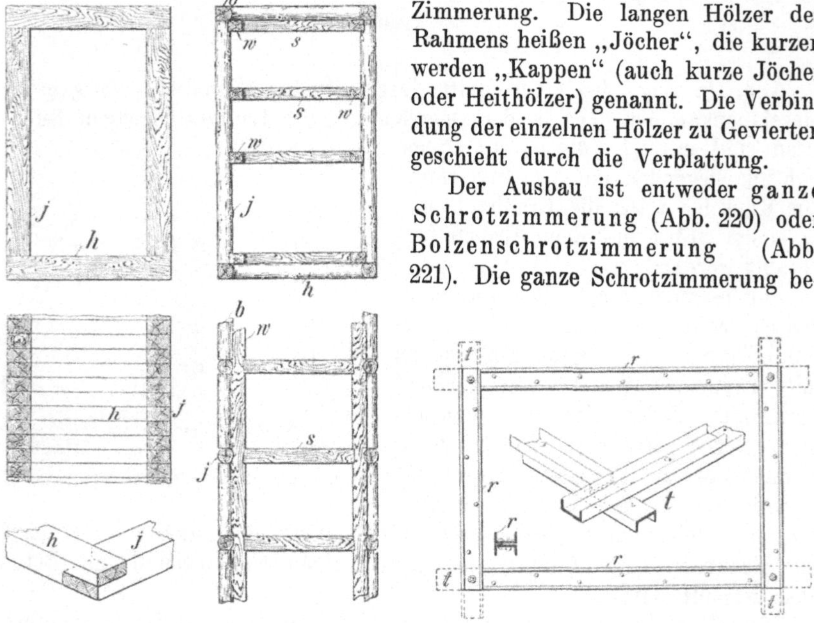

Abb. 220. Ganze Schrotzimmerung.

Abb. 221. Bolzenschrotzimmerung.

Abb. 222. Schachtgeviert aus doppelten U-Eisen.

steht darin, daß ein Geviert unmittelbar auf dem andern liegt, wobei ein Verzug der Stöße sich erübrigt. Bei der Bolzenschrotzimmerung liegen die einzelnen Gevierte in einem gewissen Abstande voneinander und sind durch Bolzen b verstrebt. Ungefähr in Abständen von 5—10 m werden zur Entlastung der Gevierte von dem Gewichte der Zimmerung Tragehölzer in das Gebirge eingebühnt. Die Gebirgstöße werden durch einen Verzug aus eichenen oder tannenen Brettern gehalten.

Zur Verstärkung der langen Jöcher kann man sowohl bei der Bolzen- wie bei der ganzen Schrotzimmerung senkrechte Wandruten w (Abb. 221) einbauen, die durch Stempel oder Spreizen s gegen die Jöcher j ange-drückt werden. Gewöhnlich dienen diese Verstärkungen gleichzeitig zur Eintei-lung des Schachtes in einzelne Trumme.

Für wichtigere Förderschächte, die für eine längere Zeitdauer bestimmt sind, pflegt man den Holzausbau nicht mehr anzuwenden. In großem Umfange

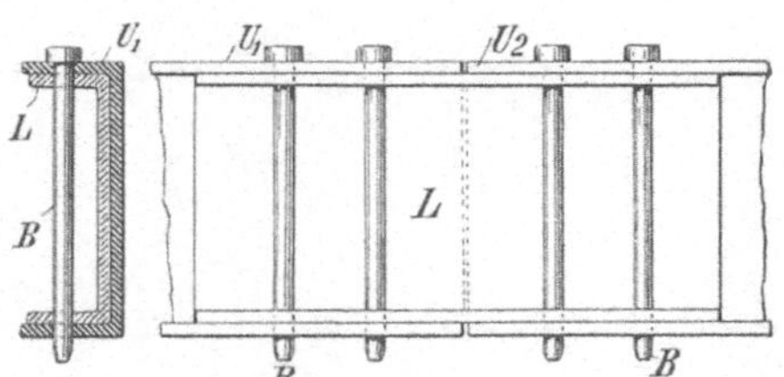

Abb. 223. Verbindung der Segmente bei Schachtringen aus U-Eisen.

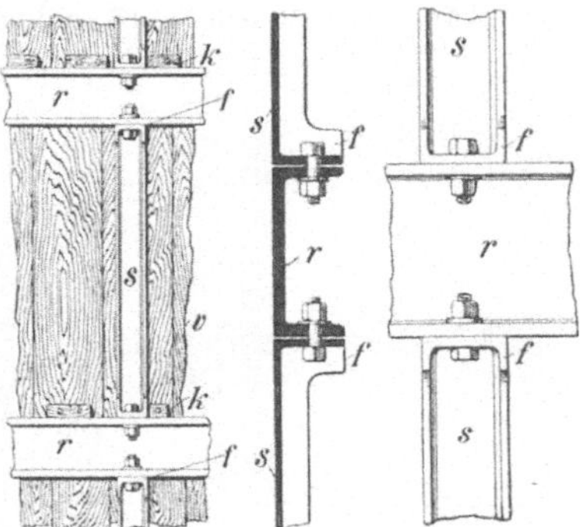

Abb. 224.   Abb. 225.
Verbindung der Schachtringe r durch eiserne Streben s.

dagegen bedient man sich seiner in blinden Schächten, da diese in der Regel rechteckigen Querschnitt erhalten, nicht sehr lange zu stehen brauchen und in ihnen wasserdichter Ausbau nicht in Frage kommt.

265. Der Profileisenausbau. Rechteckige Schächte werden mit Gevierten, runde mit Ringen ausgebaut. Die Gevierte werden aus T-Eisen, aus einfachen U-Eisen oder aus zwei mit den Rücken aneinandergenieteten U-Eisen (Abb. 222) zusammengesetzt. Ihr Abstand voneinander richtet sich nach der Gebirgs-beschaffenheit und beträgt etwa 1 m. Um das Gewicht des Ausbaues auf das Gebirge zu übertragen, baut man entweder von Zeit zu Zeit Trageeisen ein, oder man schiebt in gewissen Abständen ein Geviert mit verlängerten Eisen ein, dessen überragende Enden (t in Abb. 222) in das Gebirge eingebühnt werden.

266. Ausbau runder Schächte. Der Ausbau mit eisernen Ringen — meist U-Eisen — ist entweder ein endgültiger oder ein vorläufiger. Man setzt die Ringe aus einzelnen Segmenten zusammen, die etwa je 3—4 m lang sind. Die Enden der Segmente stoßen stumpf voreinander und werden durch ein-gelegte Laschen und vorläufig hindurchgesteckte Bolzen (Abb. 223), die später durch Schrauben ersetzt werden können, miteinander verbunden. Die Verbindung der einzelnen Ringe untereinander erfolgt durch eiserne U-förmige Streben s (Abb. 224 u. 225), deren umgebördelte Füße f mit den Ringen r verschraubt werden, oder auch durch angeschraubte Flacheisen. Die

Stöße werden in gewöhnlicher Weise mit eichenen Brettern (Abb. 226) oder auch mit eisernen Verzugblechen verzogen. Ein solcher Ausbau kann in gutem, standhaftem Gebirge ein endgültiger sein. Er wird als vorläufiger oder verlorener Ausbau angewandt, wenn der Schacht später durch Mauerung oder Gußringe endgültig ausgekleidet werden soll.

B. Geschlossener Ausbau von Schächten.

267. Die Mauerung. Vierbögige und elliptische Schachtmauerungen stellen eine Anpassung der Mauerung an den rechteckigen Schachtquerschnitt dar und werden jetzt für neue Schächte nur noch selten ausgeführt. Die neuen, ausgemauerten Schächte besitzen nämlich eine kreisrunde Schachtscheibe mit Rücksicht auf die in Ziff. 106 erwähnten Vorteile. Als Mörtel verwendet man in trockenen Schächten Luftmörtel (1 Teil Kalk, 2—3 Teile

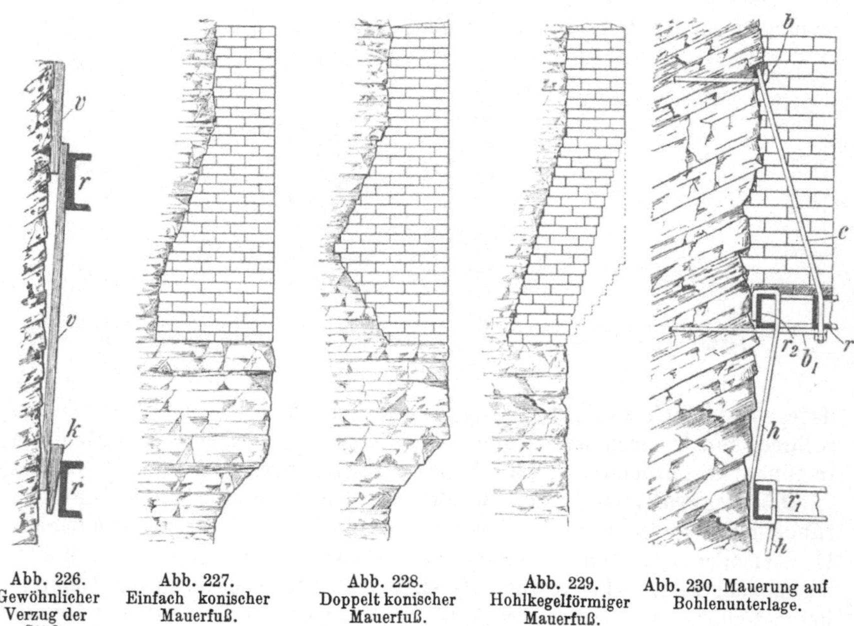

Abb. 226.
Gewöhnlicher
Verzug der
Stöße.

Abb. 227.
Einfach konischer
Mauerfuß.

Abb. 228.
Doppelt konischer
Mauerfuß.

Abb. 229.
Hohlkegelförmiger
Mauerfuß.

Abb. 230. Mauerung auf
Bohlenunterlage.

Sand), im Falle von Wasserzuflüssen Zementmörtel (1 Teil Zement oder Wasserkalk, 2—3 Teile Sand) und, falls salzige Wasser vorhanden sind, Magnesiazement (s. S. 133).

Schächte von geringerer Tiefe (bis etwa 100 m) werden in einem Satze, tiefere absatzweise ausgemauert. Die Höhe der einzelnen Absätze schwankt je nach der Festigkeit des Gebirges und dem Auftreten von Schichten, die sich für das Ansetzen des Mauerfußes eignen, zwischen 40 und 80 m.

Jeder Absatz erhält einen Mauerfuß, der imstande ist, das darüber aufgeführte Mauerwerk bis zum Abbinden und Erhärten zu tragen. Man unterscheidet den einfach konischen (Abb. 227), den doppelt konischen (Abb. 228) und den hohlkegelförmigen (Abb. 229) Mauerfuß. Wenn das

Gebirge fest ist und mit vorspringenden Ecken und Kanten bricht, kann man auch wohl auf eine besondere Verlagerung des Mauerfußes im Schachtstoße ganz verzichten und die Mauerung nach Abb. 230 auf einer einfachen Bohlenunterlage, die teils an Pflöcken b hängt und teils von Pflöcken b_1 getragen wird, beginnen lassen.

Der Mauerung pflegt man eine Mindeststärke von 1½ bis 2 Steinen zu geben. Die Haltbarkeit der Mauer wird durch einen guten Anschluß an das Gebirge erhöht, weshalb man sorgsam Hohlräume vermeiden soll. Wasserdichtigkeit ist nur in den oberen Teufen (bis etwa 50 m) zu erzielen. Bei größeren Teufen kann man sie unter Umständen durch nachträgliche Zementeinspritzungen in das Gebirge (s. d. 7. Abschn., S. 163 u. f.) herstellen.

Bei der gewöhnlichen Art des Mauerns ruht unterdessen die Arbeit auf der Sohle des Schachtes. Mehrfach hat man aber auch gleichzeitig ausgemauert und abgeteuft. Dieses Verfahren ermöglicht erheblich größere Abteufleistungen, ist jedoch in jedem Falle mit einer erhöhten Gefahr für die auf der Sohle arbeitenden Leute verknüpft.

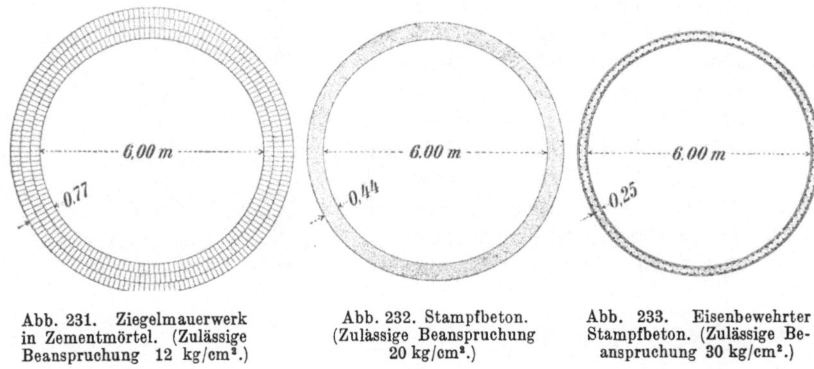

<table>
<tr><td>Abb. 231. Ziegelmauerwerk in Zementmörtel. (Zulässige Beanspruchung 12 kg/cm².)</td><td>Abb. 232. Stampfbeton. (Zulässige Beanspruchung 20 kg/cm².)</td><td>Abb. 233. Eisenbewehrter Stampfbeton. (Zulässige Beanspruchung 30 kg/cm².)</td></tr>
</table>

Das Mauern erfolgt von einer festen oder schwebenden Bühne aus. Die feste Bühne muß beim Hochkommen der Mauerung immer wieder verlegt werden, was vorteilhaft durch ihre Zusammensetzung aus einzelnen, getrennt verlegbaren Stücken erleichtert wird. Die schwebende Bühne wird durch ein Seil mittels eines Kabels gehalten und meist außerdem durch Riegel, die in Löcher des Mauerwerks geschoben werden, gesichert. Sie wird nach Bedarf angehoben oder gesenkt. Für das gleichzeitige Ausmauern und Abteufen muß die schwebende Bühne mit Öffnungen für den Durchgang der Förderkübel und die Durchführung der Fahrten und Wetterlutten versehen sein. Diese Öffnungen werden mit etwa 1 m hohen Schutzzylindern umgeben, die sowohl ein Abstürzen der Maurer als auch eine Gefährdung der Schachthauer durch das Fallen von irgendwelchen auf der Bühne liegenden Gegenständen, Steinen od. dgl. verhindern sollen.

268. Der Beton- und Eisenbetonausbau. Die höhere Festigkeit des Betons und namentlich die des Eisenbetons gestattet erheblich geringere Wandstärken, als sie bei Anwendung der Mauerung notwendig sind. Einen Vergleich dieser Wandstärken gibt unter Voraussetzung gleicher Druckverhältnisse und gleicher Sicherheiten die Gegenüberstellung der Abbildungen 231—233.

An Gebirgsaushub werden bei Wahl des Stampfbetons (Abb. 232) an Stelle des Ziegelmauerwerks (Abb. 231) rd. 7,5 m³ und bei Wahl des eisenbewehrten Betons (Abb. 233) sogar rd. 11,5 m³ je 1 m Schacht gespart.

269. Ausführungen. Bei den Schachtauskleidungen in Beton oder Eisenbeton lassen sich drei Arten unterscheiden, nämlich:

1. Auskleidungen mit Betonsteinen, die über Tage als „Formsteine" hergestellt und im Schachte zu einer geschlossenen Wand zusammengebaut werden, worauf die Fugen und sonst verbleibenden Hohlräume mit flüssigem Zementmörtel ausgefüllt werden (Abb. 234 u. 235).

2. Auskleidungen mit verhältnismäßig dünnen Beton-Formsteinen, die als „Verschalung" dienen, hinter der eine dickere Wand von Stampf- oder Gußbeton hochgeführt wird. Bei der Ausführung nach Abb. 236 wird zunächst unter Benutzung zweier Schachtringe a u. a_1 und dagegen gelegter Eisenbleche d ein Fuß aus Beton eingestampft, auf den man die Formsteinwand aufbaut. In jedem Stein sind der Länge nach zwei starke Eisendrähte r und außerdem zwei U-förmig gebogene Drähte b eingelegt, deren freie Enden nach der äußeren Seite herausragen und zusammen mit den ringförmig an-

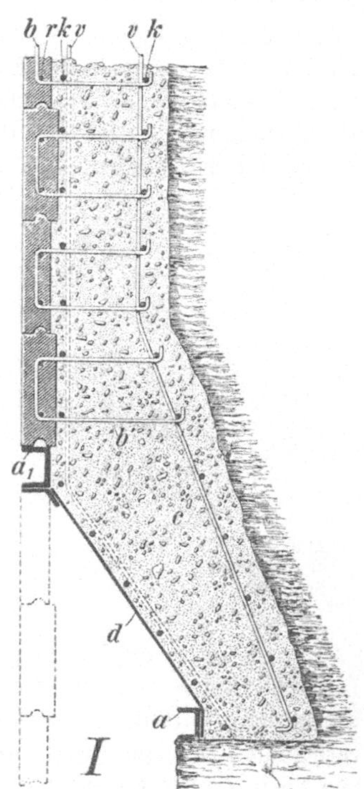

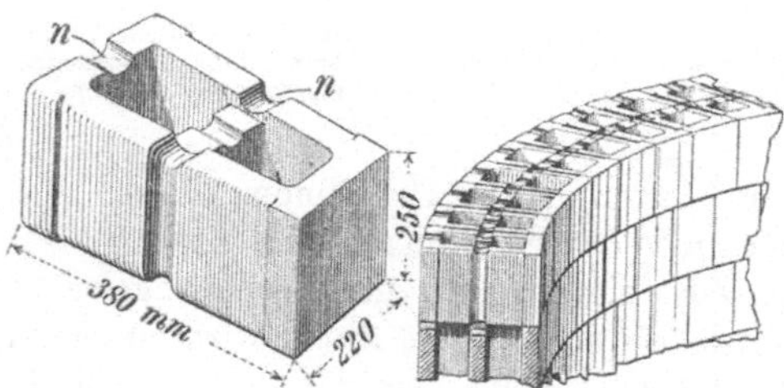

Abb. 234. Betonformstein, als Hohlkörper ausgebildet.   Abb. 235. Zusammenbau der Formsteine nach Abb. 234.   Abb. 236. Schachtausbau mit Eisenbeton unter Verwendung von Formsteinen als Verschalung.

geordneten Eisen k und den senkrechten Stangen v eingestampft werden.

3. Auskleidungen nach Abb. 237, die lediglich aus Stampfbeton bestehen und zu deren Herstellung das Einbringen eines Lehrgerüstes erforderlich ist. Die aus den Ringen R und den Blechen B zusammengebaute Verschalung wird nach Erhärten des Betons ausgebaut.

270. Gußringausbau (Küvelage). Allgemeines. Die einzige Schachtauskleidung, die bei größeren Tiefen tatsächlich wasserdicht hergestellt werden kann, ist diejenige mittels gußeiserner Ringe. Diese werden entweder aus einzelnen Ringteilen (Tübbings) zu einem vollen Ringe zusammengesetzt oder als „Schachtringe“ in einem Stück fertig gegossen und als solche in den Schacht eingelassen. Die aus einzelnen Ringteilen zusammengesetzten oder die aus einem Stück bestehenden Schachtringe werden im Schachte übereinander aufgebaut, so daß gleichsam ein geschlossenes Rohr aus Gußeisen entsteht.

271. Englischer und deutscher Gußringausbau. Man unterscheidet den englischen und den deutschen Gußringausbau. Die Ringteile des englischen Ausbaues (Abb. 238) besitzen äußere Flanschen f, so daß die innere Schachtwand glatt erscheint. Neben den Flanschen sind gewöhnlich noch Verstärkungsrippen r und r_1, die senkrecht und waagerecht verlaufen, und Ansätze a zum Abstützen der Flanschen vorgesehen. Das Loch in der Mitte dient zum Einhängen der Ringteile und zum Wasserabfluß während der Dichtung der Auskleidung. Die Flanschen sind nicht bearbeitet, so daß die einzelnen Ringteile stets mehr oder weniger schiefwinklig sind und die Seiten nicht völlig parallel verlaufen. Die Dichtung erfolgt durch Holzbrettchen und Holzkeile. Die Ringteile des deutschen Gußringausbaues (Abb. 239) dagegen haben ihre Flanschen f, Verstärkungsrippen r_1 und Ansätze a auf der Innenseite, und die Außenwand des Schachtes ist glatt. Die Flanschenflächen sind bearbeitet, so daß sie genau zusammenpassen und unter Anwendung einer Bleidichtung miteinander verschraubt werden können. Der Ausbau bildet so ein starres Ganzes, wogegen er bei englischen Ringteilen eine gewisse Nachgiebigkeit besitzt. Während die englischen Ringteile nur 300—700 mm hoch zu sein pflegen, beträgt die Höhe der deutschen Ringteile gewöhnlich 1,5 m. Die ungefähre Breite der Ringteile im Verhältnis zur Höhe ergibt sich aus den Abbildungen 238 u. 239.

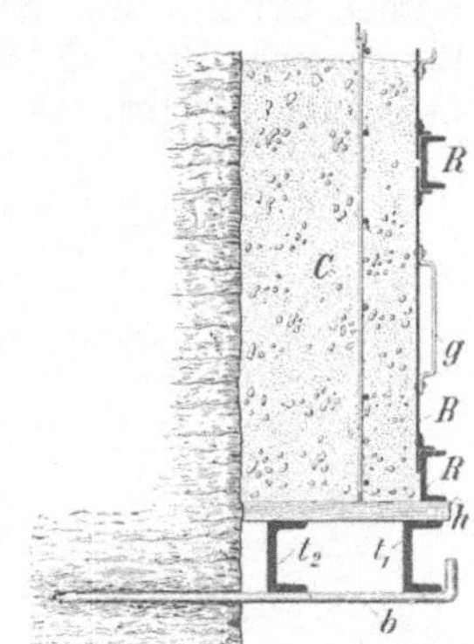

Abb. 237. Fuß eines Eisen-Stampfbetonabsatzes mit Verschalung.

272. Keilkränze sollen gleichsam den stützenden Fuß des Ausbaues bilden und außerdem verhindern, daß das hinter der Schachtwandung stehende oder heruntersickernde Wasser unterhalb in den Schacht treten kann. Entsprechend dieser doppelten Aufgabe muß der Keilkranz einerseits genügend weit in das Gebirge hineingreifen, um eine breite Auflagefläche zu erhalten, und muß anderseits in wasserstauendes Gebirge verlegt werden. Der Abstand der einzelnen Keilkränze voneinander pflegt 20—50 m zu betragen.

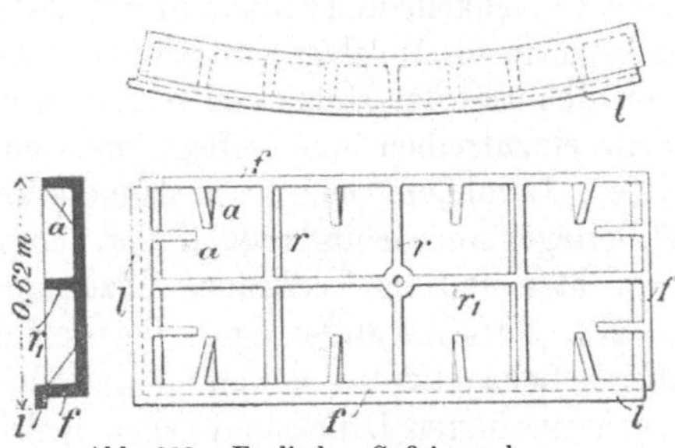

Abb. 238. Englischer Gußringausbau.

Ein Keilkranz ist ein aus 6—12 gußeisernen Segmenten von 200—300 mm Höhe und 400—750 mm Breite zusammengebauter Ring, dessen lichte Weite der lichten Weite des Ringausbaues entspricht. Die einzelnen Segmente sind nach Abb. 240 hohl mit mehreren senkrechten Verstärkungsrippen und einer offenen Seite gegossen. Die Keilkränze für deutschen und englischen Ringausbau sind ohne wesentliche Unterschiede; nur besitzen die ersteren noch Schraubenlöcher zwecks Verschraubung der Segmente untereinander und mit den Ringteilen.

Das Bett für den Keilkranz wird mit Keilhaue und mit Fäustel und Spitzeisen genau waagerecht ausgearbeitet, in unzuverlässigem Gebirge auch durch Betonierung oder Mauerung geschaffen. Auf dem Bette werden die Segmente zu einem Ringe zusammengelegt. Bei Keilkränzen für englische Ringteile werden zwischen die Segmente Dichtungsbrettchen aus Holz, bei solchen für deutsche Ringteile Bleidichtungen gelegt. In letzterem Falle werden die Segmente miteinander verschraubt. Der Raum zwischen dem äußeren Kreisrande der Segmente und dem Gebirgstoße wird nun mit Holzklötzchen und Bretterstückchen möglichst dicht ausgefüllt und sodann verkeilt (pikotiert), indem man rund herum in mehrfach wiederholter Kreislinie zu-

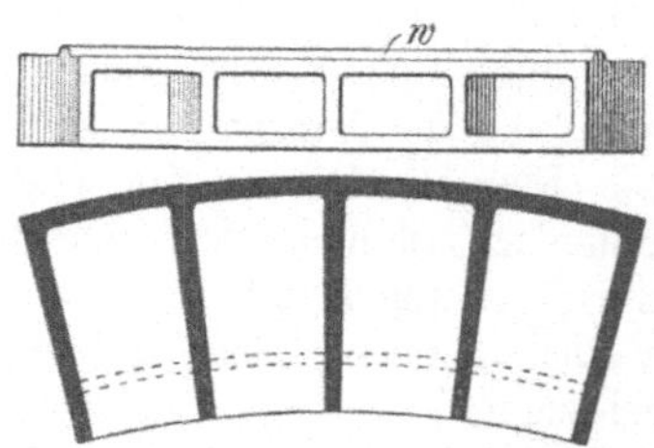

Abb. 239. Deutscher Gußringausbau.   Abb. 240. Keilkranz fur englischen Gußringausbau.

nächst Flachkeile und sodann Spitzkeile (picot = Spitzkeil) aus Pitchpine-Holz so lange in die Holzlage eintreibt, als dies noch irgendwie möglich ist. Wenn zum Schlusse der Holzkranz so fest geworden ist, daß hölzerne Keile nicht mehr einzutreiben sind, pflegt man noch einen Kreis Stahlkeile folgen zu lassen. In mildem Gebirge, in dem die Verkeilung nicht ein genügend sicheres Widerlager am Gebirgstoße findet, empfiehlt es sich, auf sie gänzlich zu verzichten und die Keilkränze einzuzementieren.

273. Verstärkungsringe. Wo es nicht auf einen dichten Abschluß der oberen Schachtwasser ankommt und nur eine Verstärkung der Gußringsäule gegen einseitigen Druck und gegen Knickgefahr erwünscht ist, baut man an Stelle der Keilkränze in Abständen von 7,5—15 m Verstärkungs- oder Tragringe ein, die nach außen hin vorspringen und wie die Gußringsäule ohne besondere Vorsichtsmaßnahmen mit Beton hinterstampft werden. Die Gestalt dieser Verstärkungsringe ist diejenige eines schmalen Keilkranzes oder eines in Form eines Keiles nach außen vorspringenden Ringes t (Abb. 241).

274. Der Einbau der Ringteile. Beim Einbau werden die Ringteile des englischen Ausbaues dadurch zu Ringen zusammengefügt, daß die einzelnen Segmente lose nebeneinandergesetzt werden, wobei der unterste Ring auf den inneren Rand des Keilkranzes zu stehen kommt. Der Raum zwischen der Schachtwandung und dem Gebirge wird mit Beton oder Ziegelschrot verfüllt, so daß die Segmente in ihrer Lage gehalten werden. Zum Zwecke der Dichtung werden in sämtliche Fugen zwischen den einzelnen Segmenten Weiden- oder Kiefernholzbrettchen gelegt, die, nachdem die Ringsäule aufgebaut ist, verkeilt werden.

Die deutschen Ringteile, deren Dichtung durch eingelegte Bleistreifen und Verschraubung erfolgt, können entweder wie die englischen durch Aufbau von unten nach oben oder aber durch Unterhängen von oben nach unten eingebaut werden. Bei dem Einbau von unten nach oben wird der zwischen Schachtwandung und Gebirgsstoß verbleibende Raum sorgfältig mit Beton (1 Teil Zement, 3—6 Teile Sand) verstampft. Das Unterhängen erfolgt in der Regel von einem Keilkranze aus, kann aber auch von jedem fest verlagerten Ringe aus seinen Anfang nehmen. Sind mehrere Ringe untergehängt, so wird der Raum zwischen ihnen und dem Gebirgsstoße durch Einspülen von Zement ausgefüllt. Damit die Zementtrübe unten nicht ausläuft, verstopft man den Spalt zwischen dem unteren, äußeren Ringrande und dem Gebirge mit Lehm, Stroh, Holzwolle od. dgl., oder man füllt den Ringspalt mit Bretterstücken aus und verdichtet die Holzlage durch Verkeilen (Abb. 241). Zum Einlaufenlassen der dünnflüssigen Zementtrübe durch die in den Ringteilen vorgesehenen Löcher benutzt man Trichter oder von über Tage herkommende Rohrleitungen. Hierbei treten das überflüssige Wasser und die Luft durch die oberen Löcher aus. Wenn keine Trübe mehr aufgenommen wird, werden die Einfülllöcher verschlossen. Durch eingebaute Tragringe t (Abb. 241) werden die Schrauben der waagerechten Flanschen entlastet.

Das Unterhängen der Ringteile wird zumeist angewandt, um Wasserzugänge möglichst schnell abschließen zu können. Außerdem gebraucht man es, um die Gebirgsstöße sobald wie möglich zu sichern. Namentlich tut man dies beim Gefrierverfahren, wo sich diese Art des Ausbaues durchaus bewährt hat.

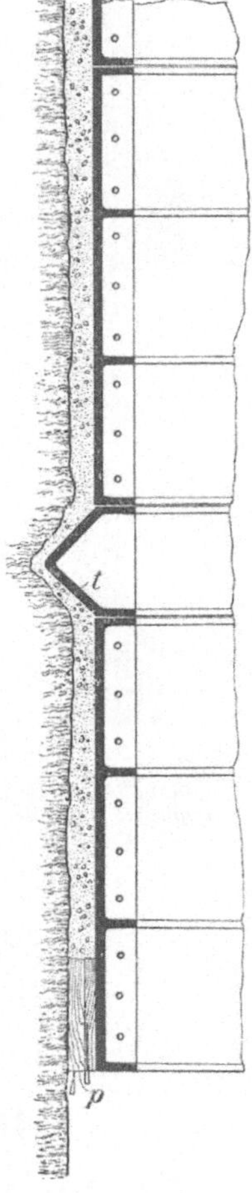

Abb. 241. Untergehängter Gußringausbau mit Tragring und Verkeilung des unteren Ringspaltes.

275. Doppelte Gußringsäulen. Für große Teufen (300—600 m) benutzt man gern doppelte Gußringsäulen (Abb. 242). In Gefrierschächten (s. S. 159 u. f.) ist man mehrfach so vorgegangen, daß beim Abteufen unter dem Schutze der Frostmauer die äußere Gußringwand durch Unterhängen eingebracht wurde, während die innere Wand erst kurz vor dem Auftauen des Gebirges hochgeführt und gleichzeitig der Raum zwischen den beiden Eisenwänden mit Beton ausgestampft wurde.

276. Vergleich des englischen und des deutschen Gußringausbaues. Der Vorzug der englischen Ausbauart ist, daß sie wegen ihrer Nachgiebigkeit

Gebirgsbewegungen besser widersteht. Dafür wird aber die Wandung leicht undicht und kann fast nie so wasserdicht gehalten werden, wie dies bei dem deutschen Ausbau möglich ist. Deshalb sind englische Gußringe für größere Teufen nicht geeignet. Nachteilig ist ferner, daß der Aufbau und die Verkeilung verhältnismäßig viel Zeit in Anspruch nehmen und daß kein Unterhängen möglich ist. Auch die Verlagerung der Einstriche macht bei dem englischen Ausbau größere Schwierigkeiten als bei dem deutschen. Man verlagert die Einstriche entweder nach Abb. 243 in angegossenen Schuhen a, oder man befestigt sie an Wandruten, die an den Verkeilungsfugen festgenagelt werden. Bei dem deutschen Ausbau dagegen können die Einstriche einfach auf die waagerechten Flanschen gelegt werden.

Wegen des Ausbaues mit Schachtringen s. S. 157 u. f. (Schachtbohrverfahren nach Kind-Chaudron).

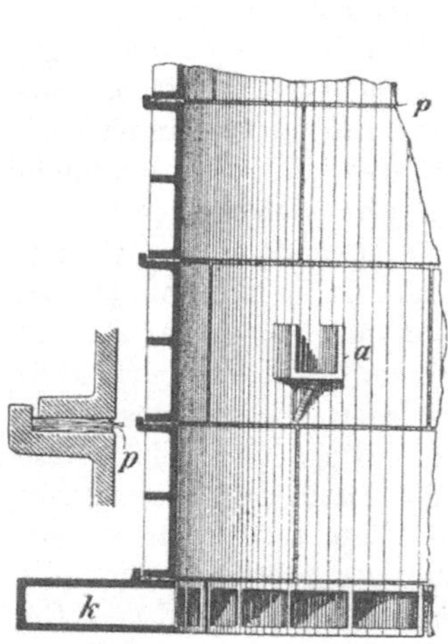

Abb. 242.
Doppelter Gußringausbau.

Abb. 243. Englischer Gußringausbau
mit angegossenem Schuh.

Siebenter Abschnitt.

Schachtabteufen.

I. Das gewöhnliche Abteufverfahren.

277. Das Abteufen in standhaftem (nicht schwimmendem) Gebirge. Allgemeines. Bei diesem Verfahren wird die Sohle des Schachtes durch unmittelbare Hand- oder durch Sprengarbeit vertieft, die zusitzenden Wasser werden durch Kübelförderung, Pumpen oder Wasserziehvorrichtungen niedergehalten und die Schachtstöße, falls die Natur des Gebirges es erfordert, gleichzeitig ausgekleidet. Man wendet es beim Niederbringen neuer Schächte von Tage aus soweit als möglich, stets beim Weiterabteufen eines Schachtes unterhalb einer bereits in Betrieb befindlichen Sohle sowie schließlich beim Abteufen blinder Schächte an. Es übertrifft bei geringen Wasserschwierigkeiten hinsichtlich der Schnelligkeit und Billigkeit weit alle andern Verfahren. Je mehr Wasser freilich dem Schachte zusitzen, um so schwieriger und teurer wird die Handarbeit. Alsdann können andre Abteufverfahren, insbesondere das Senkschachtverfahren im toten Wasser, das Gefrier- und das Schachtbohrverfahren, sicherer und billiger werden.

278. Einrichtungen. Zu den für das Schachtabteufen erforderlichen Einrichtungen über Tage gehören in erster Linie das Fördergerüst und die Fördermaschine, ferner ein Kabel zur Bewegung der schwebenden Bühne, falls gleichzeitig abgeteuft und gemauert werden soll. Für den Betrieb der Maschinen ist eine Dampfkesselanlage oder der Anschluß an eine elektrische Zentrale notwendig. Einrichtungen für die Bewetterung und unter Umständen für die Wasserhaltung sind zu schaffen. Schließlich ist für Mannschafts- und Beamtenräume, Geschäftszimmer, Schmiede und Schreinerei Sorge zu tragen.

Das **Fördergerüst** wird der Billigkeit halber aus Holz erbaut. Seine Höhe beträgt 12—24 m.

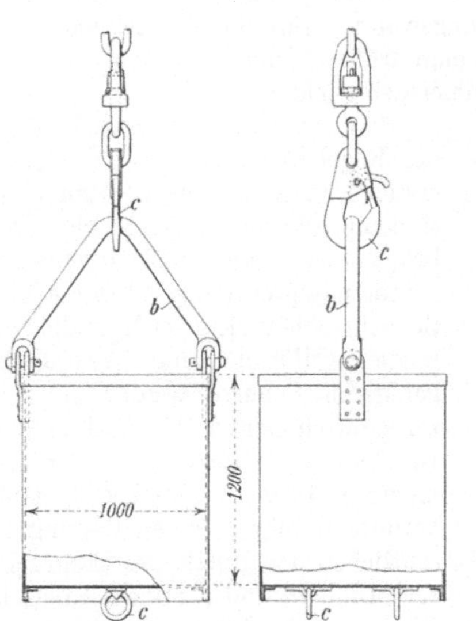

Abb. 244. Abteuf-Förderkübel.

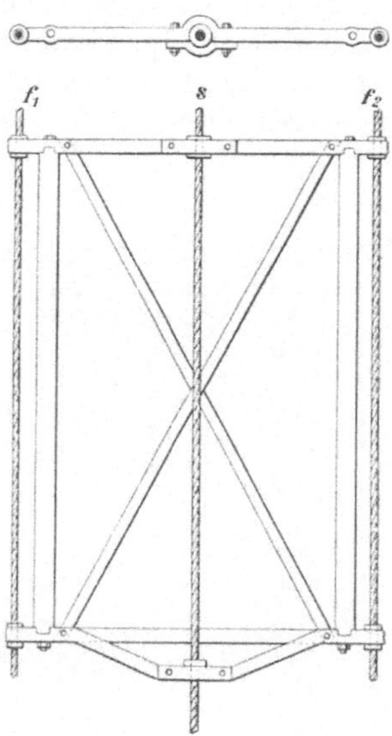

Abb. 245. Führungschlitten.

Die **Abteuffördermaschinen**, für die man Bobinen und Bandseile (vgl. Ziff. 364) zu bevorzugen pflegt, sind etwa 50—200 PS stark. Als Fördergefäße benutzt man Kübel (Abb. 244) von 0,3—1,0 m³ Inhalt, die meist über dem Schachte ausgekippt werden. Die Führung der Kübel im Schachte während der Förderung erfolgt durch Führungseile, die unten im Schachte an Spannlagern befestigt werden. Die Führung wird durch den Führungschlitten (Abb. 245) vermittelt, der in der Regel aus Flacheisen hergestellt ist und mit 4 Augen die Führungseile $f_1 f_2$ umfaßt.

Bis etwa 30 m Teufe pflegt man ohne künstliche Bewetterung beim Schachtabteufen auszukommen. Für größere Teufen wendet man **Luttenbewetterung** an. Häufig hängt man die Lutten an Seilen auf und verlängert die Leitung oben nach erfolgtem Nachsenken durch Aufsetzen eines weiteren Stückes.

Zur Sicherheit der Abteufmannschaft ist für eine **doppelte Fahrungsmöglichkeit** Vorsorge zu treffen. Am einfachsten geschieht dies, wenn end-

gültige Einstriche, Bühnen und Fahrten eingebaut und neben der Kübelförderung für die Ein- und Ausfahrt der Belegschaft benutzt werden können.
Soll der Schacht während des Abteufens ohne festen Einbau bleiben und ist
eine Fördermaschine für die Ausmauerung und schwebende Bühne vorhanden, so kann letztere als Zufluchtsort für die Leute bei Wasserdurchbrüchen oder in sonstigen Notfällen dienen. Es muß dann von hier aus eine
strickleiterähnliche „Hängefahrt" bis zum Schachttiefsten führen, während
nach oben durch die zweite Fördereinrichtung für eine weitere Fahrungsmöglichkeit neben der Kübelförderung gesorgt ist.

279. Abteufarbeit und Leistungen. Die Abteufarbeit beginnt in den oberen,
weichen Schichten mit dem Spaten oder der Schaufel, wobei die Hacke, die
Keilhaue und der Abbauhammer zu Hilfe genommen werden. In festem
Gebirge wird die Sprengarbeit angewandt. Für die Herstellung der Bohr-
löcher mit der Hand benutzte man früher vielfach Stoßbohrer (s. S. 39).
Jetzt werden allgemein Bohrhämmer gebraucht (s. S. 42).

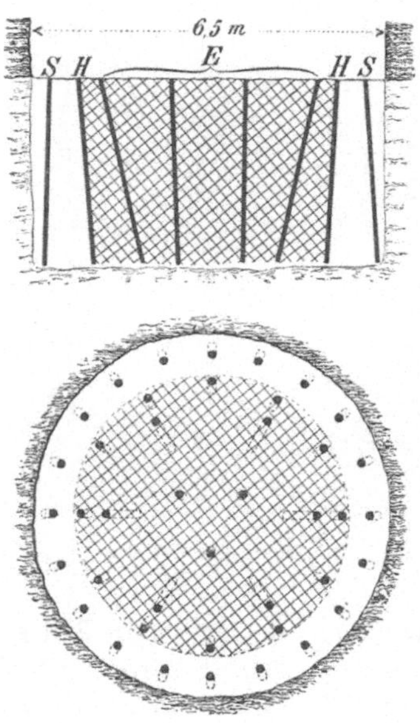

Abb. 246. Anordnung der Schüsse beim Schachtabteufen.

Beim Schießen unterscheidet man in der Regel (Abb. 246) den Einbruch, den ersten Kranz und den zweiten Kranz (es sind dies die sog. Stoßschüsse). Der Einbruch wird, wenn nicht besondere Umstände mitsprechen, meist in die Mitte der Schachtsohle verlegt; er hebt die Schachtmitte kegelförmig heraus, und die zu ihm gehörigen Schüsse werden stets gleichzeitig durch elektrische Zündung abgetan. Im Einbruche pflegt man außerdem noch mehrere Löcher annähernd senkrecht herunterzubohren, deren Ladung im wesentlichen den Inhalt des Einbruchkegels zertrümmern soll (Zerkleinerungschüsse). Die Kranzschüsse kann man nach den Einbruchschüssen mittels Zeitzünder nacheinander kommen lassen, vielfach werden sie aber auch völlig gleichzeitig abgetan.

Die Zündung der Schüsse wird beim Schachtabteufen meist elektrisch bewirkt.

Beim Abteufen muß sorgfältig darauf geachtet werden, daß einerseits der
volle Durchmesser des Schachtes an jeder Stelle gewahrt bleibt und anderseits die Schachtstöße nicht weiter, als es der Ausbau erfordert, herein-
geschossen werden. Die Überwachung (auch auf lotrechtes Niedergehen) erfolgt durch sorgsames Abloten des Schachtes.

Die Leistungen beim Schachtabteufen können, wenn keine Wasserschwierigkeiten vorliegen, unschwer auf 30—40 m im Monatsdurchschnitt
gebracht werden. In einzelnen Fällen sind die Leistungen noch erheblich
höher gewesen und haben für einzelne Monate bis zu 120 m betragen. Die
Kosten können für runde, 5 m weite Schächte beim Fehlen von Wasser-

zuflüssen auf 1200—1400 $\mathscr{M}$ je 1 m angenommen werden. Wasserzuflüsse verlangsamen und verteuern das Schachtabteufen ganz außerordentlich.

280. Das Weiterabteufen von Schächten unterhalb einer in Betrieb befindlichen Sohle kann mit und ohne Benutzung von Aufbrüchen geschehen. Die Benutzung von Aufbrüchen setzt selbstverständlich die Möglichkeit der Unterfahrung des Schachtes voraus. Die Unterfahrung kann von einem Hauptschachte oder von einem blinden Schachte oder auch Abhauen aus erfolgen (Abb. 247—249). Aufbrüche lassen sich ohne Gefahr für die Arbeiter nur in standhaftem, gutem Gebirge herstellen, in dem auch die Gefahr von Wasserdurchbrüchen ausgeschlossen ist. Man pflegt dem Aufbruche einen geringeren Durchmesser als dem abzuteufenden Schachte zu geben. Es muß dann, nachdem der Aufbruch mit der Schachtsohle durchschlägig

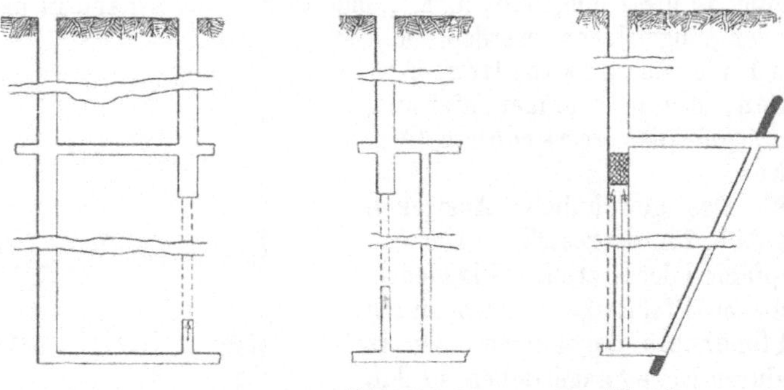

Abb. 247.　　　　Abb. 248.　　　　Abb. 249.
Unterfahrung von Schächten zum Zwecke des Weiterabteufens.

geworden ist, der Schacht von oben nach unten noch erweitert werden. Wenn dies auch eine gewisse Zeitversäumnis bedeutet, so ist dafür die Arbeit des Hochbrechens bei einem engen Querschnitt ungefährlicher als bei einem so großen Durchmesser, wie er für Hauptschächte üblich ist. Die Höhe der Aufbrüche wird man nur ganz ausnahmsweise 80—100 m überschreiten lassen, weil sonst die Fahrung und das Hochziehen der Ausbaustoffe und der Gezähestücke zu lästig werden.

Können Aufbrüche nicht benutzt werden, so geht das Weiterabteufen von Schächten, in denen regelmäßige Förderung nicht umgeht, auf gewöhnliche Weise vor sich. Geht dagegen im Schachte Förderung oder Fahrung um, so kann man, falls die Zeit nicht drängt, das Abteufen in die Nachtschicht oder auf eine Tageszeit, in der die Förderung ruht, verlegen. Ist dies nicht möglich, so muß man für den Schutz der Abteufmannschaft durch Stehenlassen einer Bergfeste oder durch Einbringen einer Sicherheitsbühne sorgen. Das Stehenlassen einer Bergfeste ist, von andern Gründen (Raumbeanspruchung im Schachttiefsten, umständliche spätere Gewinnung der Bergfeste) abgesehen, bei festem, sicherem Gestein, das Ein-

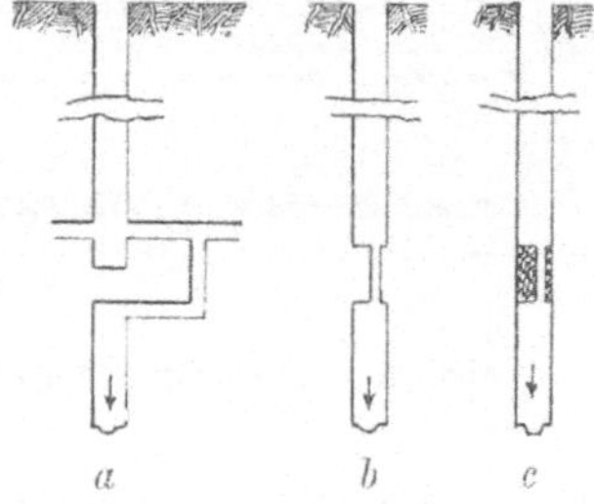

Abb. 250 a—c. Weiterabteufen von Schächten mit Belassen einer Bergfeste (a und b) und mit Einbau einer Sicherheitsbühne (c).

bringen einer Sicherheitsbühne bei unzuverlässigem Gebirge mehr zu empfehlen.

Bergfeste und Sicherheitsbühne können entweder die Schachtscheibe völlig verschließen (Abb. 250 a), oder sie können Öffnungen für die Fahrung und den Durchgang der Förderkübel freilassen (Abb. 250b u. c). Im ersteren Falle muß in einiger Entfernung vom Hauptschachte ein Hilfschacht abgeteuft und von hier aus der Hauptschacht unterfahren werden (Abb. 250a), was in Anlage und Betrieb umständlicher ist.

281. Abteufen im schwimmenden Gebirge. Grundgedanke. Bei dem Abteufen im schwimmenden Gebirge muß der Ausbau der eigentlichen Abteufarbeit vorauseilen. Es geschieht dies durch die sog. Abtreibe- oder Getriebearbeit, die dadurch gekennzeichnet ist, daß Pfähle (Bretter) als Teile der Wandung in diese eingefügt, d. h. „angesteckt" und sodann in das Gebirge vor- oder „abgetrieben" werden. Man unterscheidet das gewöhnliche Anstecken, das in schräger Richtung erfolgt, und das senkrechte Anstecken.

282. Das gewöhnliche Anstecken ist in Abb. 251 dargestellt. Die Getriebepfähle d der letzten, völlig niedergetriebenen Pfahlreihe werden durch das Pfändholz e abgefangen. Dieses wird durch Keile f angetrieben, so daß zwischen Holz e und Geviert b ein für das Anstecken der neuen Pfähle

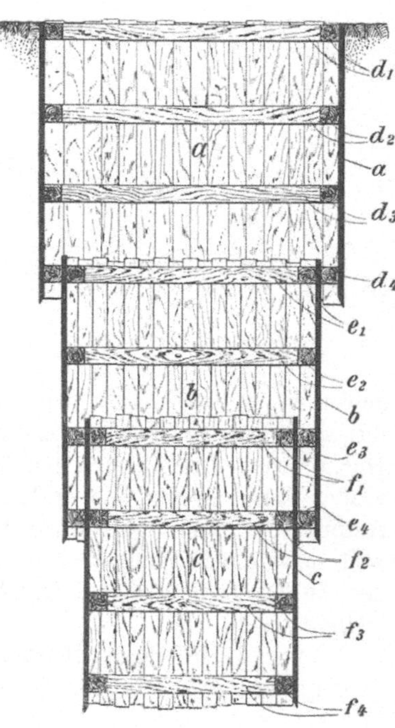

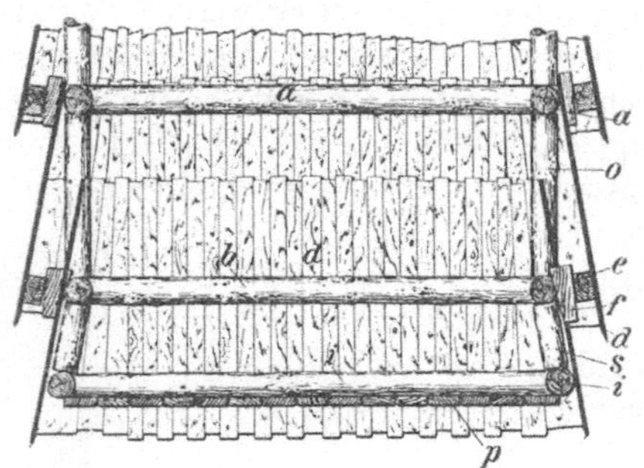

Abb. 251.   Gewöhnliches Anstecken.   Abb. 252.   Senkrechtes Anstecken.

genügend breiter Schlitz entsteht. Sobald diese auf die halbe Länge eingetrieben sind, wird ein Hilfs- oder verlorenes Geviert i eingebaut, das die freien Enden der Pfähle zu stützen und diese zu führen bestimmt ist. Nunmehr können sie auf ihre ganze Länge abgetrieben werden, worauf ein neues Geviert gelegt und nach Entfernung des Hilfsgeviertes i mit dem oberen Gevierte verbolzt wird.

Wo das Gebirge unruhig ist, muß die Sohle des Schachtes durch einen Bohlen- oder Klotzbelag vertäfelt werden.

Während bei dem gewöhnlichen Anstecken die Weite des Schachtes infolge der Schrägstellung der Ansteckpfähle dauernd erhalten bleibt, geht bei dem senkrechten Anstecken mit jeder Wiederholung der Arbeit von dem Querschnitt des Schachtes ein Stück verloren. Man kann rechnen, daß man mit jedem neuen Anstecken mindestens 400—500 mm in der Länge und ebensoviel in der Breite des Schachtes einbüßt. Um diesen Nachteil zu verringern, wählt man die Ansteck-Absätze möglichst hoch (bei hölzernen Pfählen 4—6 m). Abb. 252 zeigt die Ausführung.

283. Eiserne Spundwände. In ähnlicher Weise werden auch eiserne Spundwände abgetrieben. Abb. 253 zeigt die Spundbohlen der A.-G. Hoesch-Köln Neu-

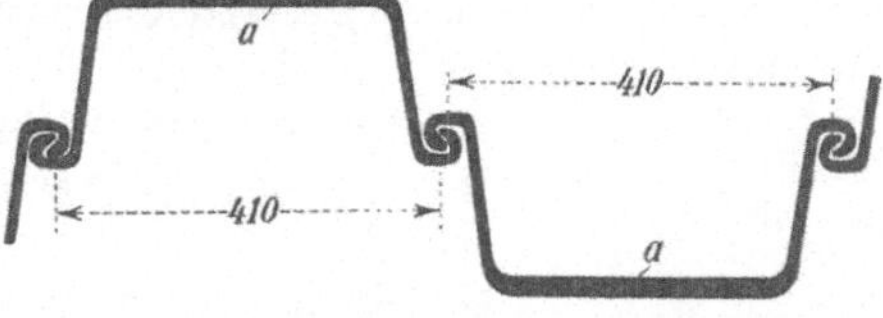

Abb. 253.   Spundwand der A.-G. Hoesch-Köln Neuessen.

essen, bei denen die Seiten wie Nut und Feder ineinander greifen und beim Eintreiben einander führen. Die Bohlen werden durch eine Dampframme eingetrieben. Bei der Arbeit muß ebenso wie bei der hölzernen Spundwand für eine gute, genau senkrechte Führung Sorge getragen werden. Teufen von 8—10 m lassen sich mit ziemlich sicherer Aussicht auf Erfolg abspunden. Darüber hinaus wird das Verfahren unsicher.

II. Das Senkschachtverfahren.

284. Allgemeines. Im Gegensatz zu der mit eisernen Pfählen oder Profileisen arbeitenden Abtreibearbeit dringt bei dem Senkschachtverfahren die geschlossene Schachtwandung als Ganzes in das Gebirge vor. Entsprechend ihrem Niedersinken wird die Schachtwandung oben höher gebaut und so andauernd verlängert. Die Herrichtung und Fertigstellung des Ausbaues geschieht also oberhalb der zu durchteufenden Schichten. Das Niedergehen der Schachtwandung erfolgt entweder allein durch ihr eigenes Gewicht oder

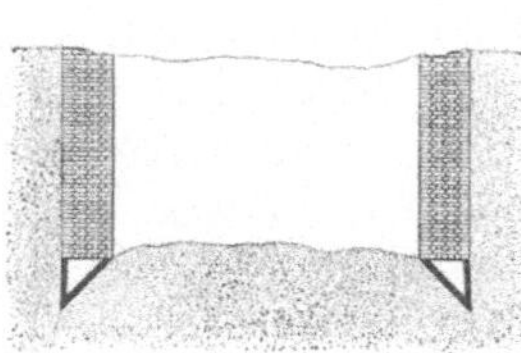

Abb. 254.   Günstige Stellung des Schneidschuhes zur Schachtsohle.

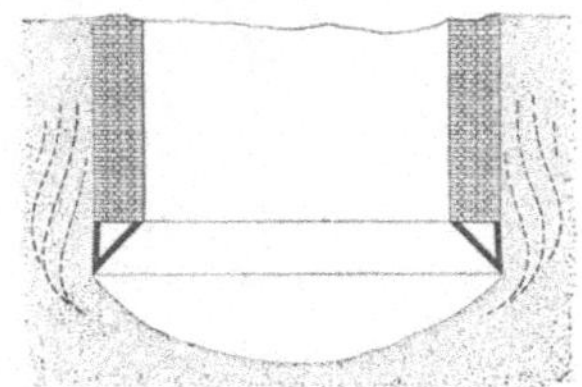

Abb. 255.   Unterhöhlung des Schneidschuhes.

wird durch künstliche Belastung oder durch besondere Preßeinrichtungen begünstigt. Der Querschnitt des Senkschachtes ist stets kreisrund.

Die niedergehende Schachtwandung nennt man den Senkkörper, den untersten Ring des Senkkörpers den Senk- oder Schneidschuh, weil er das Gebirge durchschneiden muß.

Während des Senkens wird die Sohle des Schachtes etwa entsprechend dem Vorrücken des Senkkörpers entweder durch „Arbeit auf der Sohle" oder durch „Arbeit im toten Wasser" (s. Ziff. 286) vertieft. In jedem Falle soll möglichst der Schneidschuh nach Abb. 254 der Schachtsohle gegenüber voraus sein, damit nicht die Schachtstöße nach Abb. 255 unterhöhlt werden und nachstürzen.

Das Senkschachtverfahren ist seiner Natur nach auf weiches, mildes Gebirge beschränkt, das dem Schneidschuh ein Eindringen gestattet. Je tiefer der Senkkörper in das Gebirge eindringt, desto größer wird der Gebirgsdruck und die diesem ausgesetzte Fläche der Schachtwandung, und um so mehr Widerstand findet der Senkkörper. Schließlich ist dieser durch kein Mittel tiefer zu bringen. Will man alsdann trotzdem bei dem Senkschachtverfahren verbleiben, so muß ein zweiter Senkschacht und gegebenenfalls später ein dritter und vierter eingebaut werden. In Abb. 256 sind ein Mauersenkschacht m und drei eiserne Senkzylinder t_1, t_2, t_3 dargestellt.

Wegen der mit der größeren Tiefe wachsenden Schwierigkeiten wird das Verfahren jetzt meistens nur noch bis zu Teufen von etwa 30 m angewendet. Man sucht mit einem Senkkörper auszukommen.

285. Die Senkkörper bestehen aus Mauerung, eisenbewehrtem Beton oder einer Gußringwand.

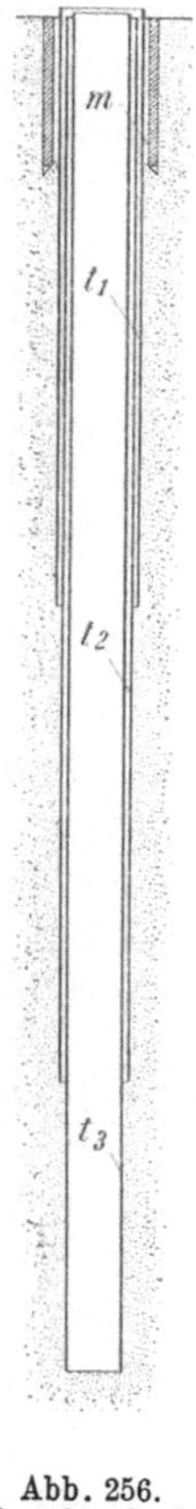

Die Mauersenkschächte werden auf einem das Einschneiden erleichternden, zumeist gußeisernen Schneidschuh (Abb. 257) errichtet. Solche Schneidschuhe sind aus 6—14 hohlen Segmenten s, die Verstärkungsrippen besitzen, zusammengeschraubt. Nach dem Zusammenbau werden sie mit Zement oder Mauerwerk ausgefüllt. Den Außendurchmesser des gußeisernen Senkschachtes läßt man meist nach unten hin etwas zunehmen, so daß also die äußerste Schneide etwas nach außen vorspringt und das Nachsinken des Senkschachtes erleichtert wird.

Zur festeren Verbindung des Mauerwerks mit dem Senkschuh einerseits und zur Erhöhung der Festigkeit des Mauerwerks in sich anderseits dient die Verankerung, die aus den senkrechten Ankerstangen a (Abb. 257), der Verschraubung v und den waagerechten Verbindungslaschen l besteht. Die Ankerstangen a sind mit ihrem unteren Ende an den Rippen des Schneidschuhes s befestigt.

Für das Mauerwerk verwendet man Zementmörtel. Die Anfangstärke der Mauer beträgt bei einer in Aussicht genommenen Teufe von 25—30 m etwa 4 Steine. Nach oben hin erhält die Außenseite der Mauer, um die Reibung

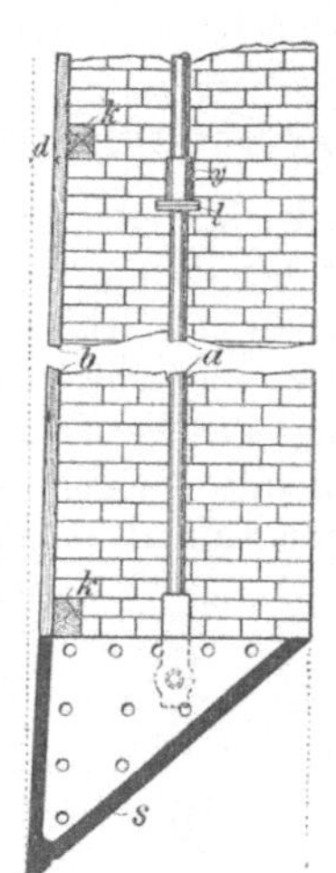

Abb. 256. Ineinanderschachtelung von 4 Senkkörpern.

Abb. 257. Eiserner Schneidschuh mit Ankerstange für Mauersenkschächte.

zu vermindern, eine schwache Neigung nach innen — die sog. Dossierung —,
die 1:50 bis 1:100 beträgt. Ferner dient zur Herabsetzung der Reibung
eine außen angebrachte Ummantelung der Mauer mit 20—30 mm starken
Holzbrettern oder an Stelle des Holzbelages auch ein schnell-
bindender, geglätteter Zementverputz.

Senkkörper aus Beton mit Eisenbewehrung können
entweder aus Stampfbeton oder aus Formsteinen aufgebaut
werden, wobei die Eisenbewehrung entweder umstampft wird
oder bereits in den Formsteinen vorhanden ist. Im übrigen
sind solche Senkkörper den Mauersenkschächten ähnlich.

Bei den nur wenig noch benutzten, **gußeisernen Senkkörpern** besteht der Schneidschuh (Abb. 258) aus mehreren
miteinander zu verschraubenden Segmenten, deren Zahl je
nach dem Durchmesser des Schachtes 8—14 beträgt. Die
auf ihn aufgebaute Wandung wird aus deutschen Gußringen
(s. o.) zusammengesetzt, deren Wandstärke man nicht unter
40 mm zu wählen pflegt.

Abb. 258.
Schneidschuh
für gußeiserne
Senkschächte.

286. Die Abteufarbeit. Der Aufbau des Senkkörpers erfolgt
meist auf der Sohle eines hierfür hergestellten Vorschachtes.
Das eigentliche Abteufen geschieht durch „Arbeit auf der Sohle" unter
Wältigung der zusitzenden Wasser, solange die zu durchteufenden, losen
Gebirgschichten nahe unter Tage liegen, die Hebung der Wasserzuflüsse keine
Schwierigkeiten macht und das
Gebirge nicht zu Durchbrüchen
neigt. Die „Arbeit im toten
Wasser" dagegen hat den Vorzug, daß keine Wasserhaltung
gebraucht wird und daß wegen
des Gegendruckes der im Schachte
befindlichen Wassersäule Ge-
birgsdurchbrüche und Gebirgsbewegungen um den Schacht
weniger zu befürchten stehen
und die Belegschaft nicht gefährdet wird. Für die Hereingewinnung und Förderung des Gebirges im letzteren Falle bedient
man sich meist eines Greifbaggers
(Abb. 259 u. 260). Er wird in geöffnetem Zustande eingelassen,
schließt sich, auf der Sohle des
Schachtes angekommen, selbsttätig, indem er eine mehr oder

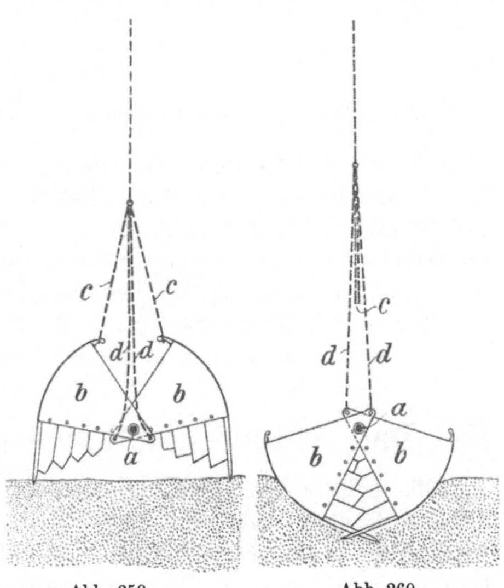

Abb. 259.   Abb. 260.
Greifbagger in geöffnetem und geschlossenem Zustande.

minder große Gebirgsmasse faßt und in sich aufnimmt, und wird nun
unmittelbar wieder zwecks Entleerung zutage gehoben.

287. Mittel zur Beförderung des Niedersinkens der Senkkörper. Wird
der Reibungswiderstand gegenüber dem Eigengewichte des Schachtes zu
stark, so beschwert man den Schacht entweder unmittelbar durch Gewichte

oder wendet, falls dies möglich ist, Pressen (Schraubenwinden oder hydraulische Pressen) an. Auch dadurch sucht man einen hängengebliebenen Senkschacht zum Niedergehen zu bringen, daß man die entgegenstehenden Hindernisse unterhalb des Schneidschuhes beseitigt. Hierfür bedient man sich eines Tauchers, oder man lockert das Gebirge durch einen Wasserstrahl auf, der durch einen Schlauch oder durch eine in den Senkkörper eingebaute Rohrleitung der Schneide zugeführt wird.

288. Anschluß an das Gebirge. Es ist erwünscht, daß der Senkkörper zur besseren Zurückhaltung des schwimmenden Gebirges und zum sicheren Abschluß der Wasser noch ein Stück in die wasserundurchlässigen Schichten eindringt. Dies ist namentlich dann möglich, wenn das feste Gebirge annähernd söhlig liegt und im oberen Teile verwittert und aufgeweicht ist. Wenn dagegen die Oberfläche des wasserundurchlässigen Gebirges geneigt liegt, so kann es rätlich sein, durch ein senkrechtes Anstecken von Pfählen nach Abb. 261 den vorläufigen Anschluß an das feste Gebirge herzustellen. Nach dem Weiterabteufen wird dann der Schacht durch eine innen hochgeführte Futtermauer gesichert.

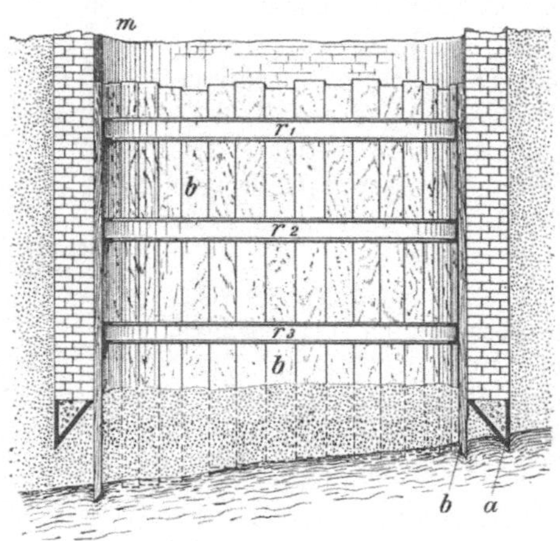

Abb. 261. Senkrechtes Anstecken bei einem Senkschachte.

289. Die Leistungen und Kosten schwanken bei dem Senkschachtverfahren in sehr weiten Grenzen. Bei Mauersenkschächten, die nur 10—20 m tief werden sollen und in dieser Teufe das feste Gebirge erreichen, können monatliche Abteufleistungen von 10—15 m erzielt werden. Bei tieferen Schächten sinkt die Leistung beträchtlich. Für die genannten geringen Teufen können die Kosten mit 2000—4000 ℳ je Meter veranschlagt werden. Für größere Teufen steigen die Kosten stark, und die Erfolgsaussichten sinken.

III. Das Abteufen unter Anwendung von Preßluft.

290. Allgemeines. Beschreibung. Kosten. Durch künstliche Erhöhung des Luftdruckes im Innern des Schachtes und insbesondere im eigentlichen Arbeitsraume unmittelbar über der Sohle kann man das Wasser in das Gebirge zurückpressen. Zu dem Zwecke muß der ganze Schacht oder der untere Teil nach oben hin luftdicht abgedeckt und mit Ein- und Ausschleusungseinrichtungen für Mannschaft und Fördergut ausgerüstet werden.

Das Verfahren wird meist so ausgeführt, daß die Schachtauskleidung mit Schleuseneinrichtung in die Auskleidung eines Senkschachtes eingebaut wird, so daß sie mit dem Senkkörper niedergeht. Abb. 262 zeigt schematisch eine solche Einrichtung. In dem gemauerten Senkkörper ist etwa 2,2 m über dem Schneidschuh die Abdeckung *a* mit dem Mauerwerk fest verbunden.

Auf die Abdeckung wird ein Rohr r gesetzt, das zur Förderung und Fahrung dient und sich oben zur Schleusenkammer K erweitert. Die Fahrung wird durch die Vorkammer V und die Türen t_1 und t_2 vermittelt. Für die Förderung dient der Haspel h, mittels dessen das gewonnene Gebirge bis in die Kammer K gehoben wird. Hier wird der Förderkübel in eine der Werkstoffschleusen s_1 oder s_2 entleert. Sobald diese gefüllt ist, wird der obere Deckel (d_1 oder d_3) geschlossen, der untere (d_2 oder d_4) geöffnet und so der Inhalt auf die Bühne b entleert, von wo aus er weiterbefördert wird.

Das Verfahren ist bis zu Teufen von 20—30 m anwendbar, seine Kosten sind auf etwa 3000—4000 $\mathcal{M}$ je 1 m zu schätzen. Es führt zumeist sicher zum Ziele. Vorteilhaft ist, daß der Grundwasserspiegel nicht niedergezogen wird und keine Bodenbewegungen um den Schacht herum eintreten. Nachteilig ist aber, daß beim Arbeiten in Überdrücken von mehr als 1 at gesundheitliche Schädigungen für die Belegschaft eintreten können und daß deshalb besondere Vorsichtsmaßnahmen anzuwenden sind.

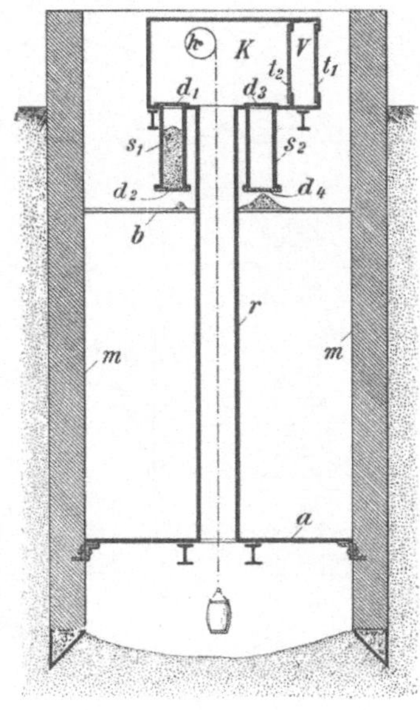

Abb. 262. Senkschacht mit Schleuseneinrichtung für Anwendung von Preßluft.

IV. Das Schachtabbohren bei unverkleideten Stößen.

A. Das Schachtbohrverfahren in festem Gebirge nach Kind-Chaudron.

291. Allgemeines. Das Verfahren besteht darin, daß der Schacht in voller Weite durch die wasserreichen Schichten im „toten Wasser" abgebohrt wird, wobei die Schachtstöße zunächst unverkleidet bleiben. Nach Erreichung wassertragender Schichten beendet man das Bohren und läßt eine wasserdichte Schachtauskleidung ein, deren Wandung unter Wasser gegen das Gebirge abgedichtet wird. Hierauf wird der Schacht gesümpft und, falls die Arbeiten gelungen sind, mit Hand weiter abgeteuft. Das Verfahren verlangt also eine gewisse Standfestigkeit des Gebirges, da die Stöße während der Bohrarbeit nicht hereinbrechen dürfen, und setzt ferner voraus, daß man nach Durchbohren des wasserreichen Gebirges wassertragende Deckgebirgschichten erreicht, in denen eine Abdichtung des Raumes zwischen der Schachtauskleidung und dem Gebirge möglich ist.

292. Die Bohreinrichtung und die Bohrarbeit. Für eine Schachtbohrung nach Kind-Chaudron, deren Anlage Abb. 263 veranschaulicht, ist über Tage erforderlich ein Bohrgerüst, eine Bohrvorrichtung, eine Löffelmaschine und eine Kabelmaschine. Das Bohrgerüst (20—25 m hoch) nimmt das Gestänge, die beiden Bohrer, den Löffel und die Fangvorrichtung in sich auf.

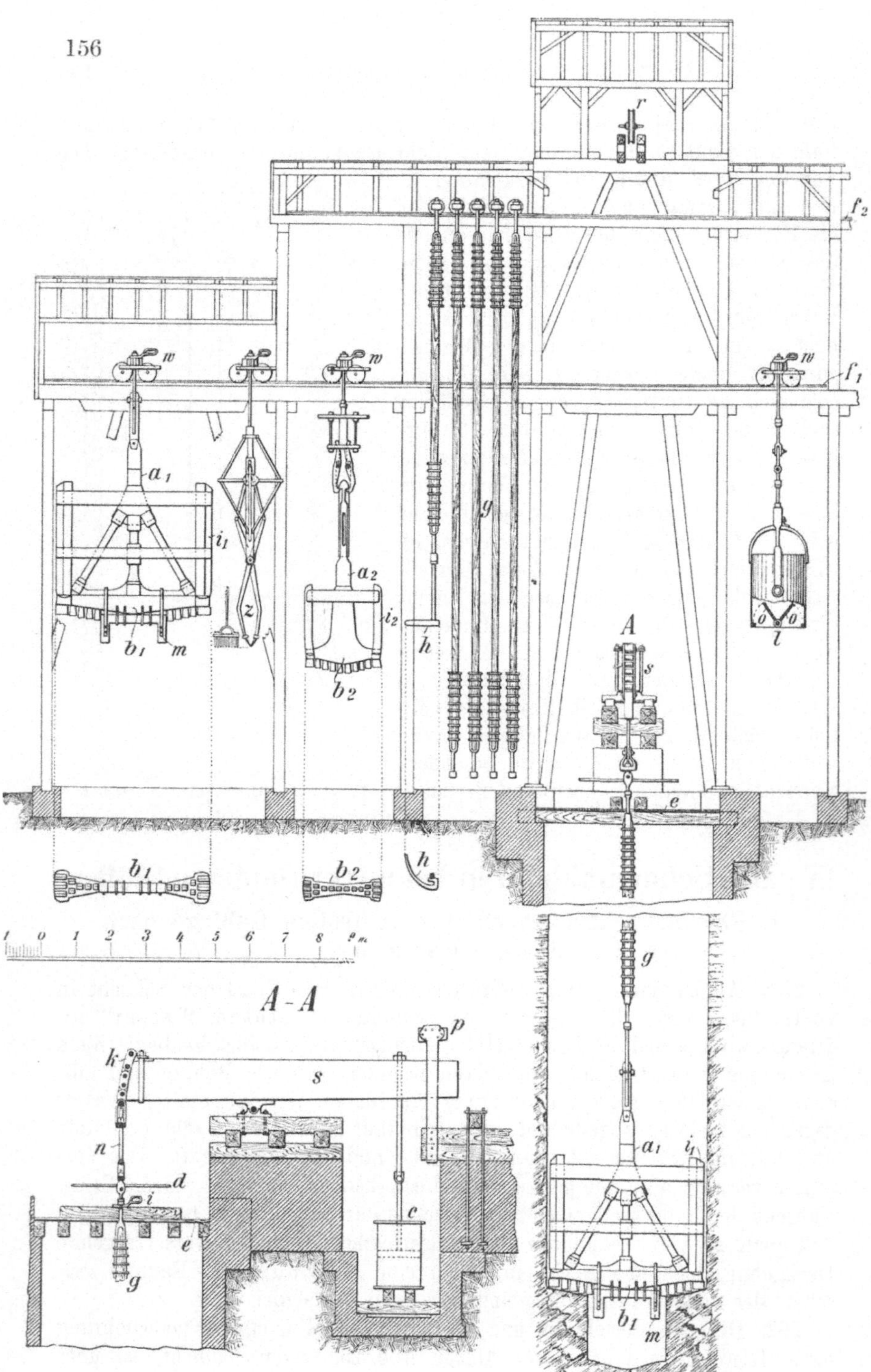

Abb. 263   Bohrgerüst mit den Bohrgeräten für eine Schachtbohrung nach Kind-Chaudron.

Die Bohrvorrichtung (s. Nebenzeichnung links unten) besteht aus Bohrschwengel s mit Schlagzylinder c und Prellvorrichtung p. Am andern Ende des Schwengels hängt an einer Laschenkette k das Gestänge g, das mittels einer Nachlaßschraube n während der Bohrarbeit gesenkt und mittels eines Krükkels d umgesetzt werden kann. Die Löffelmaschine dient zum Fördern des Bohrschlammes mittels des Löffels l, eines großen Ventilbohrers, und die Kabelmaschine zum Einlassen und Aufholen der Bohrer.

Das Abbohren der Schächte erfolgt in der Regel so, daß man zunächst mit dem kleinen Bohrer a_2, dessen Breite etwa $\frac{1}{3}$—$\frac{1}{2}$ des Schacht-

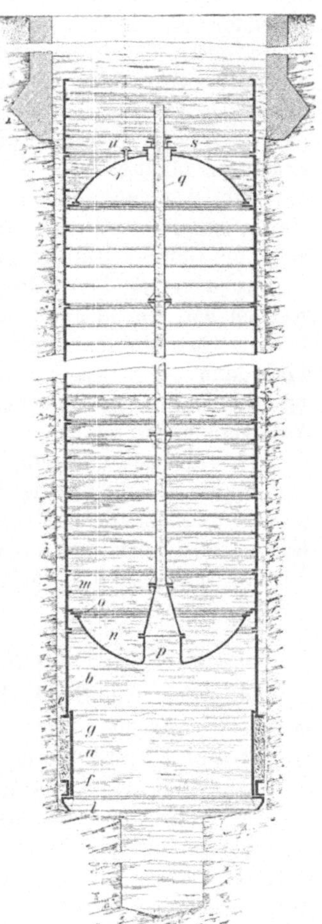

durchmessers beträgt, einen Vorschacht herstellt und darauf diesen mit dem großen Bohrer a_1 auf den vollen Querschnitt erweitert. Der engere Vorschacht dient für den großen Bohrer als Führung und nimmt gleichzeitig den von diesem erzeugten Bohrschlamm in sich auf. Der Schlamm wird von Zeit zu Zeit nach Aufholen des Bohrers und des Gestänges mittels des Schlammlöffels gefördert.

Als Zwischenstück zwischen Bohrer und Gestänge wird die Kindsche Freifallvorrichtung und die Rutschschere verwendet (s. S. 17). Die Freifallvorrichtung benutzt man mehr für den kleinen und die Rutschschere für den großen Bohrer.

Fanggeräte (h, z in Abb. 263) sind notwendig, da Betriebstörungen durch Gestänge- und Meißelbrüche oder durch Gegenstände, die auf die Schachtsohle fallen, trotz aller Vorsicht nicht zu vermeiden sind.

293. Die Auskleidung des Schachtes. Die Wandung besteht aus ganzen Schachtringen von 1,2—1,5 m Höhe mit außen glatter Wand und inneren, waagerecht verlaufenden Flanschen und Verstärkungsrippen. Die Flanschen sind genau abgedreht. Die einzelnen Ringe werden durch Schrauben unter Benutzung von Bleidichtungen miteinander verbunden. Den Fuß der Wandung bildet die Moosbüchse, die in Einrichtung und Wirkung einer Stopfbüchse an Maschinen ähnlich ist. Sie besteht (Abb. 264) aus dem inneren

Abb. 264. Tauchwandung mit Moosbüchse.

Ringe a, über den sich der Mantelring b schieben läßt. Zwischen den Fuß des Mantelringes und den angeschraubten Fuß f des inneren Ringes wird eine Moospackung g eingebracht, die beim Aufsetzen des Fußringes auf die Schachtsohle durch das Gewicht der Eisenwandung zusammengedrückt und nach außen fest gegen den Gebirgstoß gepreßt wird. Kurz über der Moosbüchse wird der Gleichgewichtsboden n eingebaut und auf dessen Rohrstutzen p das Gleichgewichtsrohr q aufgesetzt. Ersterer macht die Ringsäule zu einem schwimmfähigen Hohlkörper, letzteres gestattet beim Zusammenschieben der Moosbüchse dem unter dem Gleichgewichtsboden befindlichen Wasser das Entweichen nach oben. Das Einlassen der Wandung erfolgt mit Senkstangen und Senkwinden, bis sie im Wasser schwimmt. Alsdann senkt man sie allmählich durch Einlassen von Wasser. Ist der Schacht bereits durch einen früheren Ausbau bis auf eine gewisse Tiefe unterhalb des Wasserspiegels wasserdicht ausgebaut, so kann man den Eisenausbau gemäß Abb. 264 unter Wasser einsenken, indem man ihn oben mit einem später wieder auszubauenden „falschen Deckel" r abschließt.

Nachdem die Eisenwand sich fest auf die Schachtsohle gesetzt hat, wird der zwischen der Wandung und dem Gebirgstoße verbleibende Ringraum von 20—30 cm Breite ausbetoniert. Man läßt zu diesem Zwecke jetzt meist den Beton durch Rohrstränge in geschlossenem Strome in den Ringraum hinabgleiten. Entsprechend der Anfüllung des Raumes werden die Rohrleitungen allmählich hochgezogen. Für die untersten 10—20 m nimmt man reinen Zement, darüber mischt man 1—2 Teile Sand zu. In salzhaltigem Gebirge benutzt man Magnesiazement.

Nachdem man dem Beton oder Zement etwa 6 Wochen Zeit zum Erhärten gegeben hat, beginnt das Sümpfen des Schachtes. Sobald es möglich ist, werden Gleichgewichtsrohre und Gleichgewichtsboden ausgebaut. Zunächst wird dann der Schacht vorsichtig ohne Schießarbeit ein Stück weiter abgeteuft. Darauf wird möglichst bald ein Keilkranz gelegt und eine Anschluß-Auskleidung hergestellt.

294. Schlußbemerkung. Die Leistungen bei diesem Schachtabteufverfahren sind sehr niedrig, etwa 3—8 m monatlich. Nur in einem Falle ist eine durchschnittliche Monatsleistung von 10 m bekannt geworden. Die Kosten sind hoch und auf etwa 8000—16000 ℳ je 1 m zu schätzen. Dafür zeichnet sich aber das Verfahren durch große Erfolgsicherheit aus.

B. Das Schachtabbohren im lockeren Gebirge.

295. Allgemeine Beschreibung. Das von dem Bergwerksbesitzer Honigmann zu Aachen zuerst angegebene, später von der Gewerkschaft Deutscher Kaiser und der Westrheinischen Tiefbohr- und Schachtbau-G. m. b. H. verbesserte Verfahren beruht auf dem Gedanken, daß es auch im lockeren Gebirge möglich ist, einen Bohrschacht ohne sofort folgende Verrohrung oder Auskleidung niederzubringen, wenn durch eine genügend hohe oder schwere Wassersäule im Schachte ein Überdruck gegenüber dem im Gebirge stehenden Wasser erzeugt wird. Zur Erzielung dieser Wirkung muß man den Wasserspiegel im Schachte möglichst weit über den natürlichen Grundwasserspiegel erhöhen und außerdem den Druck dadurch verstärken, daß man das Wasser im Schachte durch Beimengung von Ton zu einer spezifisch schweren Flüssigkeit (sp. Gew. 1,3—1,4) macht. In der Regel wird der Schacht nicht von vornherein mit dem vollen Enddurchmesser abgebohrt, sondern man wendet stufenweise (etwa um je 1500 mm) zunehmende Schneidenbreiten des Bohrers an. Das losgelöste Gebirge der zweiten Stufe und der folgenden sinkt teilweise zunächst in das Schachttiefste nieder und wird später von der in den Bohrer eingebauten Mammutpumpe (s. S. 224) gehoben. In hartem Gebirge arbeitet man mit Rollenbohrern. Die Verkleidung der Stöße erfolgt erst, wenn der Schacht wassertragende Schichten erreicht hat, und geschieht durch Einlassen einer schmiede- oder gußeisernen Schachtwand etwa ebenso, wie dies für das Kind-Chaudronsche Verfahren beschrieben ist.

Bei den letzten Ausführungen hat man den Schacht mit Erfolg so abgedichtet, daß man die unten durch einen Betonpfropfen geschlossene Schachtauskleidung in einen unmittelbar vorher in das Schachttiefste eingebrachten Zementbrei absinken ließ und darauf den Ringraum bis oben hin ebenfalls mit Zement verfüllte.

Nach dem Verfahren sind bereits etwa 20 Schächte mit Durchmessern bis zu 5,2 m und Teufen bis zu 215 m hergestellt worden. Man kann die monatlichen Leistungen bei diesen Teufen auf 10—20 m und die Kosten je 1 m auf 2000—5000 ℳ schätzen.

V. Das Gefrierverfahren.

296. Wesen des Verfahrens. Nach dem von Poetsch in Aschersleben im Jahre 1883 erfundenen Verfahren werden gemäß Abb. 265 in einem ge-

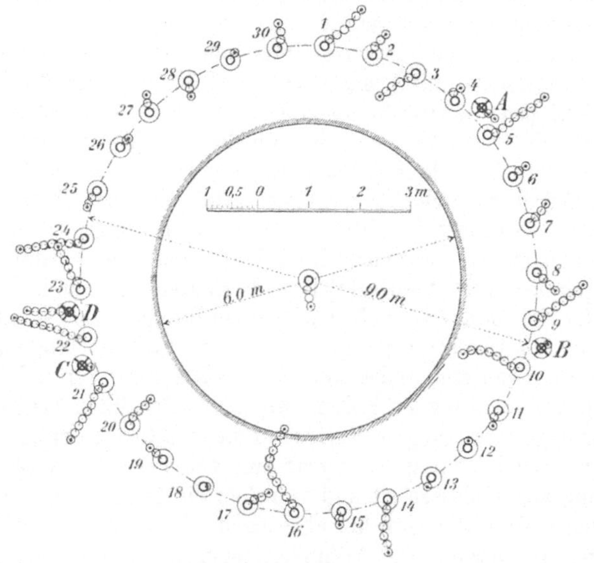

Abb. 265. Gefrierrohrkreis mit Darstellung der Bohrlochabweichungen bei einem 130 m tiefen Schachte.

wissen Abstande von dem äußeren Umfange des abzuteufenden Schachtes Bohrlöcher in Entfernungen von etwa 0,9—1,0 m voneinander durch die zu durchteufenden, wasserreichen Schichten bis ins wassertragende Gebirge abgebohrt und sodann mit Gefrier- und Fallrohren besetzt. Eine tief herabgekühlte Flüssigkeit (der Kälteträger) wird durch die Fallrohre heruntergeführt

und steigt in den ringförmigen Räumen zwischen Fall- und Gefrierrohren
wieder in die Höhe, indem sie hierbei ihre Kälte an das umgebende Gebirge
abgibt, also diesem Wärme entzieht. Über Tage wird der Kälteträger durch
eine Kältemaschine von neuem abgekühlt, um im Kreislaufe wieder nach
den Einfallrohren geführt zu werden. Es bildet sich, wie in Ziff. 299 näher
ausgeführt ist, allmählich ein zylindrischer Frostkörper. Innerhalb dieses
festen Frostzylinders wird der Schacht unter fortdauernder Kältezufuhr in
gewöhnlicher Weise mit Hand abgeteuft, wobei die unverritzte, äußere,
2—4 m starke Frostwand den Schacht gegen Wasserdurchbrüche schützt.
Spätestens nach Erreichen des wassertragenden Gebirges wird der Schacht
wasserdicht ausgekleidet, worauf die Kältezufuhr beendet wird und die
Rohre gezogen werden.

Das Verfahren kann in gleicher Weise sowohl für lockeres als auch für
festes, wasserführendes Gebirge angewandt werden. Der Erfolg wird gefährdet,
wenn die unterirdischen Wasser warm oder salzig sind oder wenn sie sich in
Bewegung befinden.

297. Vorbereitende Arbeiten. Die Arbeit beginnt in der Regel mit der
Herstellung eines kurzen Vorschachtes, der einen genügenden Durchmesser
erhält, um den Gefrierrohrkreis darin unterzubringen. Der Durchmesser
dieses Kreises wird je nach der erforderlichen Stärke der Frostmauer 3—7 m
größer gewählt als der in Aussicht genommene Schachtdurchmesser. Über
dem Vorschachte wird ein Gerüst errichtet, das zunächst die Bohr- und später
die Fördereinrichtungen aufnimmt.

Die Bohrlöcher werden jetzt meist durch Schnellschlagbohrung (in lockeren
und rolligen Schichten mit Dickspülung, Ziff. 30) niedergebracht.

Nach Erreichen der erforderlichen Tiefe werden die unten geschlossenen
Gefrierrohre mit etwa 100 mm l. W. eingelassen. Werden mit Hilfe eines
Neigungsmessers erhebliche Bohrlochabweichungen aus der Senkrechten festgestellt, so werden Ersatzlöcher gestoßen. Abb. 265 zeigt einen Gefrierrohrkreis mit 30 Bohrlöchern (1—30) und 4 Ersatzlöchern (A—D) und läßt auch
die Abweichungen der einzelnen Bohrlöcher von der Lotlinie erkennen,
wie sie durch das auf S. 26 beschriebene Verfahren festgestellt werden.

In die Gefrierrohre G (s. Abb. 266) werden die unten offenen Fallrohre E
(äußerer Durchmesser etwa 36 mm) eingelassen. Die Verbindung der Fall-
und Gefrierrohre untereinander und die beiderseitige Verbindung mit der
Zufluß- und Abflußleitung der Kälteflüssigkeit erfolgt durch das Kopfstück K.
Die gleichmäßige Verteilung der Lauge auf die einzelnen Bohrlöcher geschieht
durch einen Verteilungsring R_1, der an eine von der Kühlanlage kommende
Hauptleitung angeschlossen ist und von dem die Verbindungsrohre B_1 nach
den sämtlichen Gefrierlöchern hin abzweigen. Durch das Ventil b kann der
Zufluß geregelt werden. Die Abflußleitungen B_2 sind ebenfalls mit einem
Abschlußventil a besetzt und vereinigen sich in ähnlicher Weise zu einem
Sammelring R_2, aus dem die Kältelauge durch eine gemeinsame Rückleitung
wieder zur Kühlanlage geführt wird.

298. Die Kälteerzeugung. Die Kälte wird in den Kälte-Erzeugungsanlagen
der Gefrierschächte stets durch Verdunstung oder Verdampfung von Flüssigkeiten mit niedrigem Siedepunkte (Ammoniak, Kohlensäure) erzeugt, wobei
die Verdampfungswärme der Umgebung der verdampfenden Flüssigkeit ent-

zogen wird. Die entstandenen kalten Dämpfe werden wieder verdichtet. Der Kälteträger ist eine schwer gefrierbare Flüssigkeit, die im „Refrigerator" die aus dem Gebirge entnommene Wärme an den verdampfenden Kälteerzeuger abgibt. Kälteerzeuger und Kälteträger werden in geschlossenem Kreislauf immer wieder benutzt. Die bei der Verdichtung der kalten Dämpfe entstehende Kompressionswärme und die bei der Verflüssigung frei werdende Verdampfungswärme werden durch Kühlwasser nach außen abgeführt.

Hiernach setzt sich die Kälte-Erzeugungsanlage hauptsächlich zusammen aus Kompressor, Kondensator, Expansionsventil und Verdampfer oder Refrigerator (Abb. 267). Vom Kompressor C wird die verdampfte Flüssigkeit (hier Ammoniak) angesaugt und unter starker Erwärmung auf etwa 9 at verdichtet. Das dadurch beispielsweise auf 75° erhitzte Gas wird im Kondensator K, durch den es in Schlangenrohren mit äußerer Wasserkühlung hindurchfließt, verflüssigt und fließt so dem Expansionsventile E zu. Durch dieses strömt die Flüssigkeit in denjenigen Teil der Rohrleitung, der bereits wieder unter der Saugwirkung des Kompressors steht, und zwar gelangt sie zunächst in den Verdampfer V. Der Überdruck des Ammoniaks geht hier auf 0,2—0,5 at zurück, wobei eine lebhafte Verdampfung unter starker Abkühlung vor sich geht. Die entstehende Kälte wird an den außen

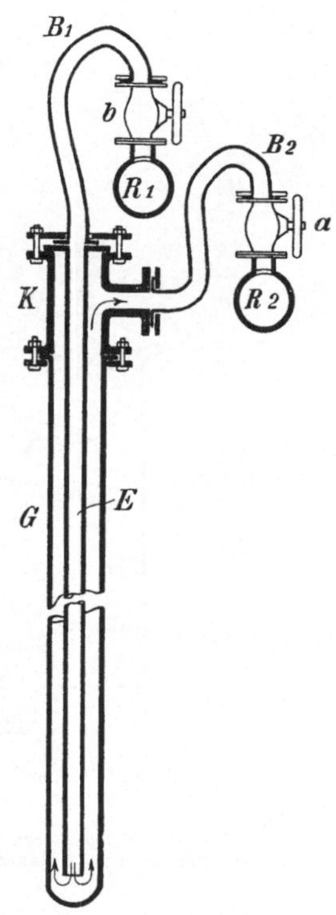

Abb. 266. Gefrier- und Fallrohr nebst Kopfstück, Sammel- und Verteilungsring.

die Schlangenrohre umfließenden Kälteträger abgegeben, worauf das noch immer kalte Gas wieder dem Kompressor zufließt.

Wählt man statt des Ammoniaks als Kälteerzeuger Kohlensäure, so lassen sich tiefere Kältegrade (bis —45° erzielen); man muß aber erheblich höhere Kompressionsdrücke (bis 75 at) anwenden. Meist zieht man, wenn es nicht wie bei dem sog. Tiefkälteverfahren auf besonders tiefe Kältegrade ankommt, Ammoniak vor.

Als Kälteträger benutzt man gewöhnlich Chlormagnesiumlauge, die billig ist und erst bei —33° gefriert. Sehr tiefe Kältegrade lassen sich mit dem erheblich teureren Alkohol erreichen, da dieser erst bei —112° gefriert.

299. Der Frostkörper. Sobald die Kälteerzeugung beginnt, gefriert das Gebirge zunächst in gleichmäßigen, kreisförmigen Schichten um die einzelnen Gefrierrohre, bis diese so entstehenden Frostzylinder zusammenstoßen und sich zu einem Ringe schließen. Sobald das geschehen ist, schreitet der Frost nach dem Schachtinnern wegen der hier geringeren Leitungs- und Strahlungsverluste schneller als nach dem Umfange hin fort. Im senkrechten Schnitt betrachtet, nimmt der Frostkörper bei wenig tiefen Schächten nach unten

allmählich an Stärke zu, nur im Tiefsten verschwächt er sich etwas (Abb. 268).
Im Innern des Frostkörpers bildet sich schließlich oben und unten die Gestalt

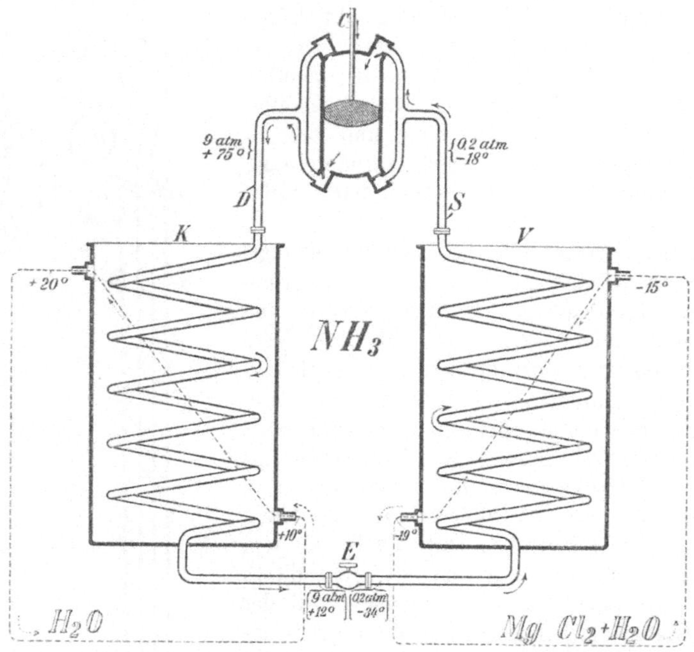

Abb. 267. Schematische Darstellung des Kreislaufs des Ammoniaks, des Kühlwassers
und der Chlormagnesiumlauge unter Angabe der Temperatur- und Druckverhältnisse.

eines Flaschenbodens heraus, wobei der ungefrorene Teil sich oben tiefer
einsenkt, als er unten emporsteigt. In tiefen Schächten ist die Frostwirkung
oben stärker als unten.

300. Das Abteufen selbst. Nach Schließen der Frostmauer pflegt man
mit dem Abteufen zu beginnen, um mit dem Schachte so tief wie möglich zu
kommen, solange das Gebirge in der Schachtmitte noch ungefroren und
weich ist. Das Abteufen selbst verläuft sodann nach Art des gewöhnlichen
Abteufens mit Hand. Solange der Schachtkern noch weich ist, wird das
Gebirge mit der Schaufel oder der Keilhaue hereingewonnen. Ist der Kern
gefroren, so benutzt man zur Hereingewinnung Abbauhämmer mit spaten-
förmigen Werkzeugen oder wendet in vorsichtiger Weise Schießarbeit an.
Als Sprengstoffe eignen sich besonders die nicht gefrierenden Ammonsalpetersprengstoffe.

301. Der endgültige Ausbau in Gefrierschächten wird in der Regel der
Ausbau mit deutschen Gußringen sein, da diese die sicherste Gewähr für die
Wasserdichtigkeit der Auskleidung nach Auftauen des Gebirges bieten.
Wenn man die Gußringwand von unten nach oben aufbauen will, so erhält
der Schacht während des Abteufens entweder einen vorläufigen Ausbau
zur Sicherung der Leute gegen lose Schalen, oder er bleibt bis zur endgültigen
Sicherung der Stöße durch Gußringe ohne jede Verkleidung; in der Regel

kann dies auf Höhen von 30—50 m ohne Gefahr geschehen. Mehrfach hat man die Gußringe durch Unterhängen eingebaut. Hierdurch schützt man die Belegschaft nicht allein vor dem etwaigen Fall von Frostschalen, sondern auch gegen plötzliche Wasserdurchbrüche aus den Stößen. Das Unterhängen der Gußringe hat ferner den Vorteil, daß bei Wasserdurchbrüchen aus der Sohle der Schacht bis zum jeweiligen Tiefsten gesichert bleibt. Zuverlässiger und sicherer geschieht aber der Einbau der Gußringe von unten nach oben.

Für die Betonierung des Zwischenraumes zwischen der Gußringwand und den Gebirgstößen pflegt man Betonmischungen von 1 Teil Zement und 2—3 Teilen Sand anzuwenden. Beim Aufbau der Gußringe von unten nach oben stampft man den Beton ein, beim Unterhängen wird er eingespült (s. S. 145).

Nach Fertigstellung des endgültigen Ausbaues läßt man den Frostkörper auftauen, wobei bisweilen künstliche Nachhilfe angewandt wird. Die Gefrierrohre können sodann durch Ziehen (zweckmäßig unter Verfüllung der Löcher) wiedergewonnen werden.

302. Leistungen. Kosten. Die Leistungen bei dem Gefrierverfahren sind auf etwa 10—20 m monatlich zu veranschlagen. Die Kosten hängen in hohem Maße von der Schachtteufe ab. Wird der Gefrierschacht nur 100 m tief, so betragen sie etwa 5000—7500 $\mathcal{M}$ je 1 m, bei 200 m Teufe 6000—9000 $\mathcal{M}$, bei 300 m 8000—11500 $\mathcal{M}$ und bei 400 m Teufe 10000—14000 $\mathcal{M}$. Die tiefsten nach dem Gefrierverfahren bisher niedergebrachten Schächte sind der Schacht Helchteren-Zolder (in Belgien) mit 620 m, die Zwartbergschächte (ebenfalls in Belgien) mit 560 m und die Wallachschächte der Deutschen Solvaywerke in Borth mit 547 m Gefrierteufe.

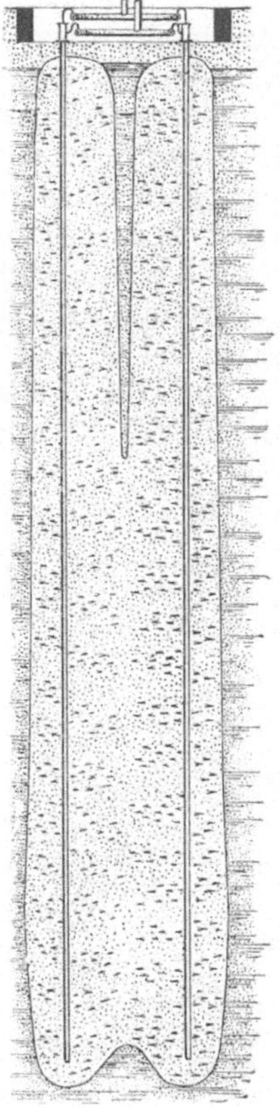

Abb. 268. Frostkörper im senkrechten Schnitt.

VI. Die Versteinung des Gebirges.

303. Überblick. Wasserdurchlässiges Gebirge kann einerseits durch Einpressen von Zement — also durch Zementieren — und anderseits durch chemische Verfestigungsverfahren — d. h. durch chemische Niederschläge aus Lösungen — wasserundurchlässig gemacht werden. Die Anwendungsmöglichkeit für beide Verfahren ist zweifach. In dem einen Falle handelt es sich um die Sicherung bereits abgeteufter Schächte, die unter Wasserschwierigkeiten leiden, in dem anderen um das Schachtabteufen selbst.

304. Vorbemerkungen über das Zementieren. Das Verfahren besteht darin, daß man durch Bohrlöcher Zementmilch in das klüftige, wasserführende Gebirge preßt. Je weiter sich die Zementtrübe vom Bohrloche entfernt und in den Hohlräumen des Gebirges ausbreitet, um so mehr wird die Strömungs-

geschwindigkeit verlangsamt und der mitgeführte Zement abgelagert. Die
Zementniederschläge binden nach einer gewissen Zeit ab, werden fest und verschließen so die Spalten, Klüfte, Risse und Hohlräume, die bisher dem Wasser
einen Weg boten. Nicht jedes Gebirge ist für die Zementtränkung geeignet.
Am besten liegen die Vorbedingungen, wenn es sich um klüftiges, im übrigen
aber festes Gebirge handelt. In tonigem, schlammigem Gebirge oder auch
in feinem Schwimmsande versagt das Verfahren. Wo es nötig und möglich
ist, spült man die Zementierbohrlöcher zwecks Entfernung von Schlamm
vorher gründlich aus, indem man Wasser ansaugt und auspumpt oder auch
reines Wasser in das Gebirge preßt.

Die Zementmilch wird in verschiedenem Mischungsverhältnisse eingerührt,
wobei man als Grenzen etwa 5—40% Zementbeimischung zum Wasser an-
sehen kann.

305. Die Zementdichtung von undichten Schachtwandungen erfolgt dadurch, daß die durchlässige Schachtauskleidung angebohrt wird, wobei man
das Bohrloch zweckmäßig bis in das
Gebirge selbst vertieft, um die wasserführenden Klüfte unmittelbar aufzu-
schließen und etwaigen Schlamm durch
Ausströmenlassen des Wassers abzuzap-
fen. Die Bohrung muß sodann durch
ein mit einem Hahn versehenes Anschlußrohr wieder verschlossen werden.
Abb. 269 veranschaulicht die Anwendung
des Verfahrens. Dem Anschlußrohr
wird ein Endstück h aufgesetzt, dessen
vier mit Hähnen versehene Abzweigungen ein Durchstoßen in waagerechter und in senkrechter Richtung gestatten. Für die Zementierung wird an
die nach oben gerichtete Abzweigung
ein biegsamer Schlauch s angeschraubt,
dessen anderes Ende an ein im

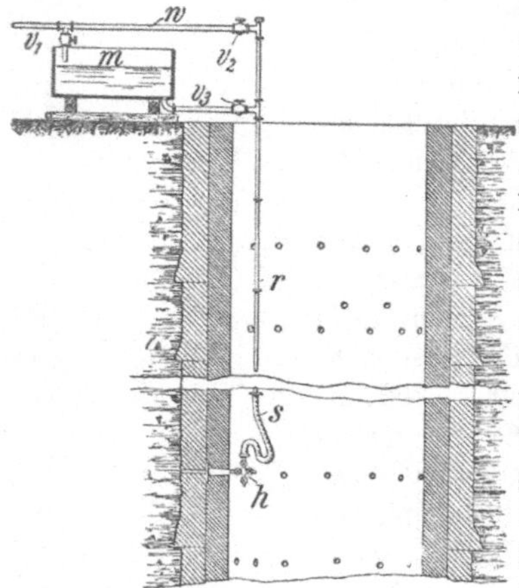

Abb. 269.   Zementieren eines Mauerschachtes.

Schachte niedergeführtes Zementspülrohr r anschließt. Die Zementmilch wird
über Tage in einem Mischgefäße m durch Anrühren bereitet und fließt von
hier unter dem natürlichen Gefälle dem Spülrohr zu. w ist die Frischwasser-
leitung, die je nach der Hahnstellung entweder das Mischgefäß speist oder
mit dem Spülrohr in Verbindung steht. Man kann auch das Mischgefäß im
Schachte selbst aufstellen und die hier bereitete Trübe durch eine Pumpe
hinter die Schachtwandung drücken. Besser ist aber wegen der Gefahr von
Rückströmungen die Ausnutzung des natürlichen Gefälles.

**306. Die Abdichtung von Schachtwandungen durch chemische Nieder-
schläge** besteht darin, daß durch das aufeinander folgende Einpressen von
zwei geeigneten chemischen Lösungen in dem zu verfestigenden Gebirge oder
Mauerwerk ein Niederschlag erzeugt wird, der schnell erhärtet und dadurch
eine Verfestigung der durchlässigen Schichten herbeiführt.

**307. Zementtränkung von der Tagesoberfläche her beim Schacht-
abteufen.** Die Zementtränkung kann entweder von der Tagesoberfläche

her oder absatzweise von der Schachtsohle aus vorgenommen werden. Für die erstere setzt man in einem Kranze um den abzuteufenden Schacht 6—8 Bohrlöcher an. Das oberste Stück eines jeden Bohrloches wird, damit die unter Druck gebrachte Zementflüssigkeit nicht nach oben hin durchbricht, fest verrohrt und durch Stampfbeton gesichert (Abb. 270). Im übrigen bleiben die Bohrlöcher am besten unverkleidet oder werden, wenn Nachfall zu befürchten ist, mit gelochten Rohren besetzt. Das Futterrohr kann unmittelbar als Zuleitung für die Zementtrübe in das Bohrloch benutzt werden, indem man so lange Flüssigkeit in das Gebirge pumpt, wie dieses sie aufnimmt. Man kann aber auch, wie in Abb. 270 dargestellt, die Möglichkeit eines Rückflusses der überschüssigen Flüssigkeit vorsehen, indem man ein besonderes Fallrohr r in das Futterrohr R_2 einführt und an letzteres seitlich eine Abflußleitung z anschließt, die die Trübe z. T. wieder in das Mischgefäß M zurückführt. Diese Leitung kann durch den Hahn v_2 mehr oder weniger abgesperrt werden. Solange das Gebirge noch gut aufnahmefähig ist, bleibt der Hahn verschlossen. Sobald der Abfluß nachläßt und der Druck ansteigt, öffnet man allmählich den Hahn, so daß die Trübe unter dem eingestellten Höchstdrucke auch dann noch einige Zeit in dem Bohrloche umfließt, wenn schon das Gebirge nur noch wenig oder nichts mehr aufnimmt.

308. Absatzweise Zementtränkung von der Schachtsohle aus. Diese Art der Zementierung wird stets dann angewandt werden, wenn die wasserführenden Schichten unter einem trockenen Deckgebirge von größerer Mächtigkeit lagern oder wenn im festen Gebirge nur vereinzelte Klüfte ausnahmsweise und unregelmäßig als Wasserzubringer

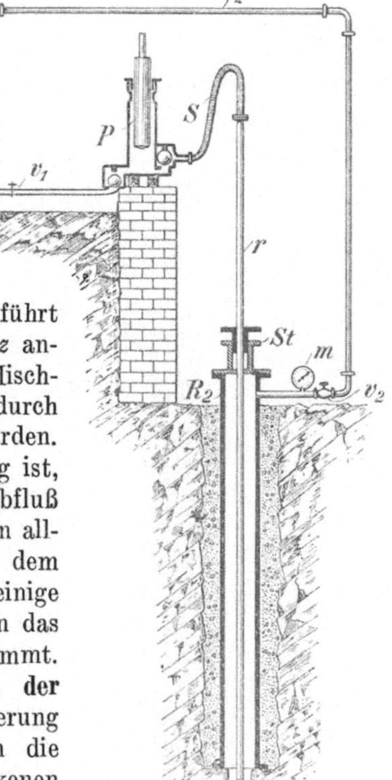

Abb. 270. Einrichtungen für das Zementierverfahren von Tage aus.

auftreten, so daß das Niederbringen der Bohrlöcher von Tage aus einen erheblichen und an sich unnützen Aufwand an Kosten und Zeit bedingt.

Um nicht von Wasserdurchbrüchen überrascht zu werden, bedient man sich für die Herstellung der Zementierlöcher der sog. „Standrohre“, die den schon in Abb. 270 dargestellten Bohrlochverschlüssen ähnlich sind. Die 70—80 mm weiten und 2—3 m tiefen Standrohrlöcher werden mit Bohrhämmern abgebohrt und mit flüssigem Zement gefüllt, worauf das unten mit einem Zementpfropfen verschlossene Standrohr eingeschoben wird. Die Rohre R (Abb. 271) besitzen an ihrem Kopfe einen Verschluß h_2, der einerseits die Fertigstellung des Zementierbohrloches nicht hindert, aber anderseits auch nach Anbohren des Wassers dieses ohne Gefahr abzuschließen gestattet. Nach

Verfestigung der Standrohreinbettung geht man an die Fertigstellung der Zementierlöcher. Ihr Durchmesser wird auf 28—45 mm, ihre Tiefe auf 12—20 m bemessen. Das Abbohren erfolgt mit Bohrhämmern (Abb. 271). Die Löcher werden etwas schräg, und gleichzeitig auswärts gerichtet, abgebohrt. Das Zementieren kann von Tage aus erfolgen, wie dies auf der linken Hälfte der Abb. 272 dargestellt ist. Die Zementtrübe wird hier durch einfaches Umrühren in dem Behälter b bereitet und mit Eimern in den Trichter t übergefüllt. Sobald der Abfluß aus dem Trichter stockt, ist das Loch gesättigt. Bisweilen hat man auch von der Schachtsohle aus zementiert (s. rechte Hälfte der Abb. 272). Die Zementtrübe wird dann in dem Mischgefäße m hergestellt und durch Preßluft (Kompressor c, Preßluftleitung l_1) in das Gebirge gedrückt.

Nachdem alle Löcher des Absatzes mit Zement gesättigt sind, gibt man diesem

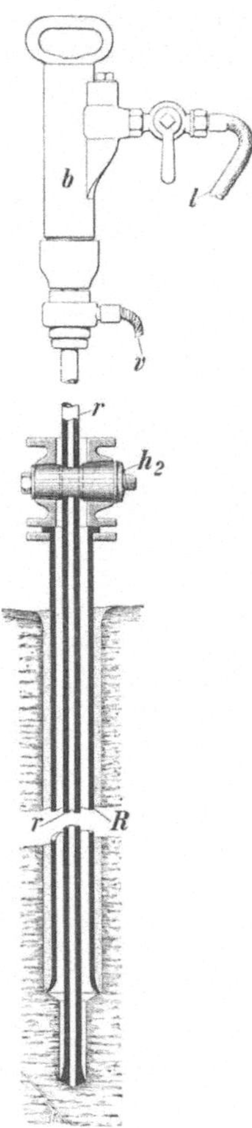

Abb. 271. Standrohr mit Bohrhammer.

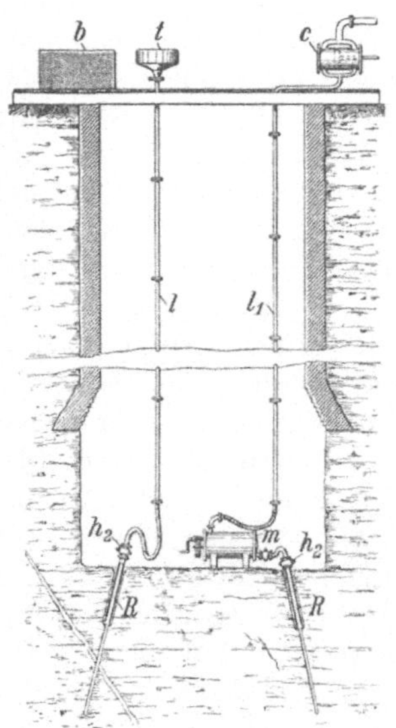

Abb. 272. Tränkung der Zementierlöcher von Tage und von der Schachtsohle aus.

4—5 Tage Zeit zum Abbinden. Sodann wird der Absatz in gewöhnlicher Weise abgeteuft und, wenn möglich, gleich ausgebaut. Etwa 4 m oberhalb der Teufe, die die Zementierlöcher erreicht haben, unterbricht man das Abteufen, um von neuem die Standrohrlöcher in dem noch fest zementierten Gebirge des ersten Absatzes anzusetzen.

309. Das Zementierverfahren von François wird in sonst schlecht zementierfähigen, lockeren Sandsteinen angewandt und besteht darin, daß man vor Einpressen der Zementmilch geeignete Lösungen in das Gebirge einführt, deren kolloidaler Niederschlag gleichsam als Schmiermittel wirken, der später eingepreßten Zementmilch den Weg bereiten und das Haften des Zements begünstigen soll. Auch dieses Verfahren wird absatzweise durchgeführt.

310. Schlußbemerkung. Das Versteinungsverfahren ist sehr vielseitig und läßt die verschiedensten Anwendungsmöglichkeiten zu. Die erforderlichen Einrichtungen sind einfach, billig und leicht zu beschaffen. Im Deckgebirge des Ruhrbezirks verteuert seine Anwendung das gewöhnliche Schachtabteufverfahren nur um etwa 600—1000 ℳ je Meter.

Achter Abschnitt.

Förderung.

Das Fördergut wird durch die Abbauförderung der Streckenförderung und durch diese der Schachtförderung zugeführt. Die Streckenförderung zerlegt sich in den meisten Fällen noch in zwei Abschnitte, die durch die aufwärts und abwärts gehende Zwischenförderung verbunden werden.

I. Die Abbauförderung.
A. Einfache Förderverfahren.

311. Ältere Verfahren. Die Abbauförderung ist besonders für den Steinkohlenbergbau wichtig und kommt für diesen in erster Linie dann in Betracht, wenn die Lagerung so flach ist, daß das Fördergut nicht mehr auf dem Liegenden rutscht.

In früheren Zeiten wurden die hereingewonnenen Massen in Körben, Mulden oder dergleichen getragen oder auf Schlitten geschleift ("geschleppt"). Später bürgerte sich die Karrenförderung ein, die aber bei uns jetzt nur noch untergeordnet verwandt wird. Heute dienen Wagen und Rutschen als Abbaufördermittel.

312. Wagenförderung. Bei genügend flachem Einfallen kann in mächtigen Lagerstätten einfache Schlepperförderung bis an den Abbaustoß stattfinden. Größere Neigungen machen den Einbau fliegender Bremsen erforderlich (Abb. 273).

In Flözen von geringer Mächtigkeit kann man besonders niedrige Wagen benutzen, die durch Schlepper oder besser durch Seilzug bewegt und auf den Abbaustrecken in die Förderwagen umgeladen werden.

313. Die Rutschenförderung durch Blechrutschen von halbkreis- oder trapezförmigem Querschnitt auf dem Liegenden ermöglicht ein Rutschen des Fördergutes noch bei Neigungswinkeln von 15—20°, kann aber auch bei Fallwinkeln von

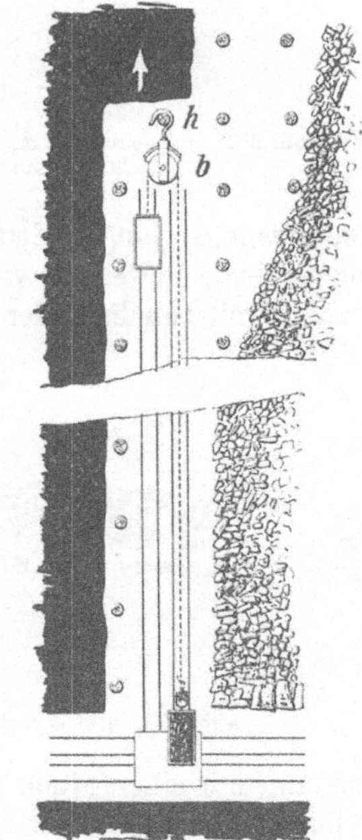

Abb. 273.
Fliegende Bremse im Abbau.

10—15⁰ noch nützlich sein, indem das Fördergut von den Hauern leichter in Bewegung gesetzt werden kann.

Derartige Rutschen können auch für die Zuführung von Bergen von oben her Verwendung finden. Sie eignen sich im allgemeinen nicht für größere Förderhöhen.

Für stärkeres Einfallen finden neuerdings auch geschlossene Rutschen Verwendung, die einen Rohrstrang bilden.

B. Maschinenmäßige Abbauförderung.

314. Überblick. Man unterscheidet Förderungen mit:

1. Schüttelrutschen,
2. Förderbändern,
3. Kratzbändern,
4. Schrappern.

Am verbreitetsten sind im Steinkohlenbergbau die Förderungen mit Schüttelrutschen.

Die Verwendung solcher Fördereinrichtungen macht in dünnen Flözen die Kohlenförderung mit der Schaufel entbehrlich und erspart in mächtigeren Flözen die Verwendung von Schleppern oder fliegenden Bremsen. Außerdem ermöglicht die maschinenmäßige Abbauförderung den Abbau mit geschlossenem Versatz und hohen Stößen mit seinen in Ziff. 138 genannten Vorzügen.

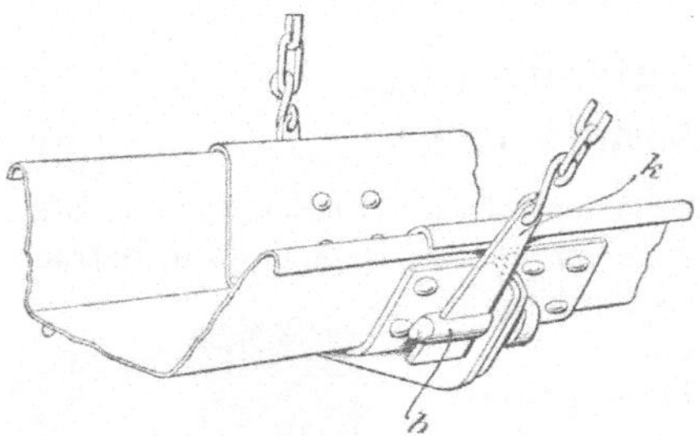

Abb. 274. Pendelrutsche mit Keilverbindung nach Flottmann.

315. Förderung mit Schüttelrutschen. Erläuterung. Bei dieser Förderung werden Blechrutschen verwendet, die zu einem mehr oder weniger langen Strange verbunden und durch einen Motor in hin- und hergehende Bewegung versetzt werden. Dabei wird der Rutschenstrang zunächst mit zunehmender Geschwindigkeit in der Förderrichtung bewegt und

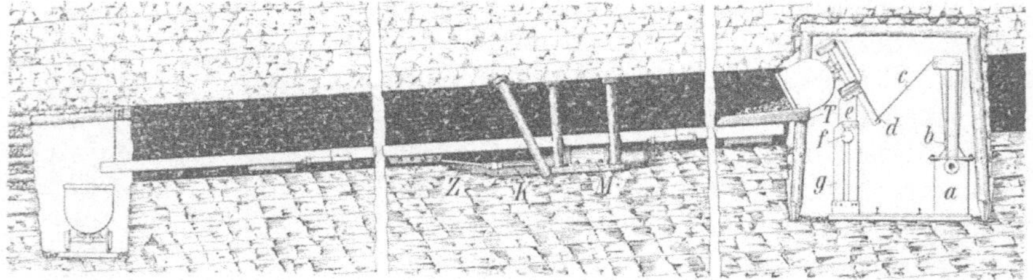

Abb. 275. Rutschenstrang mit unterhalb liegendem Antrieb, für Bergeförderung.

sodann mit einem Ruck zurückgezogen. Bei jedem Ruck rutscht das Fördergut in der Rutsche um ein entsprechendes Stück weiter.

316. Bewegungsvorgänge. Man unterscheidet Pendel- oder Hänge-rutschen, die an Ketten oder Seilen aufgehängt werden, Rollenrutschen, die auf Rollen laufen, und **Kugelrutschen**, die von Kugeln getragen werden.

Die **Pendelrutschen** (Abb. 274) werden an der Zimmerung aufgehängt.

Bei den **Rollenrutschen** (Abb. 275) ruht der Rutschenstrang durch Vermittelung von angenieteten Tragblechen auf Rollen (Abb. 276), die sich auf besonderen Laufbahnen abwälzen, so daß nur wälzende Reibung zu überwinden ist. Bei geringem Fallwinkel unterstützt man die Wirkung des Motors durch Schrägstellen der Laufbleche und entsprechend raschere Abwärtsbewegung der Rutsche. Die Bogenführung nach **Eickhoff**, **Flottmann** u. a. (Abb.

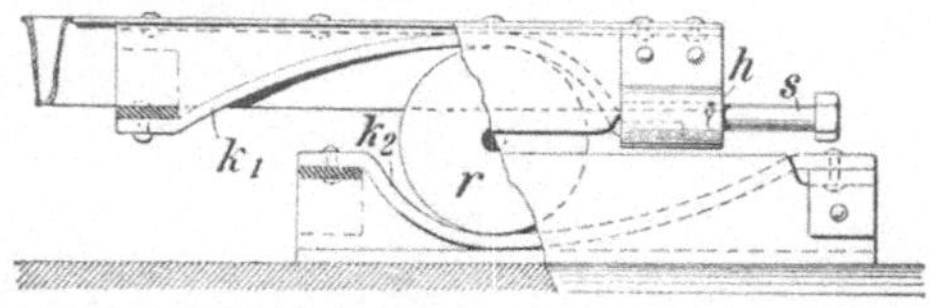

Abb. 276. Bewegungsvorgang bei der **Eickhoffschen** Rollenrutsche.

276) arbeitet mit gekrümmten Lauf- und Tragflächen $k_1 k_2$ und verstärkt dadurch sowohl die Höhe des Anhubes wie auch den Rückstoß am Hubende.

317. Ausführung der Rutschen. Die Rutschen erhalten einen flachtrapezförmigen Querschnitt, dessen Abmessungen jetzt genormt sind (Abb. 277).

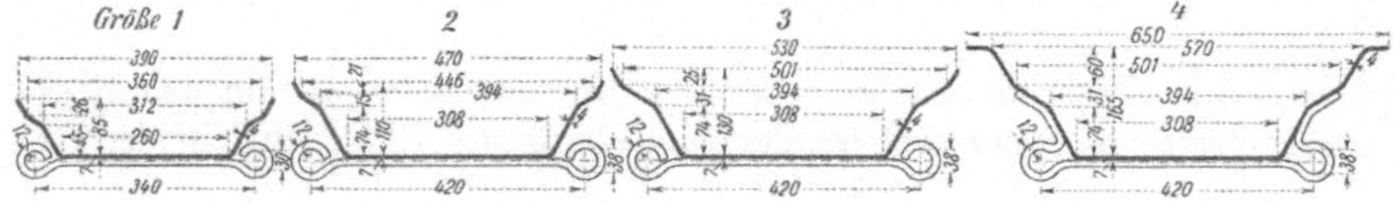

Abb. 277. Genormte Rutschenquerschnitte.

Die Verbindungen der einzelnen Rutschen müssen kräftig, aber leicht lösbar sein. Zwei Beispiele liefern die Abbildungen 274 und 278, von denen die erstere die Aufhängung mittels eines Keilstückes k und eines Bolzens b veranschaulicht, der die beiden Rutschen zusammenhält, wogegen bei der Verbindung nach Abb. 278 die Schraubenbolzen, die durch die Augen an der einen Rutsche hindurchgehen und sich in die unten offenen Lager an der andern Rutsche einlegen, mit Haken hinter die Ränder dieser Lager fassen; das Verlorengehen der Muttern wird durch Splinte verhütet.

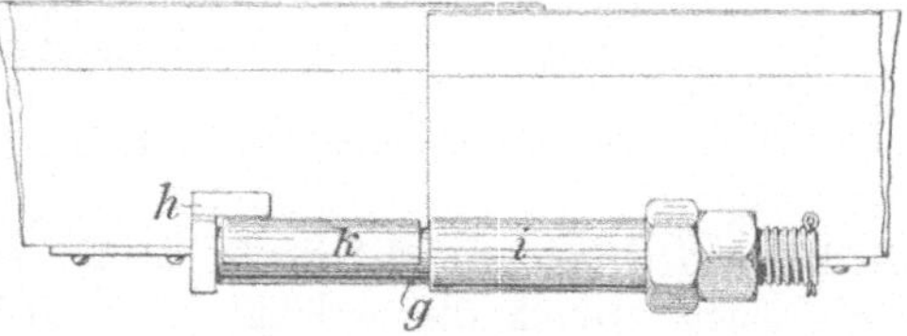

Abb. 278. Rutschenverbindung mit Schraubenbolzen nach **Hinselmann**.

318. Antrieb. Bei größeren Fallwinkeln genügt das Anheben des Rutschenstranges durch einen nur einseitig wirkenden Motor, worauf ein einfaches Fallenlassen folgen kann. Bei söhliger oder nahezu söhliger Lagerung dagegen muß der Motor kräftiger ausgeführt und für zweiseitige Wirkung gebaut werden, da er der Rutsche einen starken Stoß in der Förderrichtung erteilen muß, um eine genügende Wurfweite zu erzielen.

Im Steinkohlenbergbau werden meist **Preßluftmotoren** verwandt. Einen solchen Motor für zwei- und einseitige Wirkung zeigt Abb. 279. Er ist entsprechend der verschieden großen Arbeitsleistung beim Hin- und Rück-

gange als Differentialmotor gebaut. Die große Kolbenfläche A dient zum
Anheben des Rutschenstranges, die kleine a zur Beschleunigung des Rück-

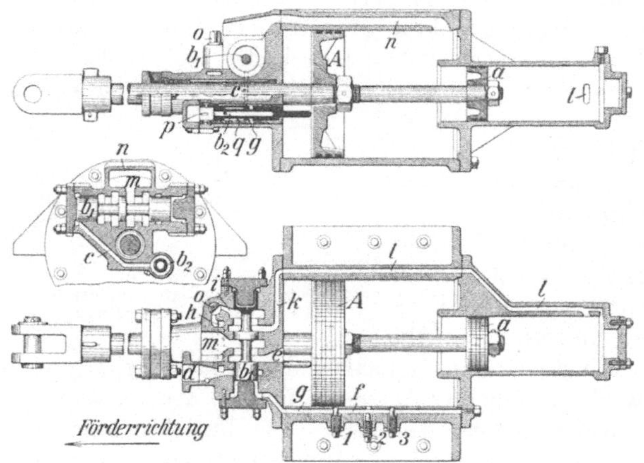

Abb. 279. Schuttelrutschenmotor von H. Flottmann & Co.

ganges. Die Steuerung erfolgt durch den Kolbenschieber b_1 und den Hilfs-
kolbenschieber b_2. Zum Zwecke der Einstellung des Hubes sind in der Zy-

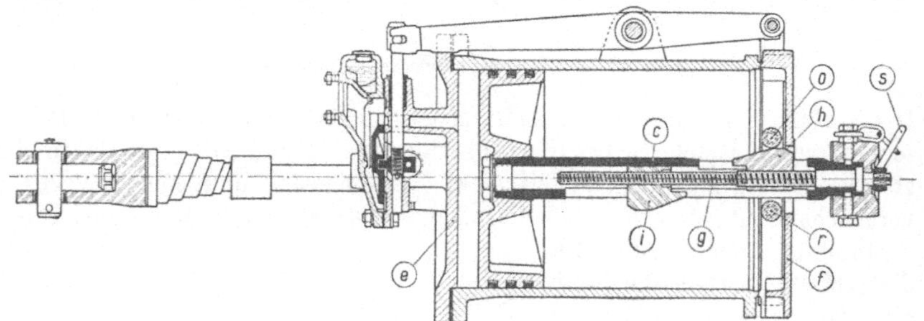

Abb. 280. Längsschnitt durch den Eickhoffschen Rutschenmotor.

linderwand Öffnungen, die durch Ventilschrauben 1—3 verschließbar sind,
vorgesehen. Durch die jeweilig offene Verbindung wird die Umsteuerung

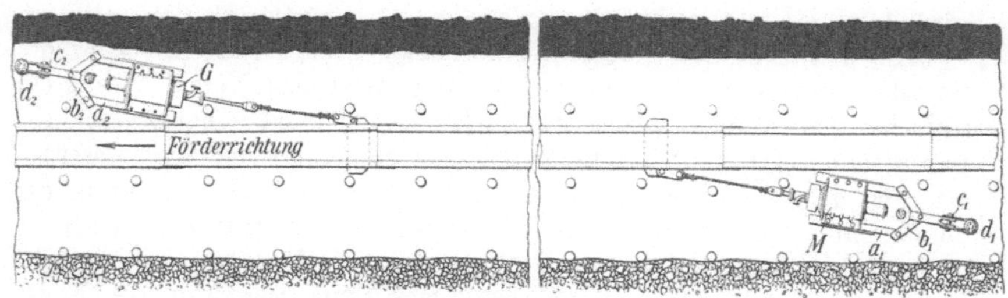

Abb. 281. Rutschenantrieb durch Motor (M) und Gegenmotor (G).

mit kürzerem oder längerem Hube in die Wege geleitet. Der Hahn o ermöglicht, je nach Bedarf die Druckluft hinter die kleine Kolbenfläche zu leiten oder von dieser abzusperren, so daß der Motor nur einseitig wirkt.

Beim Eickhoffschen Motor mit einseitiger Wirkung (Abb. 280) trägt die Kolbenstange vorn und hinten je einen Nocken (h, i), der mittels eines Doppelhebels den Schieber umsteuert und zur Regelung des Hubes verstellt werden kann.

Neuerdings hat sich eine Verteilung der zweiseitigen Wirkung auf zwei getrennte und in einem gewissen Abstande voneinander angreifende Antriebe rasch eingebürgert. Hierbei wird der Rutschenstrang zwischen beiden Antrieben wie eine Säge hin- und hergezogen und so dauernd in Zugspannung gehalten (Abb. 281). Die Gegenkraft kann durch einen einfachen Gegenzylinder oder einen Gegenmotor geliefert werden. Im Gegenzylinder steht der Kolben dauernd unter Preßluftdruck, so daß das Anheben der Rutsche unter Überwindung dieses Gegendruckes geschehen muß. Der vom Kolben

ausgeübte Zug beschleunigt dagegen den Abwärtsgang der Rutsche. Der Gegenmotor wird mit einer selbständigen Steuerung ausgerüstet, die ihn instand setzt, sich den vom Hauptmotor ausgeübten Zugwirkungen sinngemäß anzupassen. Der Gegenmotor unterstützt also den Hauptmotor wirksamer

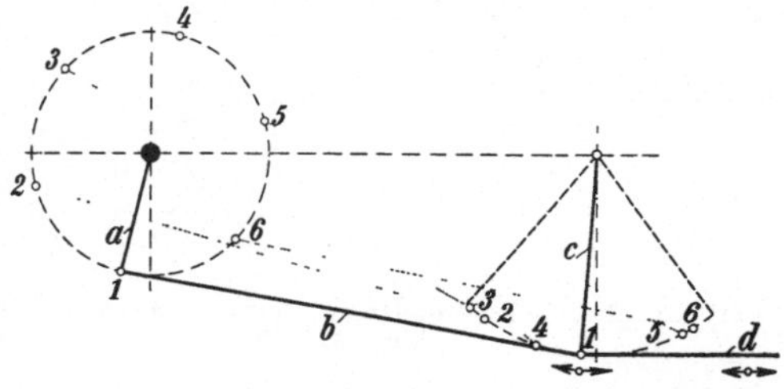

Abb. 282. Bewegungsvorgänge beim Doppelkurbelantrieb.

als der Gegenzylinder, der beim Hin- und Rückgang stets nahezu die gleiche Zugwirkung auf den Rutschenstrang ausübt.

Der elektrische Antrieb von Schüttelrutschen hat die Schwierigkeit zu überwinden, die gleichförmige Drehbewegung des Elektromotors in die ungleichmäßige Stoßbewegung des Rutschenstranges überzuführen. Von den verschiedenen Möglichkeiten hierfür sei der Doppelkurbelantrieb erwähnt, bei dem nach der schematischen Abb. 282 die vom Motor gedrehte Kurbel a durch Vermittelung der Pleuelstange b auf den entsprechend längeren Schwinghebel c und damit auf die zum Rutschenstrange führende Zugstange d wirkt. Die Abbildung läßt erkennen, daß gleichen Wegen der Kurbel verschiedene Wege des Schwinghebels entsprechen. Ein Gesamtbild gibt Abb. 283.

319. Aufstellung des Motors. Der Motor kann entweder unmittelbar mit der Rutsche gekuppelt oder getrennt von dieser aufgestellt werden. Im ersten Falle steht der Motor entweder gemäß Abb. 275 unterhalb der Rutsche und greift mit seiner Schubstange unmittelbar an Winkeleisen an, die an einem Rutschenstück angenietet sind, oder er wird, um das Nachreißen des Liegenden zu vermeiden, seitwärts aufgestellt und greift schräg an (Abb. 281) Einen mittelbaren Angriff finden wir z. B. bei dem in Abb. 283 dargestellten Motor M von Gebr. Eickhoff in Bochum, dessen Schwinge a mittels der Zugstange b den einarmigen Hebel c bewegt, an dem der Rutschenstrang hängt. Auch kann der Motor ganz von der Rutsche getrennt aufgestellt werden und diese mit Hilfe eines Seiles bewegen, so daß er dem Vorschube des Rutschenstranges nicht jedesmal zu folgen braucht, sondern mit verlängertem Seile auch auf größere Entfernung arbeiten kann.

Der Motor wird bei kleinen Rutschenlängen (30—50 m) am besten am oberen Ende der Rutsche aufgestellt, damit sämtliche Rutschenteile nur auf Zug beansprucht und schlingernde Bewegungen der Rutsche, da sie oberhalb ihres Schwerpunktes gefaßt wird, vermieden werden. Jedoch wählt man bei größeren Rutschenanlagen (50 bis 100 m), um die oberen Rutschenverbindungen nicht zu stark beanspruchen zu müssen, den Mittelweg, den Motor etwas oberhalb der Mitte des Stranges angreifen zu lassen.

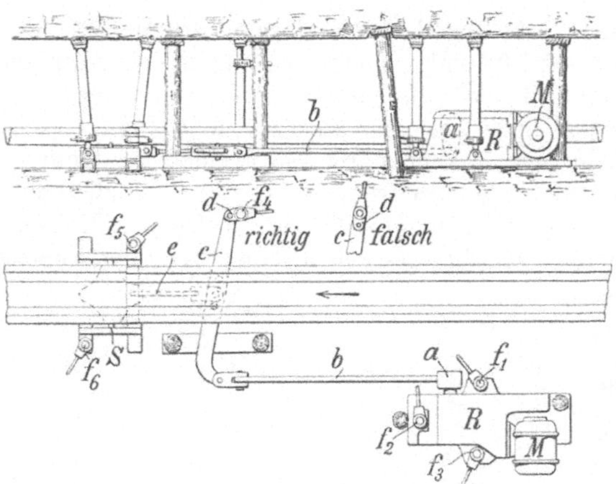

Abb. 283. Rutsche mit Hebelangriff durch einen elektrischen Eickhoff-Antrieb.

320. Zusammenarbeit mehrerer Rutschen. Dem von einem Motor betriebenen Rutschenstrange gibt man nicht gern eine größere Länge als 80—100 m. Vor höheren Abbaustößen schaltet man mehrere Rutschen hintereinander. Man kann in größeren zusammenhängenden Abbaubetrieben auch mehrere Rutschen in Parallelschaltung auf größere Sammelrutschen arbeiten lassen. In solchen Fällen gibt man jeder, auch kürzeren Rutsche ebenfalls einen eigenen Motor, um nicht bei Versagen eines Motors die ganze Anlage stillsetzen zu müssen.

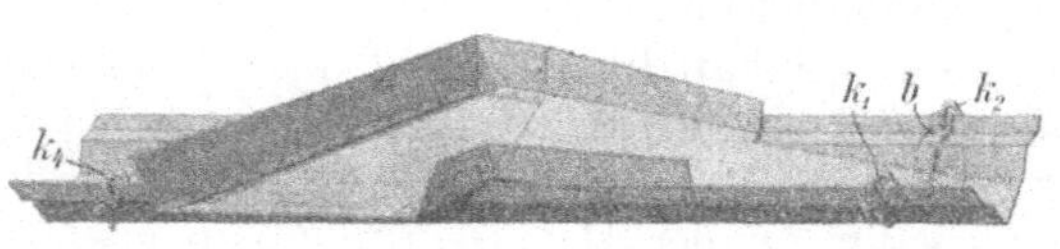

Abb. 284. Seitlicher Bergeaustrag bei Schuttelrutschen.

321. Bergeförderung. Beim Abbau mit fremden Bergen erfordern alle Abbauförderungen, da sie für den Rutschenbau, d. h. einen Abbau mit geschlossenem Versatz (Ziff. 138 u. f.), bestimmt sind, die Zuführung großer Bergemengen. Diese muß gleichfalls durch die Fördereinrichtung erfolgen. Man kann dazu die Nachtschicht benutzen oder bei der Schüttelrutschenförderung Kohlen und Berge in einer und derselben Rutsche gleichzeitig fördern, indem man das obere Ende des Stranges für die Berge-, das untere für die Kohlenförderung benutzt. Bei rasch fortschreitendem Abbau kann man für die Berge- und Kohlenförderung getrennte Rutschen verwenden. Der seitliche Austrag der Berge an beliebigen Stellen kann durch umstellbare Klappen oder gemäß Abb. 284 durch angeklemmte Tröge b mit ansteigendem Boden ermöglicht werden.

322. Förderung mit Bändern. Für die Förderbänder bilden zwar die Strecken das Hauptanwendungsgebiet; da sie aber auch im Abbau gebraucht werden, soll die Bandförderung bereits an dieser Stelle besprochen werden. Wir unterscheiden **Gurtbänder** einerseits und **Gliederbänder** anderseits. Die Gurtbänder können wieder je nach der Gestaltung der Rollenböcke als **Flach-** (Abb. 285) oder **Trogbänder** (Muldenbänder, Abb. 286) arbeiten. Flachbänder sind einfacher in der Anlage, Trogbänder fassen mehr und besitzen deshalb eine erheblich größere Leistungsfähigkeit.

Abb. 287 zeigt die Anordnung einer **Band-**

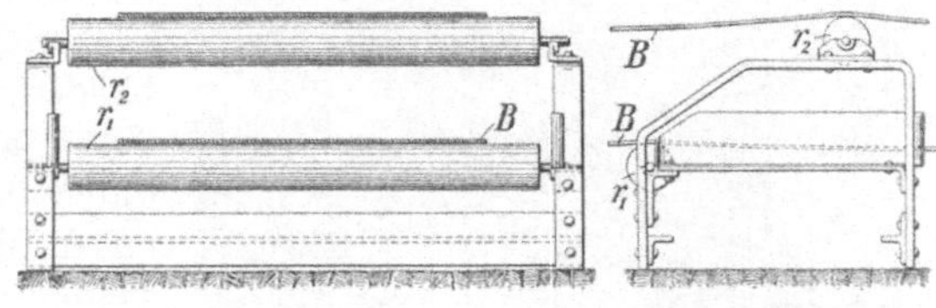

Abb. 285. Rollenbock der **Demag** für Flachbänder.

förderanlage. Der Antrieb an dem einen Ende ist mit $f_1 f_2$ und die Umkehrrolle an dem anderen Ende mit l bezeichnet. Jedoch kann der Antrieb auch

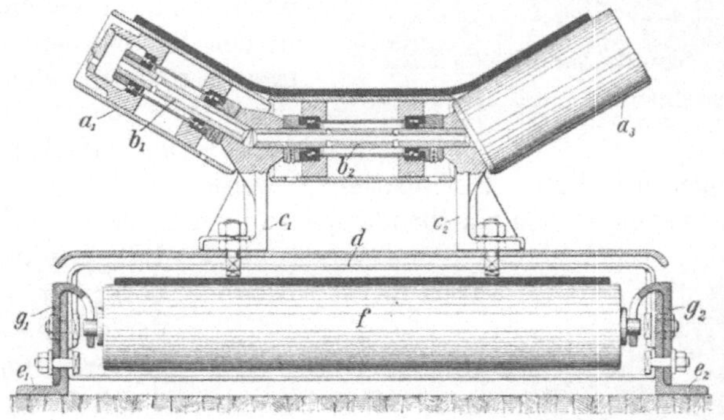

Abb. 286. Rollenbock der **Demag** für Trogbänder mit abgedecktem Untergurt.

zwischen zwei Endrollen als „Mittelantrieb" gelegt werden. Man benutzt Druckluftmotoren mit Pfeil- oder Geradzahnrädern oder Elektromotoren. Der Abstand der Rollenböcke voneinander beträgt bei Flachbändern etwa 2 m und

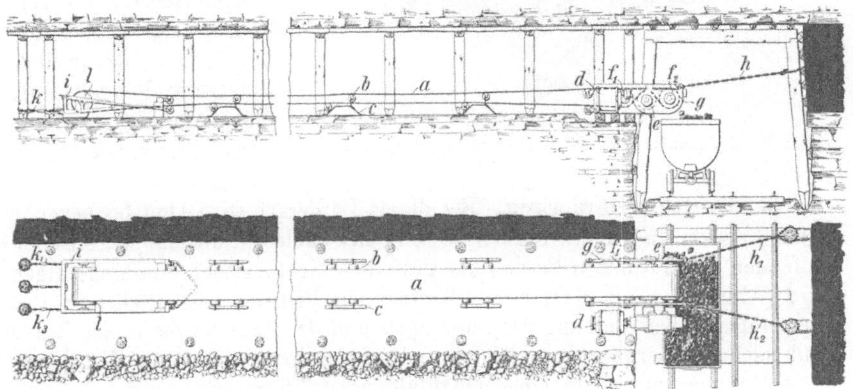

Abb. 287. Strebbandanlage von **Frölich & Klüpfel**.

bei den stärker belasteten Trogbändern etwa 1,5 m. Die Rollenböcke werden zweckmäßig unter sich durch Winkeleisen verbunden, wodurch eine gute Versteifung und größere Widerstandsfähigkeit der ganzen Anlage erzielt wird.

Abb. 288. Stahlgliederband mit Austrag über dem Antrieb.

Die Glieder- oder Plattenbänder (auch „Kastenbänder" genannt) werden (wie die Lesebänder in den Verladungen über Tage) aus einzelnen Platten, die durch Umbördelung der Ränder einen flachen Trog bilden, zusammengesetzt und bedürfen, da das Band selbst von der Antriebsrolle nicht mitgenommen werden kann, besonderer Triebketten, die zu beiden Seiten des Bandes laufen und untereinander sowie mit den Bandgliedern durch Querstege verbunden sind. Abb. 288 zeigt ein solches Stahlgliederband. Die Triebketten K mit den an ihnen befestigten Blechplatten P werden von Rollen R getragen. Im allgemeinen werden Gurtbänder wegen ihrer größeren Einfachheit und Billigkeit in der Anlage bevorzugt. Gliederbänder werden wegen ihrer größeren Haltbarkeit für die Beförderung stückiger Versatzberge und wegen ihrer hohen Leistungsfähigkeit als Sammelbänder gern gewählt.

Die Bandförderung ist gegenüber der Rutschenförderung im Vorteil, wenn es sich um söhlige oder flachwellige Lagerung handelt oder die Förderung ansteigend (aus Unterwerksbauen) erfolgen muß.

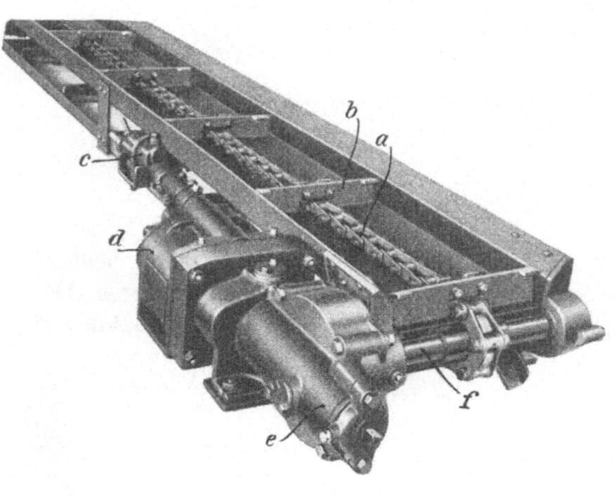

Abb. 289. Kratzbandförderer der Maschinenfabrik Beien in Herne.

323. Kratzbandförderung. Bei dieser Förderart wird eine festliegende Rinne benutzt, in der das Fördergut von einer endlosen, über zwei Endrollen laufenden Kette a mit Hilfe von quergestellten Kratzblechen b mitgenommen wird (Abb. 289). Als Kettenantrieb dient ein Elektro- oder Pfeilradmotor. Wegen der großen Reibung des Förderguts und der Kratzbleche in der Rinne sind solche Förderungen nur für kurze Entfernungen (z. B. beim Mitnehmen eines Dammes unterhalb einer aufzufahrenden Flözstrecke oder bei Überwindung einer Störung) geeignet.

C. Versatzfördereinrichtungen.

324. Die Schrapperförderung dient zwar auch, z. B. im Kalisalzbergbau, als Abbauförderung; im deutschen Steinkohlenbergbau aber wird sie bisher ausschließlich für Bergeversatzzwecke benutzt. Der arbeitende Teil einer solchen Fördereinrichtung, der Schrapper, ist eine große, aus Eisenblech hergestellte, unten und vorn offene Kratze, die, auf dem Liegenden schleifend, das Versatzgut vor sich her schiebt. Abb. 290 zeigt eine solche Anlage. In einer seitwärts von der Grundstrecke hergestellten Nische ist der Haspel a aufgestellt, der zwei hintereinander liegende Trommeln $b_1 b_2$ bewegt, von denen während des Fördervorganges die eine (b_1) das stärkere Vorderseil c aufwickelt, während die andere (b_2), lose laufend, das Hinterseil k ablaufen läßt. Das Vorder-

seil wird zunächst über die Umlenkrolle e geführt, die mit der Zugstange des Stoßdämpfers f gekuppelt ist. Das Seil läuft dann weiter über die Umlenkrollen $g_1 g_2$ durch den bereits hergestellten Versatz zum Schrapper h. Dieser greift bei i die dort durch eine geknickte Rutsche ausgetragenen Berge auf und schleppt sie in den Versatzraum. An der Hinterseite des Schrappers ist das Hinterseil k befestigt, das durch die Umlenkrollen $g_3 g_4$ zur Trommel b_2 zurückgeführt wird. Ist die jeweilige Schrapperfüllung auf die Versatzböschung gezogen, so wird die Kuppelung der Trommel b_2 eingerückt und

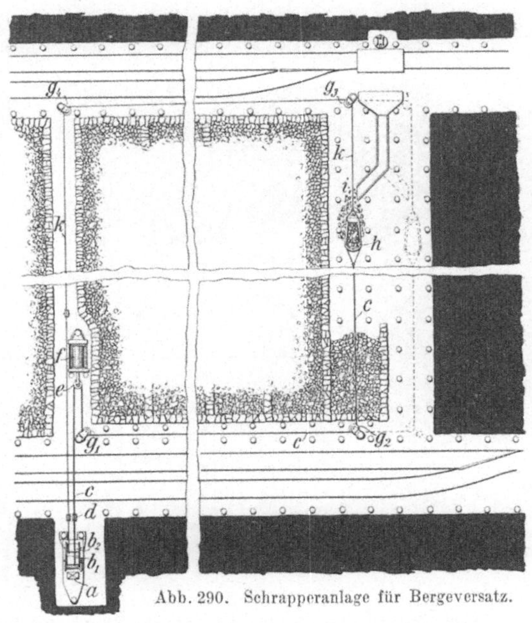

Abb. 290. Schrapperanlage für Bergeversatz.

der Schrapper bis über die Aufnahmestelle i zurückgezogen, worauf der Fördervorgang sich wiederholt.

325. Die Versatzschleudern nehmen das durch eine Schüttelrutsche oder ein Förderband zugeführte Versatzgut auf und schleudern es mittels einer in rasche Umdrehung versetzten Scheibe, die mit kräftigen Rippen oder Schaufeln versehen ist, mit einer Anfangsgeschwindigkeit von 10—30 m gegen die Versatzböschung. Die Scheibe kann söhlig, schräg oder seiger verlagert sein.

326. Der Blasversatz. Das Verblasen von Fördergut durch Rohrleitungen beruht auf dem Grundgedanken, daß ein Luftstrom bei genügender Geschwindigkeit Körner von entsprechendem Durchmesser in der Schwebe halten und so weiter befördern kann. Je gröber das Korn, desto größer muß die Luftgeschwindigkeit sein. Man arbeitet für die Förderung auf größere

Entfernungen und für größere Leistungen mit höherem Anfangsdruck (1,5—2 atü), bei geringeren Entfernungen und Leistungen mit niedrigerem Druck (0,1—0,6 atü). Das erstere Verfahren wird auch als „Hochdruck-“, das letztere als „Niederdruck-Blasverfahren“ bezeichnet, obgleich eine scharfe Grenze nicht gezogen werden kann. Für das Hochdruckverfahren wird meist die Luft aus dem Preßluftrohrnetz der Grube durch Abdrosseln entnommen, für das Niederdruckverfahren pflegt man die Arbeitsluft in besonderen Gebläseanlagen unter Tage zu erzeugen. Das Hochdruckverfahren bedient sich zum Einschleusen des Fördergutes in die Rohrleitung meist der vom Torkretverfahren bekannten Doppelkammer.

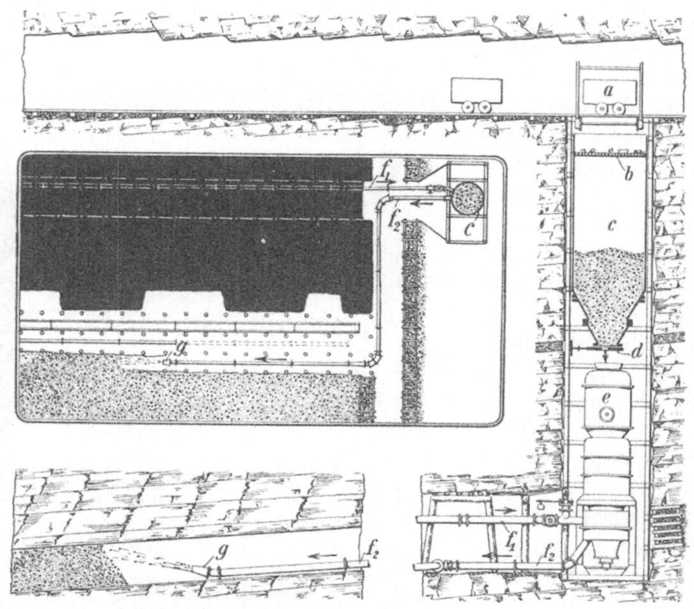

Abb. 291. Blasversatzanlage im Auf- und Grundriß.

Die Durchführung des Blasversatzes nach diesem Verfahren zeigt Abb. 291 im Auf- und Grundriß. Der durch einen Kreiselwipper im Querschlag der oberen Sohle gekippte Bergewagen a entleert seinen Inhalt auf den Rost b, der grobe, nicht für das Verblasen geeignete Stücke zurückhält und das Unterkorn in den Vorratsbunker c fallen läßt, aus dem es durch Öffnen des Bodenschiebers d in die Schleusenkammer e gelangt. Die Preßluft wird der Kammer durch das Rohr f_1 zugeführt. Die Blasleitung f_2 wird durch die obere Teilstrecke in den Streb geführt, und durch das bewegliche Mundstück g treten die Versatzberge aus. Die mit dem Höherrücken des Versatzes entbehrlich werdenden Rohrschüsse werden gleich im Nachbarfelde wieder zusammengebaut, so daß nach Verblasen des einen Abschnittes der neue Rohrstrang bereits fertig liegt.

Beim Niederdruckverfahren benutzt man zur Abdichtung des unter Druck stehenden Raumes gegen die Atmosphäre ein Zellenrad, das gleichzeitig das Eintragen des durch einen Trichter in einen Zwischenbehälter aufgegebenen Fördergutes in die unten angeschlossene Luftleitung bewirkt. Die Rohrleitungen besitzen beim Hochdruckverfahren Durchmesser von 150—250 mm, beim Niederdruckverfahren, da größere Luftmengen zur Bewegung des Versatzgutes nötig sind, solche von 250—300 mm. In beiden Fällen läßt man die Entfernung, über die die Versatzberge in waagerechter Entfernung befördert werden, nicht gern über 400—500 m ansteigen. Mit dem Hochdruckverfahren sind Höchstleistungen von 60—80 m³/h, mit dem Niederdruckverfahren solche von 20—30 m³/h erzielbar; die Kosten weichen nicht sehr voneinander ab und können mit etwa 1—1,20 ℳ/m³ angenommen werden.

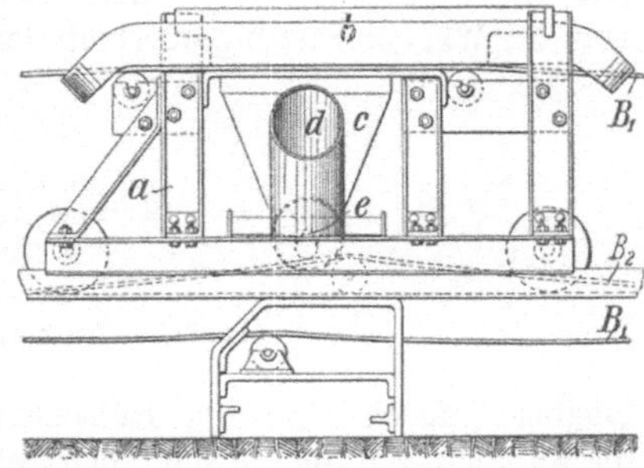

Abb. 292. Blasversetzer, von vorn gesehen.

327. Streb-Blasversetzer. Einfachere Verblaseinrichtungen ergeben sich, wenn man auf die Förderung des Versatzgutes durch die Strecken mittels Rohrleitungen verzichtet und die Blasvorrichtung unmittelbar über dem Abbau aufstellt, so daß die Blasleitung nur im Bergefelde des Abbaues liegt (Blasversetzer von König-Beien) oder auch diese Leitung noch fortläßt und das Versatzgut durch Förderwagen, Kipper und Schüttelrutschen oder Förderbänder dem vor dem Versatzstoße arbeitenden Blasversetzer zuführt.

Abb. 292 zeigt eine Einrichtung der letzteren Art. Das die Versatzberge heranbringende Förderband wird über einen Wagen a geführt, der mit einem schrägen Abstreicher b die Berge einer Tasche c und dadurch dem Blasrohr d zuführt. In dieses mündet in der Mittelachse eine Düse e mit 25—30 mm Durchmesser ein, deren Preßluftstrahl das Versatzgut mitreißt und aus dem Blasrohr hinauswirft.

II. Streckenförderung.

A. Förderwagen.

328. Wagenkasten. Ein guter Förderwagen soll billig sein, geringes Gewicht bei großem Fassungsraum besitzen, widerstandsfähig gegen Stöße, Verschleiß, saure Wasser sein, leicht vom Schlepper gehandhabt werden können, Kurven leicht und sicher durchfahren, genügende Standfestigkeit besitzen und möglichst bequem gefüllt werden können. Außerdem muß der Wagen der Mächtigkeit der Lagerstätten einerseits und dem Schachtquerschnitt anderseits nach Möglichkeit angepaßt sein. Da alle Bedingungen nicht gleichzeitig erfüllt werden können, müssen die Verhältnisse der einzelnen Gruben über die Bauart der Wagen entscheiden.

Die wichtigsten Bauarten werden durch Abb. 293 veranschaulicht. Den Vorzug verdienen die von einspringenden Ecken freien, wegen der Lage des Wagenkastens zwischen den Rädern standsicheren Wagen b und c sowie der Muldenwagen d, der den Vorteil guter Raumausnutzung mit den weiteren der Standsicherheit, des geringen Verschleißes, der leichten und vollständigen Entleerung und der bequemen Reinigung vereinigt und immer mehr die Oberhand gewinnt; er ist daher neuerdings genormt worden.

In Gruben mit flacher Lagerung und großen Flözmächtigkeiten kann man Wagen mit 1—2 t Ladegewicht verwenden, wogegen Gruben mit geringen Flözmächtigkeiten und starker Bremsberg- und Bremsschachtförderung sich mit Wagen von 500—800 kg Ladegewicht begnügen müssen. Neuerdings sucht man die Wagenförderung oberhalb der Hauptfördersohle bei flacher Lagerung

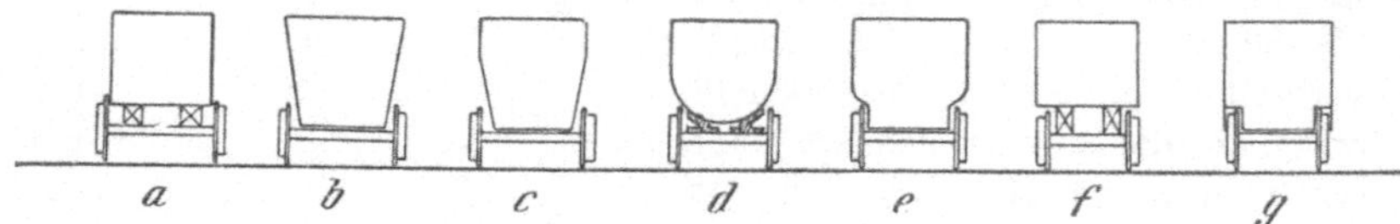

Abb. 293.   Verschiedene Förderwagenformen.

möglichst durch Band- und Rutschenförderung zu ersetzen; man kann dann die Förderwagen, da sie nur noch auf der Hauptfördersohle verkehren, entsprechend größer bauen.

Der Wagenkasten wird aus Holz oder Stahlblech hergestellt. Hölzerne Kasten sind billiger, aber verhältnismäßig groß und schwerfällig. Auf Steinkohlengruben wird im allgemeinen der Stahlblechwagen bevorzugt, der gegen

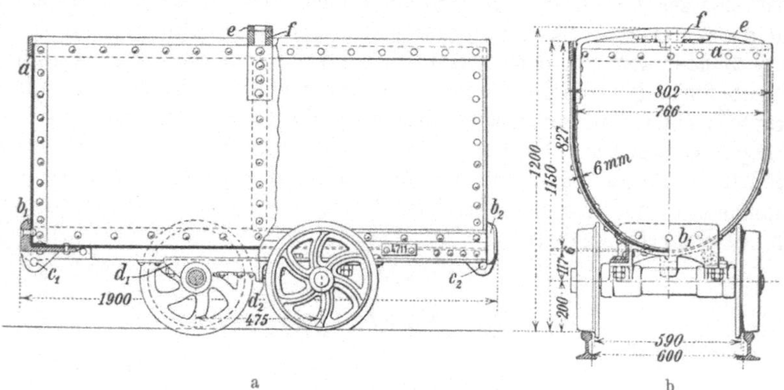

Abb. 294 a und b.   Förderwagen nach DIN Berg 552 für 1000 kg Inhalt.

Feuchtigkeit durch Verzinkung geschützt wird. Holzwagen erhalten Seitenwände von etwa 40 mm und Böden von etwa 60 mm Stärke, wogegen man bei Stahlwagen mit 3 bzw. 4 mm auskommt.

Einen genormten Muldenwagen zeigen die Abbildungen 294 a und b. Der oben durch den Flacheisenrand a versteifte und vorn und hinten mit Pufferstücken $b_1 b_2$ versehene Wagenkasten ruht auf seitlichen Tragwinkeln und einem muldenförmigen Mittelstuhl; diese tragenden Teile sind an seitlich angegossene Flanschen der Lagerbüchsen $d_1 d_2$ geschraubt, die unter sich wieder durch Verschraubungen zu einem einheitlichen Untergestell verbunden sind.

329. Radsatz. Man kann die Achsen in ihren Lagern oder die Räder um ihre Achsen sich drehen lassen. Im ersten Falle lassen sich Kurven schwerer durchfahren, weil beide Räder voneinander abhängig sind; bei lose laufenden Rädern dagegen ergeben sich größere Schmiereverluste und eine stärkere Abnutzung der Laufflächen. Man vereinigt daher in der Regel die Vorteile beider Anordnungen, indem man die über Kreuz liegenden Räder lose laufen läßt und im übrigen die Achsen ihrerseits drehbar verlagert. Nach Abb. 295 z. B. wird die an einem Ende mit einem Bunde d versehene Achse durch beide Räder und Lagerstellen hindurchgesteckt und mit dem auf dem entgegengesetzten Ende sitzenden Rade durch einen Splint f fest verbunden.

Man unterscheidet offene und geschlossene Lager. Für Achsen werden die letzteren bevorzugt, da sie mit einem gewissen Vorrat an Schmiere längere Zeit auszukommen gestatten und das Eindringen von Staub verhindern. Wie Abb. 295 beispielsweise zeigt, läuft jede Achse in einer Büchse, die durch die Öffnung c mit Schmiere gefüllt werden kann und mit Schrauben mit Hilfe der Laschen b und durch Vermittlung einer Holzzwischenlage an dem Wagenboden befestigt wird. Zur weiteren Verringerung des Verschleißes und der Reibung dienen die Wälzlager. Abb. 296 zeigt ein zu diesen gehörendes Rollenlager. Der Ring g schließt das Lager nach außen hin ab, läßt

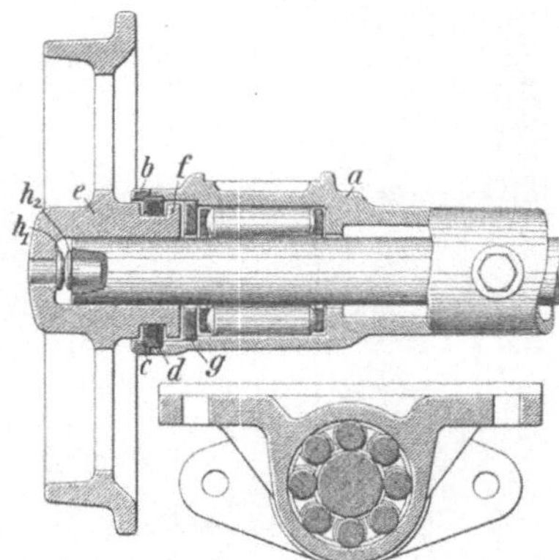

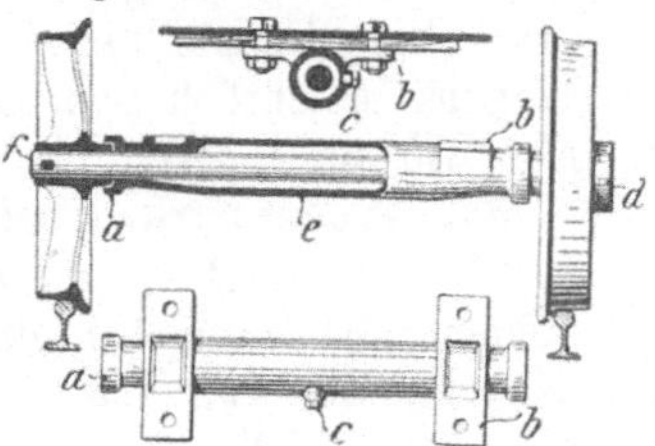

Abb. 295. Achslagerbüchse.

Abb. 296. Schneider-Radsatz.

aber Schmiere zu der innen als Gleitlager ausgebildeten Nabe treten. Der Seitendruck wird durch die beiden kugeligen Druckköpfe $h_1 h_2$ aus gehärtetem Stahl aufgenommen.

Geschlossene Lager müssen mit säurefreier, nicht zu dünnflüssiger und nicht verharzender Schmiere gefüllt und mittels Zeitmarken an den Wagen sorgfältig hinsichtlich der Füllzeiten überwacht werden, da man die Lagerstellen von außen nicht sehen kann. Für das Füllen der Lager werden neuerdings besondere Vorrichtungen (z. B. von der Firma P. Stratmann & Co. in Dortmund) geliefert, bei denen durch Preßluft die in einem zylindrischen Behälter befindliche Schmiere in die Lagerstellen gedrückt wird.

330. Achsen und Räder. Die Achsen bestehen meist aus Stahl. Für die Achsbüchsen kommt getempertes Gußeisen oder getemperter Stahlguß in Betracht. Die Räder werden jetzt meist aus getempertem Gußstahl hergestellt. Man unterscheidet Speichenräder und Scheibenräder, bei welchen letzteren die Nabe mit dem Laufkranz durch eine volle Scheibe verbunden ist, die jedoch mit kreisförmigen Löchern versehen ist.

Der Durchmesser der Räder wird zur Verringerung der Umlaufzahlen möglichst groß genommen. Er schwankt im Ruhrbezirk zwischen 350 und

400 mm. Die Spurweite ist heute in 2 Größen (mit 50 und 60 cm) genormt. Je größer sie ist, um so standsicherer sind die Wagen, um so schwerer dagegen sind sie durch Kurven zu bringen.

331. Entleerung von Bergewagen. Die mit Versatzbergen gefüllten Förderwagen können bei steiler Lagerung mittels der bekannten Kreiselwipper oder auch mit Hilfe von Kopfkippern entleert werden. Bei flacher Lagerung unterscheidet man Flach- und Hochkipper, je nachdem die Teilstrecke im Hangenden oder Liegenden nachgerissen ist. Flachkipper sind mit einfachen Mitteln herzurichten. Hochkipper erfordern umständlichere Vorrichtungen. Ein Beispiel ist in Abb. 297 dargestellt. Der Bergewagen fährt auf das leichte Rahmengestell *a* auf, das mit Hilfe eines angenieteten Flügelblechs *b* um die Achse *c* drehbar ist. Bei *e* greift das unter dem Gestellrahmen durchgeführte Zugseil *f* an, das durch Vermittelung einer festen Rolle über die Flaschenzugrolle *g* läuft; diese ist auf der Kolbenstange *h* verlagert, die durch das Spiel des im Zylinder *i* laufenden Kolbens auf und ab bewegt wird. Aus der Abbildung ist gestrichelt die Kipp-Endstellung des Wagens ersichtlich (vgl. auch Abb. 275 auf S. 168).

332. Wagenpark. Kosten. Der Wagenbedarf einer Steinkohlengrube kann bei einem Wageninhalt von 0,6 t mit etwa 80—90 %, bei einem solchen von 0,75 t mit 60—70 % der Tagesförderung in Tonnen angenommen werden. Ein Förderwagen kostet je nach Größe und Ausführung 120—180 ℳ. Die Beschaffungs- und Betriebskosten belasten die Tonne Förderung mit etwa 20—30 ₰.

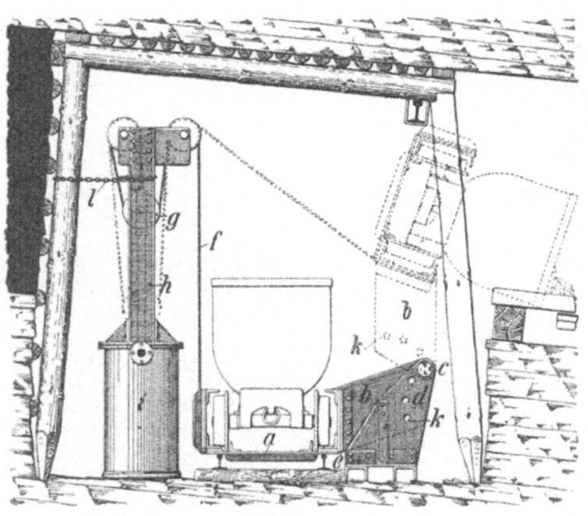

Abb. 297. Hochkipper mit Seilzug.

B. Gestänge.

333. Schienen. Als Schienen werden jetzt fast überall stählerne Flügelschienen verwendet. Die hauptsächlich gebräuchlichen Profile sind gemäß Abb. 298 durch Normung festgelegt; sie werden nach Höhe (in mm) und Gewicht (in kg/m) gekennzeichnet.

Die Schienen ruhen in der Regel auf hölzernen Schwellen, die in Hauptförderwegen 70—90 cm, in Abbaustrecken etwa 1,0—1,2 m Abstand haben, unter wichtigen Kreuzungen aber auch ganz dicht gelegt werden. Bei wenig befahrenen Gestängen stoßen die einzelnen Schienenlängen auf den Schwellen zusammen und werden dort durch Nägel festgehalten (fester Stoß). Bei stärker beanspruchten Gestängen in Bremsbergen und wichtigen Förderstrecken werden je 2 Stücke durch Laschen verbunden, und die Stoßstelle wird der stoßfreien Förderung halber zwischen 2 Schwellen gelegt (schwebender Stoß). Die Befestigung auf den Schwellen erfolgt dann durch Vermittlung von Unterlegeplatten oder von übergreifenden Fußlaschen.

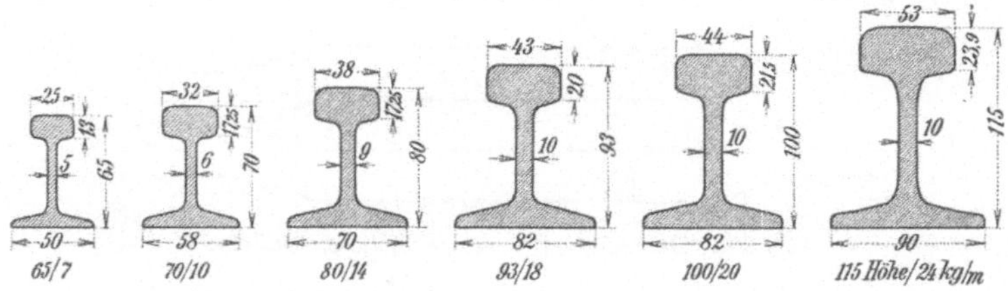

Abb. 298. Flügelschienen-Normalprofile.

Für trockene Strecken mit wenig Druck sind auch Eisenschwellen geeignet, die insbesondere für rasch umzulegende („fliegende") Gestänge in Betracht kommen.

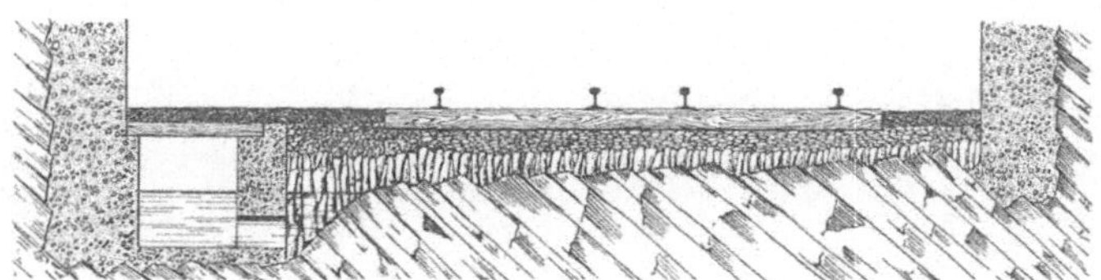

Abb. 299. Schienenbettung und Oberbau in einer Strecke mit Wasserseige.

Eine ordnungsmäßig ausgeführte Gestängeverlegung mit Wasserabfluß zeigt Abb. 299.

334. Wechselseitige Gestängeverbindungen. Die einfachste Verbindung ist eine solche durch Wendeplätze, die mit Wechselplatten belegt werden. Diese werden meist als Kranzplatten (Abb. 300) ausgeführt. Auch finden besonders für schwere Förderwagen Drehscheiben Verwendung, die auf Kugeln oder Rollen laufen.

An Kreuzungen können 4 Kranzplatten (Abb. 300) zusammengelegt werden.

Größere Wendeplätze werden an den Kreuzungen mehrgleisiger Förderstrecken sowie an den Füllörtern der Schächte und an den Anschlägen von Stapelschächten erforderlich.

Die Weichen (Wechsel) ermöglichen eine Verbindung ohne Gestänge-Unterbrechung und eignen sich daher für die

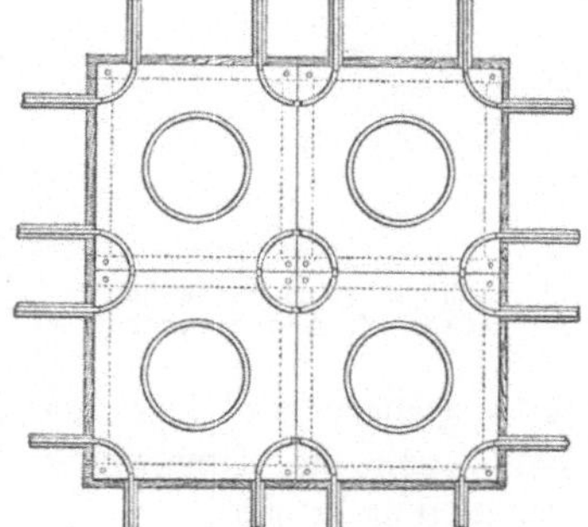

Abb. 300.
Wendeplatz mit 4 Kranzplatten.

Förderung mit Pferden oder Maschinen und für die Förderung in flachen Bremsbergen.

Man unterscheidet feste Wechsel (Abb. 301) und solche mit beweglichen Teilen. Die letzteren können Zungenweichen und Stoßweichen sein.

Bei den Zungenweichen legen sich zugeschärfte Zungenspitzen an die Innenseite
des betreffenden Gestänges, während die beweglichen Stücke der Stoßweichen (g in Abb. 302) eine Lücke im Gestänge ausfüllen und stumpf zwischen

Abb. 301. Dreischieniges Gestänge mit Ausweichstelle.

die zu verbindenden Gestängestücke gelegt werden. Bei den von Hand
umzustellenden Weichen unterscheidet man Bockweichen, die mittels

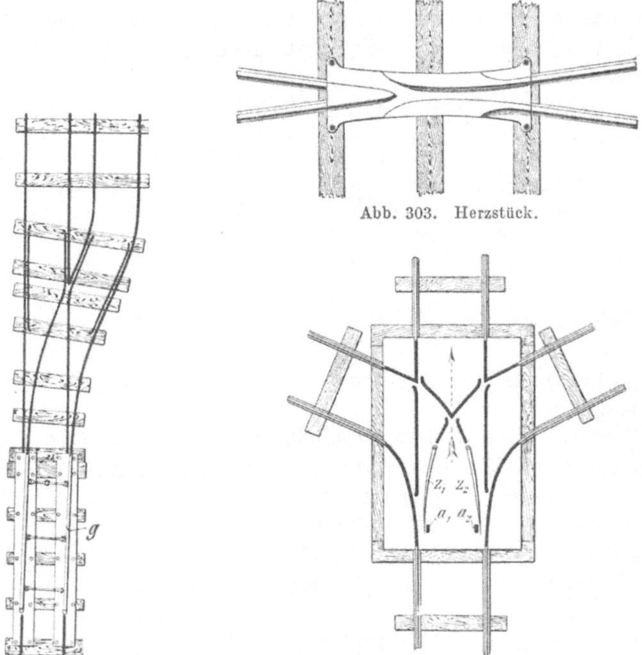

Abb. 303. Herzstück.

Abb. 302. Rechtsweiche (Stoß-
weiche) einer Ausweichestelle.

Abb. 304. Plattenweiche für einspurige
Strecken.

eines Hebels mit Gegengewicht umgelegt werden, und Federweichen,
bei denen die Umstellung selbsttätig mit Hilfe einer federnden Zugvorrichtung erfolgt.

Eine einfache seitliche Abzweigung zeigt Abb. 302.

Die inneren Übergangstücke können gemäß Abb. 303 durch ein einheit-
liches, aus Stahlguß hergestelltes „Herzstück“ ersetzt werden. Der sichere
Übergang an diesen Stellen wird durch Zwangschienen gemäß Abb. 302
begünstigt. Die Befestigung der Wechselschienen auf Eisenplatten (Abb. 304),
die auf einem Holzrahmen ruhen, gewährleistet Zuverlässigkeit und Dauerhaftigkeit.

An Füllörtern werden häufig selbsttätige Weichen eingebaut, die eine abwechselnde Verteilung der Wagen auf zwei benachbarte Gleise ermöglichen.

In Bremsbergen kann man zur Verringerung des Gebirgsdruckes für einen Teil der Länge mit geringerem Querschnitt auskommen, wie Abb. 305 zeigt. Hier hat man der Sicherheit halber keine Weiche eingebaut, sondern die Gestänge lediglich zusammengezogen, d. h. die Weichenspitzen bis zum Ende des Bremsbergs durchgehen lassen.

Wo ein häufiges Umlegen der Weichen notwendig wird, sind „Kletterweichen" angebracht, die nach Abb. 306 an beliebiger Stelle einem Doppel-

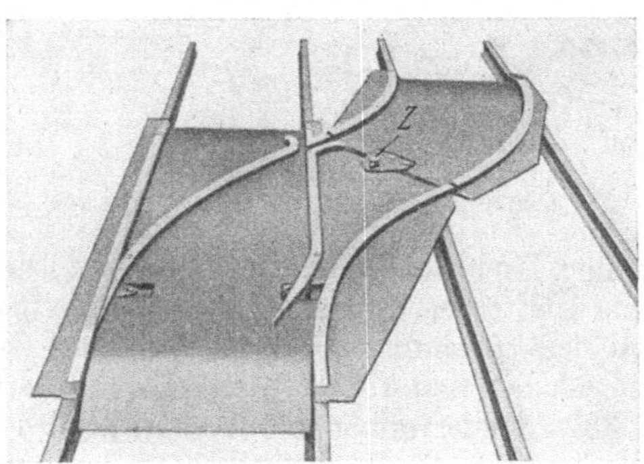

Abb. 306. Kletterweiche.

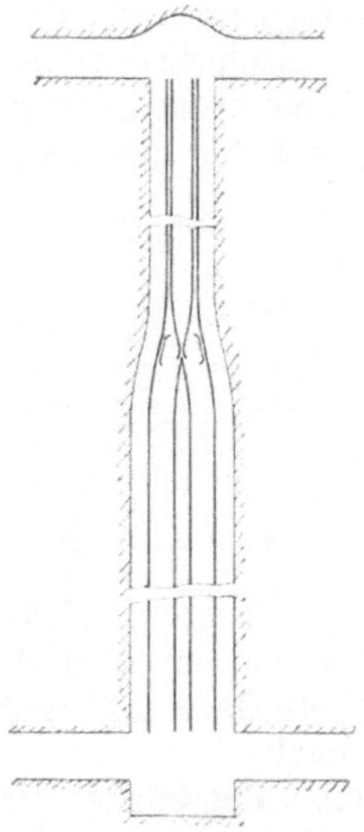

Abb. 305. Zusammenziehung eines Doppelgestänges im druckhaften oberen Teile eines Bremsbergs.

gleis aufgelegt werden können und mittels des Drehzapfens Z die Anpassung an verschiedene Gleisabstände ermöglichen.

C. Die Betätigung der Wagenförderung.

335. Leistungseinheit. Zur Beurteilung von Förderleistungen und Förderkosten dient als Einheit das Tonnenkilometer, d. i. eine Förderleistung, die das Produkt aus der geförderten Masse in Tonnen Nutzlast (daher auch „Nutztonnenkilometer") und dem dabei zurückgelegten Wege in Kilometern darstellt. Ein Tonnenkilometer (tkm) ist also z. B. geleistet, wenn eine Nutzlast von

$$0,5 \quad 1,0 \quad 2,0 \quad 5,0 \quad 10,0 \text{ t}$$
$$\text{auf eine Länge von } 2,0 \quad 1,0 \quad 0,5 \quad 0,2 \quad 0,1 \text{ km}$$

gefördert worden ist. Ein solches Tonnenkilometer entspricht nicht dem gleichen Begriff in der Mechanik und darf auch nicht mit dem Tonnenkilometer bei der Schachtförderung verwechselt werden.

336. Förderung durch Menschen und Tiere. Die Menschenförderung beschränkt sich heute durchweg auf die Bewegung der Wagen vom Abbauorte bis zum Bremsberg, Stapelschacht, Rolloch oder Abhauen bzw. (auf der Sohle) bis zum nächsten Förderquerschläg. Ein Schlepper leistet in der 7stündigen Schicht etwa 3—4 tkm.

Als Tiere kommen für die Förderung im deutschen Bergbau nur Pferde in Betracht. In tiefen Gruben werden sie neuerdings meist dauernd unter Tage gehalten; höchstens werden sie in größeren Zeitzwischenräumen zutage gefördert. Die Leistungen der Pferdeförderung schwanken etwa zwischen 15 und 50 tkm in der 7stündigen Schicht und betragen im Durchschnitt etwa 30 tkm.

Für die Verbindung der Wagen zu Zügen werden Kuppelhaken oder Kuppelketten benutzt. Eine einfache Kuppelkette mit Sicherung gegen das Herausfallen durch lose Ringe zeigt Abb. 307. Bei der in Abb. 308 darge-

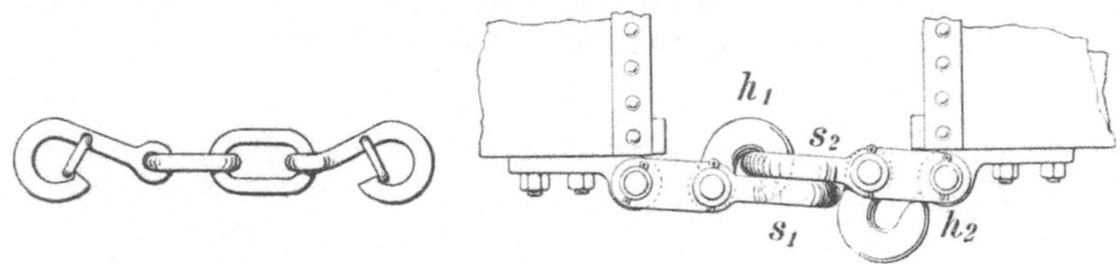

Abb. 307. Kuppelkette.   Abb. 308. Feste Hakenkuppelung nach Klever.

stellten Kuppelung sind lose Teile, die leicht verloren gehen, vermieden. Jede Hälfte der Kuppelung besteht aus einem am Wagenboden befestigten und den Wagenring ersetzenden Schäkel (s_1 und s_2) mit einem Haken (h_1 und h_2), der sich um einen Mittelbolzen im Schäkel dreht.

337. Förderverfahren mit feststehenden Maschinen. Überblick. Man unterscheidet Seil- und Kettenförderungen, die beide wieder mit unterlaufendem oder mit oberlaufendem (schwebendem) Zugmittel arbeiten können. Seilförderungen können außerdem mit offenem oder geschlossenem Seil betrieben werden; die letzteren sind die Förderungen mit Seil ohne Ende. Kettenförderungen sind immer Förderungen mit endloser Kette.

Für den deutschen Bergbau sind auf den Hauptfördersohlen nur noch die Förderung mit schwebendem Seil ohne Ende und mit schwebender oder unterlaufender Kette ohne Ende von Bedeutung; dagegen wird auf den Teilsohlen und in den Abbaustrecken vielfach mit offenem Seil gefördert.

338. Förderung mit offenem Seil. Schlepperhaspelförderung. Es sind 2 Förderverfahren möglich: das eine (Abb. 309) besteht aus einer ein-

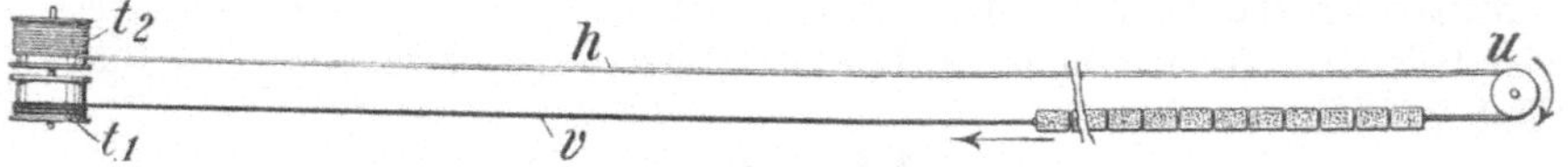

Abb. 309. Förderung mit Vorder- und Hinterseil.

gleisigen Förderstrecke und einem Haspel mit 2 Trommeln $t_1 t_2$ für das Vorder- (v) und für das Hinterseil (h), wobei die zu befördernden Wagen als geschlossener Zug zwischen beiden angeschlagen werden und das Hinterseil über eine Umkehrscheibe u zum Haspel zurückgeführt wird. Der volle Zug wird durch Aufwickeln des Vorderseiles herangeholt, während das Hinterseil sich selbsttätig von der lose mitlaufenden zweiten Trommel abwickelt;

für die gegenläufige Förderung des leeren Zuges werden die Trommeln umgekehrt gekuppelt.

Nach dem anderen Verfahren sind 2 Haspel mit je 1 Trommel an jedem Endpunkte der Bahn aufgestellt, und der Wagenzug wird zwischen ihnen hin und zurück gezogen. Da in diesem Falle die Haspel häufiger ihren Standort wechseln, müssen sie besonders leicht gebaut sein. Man macht sie entweder fahrbar (Abb. 310) oder befestigt sie an Spannsäulen (Säulenhaspel) oder auch an einer Kappe der Zimmerung.

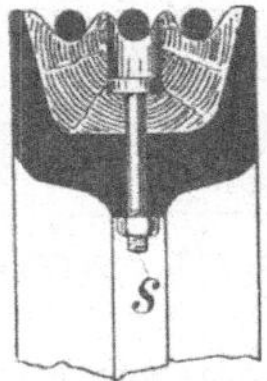

Abb. 310. Eickhoff-Schlepperhaspel, Gesamtansicht.

Abb. 311. Holzfutter bei Treibscheiben für endloses Seil.

339. Förderung mit schwebendem Seil ohne Ende. Antrieb. Das Seil wird von der Antriebsmaschine durch Reibung mitgenommen. Zur Vergrößerung der Reibung und zur Schonung des Seiles werden die Treibscheiben mit Holz (Abb. 311) oder Leder ausgefüttert.

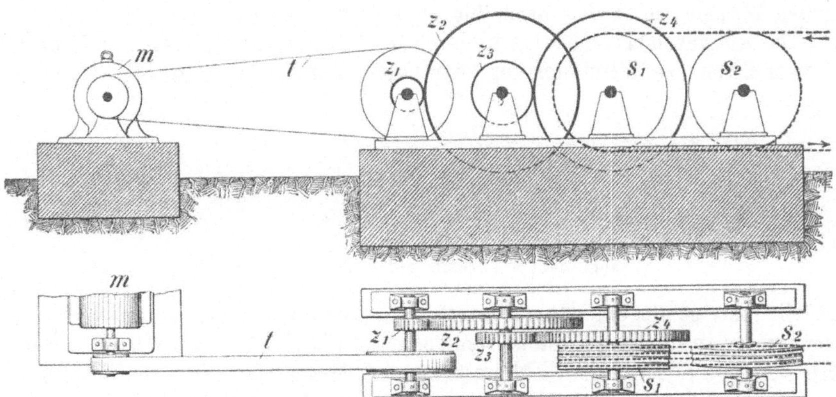

Abb. 312. Antrieb einer Streckenförderung durch Elektromotor und Treibriemen.

Für größere Leistungen sind mehrrillige Treibscheiben oder mehrere einrillige Treibscheiben erforderlich. Es müssen dann den Treibscheiben Gegenscheiben vorgelagert werden, die das Seil umlenken und der nächsten Rille zuführen. Die Gegenscheiben (s_2 in Abb. 312) werden vielfach schräg gelagert, damit keine seitlichen Zugkräfte zwischen ihnen und den Treibscheiben entstehen.

Da der Seilzug vom auflaufenden bis zum ablaufenden Seilende ständig abnimmt, nutzen die einzelnen Treibrillen sich ungleichmäßig ab. Man läßt daher die Gegenscheiben lose auf der Achse laufen und gibt den Treibscheiben zur Verringerung des Auflagedruckes große Durchmesser oder schaltet zwischen sie Ausgleichgetriebe (nach Ohnesorge) ein, welche letzteren die Verdrehung der Treibscheiben gegeneinander gestatten.

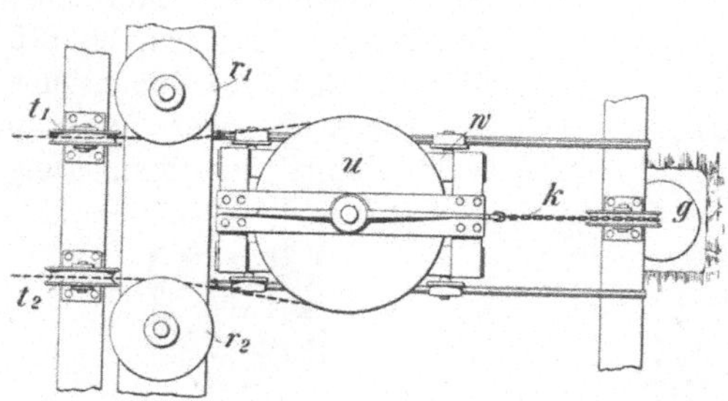

Abb. 313. Spannwagen mit Gegengewicht.

Das Seil darf nur eine Geschwindigkeit von etwa 0,5—1,2 m in der Sekunde erhalten, daher müssen die Maschinen mit starken Übersetzungen arbeiten. So wird bei dem in Abb. 312 dargestellten Antrieb die Geschwindigkeit des treibenden Elektromotors m durch eine Riemenübertragung t und ein doppeltes Zahnradvorgelege z_1—z_4 ins Langsame übersetzt. Die Treibscheibe s_1 hat hier 4, die Gegenscheibe s_2 3 Rillen.

Zum Ausgleich der Längungen des Seiles während des Betriebes dient die Spannscheibe. Diese wird am besten in das Leerseil eingeschaltet. Sie muß mit einer Nachspannvorrichtung versehen sein. Abb. 313 zeigt eine Spannscheibe u, die auf einem Wagen w verlagert ist und mittels des Gewichtes g durch die Kette k angezogen wird.

Weniger günstig sind Schrauben-Spannvorrichtungen, da sie nicht nachgeben können und leicht übermäßig angespannt werden.

Die Antriebsmaschine wird in der Nähe des Schachtes, und zwar je nach den örtlichen Verhältnissen vor oder hinter ihm, aufgestellt. Sie soll nach

Abb. 314. Seilförderung mit seitlichem Antrieb.

Möglichkeit so liegen, daß schärfere Biegungen des Seiles vermieden oder wenigstens in das gegen solche weniger empfindliche Leerseil gelegt werden. Eine Anlage mit vor dem Füllort liegendem Maschinenraum zeigt Abb. 314. Die leeren Wagen werden hier unmittelbar am Schachte durch das Leerseil l abgeholt, während die vollen Wagen vor der Maschine eine schiefe Ebene hinaufgezogen werden, um dann vom Seil v abgekuppelt zu werden und dem Füllort mit Gefälle zuzulaufen.

Als Treibmittel dient in der Regel Druckluft oder elektrischer Strom, ausnahmsweise auch Druckwasser. Heute überwiegen die elektrischen Anlagen (vgl. Abb. 312).

Für größere Förderanlagen müssen Zubringeförderungen geschaffen werden, die die Fördermengen aus den Zwischenstrecken hereinholen. Abb. 315

veranschaulicht eine Hauptförderung mit der Maschine m_1 und 2 Zubringeförderungen mit den Maschinen m_2 und m_3.

340. Seilführung. Auf gerader Strecke sowie an Zwischenanschlägen und vor allen waagerechten Rollen und Scheiben muß das Seil getragen werden, damit es nicht auf der Streckensohle schleift und das Anschlagen der Wagen gestattet und damit das Abfallen von den waagerechten Rollen verhütet wird. Dabei ist auf den Durchgang der Mitnehmer Rücksicht zu nehmen.

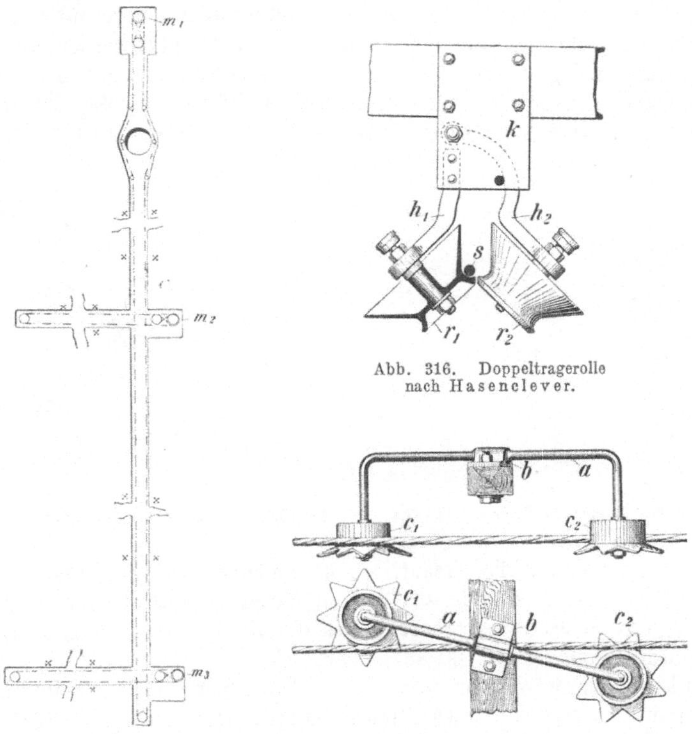

Abb. 316. Doppeltragerolle nach Hasenclever.

Abb. 315. Seilförderung mit 2 Zubringeförderungen.

Abb. 317. Paarweise angeordnete Sternrollen als Tragerollen.

Abb. 316 veranschaulicht eine Doppel-Tragerolle, bei der die Rolle r_2 um einen Bolzen mittels des Armes h_2 drehbar ist und vor dem Mitnehmer seitwärts ausschwingen kann. In Abb. 317 sind zwei an einem Bügel befestigte Sternrollen c_1 u. c_2 dargestellt, in deren Ausschnitte sich die Mitnehmer hineinlegen. Die beiden Rollen können den Stößen bei der Förderung beliebig ausweichen, da ihr gemeinsamer Tragbügel a in der Hülse b drehbar verlagert ist.

In Krümmungen sind Kurvenrollen erforderlich, die einen möglichst großen Durchmesser erhalten und in größerer Zahl angebracht werden sollen, um die Seilablenkung möglichst sanft zu gestalten. Abb. 318 zeigt die Verlagerung solcher Rollen $r_1 r_2$ und läßt erkennen, daß sie eine gewisse Höhe erhalten, um für das Auf- und Abschwingen des Seiles Spielraum zu geben.

Neuerdings werden sie auch federnd verlagert, um ein Ausweichen und damit einen stoßfreien Übergang der Mitnehmer zu ermöglichen.

341. Mitnehmer. Als Kuppelvorrichtungen oder „Mitnehmer" können Zugketten mit Seilschlössern oder Gabelmitnehmer dienen. Die ersteren sind besonders für Strecken mit starker Steigung, namentlich für Bremsberge mit endlosem Seil, geeignet. Abb. 319 stellt ein Seilschloß h mit Keil k dar, das sich durch diesen selbsttätig fester anzieht; der Wagen wird von der Kette a gezogen, während die kleine Kette b bei ungleichmäßigem Gefälle den Zug des voreilenden Wagens aufnimmt und außerdem verhütet, daß der Keil verloren geht. Auch können einfache Ketten benutzt werden, die mehrmals um das Seil gewickelt und dann durch einen Knebel gesichert werden.

Die Gabelmitnehmer werden in besondere Bügel gesteckt, die an dem Wagen, in der Regel in dessen Mitte, angenietet werden (b in Abb. 320).

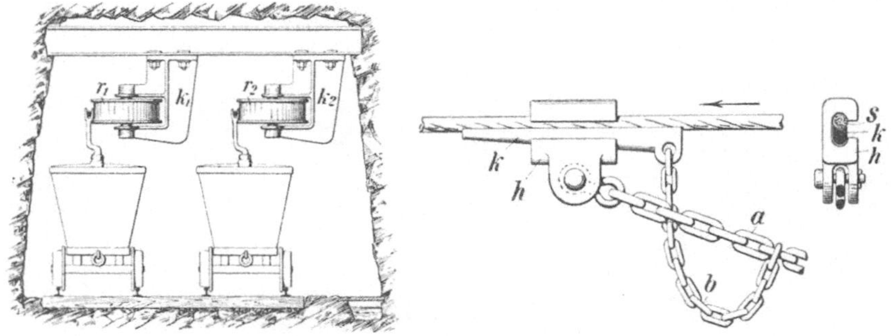

Abb. 318. Kurvenrollen nach Hasenclever.   Abb. 319. Seilschloß mit Keil nach Heckel.

Am bekanntesten ist die exzentrisch klemmende Hohendahlsche Gabel (Abb. 321), die ohne Knoten am Seil zu fördern gestattet. Sie wird nach Einlegen des Seiles etwas gedreht, bis die Klemmung in dem schräg gestellten Gabelmaul eintritt (s. auch Abb. 318).

Man kann mehrere Wagen durch einen Mitnehmer vom Seile ziehen lassen, indem man sie durch die gewöhnlichen Kuppelhaken oder (Abb. 322) durch besondere Stechkuppelungen mit dem Mitnehmerwagen verbindet, bei Gabelmitnehmern und gleichbleibendem Gefälle auch von diesem schieben läßt.

Die Gabelmitnehmer haben den Vorteil, daß sie das Seil tragen helfen. Auch können sie durch selbsttätige Abstreichvorrichtungen vor dem Schachte vom Seile entfernt werden. Anderseits schonen Seilschlösser das Seil besser, gehen auch weniger leicht verloren als Gabeln.

342. Förderbetrieb. An den Anschlagstellen ist das Seil durch Tragerollen genügend hochzuhalten, um die Bewegung der anzuschlagenden Wagen unter dem Seil zu ermöglichen. Zur Erleichterung des Aus- und Einwechselns der Wagen sind Wechsel oder Bühnen erforderlich. Für die Bewegung der leeren Wagen kommt man mit letzteren aus. Man legt die Anschläge nach Möglichkeit auf die Seite der Vollbahn wegen der schwierigeren Bewegung der vollen Wagen.

Die für den Förderbetrieb erforderlichen Signale werden am besten gemäß Abb. 323 durch Ziehen an einem Drahte z, der unter der Firste der Strecke angebracht ist, gegeben, indem in Abständen von 50—100 m Kontaktvorrichtungen k vorgesehen sind, die den von der Batterie b kommenden Strom (s. die Pfeile) zur Glocke g gehen lassen. Auch werden Hupen benutzt, die elektrisch oder durch Preßluft betätigt werden.

Die Leistungen der Seilförderung hängen nur von dem Wagenabstand und der Seilgeschwindigkeit, nicht von der Länge der Strecke ab. Die Kosten sind um so höher, je druckhafter die Strecken, je zahlreicher und schärfer die Kurven sind, je größer die erforderliche Bedienungsmannschaft ist und je mehr die Seile durch Rost infolge nasser Strecken leiden. Außerdem ist die Ausnutzung der Anlage maßgebend.

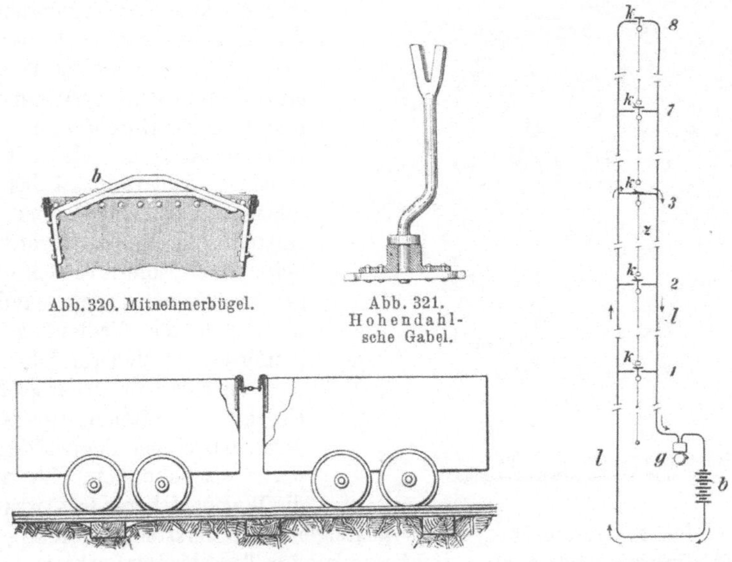

Abb. 320. Mitnehmerbügel.

Abb. 321. Hohendahlsche Gabel.

Abb. 322. Stechkuppelung zum Mitnehmen mehrerer Wagen.

Abb. 323. Anordnung einer Signalanlage für die Streckenförderung.

343. Förderung mit schwebender Kette ohne Ende. Besonderheiten. Die Bewegung der Kette kann wie beim Seil durch Reibung erfolgen, indem man eine Scheibe mit Gegenscheibe verwendet. Jedoch kann man auch mit einer einzigen Scheibe auskommen. Diese kann bei glatter Oberfläche parabolische Form erhalten; die einzelnen Kettenumschläge verschieben sich dann fortgesetzt nach der Seite des kleineren Durchmessers hin. Oder man verwendet Scheiben mit einzelnen Greifern (Abb. 324). Wichtig ist dabei eine sehr genaue Herstellung der Kette und ein gleichmäßiges Längen der einzelnen Kettenglieder, damit bei der Bewegung keine Stöße in die Kette kommen. Da mit dem Längen der Kette sich die Abstände der Greifer vergrößern müssen, so müssen die Greiferscheiben so gebaut werden, daß die Greifer verstellt werden können, und zwar alle um ein genau gleiches Maß.

Für das Mitnehmen der Wagen genügt bei größeren Wagenabständen schon ein einfaches Auflegen der Kette auf den Wagenrand. Andernfalls verwendet man einfache Gabeln oder angenietete Flügelbleche (Abb. 325).

Trage- und Kurvenrollen, Umkehr- und Spannscheiben werden meist mit einer der Gestalt der Kette entsprechenden, profilierten Oberfläche versehen.

In Kurven muß die Kette hochgeführt und vom Wagen getrennt um die Kurvenrollen geführt werden. Daher sind die Wagen vor einer Kurve eine schiefe Ebene heraufzuziehen, damit sie mit Gefälle durch die Kurve laufen können.

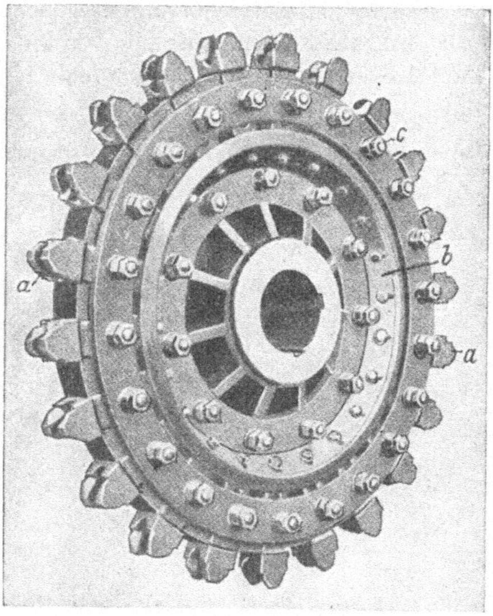

Die Kette ist schwerer und teurer als das Seil und benötigt eine stärkere Antriebsmaschine; sie ist außerdem empfindlich gegen einen ungleichen Wagenabstand und erschwert und verteuert das Durchfahren von Kurven wegen der hier nötigen Aufsicht. Anderseits ist das Anschlagen der Wagen bei der Kettenförderung außerordentlich einfach, sofern es sich nicht um Zwischenanschläge handelt, an denen die Bedienung bei Seilförderung sicherer ist. Die Kette ermöglicht ferner größere Geschwindigkeiten und gestattet daher mit einem kleinen Wagenpark auszukommen, hält auch die Wagen sicherer fest, was besonders für schwerere Wagen oder ansteigende Förderstrecken wichtig ist.

Abb. 324. Ketten-Greiferscheibe von Heckel mit Nachstellvorrichtung.

344. Unterlaufende Ketten sind besonders für Tagesförderzwecke geeignet, da sie einen freien Verkehr über die Förderwege hinweg ermöglichen. Sie werden aber heute auch für die Wagenbewegung an größeren Schachtfüllörtern in großem Umfange benutzt. Sie dienen dann meist gemäß Abb. 326 dazu, bei selbsttätigen Wagenumläufen das dazu benötigte Gefälle durch Hochziehen der leeren Wagen wieder einzubringen. In der Abbildung bezeichnen die Buchstaben h die Kette, l die hinter die Wagenachsen fassenden Stößer, $n\,o\,p\,q$ die untere Umkehrrolle mit Spannvorrichtung und Feder und $r_1 r_2$ Fänger für den Fall eines Kettenbruchs.

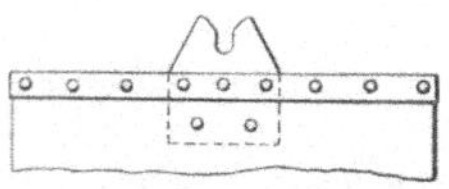

Abb. 325. Einfache Blechscheibe als Mitnehmer bei der Kettenförderung.

345. Lokomotivförderung. Arten von Grubenlokomotiven. Die heute für die Grubenförderung in Betracht kommenden Lokomotivarten sind: **Brennstoff-, elektrische und Druckluftlokomotiven.**

Die mit flüssigem Brennstoff betriebenen Lokomotiven gehören den zwei Gruppen der **Leichtöl-** (oder Vergaser-) und **Schweröl-** (oder **Diesel-**) Lokomotiven an. Die Leichtöllokomotiven vergasen den Brennstoff (Benzin, Benzol, Spiritus) vor der Entzündung in einer besonderen Vorrichtung, wogegen er bei den Schweröllokomotiven unmittelbar in äußerst feiner Verteilung in den Explosionsraum eingespritzt wird. Die Feuergefährlichkeit der Leichtöle erfordert besondere Vorsichtsmaßnahmen bei der Überfüllung des Brennstoffvorrats. Bei allen Brennstofflokomotiven müssen die Motoren mit Sicherungsvorrichtungen ausgerüstet werden, die das Austreten von schlagwettergefährlichen Stichflammen durch die Ansauge- und Auspufföffnungen verhüten. Auch ist Bildung des giftigen Kohlenoxyds bei unrichtiger Einstellung der Steuerung möglich. Für die Umsteuerung sind besondere Zwischengetriebe erforderlich, da der Motor selbst nicht umgesteuert und auch seine Geschwindigkeit nur in beschränktem Maße geändert werden kann.

Die elektrisch angetriebenen Lokomotiven können ihren Strom durch eine Zuführungsleitung oder aus einem Akkumulator erhalten.

Die **Fahrdrahtlokomotiven** werden in der Regel durch 2 Motoren getrieben, die von einer Oberleitung mit Hilfe von Bügeln, Schleifschuhen, Rollen oder Walzen Gleichstrom, Drehstrom oder einphasigen Wechselstrom abnehmen. Der Gleichstrom wird bevorzugt, da er niedrige Spannungen

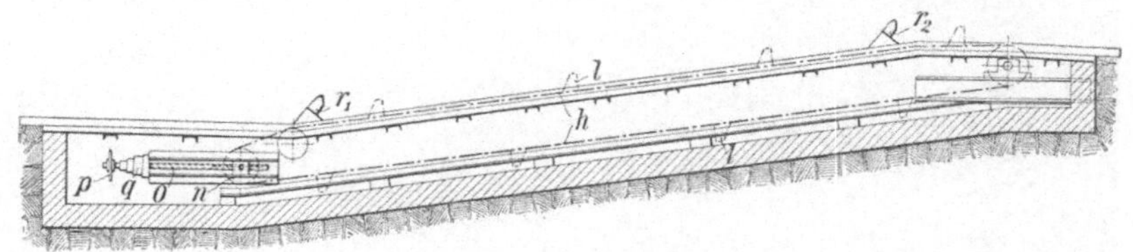

Abb. 326. Ansteigende Unterkettenförderung.

ermöglicht und der Gleichstrommotor günstige Eigenschaften für den Lokomotivbetrieb (insbesondere große Anzugskraft beim Anfahren) besitzt. Wegen der Berührungsgefahr muß die Oberleitung bei Niederspannung (unter 250 Volt) mindestens 1,80 m, bei Hochspannung mindestens 2,30 m über Schienenoberkante liegen, wenn nicht ein besonderer Fahrweg für die Leute ausgespart ist. Abb. 327 zeigt eine Gleichstromlokomotive mit Parallelogrammbügel.

Bei den **Akkumulatorlokomotiven** liefert den Strom eine mitgeführte Akkumulatorbatterie, die nach Erschöpfung durch eine Stromquelle neu aufgeladen werden muß. Das wird ohne längere Fahrtunterbrechung dadurch ermöglicht, daß die Batterie lösbar auf der Lokomotive befestigt ist und nach Entladung von ihr abgerollt werden kann, um einer aufrollenden, frischgeladenen Platz zu machen. Das Aufladen kann dann mit dem billigen Nachtstrom erfolgen.

Preßluftlokomotiven (Abb. 328) erhalten einen Energievorrat von hochgespannter Preßluft, die mit einem Drucke von 150—170 at in dem Hauptluftbehälter untergebracht wird. Aus diesem wird die Luft durch das Absperrventil a, das Druckverminderungsventil b und das Rohr c unter Entspannung auf 12—15 at in die Arbeitsflasche d geleitet und stömt von dort durch die Leitung e, das Ventil f und die Leitung g zu dem Hochdruckzylinder Z_1, um nach Ausnutzung in diesem dem Zwischenwärmer i und durch die Leitung k dem Niederdruckzylinder Z_2 zugeführt zu werden und schließlich durch die Leitung l und die Saugdüse m ins Freie zu strömen.

Unter Tage ist mindestens eine Füllstelle erforderlich, bei der die Lokomotive nach je 1—2 Fahrten ihren Luftvorrat erneuert.

Abb. 327. Elektrische Fahrdrahtlokomotive der A. E. G. für Gleichstrom, mit Parallelogrammbügel.

Am verbreitesten sind heute die Fahrdraht- und die Preßluftlokomotiven. Erstere sind sehr betriebsicher und für große Leistungen geeignet. Wegen der

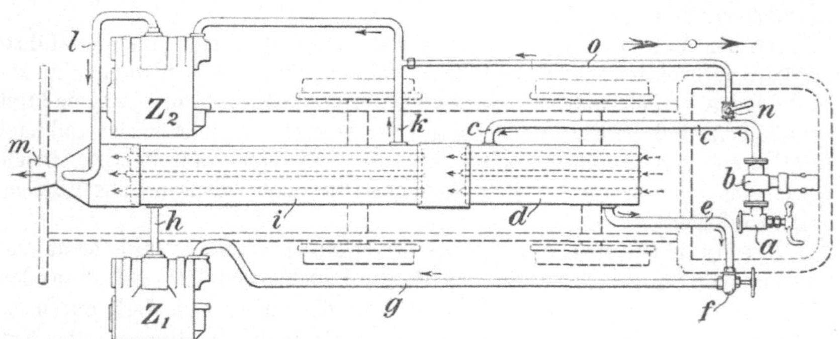

Abb. 328. Druckluftleitungen und Zwischenwärmer einer Preßluftlokomotive der Demag.

billigen Betriebskraft arbeiten sie sehr wirtschaftlich und werden in dieser Beziehung nur von den Diesellokomotiven erreicht. Nachteilig ist, daß sie die teure, umständliche und in druckhaftem Gebirge schwierig in der

richtigen Lage zu haltende Oberleitung verlangen und wegen der Funken-
bildung am Fahrdrahte nicht schlagwettersicher sind.

Druckluftlokomotiven sind einfach und betriebsicher; jedoch gestaltet
sich die Förderung mit ihnen wegen der hohen Kosten des Betriebsmittels teuer.

Die Leichtöllokomotiven werden für kleinere Leistungen (etwa 10 bis
20 PS) gebaut. Sie erfordern wegen des verwickelten Getriebes und des
feuergefährlichen Betriebstoffes eine sorgsame Behandlung. Günstiger liegen
die Aussichten für Diesellokomotiven; doch sind sie einstweilen noch
wenig erprobt.

Die Akkumulatorlokomotiven haben sich bei uns wegen ihrer Empfindlichkeit gegen vorschriftswidrige Ladung und Entladung und gegen mechanische
Erschütterungen sowie wegen ihrer hohen Anschaffungskosten für die Förderung auf den Hauptsohlen noch nicht durchsetzen können. Sie kommen
daher z. Zt. nur für kleinere Leistungen in Betracht.

346. Allgemeines über Lokomotivförderung. Der Verschiebebetrieb auf
den Bahnhöfen am Füllort und im Felde kann durch die Lokomotiven selbst
mit Hilfe von Verschiebegleisen erfolgen. Jedoch nimmt man größeren
Lokomotiven, um sie besser ausnutzen zu können, zweckmäßig den Verschiebebetrieb ab, indem man eine kleine Seil- oder Kettenbahn (mit unterlaufender Kette) oder eine
Haspelförderung am Füllort
einrichtet, die die Wagen
übernehmen und wieder ab-
liefern, oder eine Gefällestrecke herstellt, von der
man die durch die Loko-
motive heraufgeschobenen
Wagen zum Schachte ab-
laufen läßt. Letzteres Hilfsmittel empfiehlt sich be-
sonders für die Bedienung
der blinden Schächte und
Bremsberge.

Eine Lokomotive leistet
3—5 Nutz-Tonnenkilometer
je PS/h. In der Schicht

Abb. 329. Abbaulokomotive „Troll" der Gesellschaft „Bergbau"
mit hochgeklapptem Führersitz.

werden mit einer Lokomotive unter gewöhnlichen Verhältnissen Leistungen
von etwa 250—500 Nutz-Tonnenkilometern erzielt.

Die Lokomotiven werden mit Vorteil auch zur Beförderung der Leute
benutzt. Diese werden dann entweder in gewöhnlichen Förderwagen, in die
Sitze gelegt oder gehängt werden, oder in besonders dazu gebauten Mann-
schaftswagen von größerer Länge und mit 2 Drehgestellen untergebracht.
Bei Fahrdrahtlokomotiven sind die Fahrenden bei Verwendung von Sonder-
wagen durch ein Holzdach gegen den Draht zu schützen; bei der Fahrung
im Förderwagen muß während des Ein- und Aussteigens die entsprechende
Drahtstrecke stromlos gemacht werden.

347. Abbaulokomotiven. In den letzten Jahren ist der Lokomotivbetrieb
auch in die Teil- und Abbaustrecken vorgedrungen. Hier kommen wegen der

Schlagwettergefahr aber einstweilen nur die Druckluft- (Abb. 329) und die Akkumulatorlokomotiven in Betracht. Um sie in Stapeln befördern zu können, müssen sie sehr kurz und gedrängt gebaut werden. Es ist dies möglich, weil ihre Leistungsfähigkeit erheblich geringer als die der auf den Hauptförderstrecken gebrauchten Lokomotiven sein kann. Abb. 329 läßt den geringen Raumbedarf deutlich erkennen.

III. Die abwärts- und aufwärtsgehende Zwischenförderung.

A. Bremsberg- und Bremsschachtförderung.

348. Wesen und Möglichkeiten der Bremsbergförderung. In einem Bremsberge läuft der volle Wagen auf einer geneigten Ebene abwärts. Die dabei entwickelte Zugkraft wird zum Hochziehen des leeren Wagens, manchmal auch noch zur Hochförderung von Versatzbergen ausgenutzt. Die Geschwindigkeit der Bewegung wird durch ein Bremswerk geregelt, das die überschüssige Kraft vernichtet.

Man unterscheidet Wagen- und Gestellbremsberge, je nachdem die Wagen unmittelbar an das Seil angeschlagen oder auf besondere Fördergestelle aufgeschoben werden. Gestellbremsberge finden insbesondere bei steilerem Einfallen Anwendung.

Nach der Art der Förderung sind eintrümmige und zweitrümmige Bremsberge zu unterscheiden. Bei den ersteren zieht der volle Wagen zunächst ein Gegengewicht hoch, worauf dieses den leeren Wagen hochfördert, wogegen bei zweitrümmigen Bremsbergen immer auf der einen Seite ein voller, auf der anderen Seite gleichzeitig ein leerer Wagen gefördert wird. Als Wagenbremsberge werden eintrümmige Bremsberge mit nebenlaufendem Gegengewicht betrieben; bei den Gestellbremsbergen dagegen läuft das Gegengewicht unterhalb des Gestells, und sein Gestänge liegt zwischen den Schienen für das Gestell. Bei gutem Zustande der ganzen Förderanlage können eintrümmige Gestellbremsberge für Fallwinkel von 90° bis herab zu 12°, eintrümmige Wagenbremsberge für solche zwischen 25° und 9° betrieben werden.

Zweitrümmige Bremsberge können solche mit offenem oder solche mit geschlossenem Seile sein. Bei ersteren hängt an jedem Ende des Seiles ein Wagen. Sie eignen sich zunächst nur als Transportbremsberge zur Förderung zwischen zwei Punkten (Sohle und Teilsohle). Für die Bedienung von Zwischenanschlägen müssen besondere Kunstgriffe angewandt werden, indem man das Seil zeitweilig verlängert oder Zusatzgewichte an die heruntergehenden Wagen hängt oder natürliche Gefälleunterschiede zwischen dem oberen und unteren Teile des Bremsberges ausnutzt.

Bei Förderung mit endlosem Seile können zweitrümmige Bremsberge auch zur Bedienung von Zwischenanschlägen benutzt werden. Doch ist das Anschlagen dann immerhin wegen der Notwendigkeit, ein Gestänge zu überfahren, schwierig. Ein Vorzug solcher Bremsberge ist ihre große Leistungsfähigkeit.

Zweitrümmige Bremsberge mit offenem Seile können bei gutem Zustande der Fördereinrichtungen noch bei Fallwinkeln von 4—5° benutzt werden. Durch den Betrieb mit endlosem Seile kann man wegen der größeren Anzahl der beiderseitig laufenden Wagen und wegen der Ausgleichung des Seilgewichtes noch die Förderung bei einem Gefälle von 2—3° ermöglichen.

349. Gestänge und Anschläge. Wagenbremsberge können mit einer geringeren Höhe auskommen als Gestellbremsberge. Bei ersteren kann die Breite durch Zusammenziehen des Gestänges außerhalb der Begegnungstellen von vollen und leeren Wagen bzw. von Wagen und Gegengewicht verringert werden, falls diese Begegnungstellen dauernd an derselben Stelle bleiben (vgl. Abb. 305 auf S. 183).

An den Zwischenanschlägen kann man das Anschlagen durch Herstellung söhliger Flächen erleichtern. Abb. 330 zeigt drei Möglichkeiten; im Falle *c* sind die Verbindungstücke *b* eingelegt, die während des Anschlagens vorübergehend herausgenommen werden. Andere Einrichtungen sind bewegliche Schwenkbühnen, die durch Drehen oder Kippen in die söhlige bzw. schräge Lage gebracht werden.

Am Fuße der Bremsberge muß eine möglichst bequeme und gefahrlose Überleitung der Wagen aus der Strecke in den Bremsberg und umgekehrt ohne Störung der Förderung ermöglicht werden. Bei Abholung der Wagen durch Pferde oder Lokomotiven müssen in der Strecke Wechsel hergestellt werden, die genügend groß sind, um einen vollen bzw. leeren Zug aufzunehmen. Es ist zur Erleichterung des Anschlagens zweckmäßig, einen solchen Wechsel mit einer Gefällestrecke auszurüsten. Wird die Streckenförderung mit Seil oder Kette ohne Ende betrieben, so kommt man mit einem kurzen Wechsel aus.

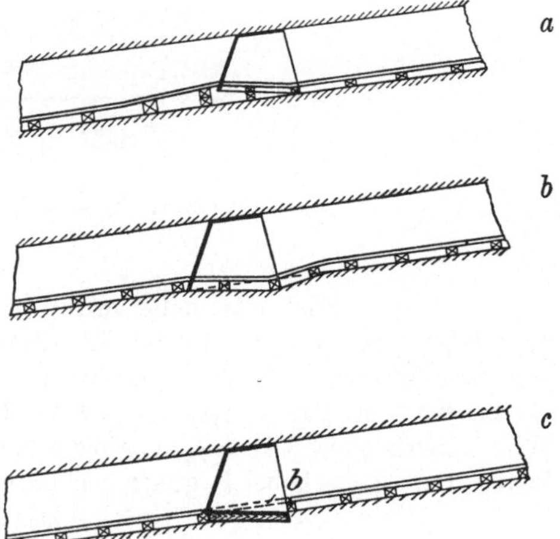

Abb. 330. Gefälle-Ausgleich an Zwischenanschlägen.

Wagenbremsberge werden in der Regel durch eine söhlige, mit Platten belegte Bühne und eine kurze Anschlußdiagonale, in welche die Wettertür gestellt wird, mit der Grundstrecke verbunden.

350. Das Bremswerk besteht aus der Trommel oder Scheibe für das Seil und aus der Bremsvorrichtung. Wegen ihres geringen Raumbedarfs und Gewichts werden Scheibenbremsen bevorzugt. Eine solche zeigt Abb. 331; in dieser bedeutet *b* die Seilrille, *a* den Bremskranz. Die Scheiben werden bei steilem Einfallen (Abb. 331) senkrecht zur Flözebene aufgestellt, bei flachem Einfallen in die Flözebene gelegt. Für flache Lagerung und kurze Längen (Abbauförderung, Aufhauen) werden die sog. „fliegenden Bremsen" viel benutzt, von denen Abb. 332 ein Beispiel zeigt. Die Bremse hängt mit

Schäkel und Kette an einem Stempel und kann mit Hilfe der Zugstange c durch den Bremshebel d angehoben werden, so daß der letztere nur zum Lüften der Bremse dient und diese stets selbsttätig geschlossen ist.

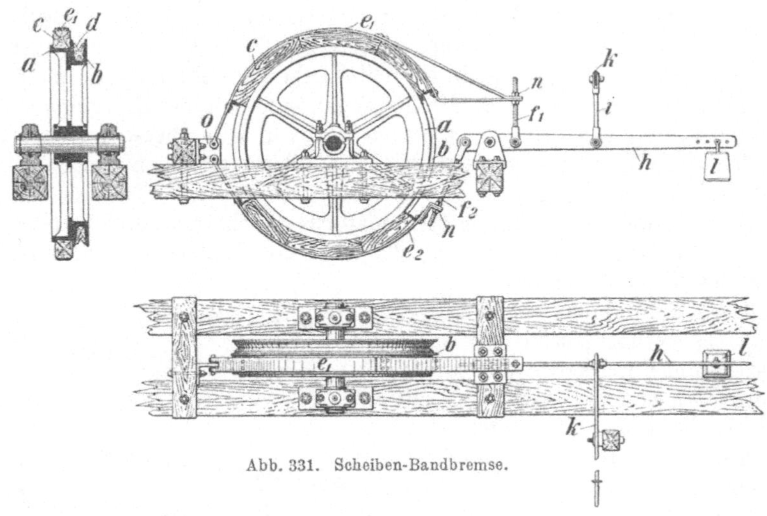

Abb. 331. Scheiben-Bandbremse.

Die Bremsvorrichtung selbst wirkt in der Regel vermittelst eines angegossenen Bremskranzes auf die Trommel oder Scheibe. Sie ist durchweg eine Bandbremse, d. h. der Bremskranz wird (Abb. 331) von einem eisernen Bande $e_1 e_2$ umgeben, das mit Hilfe der Winkelübertragung $k\,i\,h\,f_1\,f_2$ angezogen oder gelockert werden kann. Der Bremshebel k greift rechtwinklig zum Hebel h

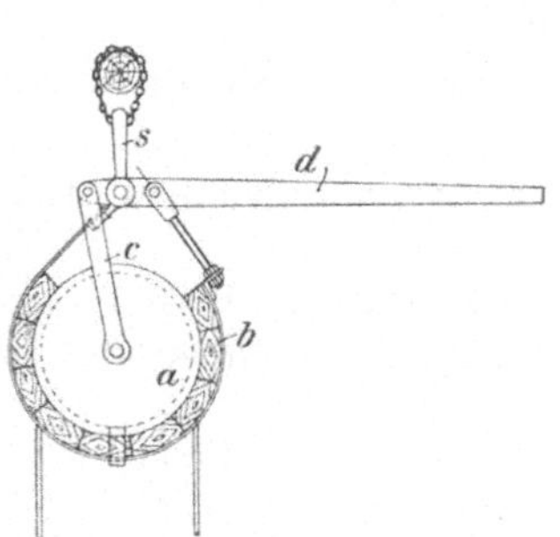

Abb. 332. Fliegende Bremse von
Gebr. Eickhoff.

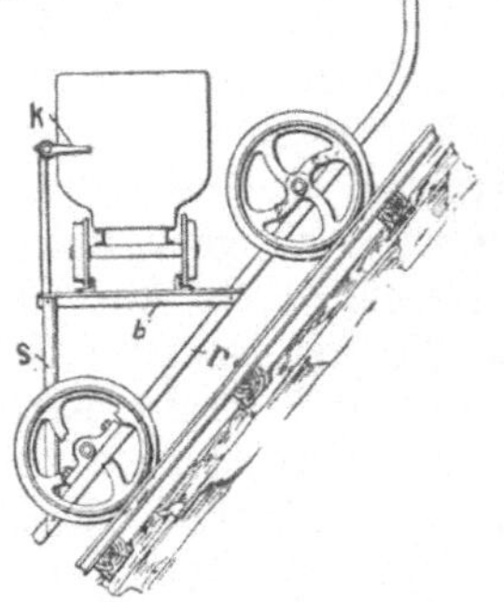

Abb. 333. Eisernes Bremsgestell
für steiles Einfallen.

an, damit der Bremser seitlich stehen kann und für den Fall eines Übertreibens gesichert ist. Zur Erhöhung der Reibung und Verringerung der Abnutzung wird das Bremsband mit Holzklötzen c ausgefüttert, die nach Verschleiß erneuert werden. Das Gegengewicht l muß so angebracht sein, daß es die Bremse schließt, so daß sie nur vermittelst einer besonderen Anstrengung des Bremsers geöffnet werden kann.

351. Bremsgestelle und Gegengewichte. Die für die Bremsförderung benutzten Gestelle oder Bremsböcke werden aus Holz oder Profileisen nach Abb. 333 zusammengebaut. Sie erhalten eine Bühne b, die in söhliger Lage auf dem Rahmen r einerseits und der Stütze s anderseits ruht. Das Gestell läßt sich auch so einrichten, daß die Neigung der Bühne mit Hilfe eines Gelenkes wechselnden Fallwinkeln angepaßt werden kann.

Die Gegengewichte werden niedrig und dafür entsprechend länger gebaut. Sie erhalten Einlagen aus Eisenbarren u. dgl., um ihre Belastung je nach den Umständen wechseln lassen zu können.

352. Bremsschachtförderung. Seigere Bremsschächte werden meist für flotte Förderung eingerichtet und müssen daher kräftige Bremsvorrichtungen erhalten, zumal das Fördergewicht hier mit seinem vollen Betrage die Bremsscheibe belastet. Daher sind große Bremsflächen und Vorsichtsmaßregeln gegen die Brandgefahr durch Heißlaufen des Bremsbandes und Bremskranzes erforderlich (feuersicheres Bremsfutter aus Asbestgewebe oder Gummimasse, Berieselung oder innere Wasserkühlung).

Die Förderung erfolgt meist einträmmig, da so Zwischenanschläge bedient werden können und man überdies mit einer kleineren Schachtscheibe auskommt.

B. Rollochförderung.

353. Bedeutung und Ausführung. Die Förderung mit Rollöchern hat ihre Hauptbedeutung für den Erzbergbau und für die Zuführung von Versatzbergen beim Steinkohlenbergbau, wird aber neuerdings bei geringeren Förderhöhen auch für die Kohlenförderung wieder verwendet. Die Füllung der Rollen erfolgt auf Steinkohlengruben mit Hilfe von Kopf- und Kreiselwippern oder auch mittels besonderer Kippwagen, auf Braunkohlen- und Erzgruben durch Karren oder Tröge.

Ein Rollochbetrieb mit Lutten nach Abb. 334 gestattet die Beschickung der Rolle von Zwischenpunkten aus.

Bei Erz- und Bergerollen wird meist oben ein Gitterrost angebracht, um große Stücke zunächst zerkleinern zu können und Verstopfungen der Rollen zu verhüten.

Man unterscheidet offene und geschlossene Rollen. Die ersteren müssen seitlich von der Förderstrecke münden. Bei letzteren erfolgt die Entleerung meist seitlich durch einen Schieber oder (bei starker Belastung besser) durch eine Drehklappe.

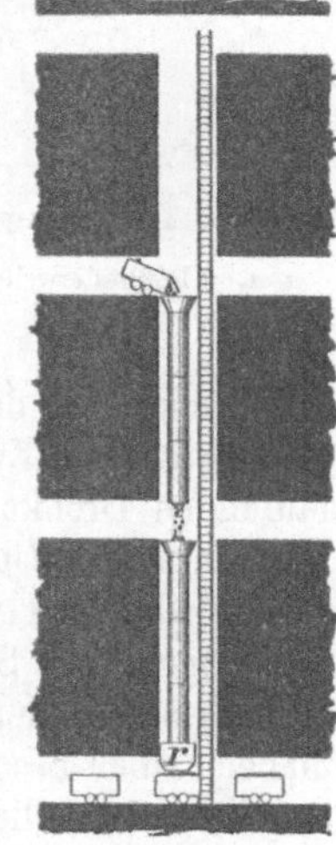

Abb. 334. Rolloch mit Lutten.

C. Aufwärtsförderung.

354. Allgemeines. Die Aufwärtsförderung kann eine Schräg- und eine Seigerförderung sein. Die Schrägförderung erfolgt mit Wagen oder mit Förderbändern. Bei der Seigerförderung ist einerseits die ein- und die zweitrümmige Förderung und anderseits die Gestell- und die Kübel- oder Gefäßförderung zu unterscheiden.

Die Schrägförderung mit Wagen erfolgt durch Haspel, die die Wagen einzeln oder zu mehreren die schiefe Ebene heraufziehen; bei Steigungen von nur 1:15 bis 1:12 können auch ganze Lokomotivzüge mit Hilfe besonderer Stößerwagen, an die das Seil angreift, gefördert werden. Die Bandförderung in Schrägstrecken bietet gegenüber derjenigen in söhligen Strecken keine Besonderheiten. Die Seigerförderung beruht stets auf Haspelbetrieb. Eintrümmige Förderung wird bei geringen Förderleistungen und bei Vorhandensein von Zwischenanschlägen bevorzugt. Gestellförderung ist die Regel. Verschiedentlich ist neuerdings aber auch Kübelförderung, bei der nur die Kohlen, nicht die Förderwagen selbst gehoben werden (s. auch Ziff. 361), zur Anwendung gekommen.

355. Förderhaspel. Die Haspel können mit Preßluft und elektrischem Strome getrieben werden. Die Preßlufthaspel spielen im Steinkohlenbergbau heute immer noch die Hauptrolle. Jedoch hat neuerdings die Verwendung elektrisch betriebener Förderhaspel zugenommen.

Die für den Antrieb der Drucklufthaspel gebrauchten Motoren sind sehr mannigfaltig. Man unterscheidet Schubkolbenmaschinen mit einem oder mehreren, feststehenden oder oszillierenden Zylindern, ferner Drehkolben-, Pfeilrad- und Geradzahn- (Stirnrad-) Maschinen.

Abb. 335. Trommelhaspel mit Bandbremse und Antrieb durch Pfeilradmotor.
$a_1\,a_2$ = Pfeilräderwellen c = Kuppelungshebel
$b_1\,b_2$ = Steuerhebel d = Fußhebel für die Bremse.

Am häufigsten findet sich immer noch der durch Einfachheit, Betriebsicherheit und hohe Anzugskraft ausgezeichnete Zwillings-Schubkolbenhaspel (vgl. Abb. 337). Die schnelllaufenden Drehkolben- und Zahnradmaschinen, ebenso die Elektromotoren, machen starke Übersetzungen in Gestalt von Zahnradvorgelegen notwendig.

Auf das Seil wird die Motorbewegung durch Trommeln oder Scheiben übertragen. Die Scheibenhaspel werden wegen ihrer Billigkeit, ihrer geringen Raumbeanspruchung und ihres einfachen und kräftigen Baues bevorzugt, machen aber besondere Hilfsmittel gegen das Rutschen des Seiles auf der Scheibe erforderlich. Von solchen Mitteln seien hier nur kurz die Ausfüllung der Seilnut mit reibungserhöhenden Stoffen und die Vergrößerung der Seilumschlingung durch Gegenscheiben genannt, wobei auch wieder das Ausgleichgetriebe von Ohnesorge (s. Ziff. 339) Anwendung finden kann.

Einen Trommelhaspel mit Pfeilradantrieb in gedrängter Bauart zeigt Abb. 335.

Verschiedene Beispiele für Treibscheiben werden durch Abb. 336a—e veranschaulicht; und zwar zeigt Abb. 336b eine aus 3 Einzelscheiben mittels Querschraubenverbindung gebildete Scheibe, während die folgenden Abbildungen Scheiben mit Holz- oder feuersicherem Futter in den Rillen wiedergeben.

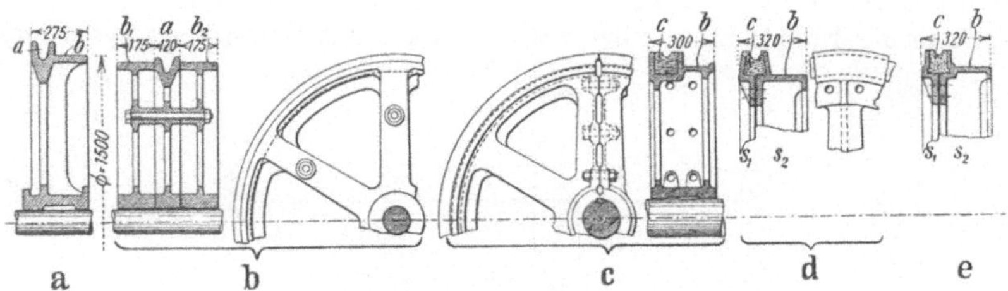

Abb. 336 a—e. Verschiedene Ausführungen von Brems- und Treibscheiben.

356. Aufstellung der Haspel. Fest eingebaute Haspel können über dem Blindschachte selbst oder am oberen Anschlag seitlich des Schachtes aufgestellt werden. Die Aufstellung auf der unteren Sohle ist zwar auch möglich, findet sich aber selten, weil das Seil durch den Schacht hochgeführt werden muß. Die Aufstellung über dem Blindschachte bietet den Vorteil, daß man mit

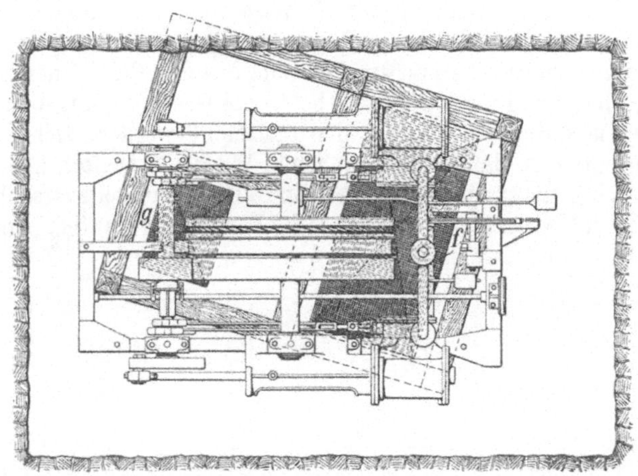

Abb. 337. Aufstellung eines Scheibenhaspels über einem Blindschacht für
eintrümmige Förderung.

wenig Raum auskommt; jedoch wird eine besondere Bewetterung der „Haspelstube" notwendig, in der zudem Brandgefahr besteht. Abb. 337 zeigt einen Scheibenhaspel in solcher Anordnung; er ist schräg zum Schachtquerschnitt verlagert, um die beiden Seile in die Mittelachsen des Fördertrumms f und des Gegengewichtstrumms g zu bringen. Die Aufstellung auf dem oberen Anschlag macht den Einbau besonderer Seilscheiben oberhalb des Stapels nötig, ermöglicht aber die Bedienung des Haspels durch den Anschläger und eine bessere Aufsicht.

357. Einrichtungen an den Anschlägen. Die Anschläge müssen durch Gittertore verschlossen gehalten werden, die auch mit den besonderen Sicherheitsverschlüssen (vgl. den nächsten Abschnitt) gekuppelt werden können.

Bei stärkerer Förderung werden maschinenmäßige Aufschiebevorrichtungen verwandt, die durch Preßluft betrieben werden. Abb. 338 veranschaulicht eine solche Vorrichtung, bei der sich im Zylinder a der Kolben b bewegt und mit der Kolbenstange c den Stoßschlitten e mit dem Stößer f vorschiebt.

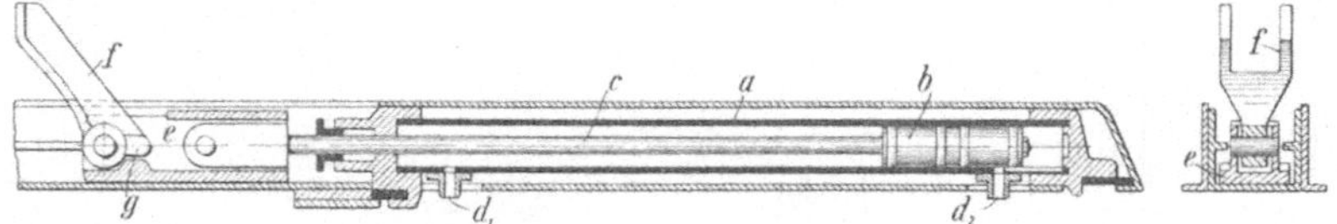

Abb. 338. Aufschiebevorrichtung von Düsterloh.

Die Preßluftleitungen für den Rückwärts- und Vorwärtsgang sind bei $d_1 d_2$ angeschlossen.

D. Sicherheitseinrichtungen bei der Brems- und Haspelförderung.

358. Fangvorrichtungen. In Bremsbergen und Abhauen können bei Förderung mit offenem Seile abgehende Wagen durch Fanghaken am Wagen aufgehalten werden, die durch den Seilzug angehoben werden, im Falle eines Seilbruches aber hinter die nächste Schwelle fassen. Bei Förderung mit Seil oder Kette ohne Ende werden Sperrhebel in die Gestänge eingebaut, die beim Förderbetriebe durch die Wagen niedergedrückt werden, sich aber gleich wieder aufrichten, so daß sie durchgehende Wagen festhalten können.

359. Sicherheitsverschlüsse. Allgemeines. Die Sicherheitsverschlüsse sollen den Absturz von Anschlägern und anderen Personen verhüten. Am Fuße und

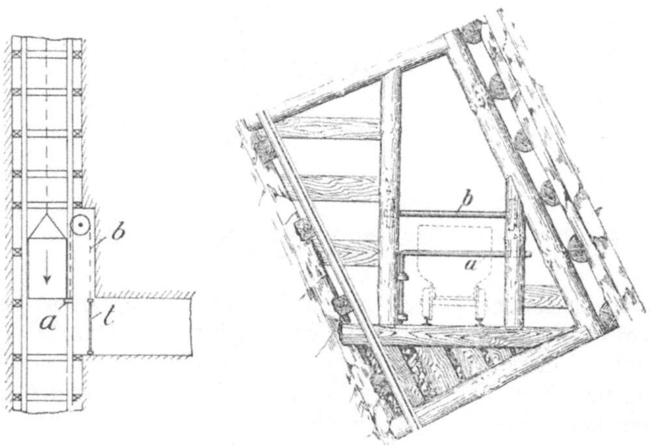

Abb. 339. Selbsttätiger Gittertürverschluß am unteren Anschlage eines Bremsschachtes.

Abb. 340. Bremsberg-Zwischenanschlag mit Drehschranke und fester Eisenstange.

Kopfe von Bremsschächten genügen einfache Schiebetüren, die durch das Fördergestell am oberen Anschlag unmittelbar, am unteren gemäß Abb. 339 durch Vermittlung eines Seiles geöffnet und geschlossen werden können.

Ein einfaches Schutzmittel für Zwischenanschläge ist die in Abb. 340 dargestellte Drehschranke a in Verbindung mit der fest eingelegten Eisenstange b;

letztere hält für den Fall des versehentlichen Offenlassens der Schranke den vorn überkippenden Förderwagen auf.

360. Selbstwirkende Verschlußeinrichtungen. Gut bewährt haben sich Verschlüsse, die auf der Mitwirkung des Fördergestells beruhen. Der ein-

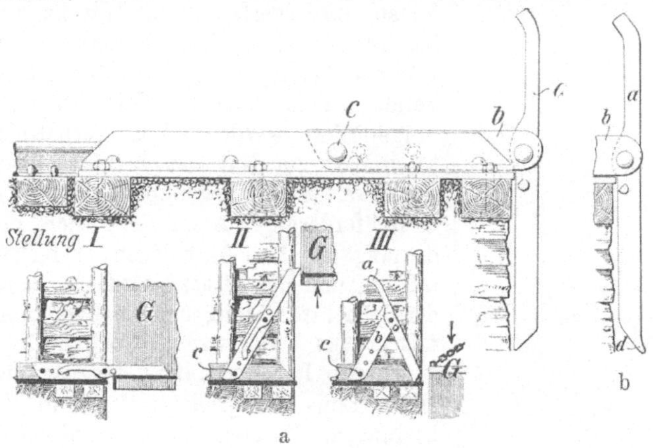

Abb. 341 a und b. Kippriegel von F. W. Moll Söhne in Witten, rechts mit Spitze d für selbsttätiges Anheben.

fache Mollsche Kippriegel nach Abb. 341 hängt, da die untere Hälfte des Riegels a die schwerere ist, für gewöhnlich in der Sperrstellung. Soll das Gestell abgefertigt werden, so wird er mittels des um den Bolzen c drehbaren Hebels b hochgeschwenkt und auf die Gestellbühne gelegt (Stellung I); wenn das Gestell den Anschlag verläßt, so kippt b selbsttätig in die Sperrstellung zurück. Die Stellungen II und III zeigen, daß der Riegel sowohl das Hoch- als auch das Niedergehen des Gestells gestattet.

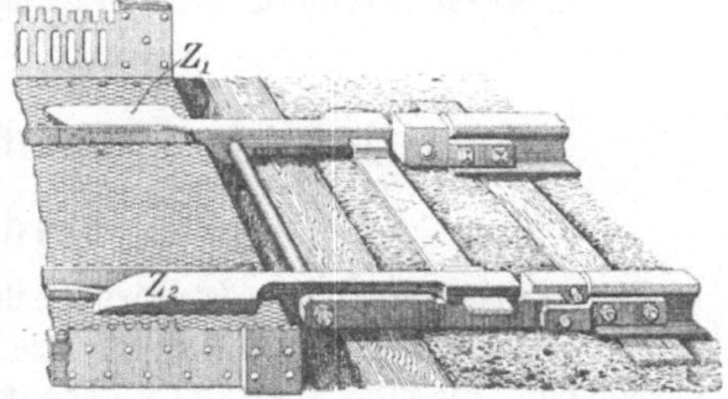

Abb. 342. Kippriegel als Schwingbühne.

Der Riegel wird von der Maschinenfabrik Mönninghoff auch nach Abb. 342 als Doppelriegel mit 2 Flacheisen ausgeführt, wodurch der Vorteil erzielt wird, daß die beiden Flacheisen eine Gleisverbindung zwischen Anschlag und Gestell herstellen und somit eine einfache Schwingbühne (s. unten, Ziff. 373) bilden, die Höhenunterschiede auszugleichen gestattet.

IV. Die Schachtförderung.

A. Gefäß- oder Kübelförderung.

361. Ausführung und Anwendung. Bei der Gefäßförderung wird das Fördergut am Füllort in ein Gefäß gekippt und dieses über Tage durch Umstürzen oder durch Öffnen einer Bodenklappe entleert. Bei der Ausführung nach Abb. 343 fällt der Inhalt des Gefäßes G nach Öffnung des Verschlusses in den Zwischenbunker a, der auf das ansteigende Band b austrägt, das seine Beschickung durch die Schurre c an das Band b abgibt.

Die Gefäßförderung stellt das älteste Schachtförderverfahren dar. Sie hat vor der bei uns üblichen Gestellförderung eine erhebliche Verringerung der toten Förderlast voraus, da die Strecken-Förderwagen nicht mitgefördert werden. Das Verhältnis der toten Last zur Nutzlast beträgt daher hier nur etwa 0,8—1,1 gegenüber 1,5—1,8 bei der Gestellförderung. Auch stellt sich die Bedienung an den Anschlägen einfacher und billiger, und die Streckenförderung wird von der Schachtförderung unabhängig, kann also mit großen Förderwagen arbeiten.

Dieses Förderverfahren eignet sich in erster Linie für große Tiefen und Förderleistungen. Es steht im ausländischen Erz- und im nordamerikanischen Steinkohlenbergbau in größerem Umfange in Anwendung, hat aber neuerdings auch im deutschen Erz-, Salz-, Braun- und Steinkohlenbergbau Ausführungsbeispiele zu verzeichnen.

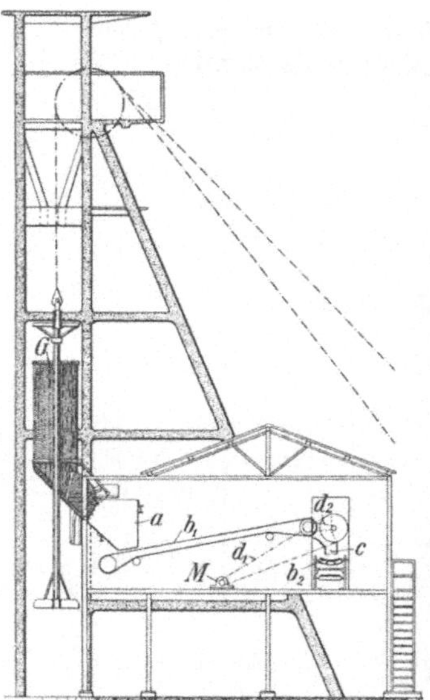

Abb. 343. Hängebank für die Gefäßförderung auf der lothringischen Steinkohlengrube La Houve.

B. Gestellförderung.

a) Förderseile.

362. Vorbemerkung. Zu Förderseilen wurden früher besonders in Belgien und Frankreich noch vielfach Pflanzenförderseile aus Hanf- oder Aloefaser verwendet. Sie sind aber heute bedeutungslos geworden, da sie bei 10facher Sicherheit nur mit höchstens 90 kg/cm^2 des Querschnittes belastet werden können gegenüber dem 20fachen Wert bei den heutigen Stahldrahtseilen.

363. Die Drahtseile sind durch den Clausthaler Oberbergrat Albert im Jahre 1834 erfunden worden. Sie werden heute durchweg aus Stahl, und zwar aus bestem Siemens-Martin-Stahl, hergestellt. Zum Schutze gegen Rost werden Drahtseile mit säurefreier Schmiere eingefettet oder auch verzinkt.

364. Flechtarten. Bandseile werden in der Weise hergestellt, daß (Abb. 344) eine Anzahl kleiner Seile („Schenkel", 1—6), in der Regel aus je 4 Litzen bestehend, nebeneinander gelegt und durch Nählitzen oder Nähdrähte n zu einem breiten Seile verbunden werden. Zur Vermeidung eines einseitigen Dralles im Seile verlaufen die Windungen der Drähte bzw. Fasern je zweier benachbarten Schenkel im entgegengesetzten Sinne.

Bandseile sind drallfrei und ermöglichen leichte und schmale Wickeltrommeln (Bobinen), da sie sich übereinander aufwickeln lassen, und einen einfachen Ausgleich des Seilgewichtes infolge verschiedener Seilkorbdurchmesser (s. Ziff. 376). Für größere Lasten sind sie nicht geeignet, da die gleichmäßige Verteilung der Last auf die einzelnen Schenkel zu schwierig ist.

Bandseile werden insbesondere als Unterseile und als Förderseile beim Schachtabteufen benutzt, weil hier Drallfreiheit sehr erwünscht ist.

Bei Rundseilen unterscheidet man folgende Gruppen: 1. Litzen, d. h. Seile aus einer oder mehreren umeinander gewickelten Drahtlagen, 2. Rundlitzenseile, die aus mehreren Litzen zusammengeflochten sind, 3. Kabelseile, die in gleicher Weise aus Litzenseilen wie die Litzenseile aus Litzen bestehen.

Die für den Bergbau wichtigste Gruppe ist die der Rundlitzenseile. Bei ihnen erfolgt die Flechtung im Längs- (Gleich-) oder im Kreuzschlag, je nachdem die Drähte

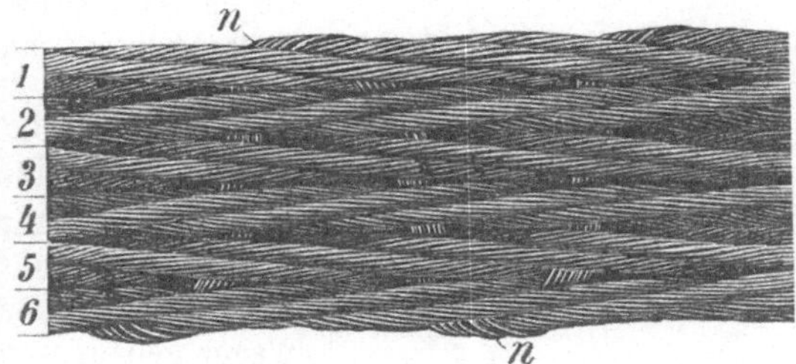

Abb. 344. Sechsschenkeliges Stahlbandseil.

in den Litzen im gleichen Sinne wie die Litzen im Seil oder entgegengesetzt verwunden sind (Abb. 345 a und b). Längsschlagseile sind biegsamer und haltbarer als Kreuzschlagseile, auch ergeben sie infolge einer gewissen Verzahnungswirkung eine größere Reibung auf der Treibscheibe; sie sind deshalb häufiger. Allerdings ist bei ihnen das Drallmoment und daher auch die Neigung, Klanken zu bilden, größer.

In der Regel sind 6—7 Litzen um ein Hanfseil als Einlage oder Seele angeordnet. Die Einlage bietet den Litzen ein weiches Auflagepolster und verhindert einen zu starken gegenseitigen Druck. Diese Litzen bestehen je nach der Stärke

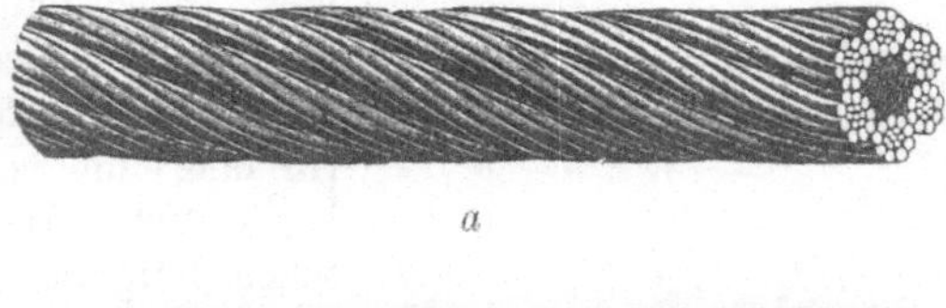

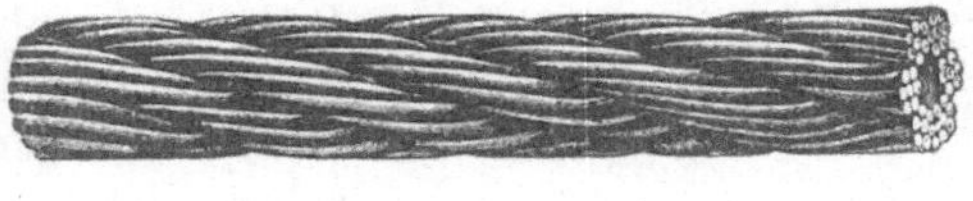

Abb. 345 a und b. Längsschlag (a) und Kreuzschlag (b) bei Drahtseilen.

des Seiles aus einer oder mehreren Drahtlagen. Die Drahtdurchmesser schwanken im großen und ganzen zwischen 1,7 und 2,8 mm.

Durch eine besonders große Auflagefläche und einen dementsprechend geringen Verschleiß sind die flachlitzigen und die dreikantlitzigen Seile ausgezeichnet, bei denen an Stelle der Kerndrähte in den Litzen flach-ovale oder dreikantige Drähte benutzt werden.

365. Tragfähigkeit. Leistungen und Kosten. Die Tiefe, bei der ein nicht verjüngtes Seil noch sein Eigengewicht mit 8facher Sicherheit tragen kann, berechnet sich für:

Aloeseile (Zugfestigkeit z. B. 7 kg je mm²) zu 810—820 m,

Eisendrahtseile (Zugfestigkeit etwa 60 kg je mm²) zu 830—850 m,

Stahldrahtseile a (Zugfestigkeit 150 kg je mm²) zu rd. 2020 m,

Stahldrahtseile b (Zugfestigkeit 180 kg je mm²) zu rd. 2400 m.

Die Leistungen von Förderseilen während ihrer Aufliegezeit erreichen in tieferen Schächten 200000—500000 Nutz-Tonnenkilometer und darüber.

Die Seilkosten schwanken zwischen etwa 0,4 und 0,6 ℳ / tkm. Sie sind am geringsten bei Stahlrundseilen für Treibscheibenförderung, höher bei solchen für Trommelförderung; sie steigen am höchsten bei Aloe- und Stahlbandseilen. Besonders hoch werden sie in nassen Schächten wegen der Rostbeschädigung, zumal wenn die Schachtwasser sauer oder salzig sind.

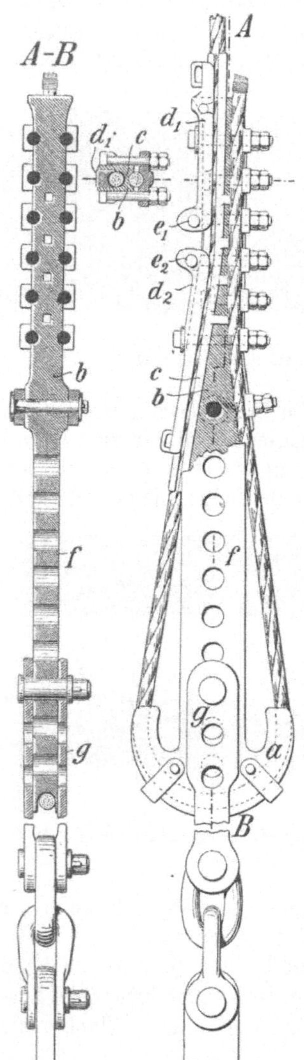

Abb. 346. Seileinband von Eigen.

b) Die Fördergestelle und das Zwischengeschirr.

366. Größe und Bauart der Fördergestelle. Die Fördergestelle (Förderkörbe, Förderschalen, Fördergerippe) können für einen oder mehrere Wagen gebaut werden. Im letzteren Falle sind noch ein- und mehrbödige Gestelle zu unterscheiden. Für alle Förderungen, die größere Massen bewältigen oder aus größeren Tiefen heben müssen, ist die Unterbringung einer größeren Anzahl von Wagen auf dem Gestelle notwendig. Diese kann durch Hintereinander- oder Nebeneinanderstellung der Wagen auf den einzelnen Gestellböden ermöglicht werden. Im ersteren Falle wird das Gestell im Grundriß lang und schmal, im letzteren kurz und breit. Mehr als zwei Wagen werden im deutschen Bergbau nur vereinzelt auf je einem Boden untergebracht. In engen Schächten muß man sich mit nur einem Wagen auf jedem Boden begnügen; für größere Leistungen ergeben sich dann unvorteilhaft hohe und schwerfällige Förderkörbe.

Die Fördergestelle werden aus Profileisenrahmen mit Längsverbindungen und Schrägversteifungen zusammengesetzt. Besonders stark muß der Kopfrahmen ausgeführt werden, da an diesem das Seil angreift und die etwaige Fangvorrichtung angebracht wird. Für die Führung an den Schachtleitungen dienen die Gleitschuhe.

Das Gewicht sucht man neuerdings bei tieferen Schächten durch die Verwendung von Leichtmetall herabzudrücken.

Das Festhalten der Förderwagen kann durch Klinken in mittlerer Wagenhöhe oder auf dem Schienenbelag der einzelnen Korbböden oder (besser) durch Erhöhungen oder Vertiefungen auf den letzteren erreicht werden. Während der Seilfahrt ist für einen Verschluß der offenen Seiten des Fördergestells zu sorgen. Man benutzt dazu leichte Türen, die nur nach innen aufgehen dürfen, oder Faltverschlüsse, die zur Seite geschoben oder hochgezogen werden.

367. Seileinband heißt das oberste Stück des Zwischengeschirrs. Die Befestigung des Seiles in diesem Stücke kann mittels einer sog. „Kausche" oder mittels eines Seilschlosses oder einer Seilklemme erfolgen. Einen Seileinband mit Kausche zeigt Abb. 346. Das Seil ist um die eigentliche Kausche a und das damit verbundene Zwischenstück b gelegt. Der obere Teil der Hülse c ist zum Aufklappen eingerichtet, so daß das Seil zur Besichtigung frei ge-

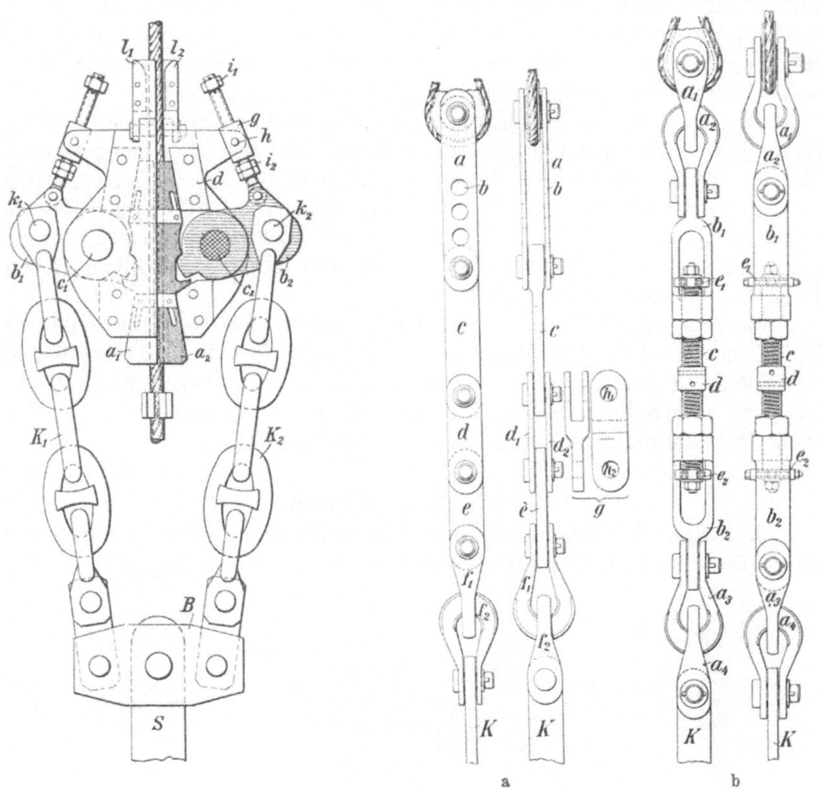

Abb. 347. Seilklemme der Demag (Duisburg).

Abb. 348 a und b. Zwischengeschirr der Siegener Maschinenfabrik-A.-G.

geben werden kann. Der umgebogene Seilschwanz wird durch Schrauben gegen das Einlegestück b gepreßt und so festgehalten. Das Zwischengeschirr greift mittels der Doppellasche g an der Lasche f an, die einen Bestandteil der Kausche selbst bildet und zwecks Einstellung der Seillänge mehrere Löcher besitzt.

Ein Seilschloß veranschaulicht Abb. 347. Die Umbiegung des Seiles fällt hier fort; die Förderlast greift mittels der Königstange S und des Querstückes B an Ketten $K_1 K_2$ an, die an den Bolzen $k_1 k_2$ hängen, und drückt dadurch die auf den Bolzen $c_1 c_2$ sitzenden Winkelhebel herum, die mit Daumen die außen abgeschrägten Klemmhülsen $a_1 a_2$ fassen und zwischen das Seil und die entsprechend gestalteten Innenflächen der eigentlichen Seilbüchse d pres-

sen. Das Seil wird also um so kräftiger eingeklemmt, je größer die Förderlast ist. Zum Lösen der Klemme dienen die Muttern i_1 auf den durch die
Drehbüchsen g hindurchgehenden Schraubenspindeln.

368. Die eigentlichen Zwischengeschirrteile. Der Förderkorb kann durch
Ketten oder durch eine Königstange (vgl. Abb. 347) am Seil aufgehängt werden.
Im ersten Falle finden in der Regel 4 Ketten („Zwieselketten") Verwendung;
außerdem pflegt man 4 Notketten anzubringen, die für den Fall des Bruches
einer Hauptkette zur Wirkung kommen und im Vergleich mit den Haupt-
ketten länger, unter sich aber von gleicher Länge sein müssen. Sind Fangvorrichtungen vorhanden, so werden diese fast stets von der Königstange aus
betätigt, diese ist dann also auch in dem Falle erforderlich, wenn der Korb
in Zwieselketten aufgehängt ist (vgl. Abb. 362 auf S. 213).

Wegen der Längung der Seile müssen Zwischenstücke vorgesehen werden,
die ein Längen durch eine entsprechende Verkürzung auszugleichen gestatten.
Für die gröbere Einstellung dienen gemäß Abb. 348 Laschenketten, deren
Laschen $c\ d$ einzeln entfernt oder durch Einstecken der Verbindungsbolzen in
verschiedene Löcher b der Lasche a in verschiedenen Längenverhältnissen
untereinander verbunden werden können. Die feinere Einstellung erfolgt
durch Schraubenspindeln (Abb. 348 b).

Außerdem kommen noch verschiedene Schäkel zur Herstellung der erforderlichen Verbindungen zwischen Seileinband, Ketten, Königstange und
Förderkorb in Betracht. Wirbel, die man früher zur Auslösung der Drall-
spannung einschaltete, haben sich als nachteilig erwiesen, da sie das Seil
durch fortwährendes Auf- und Zudrehen beschädigten.

c) Schachtleitungen.

369. Allgemeine Anordnung der Schachtleitungen. Man unterscheidet
Kopf-, Seiten- und Eckführungen. Erstere führen die Fördergestelle an den

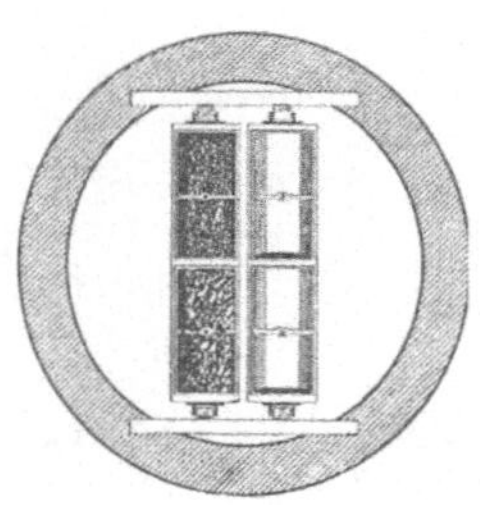

Abb 349. Kopfführung bei
langen Förderkörben.

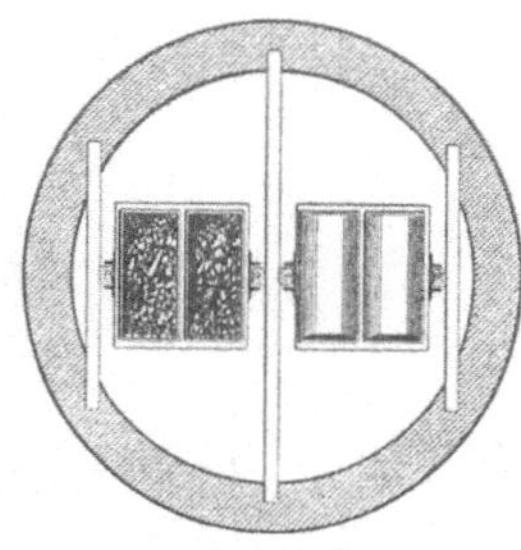

Abb. 350. Seitenführung bei
breiten Förderkörben.

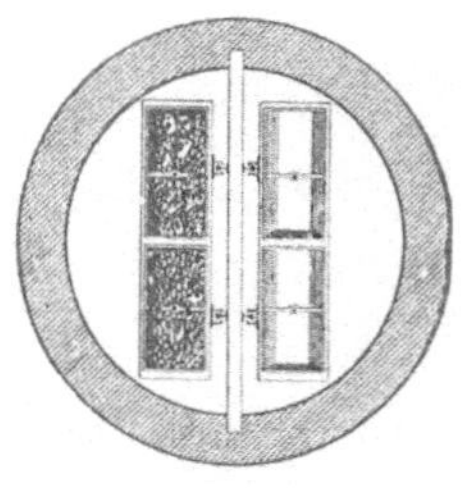

Abb. 351. Seitenführung
bei langen Förderkörben.

offenen Seiten. Sie bilden bei schmalen Fördergestellen die Regel (Abb. 349),
werden aber auch für Fördergestelle mit je 2 Wagen nebeneinander verwandt.

Seitenführungen (Abb. 350) führen die Körbe an den geschlossenen
Längsseiten. Sie finden in erster Linie bei breiten Gestellen Verwendung,
werden aber auch für lange und schmale Gestelle benutzt und dann, um an
Mitteleinstrichen zu sparen, so eingerichtet, daß die Gestelle nur auf einer
Seite, hier aber mit 2 Leitungen geführt werden (Briartsche Führung,
Abb. 351).

Eckführungen werden vielfach für niedrige, im Schachte durch Kopfleitungen geführte Gestelle an den Anschlagpunkten vorgesehen, da solche Gestelle wegen der Unterbrechung der Führung an den Anschlägen nicht sicher durch die Hauptführungen gehalten werden.

370. Ausführung. Die Führungen können aus Holz, Profileisen oder Drahtseilen bestehen.

Für Holzführungen wird in der Regel das Holz der amerikanischen Pechkiefer (pitchpine) verwendet. Außerdem findet Eichenholz Anwendung; auch benutzt man neuerdings mit gutem Erfolge das

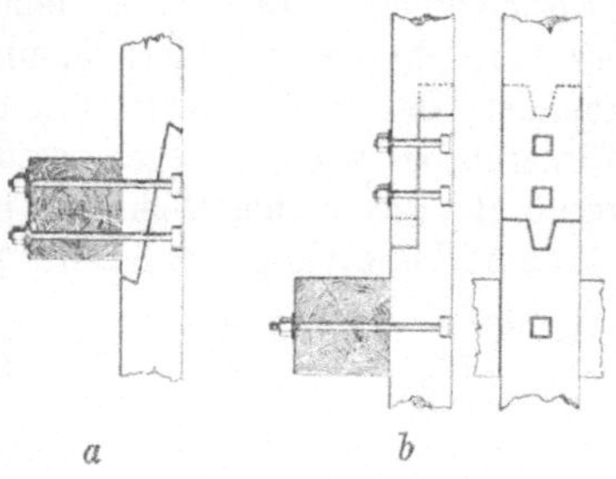

Abb. 352 a und b.   Befestigungen und Verbindungen von Spurlatten.

wegen seiner Härte gegen den Verschleiß sehr widerstandsfähige australische Jarrah-Holz. Beispiele für Verbindungen der einzelnen Leitbäume („Spurlatten“) untereinander und mit den Einstrichen liefert Abb. 352 a und b. Neuerdings sichert man die Leitbäume bei stärkeren Beanspruchungen durch Einsetzen in Eisen- oder Stahlschuhe, die man an den Einstrichen befestigt. Die einzelnen Leitbäume erhalten Längen von je etwa 6—9 m.

Eiserne Schachtleitungen beanspruchen verhältnismäßig wenig Raum und sind gegen ausziehende Wetter widerstandsfähiger als Holzleitungen, sofern sie gut unter Schmiere gehalten werden. In der Regel werden Eisenbahnschienen verwendet, die in Längen von 10—12 m eingebaut und vom Förderkorb mit Klauen gefaßt werden (Abb. 351). Die Briartsche Führung (Abb. 351) findet insbesondere für Schächte mit Doppelförderung wegen der bei dieser Führung zu erzielenden Raumersparnis Anwendung.

Seilführungen werden durch Drahtseile gebildet, die im Schachte aufgehängt und unten mit Gewichten belastet und dadurch straff gespannt werden. Die Förderkörbe führen sich an den Seilen mit Hilfe von zylindrischen Führungsbüchsen, die gleichzeitig als Schmierbüchsen dienen können. Seilführungen sind bequem einzubringen und zu erneuern und wenig dem Verschleiß ausgesetzt, auch ermöglichen sie einen stoßfreien Gang der Förderkörbe. Jedoch beanspruchen sie bei größeren Teufen viel Raum wegen der unvermeidlichen Seilschwankungen.

d) Füllort und Hängebank.

371. Allgemeines. Bei lebhafter Förderung wird der Wagenwechselbetrieb zum Durchschieben eingerichtet. Dabei hält man am Füllorte sowohl wie an der Hängebank eine einheitliche Förderrichtung ein, um so die höchste Leistungsfähigkeit der Förderung zu erzielen. Zu diesem Zwecke müssen am Füllorte nötigenfalls durch Umleitungen die vollen Wagen sämtlich von einer Seite herangebracht und die leeren Wagen, ebenfalls von einer Seite ablaufend, den verschiedenen Feldesteilen zugeführt werden. An der Hängebank läßt man die Wagen einen geschlossenen Umlauf machen (Abb. 353). Eingeschaltete Kettenbahnen heben die Wagen auf eine gewisse Höhe, so daß sie im übrigen selbsttätig im Gefälle laufen können (vgl. Abb. 326 auf S. 191).

372. Aufsetzvorrichtungen (Schachtfallen, Keps) sollen das Fördergestell an der Hängebank und am Füllort halten, um einen sicheren Wagenwechsel zu ermöglichen. Bei den einfachen Aufsetzvorrichtungen ist ein Anheben des Förderkorbes erforderlich, um die Aufsetzvorrichtung zurückziehen zu können. Besser sind Vorrichtungen, die unter der Last des aufruhenden Förderkorbes zurückgezogen werden können. Dadurch wird das Hängeseil verhütet, was namentlich für mehrbödige, also mehrmals umzusetzende Förderkörbe wichtig ist. Eine solche Aufsetzvorrichtung zeigt Abb. 354.

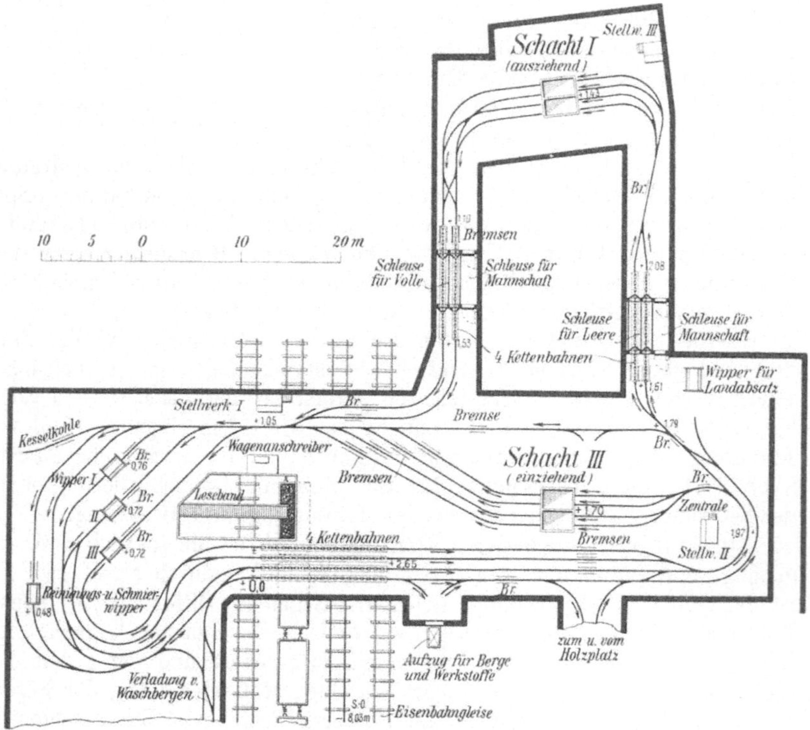

Abb. 353. Wagenumlauf auf der Hängebank einer Doppelschachtanlage.

Mittels Handhebels a und der durch ihn betätigten Gelenkhebel bc kann die keilförmig abgeschrägte Aufsetzknagge d in der festen Führungsbüchse e bewegt werden. Beim Aufsetzen des Gestells wird die Knagge durch den Gegendruck des starren Hebels bc (Abb. 354 b) zurückgehalten, kann aber zum Ausweichen unter der Last des Fördergestells dadurch veranlaßt werden, daß der Anschläger den Hebel einknickt (Abb. 354 a), wobei d sich in die Büchse e zurückschiebt. Die Knagge d kann um den Drehpunkt im Hebel c frei schwingen, also vom hochkommenden Förderkorb zurückgeschlagen werden.

Heute werden namentlich bei der Seilfahrt am Füllort die Aufsetzvorrichtungen fortgelassen, um ein hartes Aufsetzen der Förderkörbe zu verhüten. Auch an der Hängebank wird neuerdings meist ohne Aufsetzvorrichtungen gefördert. Man vermeidet dann die Bildung von Hängeseil sowie die wechselnde Beanspruchung der Fördergestelle auf Zug und Druck.

373. Schwingbühnen werden heute in großem Umfange als Ersatz für Aufsetzvorrichtungen verwendet. Sie eignen sich besonders für Füllörter in tiefen Schächten, wo sich die Längenänderungen der Seile stark bemerklich machen. Eine solche Bühne zeigt Abb. 355. Die Plattform a ist durch das Gegengewicht d ausgeglichen. Sie wird durch Druck auf den Handhebel auf den zu be-

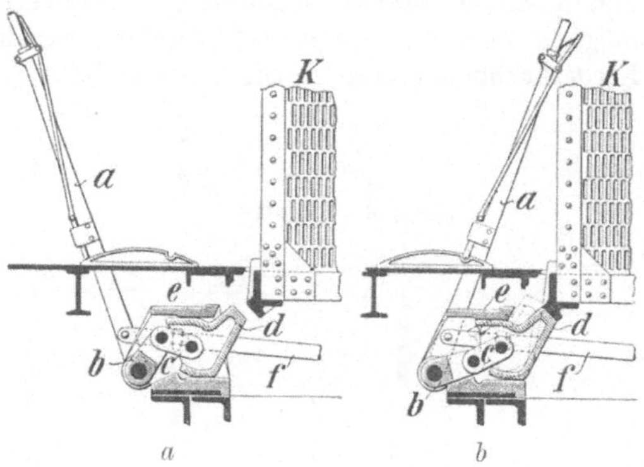

Abb. 354 a und b. Aufsetzvorrichtung von Haniel & Lueg.

dienenden Boden des Fördergestelles gelegt. Der vorderste Teil b ist drehbar angeordnet, so daß er nötigenfalls von dem niedergehenden Fördergestell heruntergeklappt werden kann, während das hochgehende Gestell die Bühne so weit anzuheben vermag, daß es vorbei kann. Das Gestänge e verbindet die beiderseitigen Betätigungshebel.

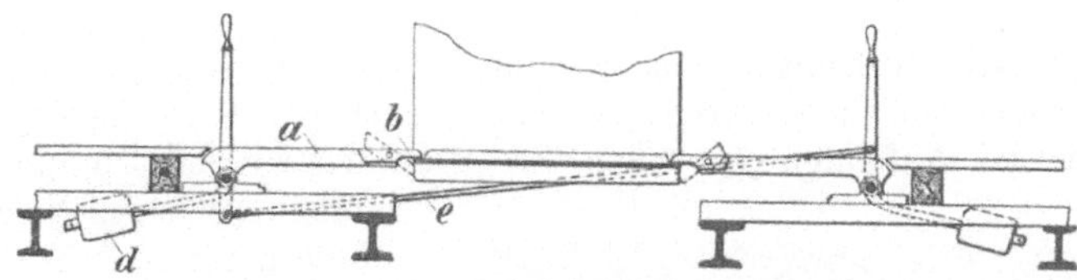

Abb. 355. Doppelseitige Schwingbühnenanlage.

374. Die Bedienung der Gestelle. Mehrbödige Gestelle müssen während der Bedienung umgesetzt werden, was neuerdings bei hohen und schweren Förderkörben vorzugsweise in der Weise erfolgt, daß an der Hängebank die oberste, am Füllort die unterste Bühne zuerst bedient wird. Man erzielt dadurch den Vorteil, daß nicht nur die Gefahr des Übertreibens, sondern auch (beim Vorhandensein von Aufsetzvorrichtungen und bei nicht lebhafter Berge-Rückförderung) die durch das Aufsetzen der Förderkörbe auf die Aufsetzvorrichtung erzeugte Stauchwirkung verringert wird, weil die schweren gefüllten Wagen unterhalb des Stützpunktes hängen.

Bei stärker beanspruchten Förderanlagen sucht man, da die Zahl der auf einem Fördergestell zu hebenden Wagen eine gewisse Grenze nicht überschreiten und ebenso die Fördergeschwindigkeit nicht beliebig gesteigert werden kann, den Aufenthalt der Gestelle an den Anschlägen möglichst zu verkürzen.

Für mehrbödige Gestelle, wie sie für größere Förderleistungen erforderlich sind, kann man an Hängebank und Füllort für jeden Boden des Fördergestells eine besondere feste Abzugbühne vorsehen; diese verschiedenen

Bühnen werden durch kleine Bremsen untereinander verbunden. Allerdings
ist das Verfahren wegen der Vermehrung der Anschlägermannschaft teuer
und infolge der Bremsen umständlich. Eine Verringerung dieser Übelstände ist
möglich, wenn man einmaliges Umsetzen beibehält, also nur für jeden zweiten
Förderkorbboden eine Abzugbühne einbaut (Abb. 356).

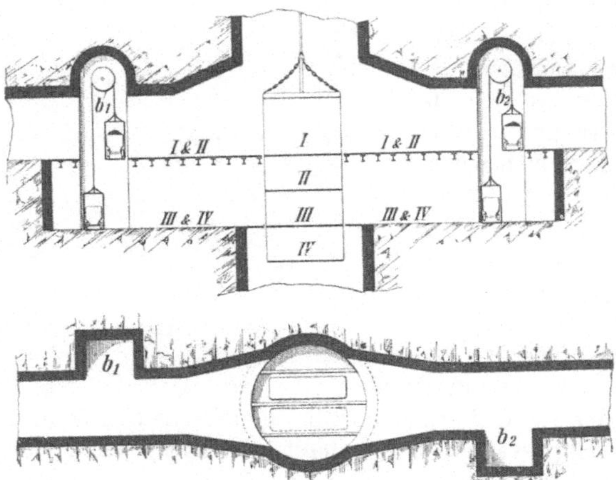

Abb. 356. Bedienung vierbödiger Fördergestelle von zwei festen
Bühnen aus mit einmaligem Umsetzen.

Ein anderes Hilfsmittel, von dem man heute in großem Umfange Gebrauch macht, stellen die mechanischen Aufschiebevorrichtungen dar. Diese
bewirken das Auflaufen der vollen Wagen auf den Förderkorb und das Ab-

Abb. 357. Aufschiebevorrichtung der Maschinenfabrik
Hasenclever A.-G.

laufen der leeren Wagen vom
Förderkorbe durch Schwinghebel f (Abb. 357), die von oben
her mit Druckrollen $g_1 g_2$ hinter
die Wagen fassen, oder durch
eine unterlaufende Kette mit
auf- und abklappbaren Mit-
nehmern, die sich beim Zurückziehen niederlegen, beim Vor-
ziehen dagegen aufrichten und
die Wagen mitnehmen. —
Andere Beschickvorrichtungen
arbeiten mit schiefen Ebenen.

Sie erfordern Sperrhebel, Bremsvorrichtungen u. dgl., die die auf den
Förderkorb auflaufenden und die dem Anschlage zulaufenden Wagen recht-
zeitig festhalten. Auch hat man verschiedentlich die Förderkörbe selbst in
die Gefällestrecke eingeschaltet, indem man ihre Böden geneigt eingebaut oder
beweglich eingerichtet hat.

Ein Beispiel für eine größere Füllortanlage in Verbindung mit Lokomotiv-
Streckenförderung gibt Abb. 358. Hier läuft der Durchschiebebetrieb von
links (Süden) nach rechts (Norden). Als Hilfsmittel für die Wagenbewegung

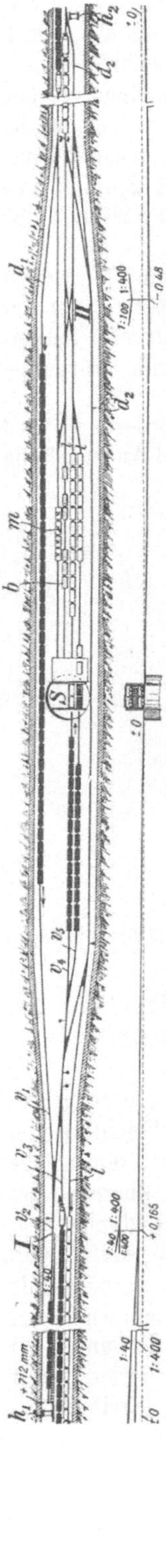

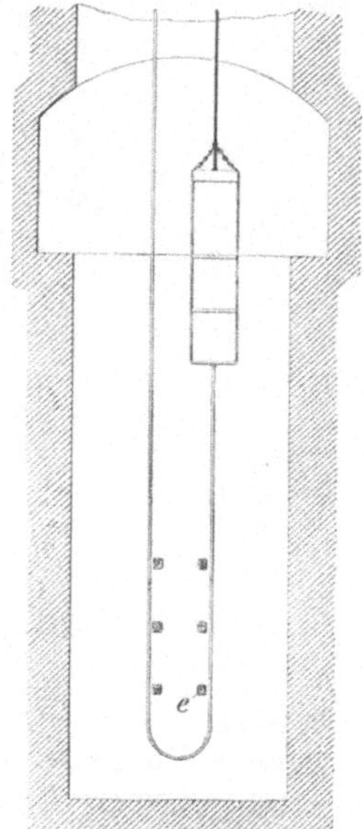

Abb. 358. Füllortanlage auf Schacht V der Gewerkschaft ver. Constantin der Große bei Bochum. (Maßstab 1:1300).

werden benutzt: Gefällestrecken, Aufschiebevorrichtungen am Schachte (wegen des kleinen Maßstabes nicht gezeichnet) und Haspel $h_1 h_2$ (an den beiden äußersten Enden). Die von Norden kommenden vollen Züge werden durch den Haspel h_1 den Lokomotiven abgenommen und durch die Umführung d_1 auf die Südseite gebracht, wo sie ebenso wie die von Süden kommenden vollen Wagen mit Gefälle dem Schachte zulaufen. Für die nach Süden zurückzuführenden leeren Wagen dient das Umführungsgleis d_2.

e) Die Betätigung der Schachtförderung.

375. Die Trommelförderung besteht darin, daß die Seile mit einem Ende auf einer Trommel befestigt sind und also für jedes Fördertrumm ein Seil erforderlich ist. Bei der Trommelförderung ist für größere Fördertiefen das Seilgewicht von großer Bedeutung. Dazu kommt, daß wegen des Auf- und Abgehens der Förderkörbe das Seilgewicht fortwährend auf beiden Seiten wechselt.

376. Ausgleichung des Seilgewichtes. Das einfachste und für Rundseile bei uns fast allein benutzte Mittel zur vollkommenen Ausgleichung des Seilgewichtes ist das Unterseil, das mit seinen beiden Enden unter beiden Fördergestellen befestigt wird und dessen Schleife bis zum Schachttiefsten reicht. Dort kann das Unterseil über eine Scheibe mit Gewichtsbelastung und Schlittenführung gelegt werden, doch zieht man meist eine Anzahl von Einstrichen gemäß Abb. 359 als betriebsicherer vor. Um die Förderkörbe von dem großen Gewicht des Unterseiles zu entlasten, hat man dieses öfter auch mit Hilfe eines Umführungsgestänges unmittelbar am Oberseil aufgehängt.

Abb. 359. Führung des Unterseiles im Schachttiefsten.

Andere Seilausgleichungen gründen sich auf die Verschiedenheit der Aufwickelungsdurchmesser der Seilkörbe, indem das größte Seilgewicht am kleinsten, das kleinste Seilgewicht am größten Hebelarm wirkt. Eine derartige Ausgleichung ermöglichen die für die Bandseilförderung bestimmten sog. „Bobinen" (Abb. 360), auf denen sich das Seil übereinander aufwickelt, so daß selbsttätig ein gewisser Seilausgleich erzielt wird. Bei Verwendung von Rundseilen kann man eine ähnliche Ausgleichung dadurch herbei-

führen, daß man Seilkörbe mit mehr oder weniger konischer Form verwendet. Solche Seilkörbe sind die konischen (Abb. 361a) und die Spiral-
körbe (Abb. 361b), von denen die ersteren einen Böschungswinkel der Trommel-
oberfläche gegen die Horizontale bis zu etwa 30°, die letzteren einen solchen
bis zu etwa 60° erhalten. Im letzteren Falle muß das Seil durch spiralig
verlaufende Rillen geführt werden. Eine einigermaßen befriedigende Ausgleichung läßt sich für größere Teufen und Lasten nur mit Spiralkörben
erreichen; bei den konischen Seilkörben ist der Unterschied zwischen den
beiden Hebelarmen zu gering.

377. Die Treibscheibenförderung, nach ihrem Erfinder, dem Bergwerks-
direktor Koepe, auch als „Koepe-Förderung" bezeichnet, beruht auf der
Bewegung des Seiles durch die Reibung. Infolgedessen ist nur ein Seil erforderlich, an dem beide Förderge-
stelle hängen.

Die Treibscheibenförderung wird
fast stets mit Unterseil-Ausgleichung

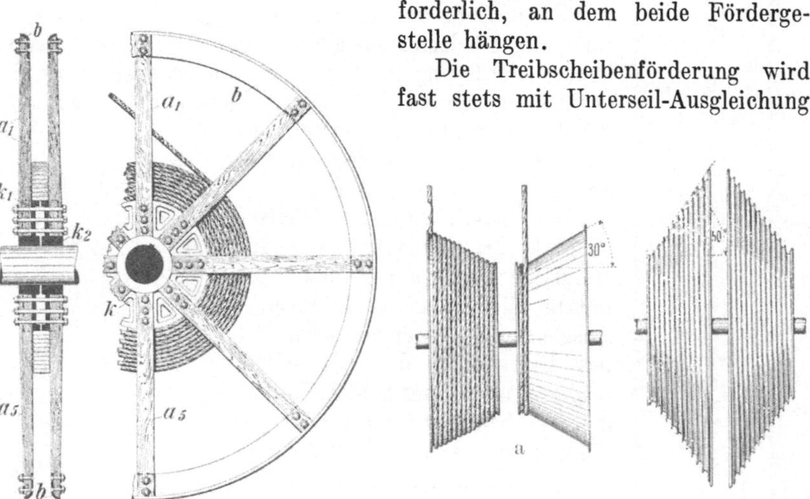

Abb. 360. Bobine.   Abb. 361 a und b. Konische und Spiral-Seilkörbe.

betrieben, damit durch die vergrößerte tote Last die Reibungswirkung
gesteigert und ein genügend rasches Anfahren ohne Rutschen des Seils ermöglicht wird.

Der Trommelförderung gegenüber hat die Treibscheibenförderung vor
allem (namentlich für tiefe Schächte) den Vorteil, daß sie eine leichtere und
billigere Maschine ermöglicht. Dazu kommt die Möglichkeit, die Treibscheibe
mit den Seilscheiben in eine Ebene zu bringen, indem letztere übereinander
statt nebeneinander eingebaut werden. Dadurch fällt die schädliche Seilablenkung fort. Nachteilig ist allerdings bei der gewöhnlichen, einfachsten
Ausbildung der Treibscheibenförderung das nicht gänzlich zu vermeidende
Rutschen des Seiles, die Abhängigkeit beider Förderkörbe von einem Seile,
die Unmöglichkeit einer Prüfung des Seiles durch Abhauen des untersten
Endes und die Unmöglichkeit, von verschiedenen Sohlen zu fördern. Für
Turmfördermaschinen (vgl. Abb. 369, S. 217) kommt nur die Treibscheibe
in Betracht.

f) Sicherheitsvorrichtungen bei der Schachtförderung.

1. Fangvorrichtungen.

378. Bedeutung und allgemeine Erfordernisse der Fangvorrichtungen.
Die Fangvorrichtungen sollen fahrende Leute für den Fall eines Bruches
des Förderseiles oder eines Zwischengeschirrteiles sichern. Dagegen ist ihr
Nutzen bei der Förderung gering. Denn infolge der großen Massen und Ge-
schwindigkeiten ist hier die Fangwirkung zweifelhaft und die Beschädigung
der Schachtleitungen durch die Fänger beträchtlich; es kann also leicht durch
Fangvorrichtungen bei der Förderung mehr Schaden angerichtet als Nutzen
geschaffen werden. Daher hilft man sich wohl auch dadurch, daß man die
Fangvorrichtung während der Förderung durch Sperrvorrichtungen außer
Wirksamkeit setzt.

Fangvorrichtungen sollen auch im ungünstigsten Falle (Seilbruch bei nieder-
gehendem Gestell mit voller Belastung, höchster Geschwindigkeit und an-
hängendem Seilschwanz) sicher fangen. Die Fangwirkung darf aber nicht zu
plötzlich eintreten; daher soll die Betätigung der Fangvorrichtung möglichst
sofort nach dem Seilbruch beginnen, der Korb aber erst nach einem gewissen
Bremsweg zum Stillstand kommen. Außerdem ist einfacher und kräftiger
Bau, möglichst geringes Gewicht und möglichst geringe Abhängigkeit von dem
jeweiligen Zustande der Schachtleitungen erforderlich.

379. Ausführungsbeispiele. Mit gezahnten Exzentern greift die auf einer
Anzahl von Schachtanlagen noch vorhandene und auch für Blindschacht-

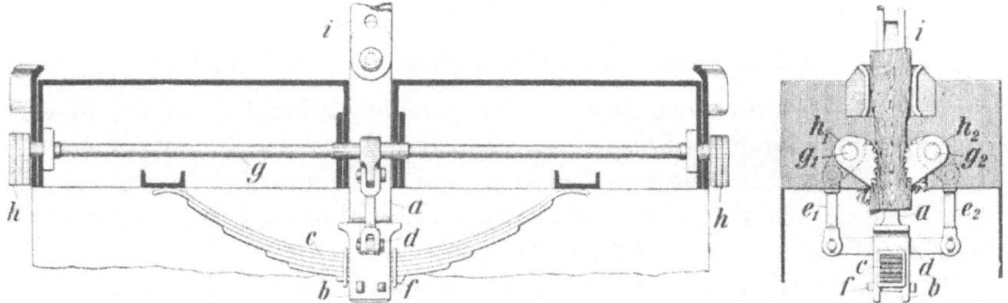

Abb. 362. Fangvorrichtung von White & Grant.

förderungen vielfach verwendete Fangvorrichtung von White & Grant
(Abb. 362) die Spurlatten von beiden Seiten an. Die gezahnten Klauen
$h_1 h_2$ sind auf die Wellen $g_1 g_2$ aufgekeilt. Die Drehung der Wellen erfolgt
durch die Hebelübertragung $e_1 e_2$ von der Blattfeder c aus, die durch den
Seilzug mittels der Königstange a, der Gabel b und der Keile f für ge-
wöhnlich gespannt gehalten wird, so daß die Fangklauen in zurückgezogener
Stellung verharren und erst im Falle des Seilbruches durch Entspannung der
Feder zum Eingreifen gebracht werden.

Derartige Fangvorrichtungen können durch einen längeren Seilschwanz
wieder außer Eingriff gebracht werden, indem dieser sich im Ausbau verfängt
und die Feder wieder strafft. Zu den Fangvorrichtungen, die diese Wirkung
ausschalten, gehört diejenige von P. Schönfeld (Abb. 363), die mit dem
Förderseil nichts zu tun hat, sondern nur auf zu große Beschleunigung anspricht.
Die Fänger a, die mit den Schwinghebeln b auf dieselbe Welle aufgekeilt sind,

werden während des Förderbetriebes dadurch in der links gezeichneten Ruhe-
stellung gehalten, daß die Zugstange c gegen den Druck der Blattfeder d durch die
Nase e des Fallhebels f niedergedrückt wird. Der Hebel f wird durch die Gelenkhebel gh in der Sperrstellung gehalten, indem das Gelenkstück i die Büchse k
gegen den Druck der Feder l_1 herunterdrückt, so daß die Klinke m, die in eine
Eindrehung der Büchse k greift, diese festhält. Die Betätigung erfolgt dadurch, daß das Tanzgewicht n, das mit seinem oberen Rande auf der Feder l_2
ruht, bei Überschreitung einer gewissen Beschleunigung hochgeht und mittels
des Hebels o und der Rolle p die Klinke m auslöst, worauf die Feder l_1 die
Büchse k hoch- und damit das Kniegelenk i nach oben durchdrückt, so daß der
Hebel g zurückgezogen wird und den Hebel f freigibt. Damit wird dann die
Blattfeder d entspannt und der Schwinghebel b nebst dem Fänger a in die in

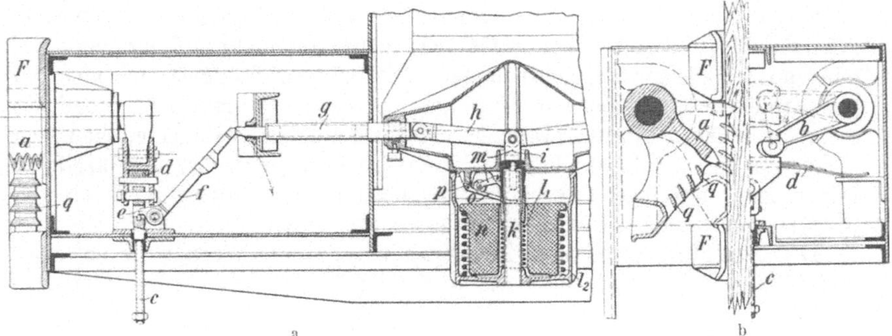

Abb. 363 a und b. Hobel-Fangvorrichtung von P. Schönfeld.

der Abb. 363 b gestrichelt angedeutete Fangstellung gebracht. Die von diesem
Augenblick an durch die Fänger a abgehobelten Späne der Spurlatten werden
durch die Zwischenräume zwischen den Messern q hindurchgedrückt und auf
diese Weise gleich abgeführt, so daß keine Verstopfung, die die Fangwirkung
beeinträchtigen könnte, eintreten kann.

Die Fangvorrichtung hat sich auf zahlreichen Anlagen bewährt.

Andere Fangvorrichtungen arbeiten mit Keilen oder Klemmbacken, die glatt
oder gezahnt sind. Die durch Exzenter, Keile oder Klemmbacken wirkenden
Fangvorrichtungen können auch für eiserne Schachtleitungen benutzt werden.

2. Vorrichtungen gegen das Übertreiben und zu harte Aufsetzen der Fördergestelle.

380. Einwirkung auf die Fördergestelle. Das einfachste Mittel zum An-
halten eines zu hoch gezogenen Fördergestells besteht in einer Annäherung oder
Verdickung der Spurlatten oberhalb der Hängebank (Abb. 364) und unterhalb
des Füllorts. Die Wirkung solcher Bremsvorrichtungen wird ergänzt durch
unterhalb der Seilscheiben eingebaute Prellträger T_2, die zum Schutze
der Seilscheiben dienen. Für den Fall, daß beim Anprall des Gestells das
Seil reißen sollte, werden Fangstützen k vorgesehen, die vor dem hoch-
gehenden Gestell ausweichen, aber sofort wieder in den Schacht zurückfallen
und erforderlichenfalls das Gestell auffangen.

381. Überwachung der Fördermaschine. Für die Fördermaschine sind
zunächst als Überwachungsvorrichtungen der Teufenzeiger und der Ge-

schwindigkeitsmesser erforderlich. Der Teufenzeiger ist entweder ein drehend bewegter Zeiger, der auf einer bogenförmigen Teilung spielt, oder ein senkrechtes Gestell, an dem sich zwei kleine Schlitten bewegen, die den jeweiligen Stand der Förderkörbe im Schachte in verkleinertem Maßstab erkennen lassen. Mit dem Teufenzeiger ist in der Regel eine Warnglocke verbunden, deren Klöppel gewöhnlich vor Beginn der zweitletzten Umdrehung der Maschine betätigt wird.

Die Geschwindigkeitsmesser sind jetzt durchweg solche nach der Bauart von Karlik, bei der ein auf Quecksilber ruhender Schwimmer mittels der Schleuderkraft bewegt wird und seine Bewegung sowohl auf einen Zeiger, der über einer Teilung spielt, als auch auf einen Schreibstift überträgt, der die Geschwindigkeit fortlaufend auf eine langsam gedrehte Papiertrommel aufzeichnet.

382. Die Beeinflussung der Fördermaschine kann in der Weise erfolgen, daß ein Geschwindigkeitsregler mit dem Teufenzeiger zusammenwirkt und veranlaßt, daß die Maschine auch dann, wenn die Förderkörbe noch eine Strecke von den Anschlägen entfernt sind, zum Stillstande gebracht wird, sofern sie eine Geschwindigkeit annimmt, die über die vorgesehene hinausgeht. Man kann dann das Stillsetzen der Maschine mittelbar durch Auslösung einer Vorrichtung,

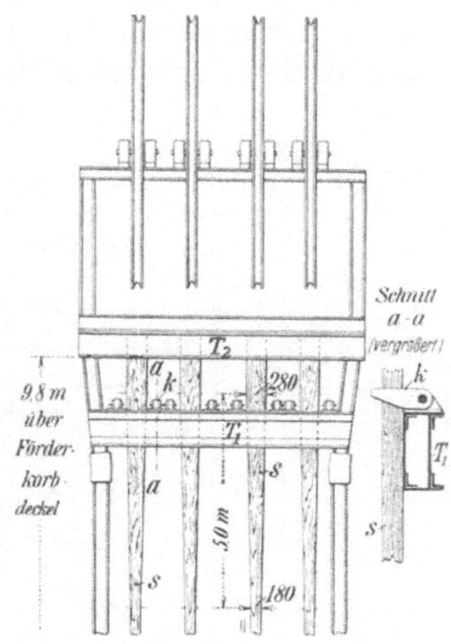

Abb. 364. Kopf eines Doppelfördergerüstes mit verdickten Spurlatten, Prelltragern und Fangstützen.

die die Dampfbremse aufwirft (vielfach außerdem auch noch den Drosselschieber schließt) bewirken. Vollkommener aber ist die Lösung, die in den heute eingeführten **Fahrtreglern** verkörpert ist und darin besteht, daß die Regelungseinrichtung unmittelbar auf die Steuerung der Maschine einwirkt, so daß diese durch Zurückschieben des Steuerhebels in die Mittellage allmählich und selbsttätig stillgesetzt wird. Am einfachsten läßt sich dieser Gedanke bei denjenigen elektrischen Fördermaschinen durchführen, bei denen die Geschwindigkeit von der jeweiligen Stellung des Steuerhebels abhängt.

g) Signalvorrichtungen.

383. Überblick. Die für die Verständigung zwischen Füllort und Hängebank einerseits und zwischen Hängebank und Fördermaschine anderseits erforderlichen Signalvorrichtungen können sich an das Ohr oder an das Auge wenden (akustische bzw. optische Signalvorrichtungen) und auf mechanischem oder elektrischem Wege betätigt werden. Die optischen Signale haben den Vorteil, daß sie von dem Lärme am Schachte unabhängig sind und außerdem beliebig lange sichtbar bleiben können.

Die einfachste Signalgebung ist die für das Ohr bestimmte mechanische mittels eines Hammers, der durch einen Drahtzug gegen eine Blechplatte geschlagen wird. Sie wird aber für tiefe Schächte wegen der Schwierigkeit

der Aufhängung und Bewegung langer Drähte besser durch elektrische Signalvorrichtungen ersetzt, die jedes Signal dem Signalgeber hörbar zu machen
gestatten und in vorteilhafter Weise Hör- und Schausignale zu vereinigen
ermöglichen.

384. Die elektrische Signalgebung wird in ihrem Grundgedanken durch
Abb. 365 veranschaulicht. Diese läßt die Stromkreise erkennen, die an eine
gemeinsame Stromquelle (Speicherbatterie oder Starkstromleitung) angeschlossen sind, nämlich den Stromkreis Füllort-Hängebank mit den Kontakten (Drucktasten) $T._1$—$T._3$ und den Weckern $E.W._1$—$E.W._3$, ferner den
Stromkreis Hängebank-Fördermaschine mit einer weiteren Drucktaste und

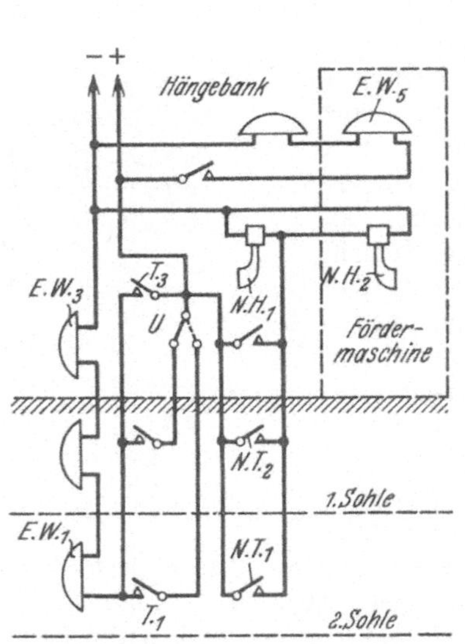

Abb. 365. Schaltungsplan einer elektrischen
Signalanlage für 2 Sohlen mit einpoligen
Kontakten.

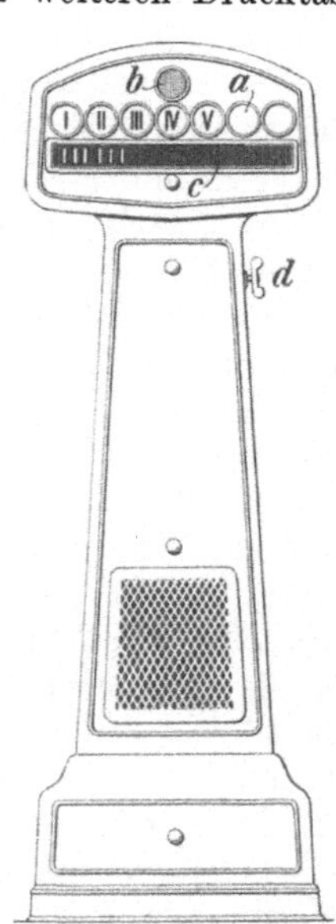

Abb. 366. Signalständer der
Neufeldt & Kuhnke-
G. m. b. H. für elektrische
Hör- und Schausignalgebung.

2 Weckern und drittens den Stromkreis für die Nothupen $N.H._1$ und $N.H._2$,
die durch die Notkontakte $N.T._1$, $N.T._2$ usw. betätigt werden. Statt der
Drucktasten können auch Hebel- oder Zugkontakte verwandt werden; letztere
werden heute bevorzugt.

Ein Beispiel für die Signalübermittelung an den Fördermaschinisten
gibt Abb. 366. Der Signalständer trägt in seinem Kopfteil die Signaltafel,
im Schaft den Wecker, die Notlampe und die erforderlichen Hilfsvorrichtungen.
In den Fenstern a erscheint durch Aufleuchten einer Glühlampe die jeweils
bediente Sohle; b ist das bei Seilfahrt beleuchtete Fenster und c der Schlitz,
in dem die Schausignale erscheinen.

h) Fördergerüste und Seilscheiben.

385. Die Fördergerüste dienen in den meisten Fällen zur Aufnahme der
Seilscheiben und müssen dann so gebaut sein, daß sie den von der Fördermaschine ausgeübten Zugkräften gewachsen sind. Ihre Höhe muß groß

genug sein, um im Falle des Übertreibens eine ausreichende Sicherheit zu bieten. Bei uns werden neuerdings nur noch eiserne Gerüste gebaut. Ihr

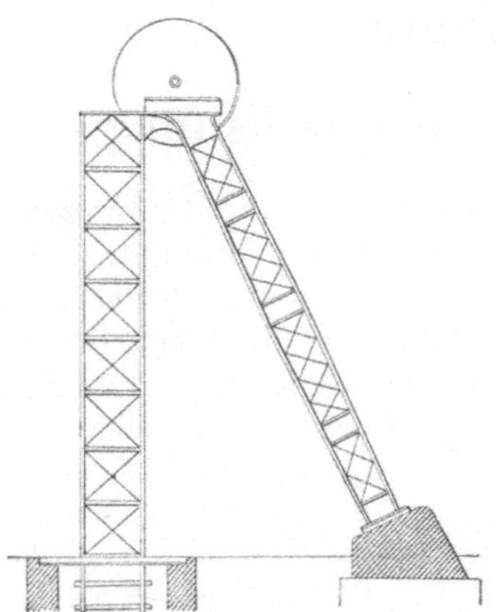

Abb. 367. Seitenansicht eines eisernen Fördergerüstes.

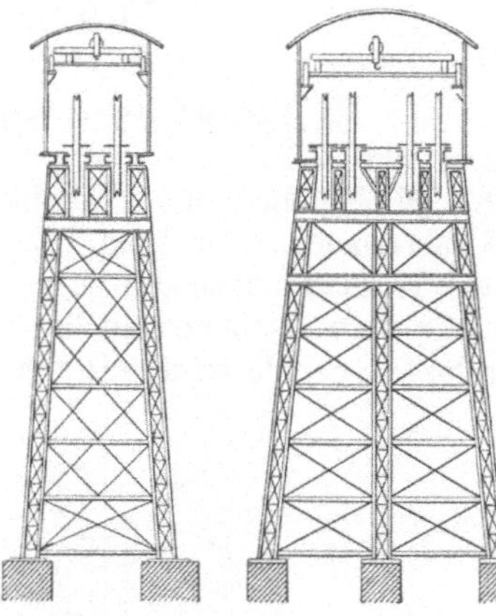

Abb. 368 a und b. Vorderansichten von eisernen Fördergerüsten.

wichtigster Teil ist die Strebe, die gemäß Abb. 367 den von der Maschine ausgehenden Seilzug aufnimmt. Je nachdem, ob sie sich aus zwei oder drei Einzelstützen zusammensetzt, spricht man von einem „zweibeinigen" oder „dreibeinigen" Bock (Abb. 368).

Bei der Treibscheibenförderung kann man die Seilscheiben auch ganz wegfallen lassen und die Fördermaschine auf das Schachtgerüst selbst setzen, was am besten bei elektrischem Förderbetrieb ausgeführt werden kann. Das Gerüst wird dann zum „Förderturm" (Abb. 369). Diese Bauart hat den Nachteil, daß die Fördermaschine schwieriger zugänglich wird und durch ein etwaiges Übertreiben in Mitleidenschaft gezogen werden kann. Vorteile sind dagegen: Schutz der Seile gegen Witterungseinflüsse, Verringern des Schlagens der Seile, Raumersparnis und standfester Bau des nicht durch Seitenkräfte beanspruchten Gerüstes.

386. Die Seilscheiben werden bei der Trommelförderung am besten **nebeneinander**, bei der Treibscheibenförderung am besten **übereinan**-

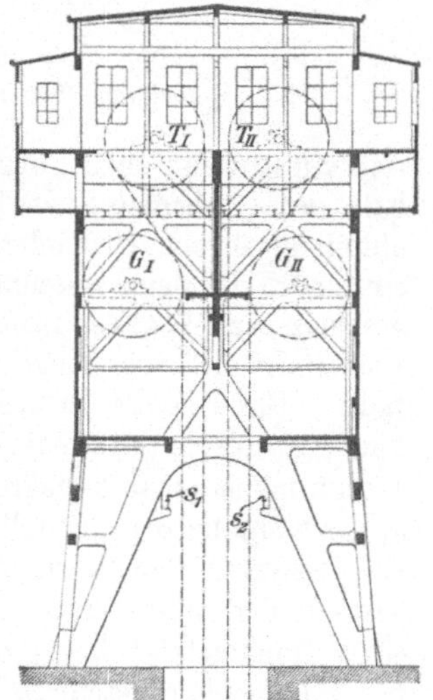

Abb. 369. Förderturm aus Eisenbeton.

der eingebaut, um die seitliche Seilablenkung zwischen Fördermaschine und Seilscheiben möglichst zu verringern. Sie werden meist in der Weise hergestellt, daß eine Nabe aus Gußeisen oder Gußstahl mit einem Kranz aus dem gleichen Stoffe durch schmiedeeiserne Speichen verbunden wird, und müssen für stärkere Seile Durchmesser von 4—6 m erhalten, um zu scharfe Seilbiegungen zu vermeiden. Neuerdings werden auch geschweißte Seilscheiben geliefert.

Neunter Abschnitt.

Wasserhaltung.

I. Hilfsmaßnahmen der Wasserhaltung.

387. Maßnahmen und Vorrichtungen zur Fernhaltung der Wasser von den Grubenbauen. Vor allen Dingen ist über Tage Vorsorge zu treffen, daß die Tagesöffnungen des Grubengebäudes hochwasserfrei bleiben. Flußläufe, die über Grubenbauen liegen, sind, falls sie Wasser den Bauen zufallen lassen, gerade zu legen; auch hat man mehrfach ihre Sohle mit Ton ausgestampft oder ausbetoniert. Bei Vorhandensein von Seen und Teichen über dem Grubenfelde kann es notwendig werden, sie trocken zu legen.

Unter Tage wird man, wo wasserführende Schichten den Bauen nahekommen, einen unverritzten Sicherheitspfeiler von genügender Stärke zwischen jenen und diesen stehenlassen, der auch durch Aus- und Vorrichtungstrecken nicht durchörtert werden darf. Abdämmungen innerhalb der Grubenbaue werden vorgenommen, wenn eine wasserreiche Bauabteilung abgebaut ist oder das Grubengebäude zu ersaufen droht und man einzelne Teile dem Wasserandrange preisgeben will. Man baut dann einen geschlossenen Wasserdamm nach Abb. 370 ein. Die Mauerung stellt einen Ausschnitt aus einer Kugelschale dar (Kugeldamm); die Widerlager liegen radial. Das Gebirge, in das der Damm zu stehen kommt, muß fest, gesund und geschlossen und vor allen Dingen wasserundurchlässig sein. In den Damm mauert man zweckmäßig ein: 1. nahe der Sohle ein Wasserabflußrohr a, das während der Herstellung des Dammes und auch später zur Abführung der Wasser dienen kann, 2. nahe unter der Firste ein Röhrchen b zur Ableitung der hinter dem Damme stehenden Luft und zur Anbringung eines Manometers, 3. ein befahrbares Mannlochrohr c, das ermöglicht, bis zur völligen Fertigstellung einen Maurer hinter dem Damme zu lassen.

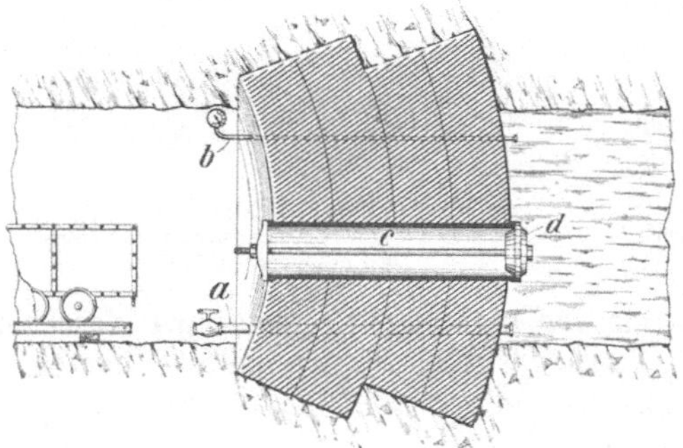

Abb. 370. Wasserdamm.

Wo unvorhergesehene Wasserdurchbrüche zu befürchten sind, baut man Dammtore ein, die zunächst geöffnet bleiben und nur im Falle der Not geschlossen werden. Dammtore bestehen (Abb. 371) aus dem den Türrahmen umfassenden Mauerwerk, dem Türrahmen und der Tür oder, falls es sich um ein Doppeltor handelt, den Türen. Im unteren Teile des Rahmens ist ein Rohr a vorgesehen, das für gewöhnlich offen ist und als Wasserseige dem Grubenwasser den Durchfluß gestattet. Es wird nötigenfalls durch einen Deckel verschlossen. Etwa in halber Höhe des Rahmens wird, falls dies erwünscht scheint, ein anderes Rohr eingegossen, das zur Abzapfung der Wasser bei geschlossener Tür dient und durch ein vorgeschraubtes Ventil abgesperrt werden kann. Ein oberes Rohr ist ähnlich wie beim Kugeldamm zur Luftabführung und zum Anbringen eines Manometers vorgesehen.

388. Sumpfanlagen. Bei Stollenbetrieb sind besondere Vorkehrungen für die Wasserhaltung naturgemäß entbehrlich. In Tiefbaugruben muß zur vorläufigen Aufnahme und Ansammlung der Wasser bis zur Hebung durch die Wasserhebevorrichtungen ein „Sumpf" geschaffen werden. Bei geringen Wasserzugängen kann es genügen, den Schacht 10—15 m weiter abzuteufen, als es für die Zwecke der Förderung notwendig wäre, und lediglich das Schachttiefste als Sumpf zu benutzen. Bei stärkeren Zuflüssen werden besondere Sumpfstrecken (streichende Strecken auf Flözen, auch Querschläge) aufgefahren, die so tief unter der Fördersohle liegen, daß sie sich vollständig mit Wasser anfüllen können, ehe dieses die Sohle der Förderstrecken erreicht.

389. Das Gefälle der Strecken. Die Steigung, die man den Ausrichtungstrecken mit Rücksicht auf ein gutes Abfließen der Wasser geben muß, beträgt etwa 1 : 1000. Bei sehr gutem Liegenden oder ausgemauerter Sohle kann man auch auf 1 : 2000 herabgehen. Bei unruhigem, quellendem Liegenden wählt man stärkere Steigungen, z. B. 1 : 500 und darunter.

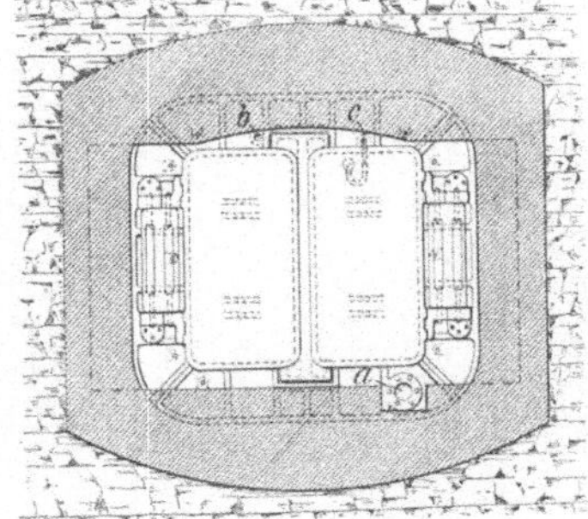

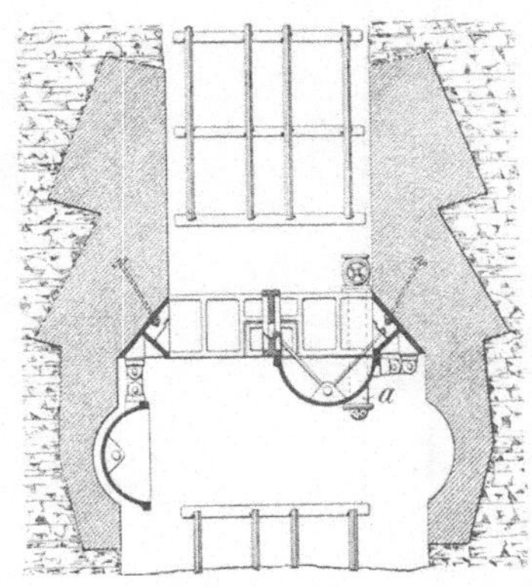

Abb. 371. Dammtor mit 2 Türen.

II. Wasserhebevorrichtungen.

Die hauptsächlichsten Wasserhebevorrichtungen sind Kolbenpumpen und Zentrifugalpumpen; von geringerer Bedeutung sind Wasserzieheinrichtungen, Strahlvorrichtungen, Mammutpumpen und Pulsometer.

A. Kolbenpumpen.

390. Einteilung. In Betracht kommen Kolbenpumpen mit Antriebsmaschine über Tage (Gestängewasserhaltungen, oberirdische Wasserhaltungen) und Kolbenpumpen mit Antriebsmaschine unter Tage (unterirdische Wasserhaltungen). Bei den ersteren wieder unterscheidet man drei verschiedene Pumpengattungen, und zwar:

a) Hubpumpen,
b) Druckpumpen,
c) Pumpen, die ein Mittelglied zwischen Hub- und Druckpumpen darstellen (z. B. Rittingersätze).

391. Pumpenarten. Bei einer Hubpumpe bildet nach Abb. 372 der untere Teil der Steigleitung d selbst den Pumpenzylinder, in dem sich der Pumpenkolben k auf und nieder bewegt. Dieser ist durchbohrt und mit einem Ventil oder mit Klappen h besetzt. Nahe unter dem niedrigsten Stande des Kolbens befindet sich ein das Saugventil s enthaltendes Ventilgehäuse g, an das sich unten die Saugleitung t mit dem Saugkorb a anschließt. Da die Dichtung zwischen Kolbenumfang und Zylinderwand nicht nachstellbar und deshalb unzuverlässig ist, sind Hubpumpen bei höheren Drücken als 6—8 at nicht zu empfehlen.

Bei einer Druckpumpe (Abb. 373) bewegt sich der geschlossene Tauchkolben (Plunger) k in einem besonderen Pumpenzylinder c auf und ab, während Saugventil s und Druckventil h seitlich innerhalb der Saugleitung g und Steigleitung d nahe übereinander eingebaut zu sein pflegen. Da die Stopfbüchse t während des Betriebes nachstellbar ist, kann man mit

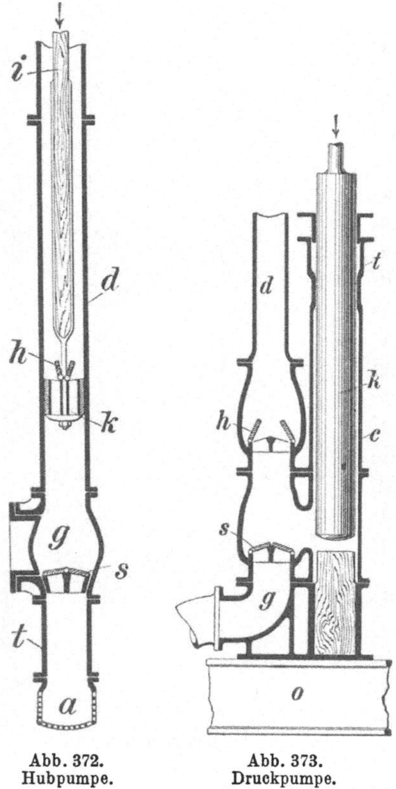

Abb. 372.
Hubpumpe.

Abb. 373.
Druckpumpe.

höheren Drücken, als sie bei der Hubpumpe anwendbar sind, arbeiten.

Rittingersätze haben einen hohlen Tauchkolben und damit die Eigentümlichkeit, daß die Pumpe beim Hoch- und Niedergehen des Gestänges in ununterbrochenem Strome Wasser ausgießt.

392. Gestängewasserhaltungen haben den Vorzug, daß wegen der Aufstellung der Antriebsmaschine über Tage diese beim Ersaufen der Grube nicht mit unter Wasser kommt und daß deshalb, da die Pumpe selbst unter Wasser eine gewisse Zeit lang fortarbeiten kann, der Weiterbetrieb auch in solchen Fällen möglich bleibt. Ferner ist es für manche Fälle eine Annehmlichkeit, daß man durch das Gestänge der oberirdischen Wasserhaltung ohne weiteres auf verschiedenen Sohlen Pumpen betreiben kann. Diesen Vorteilen stehen aber schwerwiegende Nachteile gegenüber, insbesondere: großer Raumbedarf im Schachte, Betriebstörungen durch Gestängebrüche, hohe Anlagekosten und geringe Leistung, da die Hubzahl wegen der schweren auf- und niedergehenden Massen des Gestänges nur gering sein kann und 8—10 in der Minute kaum übersteigt. Wegen dieser

Nachteile der Gestängewasserhaltungen bevorzugt man jetzt allgemein die unterirdischen Wasserhaltungen.

393. Die unterirdischen Wasserhaltungen. Die hier benutzten Pumpen sind stets Druckpumpen (Abb. 373). Anordnung und Ausführung weisen

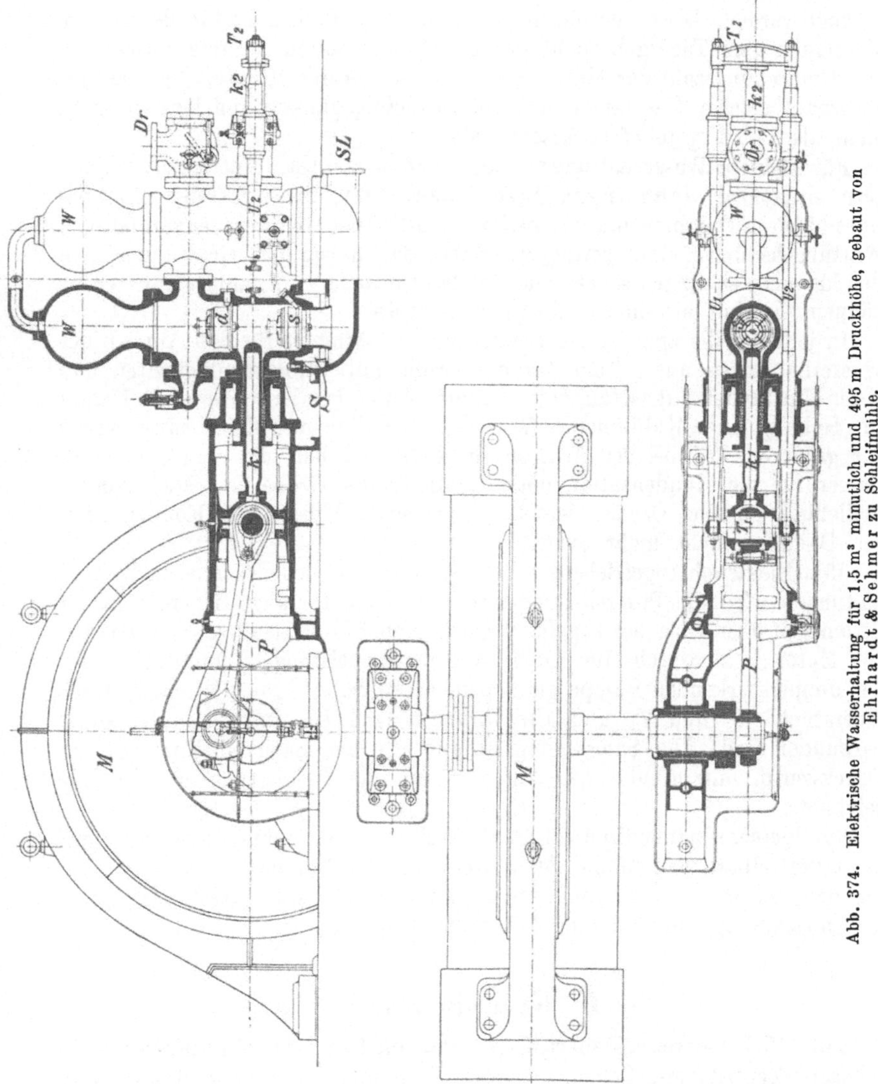

Abb. 374. Elektrische Wasserhaltung für 1,5 m³ minutlich und 495 m Druckhöhe, gebaut von Ehrhardt & Sehmer zu Schleifmühle.

allerdings einige Abweichungen auf, insbesondere werden die Pumpenzylinder gewöhnlich liegend angeordnet und dann mindestens zwei, aber auch drei und häufig vier Pumpen von einer gemeinsamen Maschine mit abwechselndem Spiel angetrieben. Die Antriebskraft ist Dampf und elektrischer Strom, während die teure Preßluft nur ausnahmsweise benutzt wird.

394. Die Dampfwasserhaltung. Die für größere unterirdische Wasserhaltungen gebrauchten Dampfmaschinen arbeiten mit Schwungrad, wobei Verbundmaschinen in Zwillingsanordnung und Tandemmaschinen bevorzugt werden. Die Steuerungen sind dieselben, wie sie auch für die gleichen Maschinen über Tage gebraucht werden. Kondensation ist stets vorhanden. Die Umdrehungszahl der Maschinen ist 40—80 in der Minute. Der Dampfverbrauch solcher Maschinen ist verhältnismäßig günstig und beträgt nicht mehr als 8—12 kg je Pferdekraftstunde.

Für kleinere Wasserhaltungen wählt man statt dieser Antriebsmaschinen gern einfachere, schwungradlose Maschinen, die zwar den Nachteil eines höheren Dampfverbrauchs besitzen, dafür aber einer minder sorgfältigen Wartung bedürfen, einen geringeren Platzbedarf haben und leicht und schnell (bei kleinen Leistungen sogar ohne Fundamentmauerwerk) aufgestellt werden können. Es sind dies die sog. Duplexpumpen.

In jedem Falle aber ist die Benutzung des Dampfes für den Antrieb der Wasserhaltungen unter Tage für die Grube mit Unbequemlichkeiten und unter Umständen mit Gefahren verknüpft. Außerdem ist um so mehr Dampf zur Hebung eines Kubikmeters Wasser erforderlich und daher sowie wegen der größeren Wärme des Wassers in tiefen Gruben um so mehr Kühlwasser für die Kondensation nötig, je tiefer die Grube ist. Man kommt schließlich an eine Grenze, wo das zu hebende Wasser zur Kondensation des Dampfes nicht mehr ausreicht.

395. Elektrisch angetriebene Kolbenpumpen. Bei den elektrischen Wasserhaltungen wird die Pumpe durch einen Elektromotor angetrieben, dem der Strom von über Tage her zugeführt wird. Abb. 374 zeigt die übliche Bauart. Der Motor M ist durch eine Kurbel und die Pleuelstange P unmittelbar mit der doppeltwirkenden Pumpe gekuppelt, deren beide Kolben k_1 und k_2 durch Querstücke T_1 und T_2 und Umführungstangen U_1 und U_2 miteinander verbunden sind. Die Saugleitung ist mit SL, das Saugventil mit s, das Druckventil mit d und der Anschluß für die Steigleitung mit Dr bezeichnet.

Für kleinere, namentlich für fahrbare Pumpen verzichtet man meist auf die unmittelbare Kuppelung des Motors mit der Pumpe und schaltet, um für den Motor kleinere Abmessungen zu erhalten, eine Kraftübertragung ins Langsame (gewöhnlich eine Zahnradübersetzung) ein.

B. Kreiselpumpen.

396. Wirkungsweise, Bauart, Eigentümlichkeiten. Die Wirkungsweise der Kreisel-, Zentrifugal-, Schleuder- oder Turbopumpen beruht darauf, daß ein in schneller Umdrehung befindliches Schaufelrad das Wasser axial ansaugt und annähernd tangential fortschleudert. Die jetzt übliche Bauart für die im Bergwerksbetriebe gebrauchten Kreiselpumpen zeigt schematisch Abb. 375. Die Saugöffnung ist mit S, das Schaufelrad mit r bezeichnet. Um dieses ist des besseren Wirkungsgrades wegen ein feststehender Kranz von Leitschaufeln l angeordnet, die das Wasser mit ermäßigter Geschwindigkeit und in einer bestimmten Bewegungsrichtung in den spiraligen oder kreisförmigen Auslauf *a* treten lassen. Mit einem Schaufelrade kann man das Wasser, je nach der Umfangsgeschwindigkeit, etwa 60—140 m hoch drücken. Handelt es sich um größere Druckhöhen, so bedient man sich zu deren Überwindung der Hintereinanderschaltung mehrerer Räder. Abb. 376 zeigt eine Kreiselpumpe, bei der 6 Räder (mit 1—6 bezeichnet) hintereinander geschaltet sind. Das Rad 1 saugt das Wasser axial aus der Ringsaugleitung *Sr* und gibt es mit erhöhtem Drucke an das Rad 2 ab.

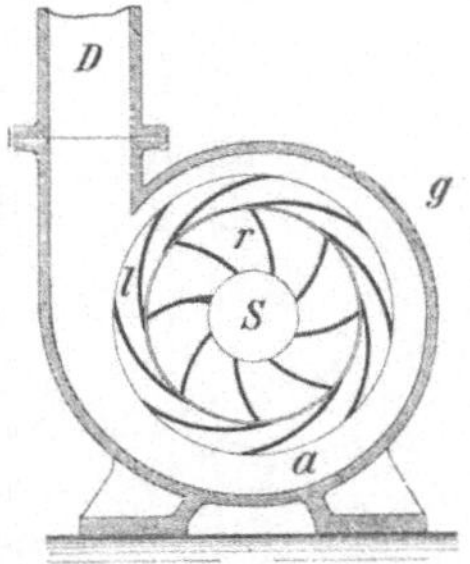

Hier und in den folgenden Rädern wiederholt sich der Vorgang, bis das Wasser aus dem Rade 6 in den Druckringraum *Dr* und aus diesem in die Steigleitung *D* übertritt. In einem Pumpengehäuse lassen sich bis zu 8—10 Räder vereinigen.

Der Nachteil der Kreiselpumpen ist, daß ihr Wirkungsgrad demjenigen der Kolbenpumpen nachsteht, so daß die Betriebskosten höher werden. Als Vorteil steht gegenüber, daß die Anschaffungskosten und der Raumbedarf, der ja für Bergwerke von Bedeutung ist, erheblich geringer als bei der Kolbenpumpe sind. Diese Vorzüge treten besonders

Abb. 375. Kreiselpumpe.

in Zeiten der Kapitalknappheit und eines hohen Zinsfußes, wie sie jetzt bestehen, in die Erscheinung.

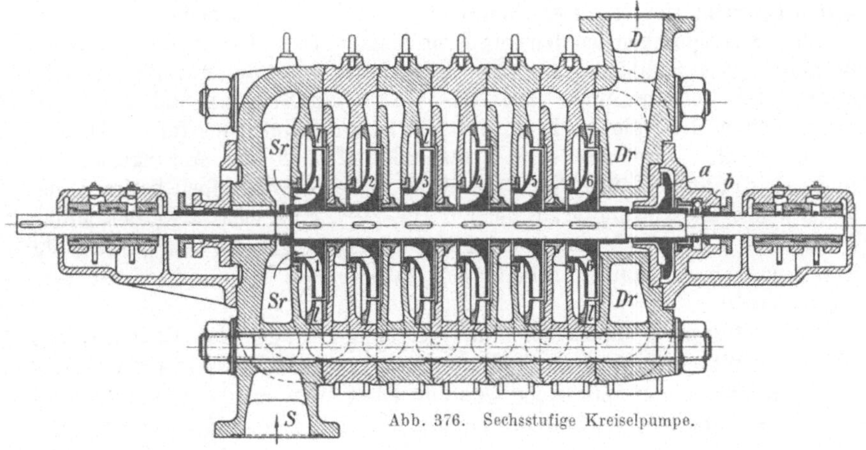

Abb. 376. Sechsstufige Kreiselpumpe.

Für das Schachtabteufen haben die Kreiselpumpen eine Reihe besonderer Vorteile: der Querschnitt der Pumpe ist gering, so daß die Schachtscheibe auch bei großen Pumpenleistungen wenig in Anspruch genommen wird; eine feste Verlagerung ist nicht nötig; das Heben und Senken macht keine Schwierigkeiten; die Druckhöhe ist nahezu beliebig; die Pumpen können auch schmutziges und schlammiges Wasser fördern; die gerade hier sehr zweckmäßige elektrische Kraftübertragung ist für die Pumpen am besten geeignet.

C. Sonstige Wasserhebevorrichtungen.

397. Wasserzieheinrichtungen. Die einfachste Wasserhaltung ist diejenige mittels Kübel, Kasten und Wasserwagen. Sie ist zumeist nur
anwendbar bei geringen Zuflüssen. Für das Schachtabteufen hat Tomson die Wasserhebung in Kübeln
mit der Fördermaschine zu einem besonderen Verfahren ausgebildet, das zu hohen Leistungen befähigt
ist und sich öfter bewährt hat. Hierbei schöpfen die
als hohe, zylindrische Blechgefäße ausgestalteten Kübel
nicht unmittelbar auf der Schachtsohle, sondern in
einiger Entfernung darüber aus Vorratsbehältern,
denen durch besondere Zubringepumpen das Wasser
von der Schachtsohle aus dauernd zugehoben wird.
Auf diese Weise können Füllung und Entleerung der
Kübel selbsttätig mit größter Beschleunigung vor
sich gehen. Dabei hat das Verfahren den Vorteil, daß alle erforderlichen Einrichtungen an
Seilen aufgehängt im Schachte untergebracht werden

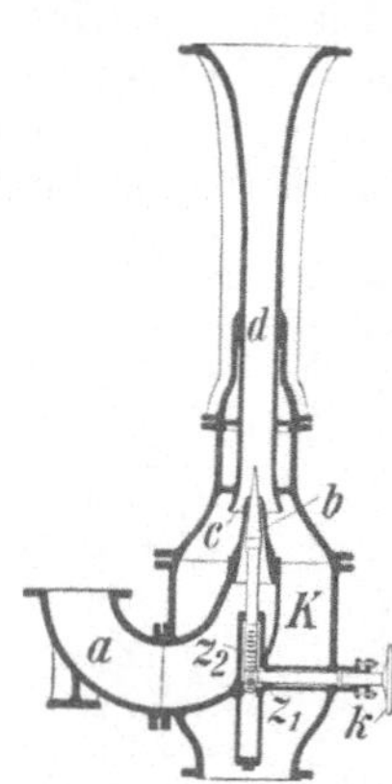

Abb. 377. Strahlpumpe
im Schnitt.

können und daß das Heben und Senken entsprechend dem Wechsel des Wasserspiegels oder dem
Vorrücken des Abteufens keine Schwierigkeiten macht.

Die Leistungen, die man mit einer solchen Wasserzieheinrichtung erzielen kann, können bis zu 4 m³ minutlich aus einer Schachtteufe von
600 m gebracht werden. Der Dampfverbrauch ist freilich hoch.

398. Strahlpumpen werden mit Druckwasser, Dampf oder auch Preßluft
betrieben. Der Strahl des aus einer Düse mit großer Geschwindigkeit aus-
strömenden Betriebsmittels saugt das Wasser einerseits an und drückt es
anderseits im Steigrohr hoch. In Abb. 377 ist a die Zuleitung für das Druckwasser, c die Düse mit dem Verschlußkegel b, K die Ansaugekammer
und d das unterste Stück der Steigleitung. Alle Strahlpumpen besitzen nur
einen niedrigen Wirkungsgrad, der auf 10—20% eingeschätzt werden kann;
deshalb wendet man sie auch nur für geringe Leistungen an. Am günstigsten
arbeiten noch die Wasserstrahlpumpen, falls billiges Druckwasser zur Verfügung steht.

399. Mammutpumpen. In eine von zwei einander das Gleichgewicht
haltenden Wassersäulen wird Preßluft gedrückt, die im Wasser in Blasen auf-
steigt, hierdurch das spezifische Gewicht dieser Wassersäule vermindert und
ihr einen Auftrieb gegenüber der schwereren Außenwassersäule erteilt. Die
Bauart geht aus der schematischen Abb. 378 hervor. Die Preßluft wird hier
durch eine besondere, enge Rohrleitung d bis an das untere Ende der Steigleitung a geführt, wo sie in diese übertritt. Ein eigentliches Ansaugen findet
bei Mammutpumpen nicht statt, vielmehr muß die Pumpe verhältnismäßig
tief in die zu hebende Flüssigkeit eintauchen. Der Wirkungsgrad ist
gering. Dagegen sind Mammutpumpen für schlammiges und sandiges Wasser
vorzüglich geeignet (vgl. auch 7. Abschnitt, Ziff. 295).

400. Pulsometer bestehen (Abb. 379) aus zwei birnenförmigen Kammern
k_1 und k_2, deren verjüngte Hälse sich im Dampfzuführungsrohr a vereinigen.
An dieser Stelle sitzt ein Kugel- oder Klappenventil v, das den Frischdampf

in die eine oder andere Kammer leitet. Am Boden einer jeden Kammer befindet sich ein Saugventil s_1 und s_2, etwas höher ein Druckventil d_1 und d_2. An den über den Druckventilen befindlichen Raum schließt sich die Druckleitung D an. Im unteren Teile einer jeden Kammer schaffen Röhrchen r_1 und r_2 mit Spritzeinrichtung eine Verbindung zwischen

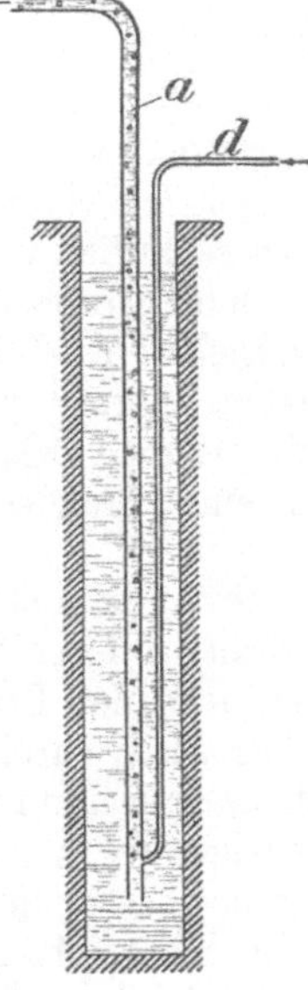

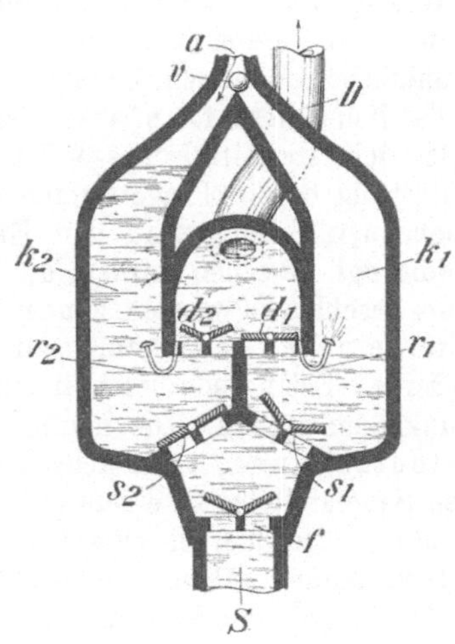

Abb. 378. Mammutpumpe.
Abb. 379. Schema eines Pulsometers.

dem Druckraum und der Nachbarkammer. Der Dampf drückt je nach der Ventilstellung auf die Wasseroberfläche einer Kammer und befördert das Wasser unter Öffnung des betreffenden Druckventils in die Steigleitung. Sobald der Dampf die Kammer bis zur Höhe des Druckventils erfüllt und durch dieses zu treten beginnt, fällt Wasser unter Aufspritzen zurück. Da auch das Röhrchen r_1 oder r_2 Wasser ausspritzen läßt, setzt eine so lebhafte Kondensation ein, daß ein Unterdruck in der Kammer entsteht. Das Kugelventil wird infolge des höheren Druckes in der Nachbarkammer herübergeschleudert, und das Spiel setzt sich fort. Die Saughöhe eines Pulsometers sollte man nicht über 3 m nehmen; die erzielbare Druckhöhe hängt vom Dampfdrucke ab, jedoch bleibt die Wasserdruckhöhe 1½—3 at unter der Dampfspannung. Der Dampfverbrauch ist hoch und beträgt 30—50 kg je Pferdekraftstunde. Daher beschränkt man die Anwendung der Pulsometer auf vorübergehende Arbeiten, insbesondere auf Schachtabteufen.

401. Die Kosten der Wasserhaltung sind auf etwa 3,3—4,7 ℳ je 100 mt zu schätzen. Danach belaufen sich die Jahreskosten für die Hebung eines Wasserzuflusses von 1 m³/min aus 500 m Teufe auf 90000—130000 ℳ.

Zehnter Abschnitt.

Grubenbrände, Atmungs- und Rettungsgeräte.

I. Grubenbrände.

402. Wesen, Entstehung und Verhütung von Grubenbränden. Brände von Tagesgebäuden, die sich in der Nähe von einziehenden Schächten oder Stollenmundlöchern befinden, können der Grube dadurch gefährlich werden, daß sich das Feuer in sie fortpflanzt oder daß Brandgase in die Grubenräume treten. Das sicherste Mittel dagegen ist eine völlig brandsichere Einrichtung und Ausstattung der in Frage kommenden Baulichkeiten. Ferner müssen alle einziehenden Schächte an den Hängebänken mit eisernen Klappen, Deckeln oder dgl. versehen werden, die beim Ausbruche eines Brandes über Tage leicht geschlossen werden können.

Die Brände unter Tage kann man einteilen in Flözbrände und sonstige Brände. Flözbrände beschränken sich im wesentlichen auf den Stein- und Braunkohlenbergbau. Die häufigste Entstehungsursache des Brandes ist Selbstentzündung, verursacht durch das Bestreben frisch entblößter Kohle, den Sauerstoff bis zu einem gewissen Grade aufzusaugen und in sich zu verdichten. Die hierbei entstehende Temperatursteigerung kann bis zur Selbstentzündung gehen. Am leichtesten geschieht dies, wenn mürbe, poröse Kohle in größeren Mengen einer eben genügenden, aber nicht reichlichen Bewetterung ausgesetzt ist, z. B. im alten Mann von mächtigen Flözen, in denen reiner Abbau schwierig ist, oder in der Firste von Flözstrecken, wenn der Verzug mit hereingebrochener, loser Kohle bedeckt ist.

Sonstige Ursachen von Flözbränden sind: Gebrauch offenen Lichtes (namentlich Dochtlampen sind wegen abspringender, glimmender Dochtteilchen gefährlich), Anschießen von Bläsern bei der Sprengarbeit, auskochende Schüsse, Schlagwetter- und Kohlenstaubexplosionen.

Die vorbeugenden Maßnahmen richten sich naturgemäß in erster Linie gegen die Selbstentzündung der Kohle. In dieser Beziehung sind die wichtigsten Mittel rascher und reiner Abbau und Luftabschluß durch guten Versatz.

Die sonstigen Brände unter Tage können entweder Zimmerungsbrände in Schächten, Strecken oder anderen Räumen sein, oder es können gelegentlich Ansammlungen von brennbaren Gegenständen, z. B. von Grubenholz auf Lagerplätzen, von Putzwolle in Maschinenräumen oder von Futtervorräten in unterirdischen Pferdeställen, in Brand geraten. Besonders gefährlich sind Schachtbrände, da ja die Schächte gleichsam die Lebensadern der Grube sind. Der beste Schutz dagegen ist ein völlig brandsicherer Ein- und Ausbau oder bei Holzausbau dauernde Befeuchtung der Zimmerung durch herabfallendes Wasser. Von besonderer Wichtigkeit sind auch sog. Wetterumstellvorrichtungen, die eine Umkehrung der Wetterführung gestatten und so verhüten, daß im Falle von Bränden die Gase den belegten Grubenbauen zuströmen.

Eine besondere Brandgefahr besteht in den Bremskammern der seigeren Bremsschächte, falls sie nicht von Natur feucht sind. Durch die andauernde Reibung der Bremse wird viel Wärme erzeugt, die die Temperatur in der

Bremskammer steigert und eine starke Austrocknung der Zimmerung im
Gefolge hat. Zweckmäßig vermeidet man hier jede Verwendung von Holz,
oder aber man baut Wasserbrausen zur regelmäßigen Befeuchtung ein.

Mehrfach sind Grubenbrände durch unvorsichtigen Gebrauch von Löt-
lampen, Schweißgeräten und Schneidbrennern und bei Vornahme von Niet-
arbeiten in der Grube entstanden. Solche Arbeiten sollten nur bei peinlichster
Vorsicht und Bereitstellung von genügenden Löscheinrichtungen ausgeführt
werden.

403. Bekämpfung ausgebrochener Brände. Voraussetzung einer wirksamen
Bekämpfung ist die sofortige Meldung der ersten Brandzeichen an die Betriebs-
leitung. Liegen die Verhältnisse günstig, so kann die heiße Kohle abgeräumt
und weggefördert werden. Unter Umständen kann die Löschung durch
Spritzen erfolgen. Ein gutes Hilfsmittel hierbei sind die Handfeuerlöscher,
von denen z. B. das Minimaxgerät (Abb. 380) genannt sei. Das Gefäß ist

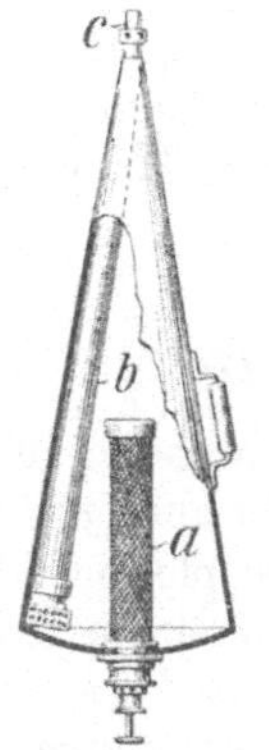

Abb. 380. Minimaxgerät.

Abb. 381. Herstellung eines Mauerdammes.

mit Wasser gefüllt, in dem doppeltkohlensaures Natron gelöst ist. Für die
Betätigung wird durch einen Stoß gegen den Boden die Salzsäure enthaltende
Flasche a zertrümmert. Die aus der Einwirkung der Salzsäure auf das doppelt-
kohlensaure Natron freiwerdende Kohlensäure treibt das Wasser in kräftigem
Strahle durch Rohr b und Spritzdüse c ins Freie. Eine andere Anwendung des
Wassers ist das sog. Ersäufen des Brandes, das vorzüglich bei Unterwerksbauen mit durchgreifendem Erfolge benutzt werden kann. Eine dritte Art
der Bekämpfung durch Wasser ist die Verschlämmung des Brandes mittels
des Spülverfahrens. Das gebräuchlichste Mittel aber ist eine schnelle und
enge Abdämmung des Brandherdes, um dem Brande jede Luftzufuhr zu
unterbinden und ihn durch die Brandgase selbst zu ersticken.

Man unterscheidet hierbei zwischen Hilfsdämmen und Dämmen
für den endgültigen Abschluß. Bei den Hilfsdämmen kommt es auf
tunlichst schnelle Herstellung, weniger auf Haltbarkeit und völlige Wetterdichtigkeit an. Durch Schlagen der Hilfsdämme will man den Brand nur
vorläufig einengen. Man pflegt sie meist aus Holz in der Art herzustellen,
daß man einen Bretterverschlag annagelt und diesen sodann berappt. Besser
sind jedoch Hilfsdämme mit einer Zwischenfüllung aus Letten zwischen zwei

Bretterverschlägen. Dämme für den endgültigen Abschluß pflegt man in einer Stärke von 0,5—3 m zu mauern. Dabei ist größter Wert auf guten Anschluß an gesundes Gebirge zu legen. Die Dämme müssen deshalb sehr oft tief in „Schlitzen" in das Gebirge eingelassen werden. Man mauert zweckmäßig, nötigenfalls unter Zuhilfenahme von Atmungsgeräten, von beiden Seiten der Mauer. Damit die Leute zurück können, läßt man unten nach Abb. 381 vorläufig ein Mannloch offen, das ganz zuletzt von der freien Seite her geschlossen wird. Statt der Mauerdämme kann man auch Dämme aus übereinandergeschichteten, in der Streckenrichtung längs gelegten Hölzern von etwa 1 m Länge aufführen (Klötzeldämme), deren Fugen mit Kalk, Asche oder Letten ausgefüllt werden. Solche Dämme haben den Vorzug, bei Druck im Gebirge immer dichter zu werden.

Auch Dämme aus bereitgehaltenen und im Ernstfalle schnell aufgeschichteten Sand- oder Waschbergesäcken haben sich gut bewährt.

404. Brandgase. Die bei Bränden auftretenden Gase enthalten stets **Kohlenoxyd** und sind deshalb giftig. Im Gefolge von Bränden sind mehrfach **Brandgasexplosionen** vorgekommen, die auf entstandene brennbare Gase, insbesondere Methan, Wasserstoff und schwere Kohlenwasserstoffe zurückzuführen sind.

II. Atmungs- und Rettungsgeräte.

405. Überblick. Um Arbeiten in unatembaren Gasen vornehmen zu können, wobei es sich um Abdämmungen von Grubenbränden oder auch um Rettung von Menschenleben nach Schlagwetter- und Kohlenstaubexplosionen handeln kann, bedient man sich der Atmungsgeräte. Man teilt sie ein in 1. **Filtergeräte**, 2. **Schlauchgeräte**, 3. **frei tragbare Sauerstoffgeräte ohne Wiederbenutzung der Ausatmungsluft**, 4. **frei tragbare Sauerstoffgeräte mit Wiederbenutzung der Ausatmungsluft**.

406. Filtergeräte. Die einfachen Filtergeräte scheiden giftige Bestandteile, insbesondere Kohlenoxyd, aus der Ausatmungsluft aus. Sie setzen aber für die Atmung einen Sauerstoffgehalt der Luft von mindestens 15% voraus und sind deshalb nur da zu verwenden, wo ein solcher Mindestgehalt der Luft mit Sicherheit zu erwarten ist.

407. Schlauchgeräte. Sogenannte „Saugschlauchgeräte", bei denen der Träger durch eigene Lungenkraft frische Luft aus einem mit atembaren Gasen gefüllten Raum ansaugt, haben keine größere Verbreitung gefunden, weil die anwendbare Länge des Schlauches wegen der Atmungswiderstände allzu beschränkt ist.

Die **Druckschlauchgeräte** bestehen aus Blasebalg, Schlauch und Gesichtsmaske oder Helm. Der Blasebalg muß in guten Wettern aufgestellt werden. Mit seiner Hilfe drückt der Bedienungsmann dem Träger der Atmungsvorrichtung frische Luft nach, so daß dessen Atmungstätigkeit von der Arbeit des Ansaugens entlastet ist. Abb. 382 zeigt ein Strahldüsen-Druckschlauchgerät, bei dem das Nachdrücken der Atmungsluft durch eine mit verdichtetem Sauerstoff oder hochgepreßter Luft betriebene Strahldüse erfolgt. Die Gesichtsmaske besteht meist aus Blech; die Augenöffnungen sind mit einem Drahtgewebe überspannt; am Rande der Maske befindet sich als Abdichtung ein aufblasbarer Gummischlauch. Statt der Maske wird auch ein Helm aus Leder mit Fenstern (Rauchkappe) benutzt. Auf besonders gute Abdichtung braucht weder bei der Maske noch bei der Rauchkappe Bedacht genommen zu werden, weil die in reichlichem Überschuß nachgedrückte Frischluft zusammen mit der Ausatmungsluft in ununterbrochenem Strome durch die Undichtigkeiten entweicht und den Eintritt schädlicher Gase verhindert.

Solche Vorrichtungen ermöglichen ein Vordringen des Mannes auf Entfernungen bis zu 200 m von der Entnahmestelle der frischen Luft aus. Für größere Abstände wird das Nachziehen des Schlauches zu lästig. Wenn somit die Entfernung, bis zu der das Gerät benutzt werden kann, begrenzt ist, so ist anderseits die Benutzungsdauer unbeschränkt, insofern der Träger bis zu den Grenzen seiner Arbeitsfähigkeit überhaupt Arbeit leisten kann.

408. Sauerstoffgeräte ohne Wiederbenutzung der Ausatmungsluft. Aerolith. Der Grundgedanke dieser Geräte ist der, daß ein Vorrat von Atmungsluft oder Sauerstoff in einem Behälter mitgeführt und vom Träger allmählich verbraucht wird. Bei dem Aerolith wird die Mitführung großer Luftmengen in kleinen Behältern durch Verwendung flüssiger Luft ermöglicht. Diese wird in einen durch Leder und Filz gut gegen Wärmeaufnahme geschützten Behälter gefüllt und hier durch Asbestwolle aufgesaugt. Die ununterbrochen infolge von Wärmeaufnahme vergasende Luft wird durch eine Schlauchleitung der Gesichtsmaske des Trägers zugeführt. Die Ausatmungsluft fließt wieder zum Behälter der flüssigen Luft zurück, den sie in einem Rippenrohre durchströmt, um hier ihre Wärme abzugeben. Auf

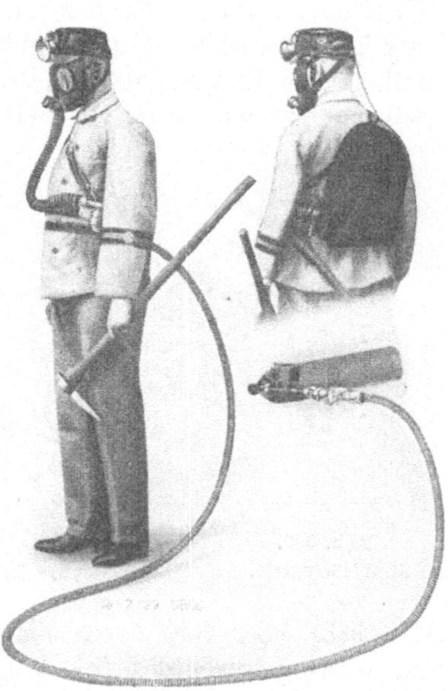

Abb. 382. Strahldüsen-Druckschlauchgerät des Drägerwerks.

diese Weise soll bei starker Arbeitsleistung und beschleunigter Atmung auch die Vergasung vermehrt und zwischen ihr und dem jeweiligen Luftbedarf des Mannes eine Wechselwirkung hergestellt werden. Alsdann fließt die Ausatmungsluft durch einen Atmungsack über ein Rückschlagventil ins Freie.

Der Aerolith zeichnet sich durch Einfachheit aus, hat sich aber wegen der in der Natur der flüssigen Luft liegenden Schwierigkeiten (umständliche Aufbewahrung, schwierige Beschaffung, niedrige Temperatur der Flüssigkeit) nicht in größerem Umfange einführen können.

409. Sauerstoffgeräte mit Wiederbenutzung der Ausatmungsluft. Allgemeines. Der Sauerstoffgehalt der Einatmungsluft wird durch die Tätigkeit der Lunge bei weitem nicht gänzlich zur Bildung von Kohlensäure verbraucht. Wenn also die Kohlensäure aus der Ausatmungsluft beseitigt wird, so läßt diese sich wieder mit Nutzen für die Einatmung verwenden, namentlich dann, wenn das für die Atmung benutzte Gas an sich sauerstoffreich ist oder noch besser aus reinem Sauerstoff besteht. Ein solches Sauerstoff-Atmungsgerät setzt sich aus 3 Hauptteilen zusammen, und zwar aus dem **Sauerstoffbehälter** nebst der Ausflußregelung, dem **Luftreiniger** für die Bindung der Kohlensäure und der **Einrichtung für den Umlauf der Atmungsluft.** Hinzu kommen die Hilfsvorrichtungen, insbesondere der Atmungsack, das Manometer, die Verbindungschläuche und die Sondereinrichtungen für Mund- oder Nasenatmung.

Die **Sauerstoffbehälter** sind Stahlflaschen von etwa 2 l Inhalt, die mit Sauerstoff unter einem Drucke von 150 at gefüllt werden, so daß sie rund 300 l enthalten.

Zwecks Regelung des Ausflusses ist an die Flasche ein **Druckminderungsventil** angeschlossen, das den Gasdruck auf 3—4 at (bei Lungenkraftgeräten) oder 7—8 at (bei Strahldüsengeräten) herabsetzt. Der Übertritt des Sauerstoffs in den Kreislauf des Geräts kann entweder auf eine bestimmte gleichbleibende Menge eingestellt sein oder entsprechend dem schwankenden Lungenbedarf geregelt werden. Für einen plötzlich erhöhten Atembedarf kann der Träger durch Druck auf einen Knopf über eine besondere Leitung eine zusätzliche Menge Sauerstoff in das Gerät überströmen lassen („Handzusatz"). In den Luftreinigern sind Körner von Ätzalkalien schichtweise angeordnet, die die darüber geführte Ausatmungsluft unter Bildung kohlensaurer Alkaliverbindungen von der Kohlensäure befreien. Der Kreislauf der Atmungsluft wird entweder durch eine Strahldüse bewerkstelligt (Strahldüsengeräte,

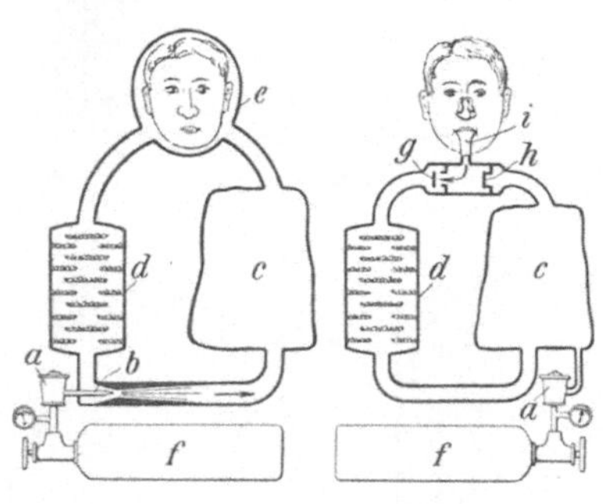

Abb. 383.
Strahldüsengerät.

Abb. 384.
Lungenkraftgerät.

Abb. 383) oder aber durch die Lungenkraft des Trägers über ein Ein- und Ausatmungsventil in die Wege geleitet (Lungenkraftgeräte, Abb. 384). Die Atmungsäcke dienen als Vorratsbehälter, das Manometer zur Überwachung des in den Sauerstofflaschen allmählich abnehmenden Luftdruckes.

Strahldüsengeräte sind sowohl für die Nasen- als auch für die Mundatmung, Lungenkraftgeräte nur für die Mundatmung geeignet. Bei der **Nasenatmung** atmet der Mann in gewöhnlicher Weise durch die Nase. Zu diesem Zwecke trägt er eine mit Fenstern versehene Maske, an der die Zu- und Ableitungen befestigt werden (Abb. 383). Bei der **Mundatmung** wird der Doppelschlauch, der die frische Luft zu- und die ausgeatmete Luft ableitet, bis in den Mund des Trägers geführt und endet hier in einem „Mundstück", das durch entsprechende Ansätze zwischen Lippen und Zähnen festgehalten wird (Abb. 384, ferner 385 und 386). Die Nase wird dabei durch eine Klemmvorrichtung geschlossen.

410. Ausführungsbeispiel. Abb. 385 veranschaulicht die Wirkungsweise des Lungenkraftgerätes 1924 mit fester Einstellung des Sauerstoffzuflusses. Die von der Lunge ausgeatmete kohlensäurehaltige Luft tritt durch den Atmungschlauch a über das Atmungsventil b in den Luftreiniger c. Die hier von CO_2 befreite Luft strömt in den Atmungsbeutel d, wo sie mit reinem Sauerstoff aufgefrischt wird, und sodann über das Einatmungsventil e und den Einatmungschlauch f zum Mundstück zurück. Der aus der Sauerstoffflasche g ausströmende Sauerstoff wird im Druckminderungsventil h auf einen Druck von 3 atü gebracht und in einer Menge von 2,1 l/min dem Atmungsbeutel zugeführt. Bei größerem Atembedarf kann Handzusatz durch Betätigung des Druckknopfventils i erfolgen, während ein etwaiger Überfluß an Luft durch das Überdruckventil l entweicht. Der jeweilig noch vorhandene Druck wird im Manometer n abgelesen.

Die Nebenzeichnung der Abb. 385 veranschaulicht eine zweite Ausführungsform des Gerätes, bei der die feste Einstellung des Sauerstoffzuflusses durch eine dem Lungenbedarf entsprechende selbsttätige („lungenautomatische") Speisung ersetzt ist. In den Atmungsbeutel d ragt der feste Steuerungsarm n und der Hebel o hinein, welch letzterer mit dem Verschlußventil p verbunden ist. Bei der Einatmung des Trägers fällt der Atmungsbeutel zusammen, der Hebel o legt sich gegen den Arm n und öffnet das Ventil p. Sobald sich der

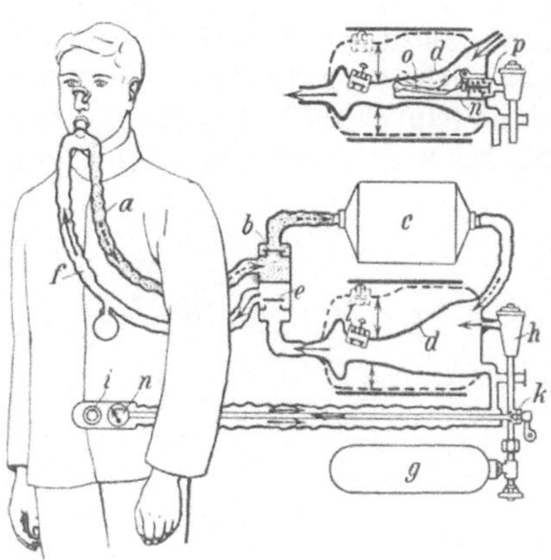

Abb. 385. Veranschaulichung der Wirkungsweise des Dräger-Lungenkraftgerätes 1924.

Abb. 386. Ansicht des Dräger-Lungenkraftgerätes 1924.

Atmungsbeutel füllt, hebt die Feder des Ventils p den Hebel o an und stellt den Verschluß wieder her. Die Zu- und Ableitung der Luft zu und von dem Mundstück geschieht durch Schläuche, die seitlich unter dem linken Arm nach vorn geführt werden. Für die Atmung werden je nach Wunsch Mundstücke (Abb. 386) oder Masken geliefert. Abb. 386 zeigt das Gerät in Ansicht.

411. Rückblick. Bei allen Sauerstoffgeräten ist im Vergleich zu den Schlauchgeräten der Träger nicht an eine bestimmte Entfernung vom Ausgangspunkte gebunden, dagegen ist die Benutzungsdauer beschränkt. Anderseits stellen die Sauerstoffgeräte an die geistige Befähigung und Schulung des Trägers erheblich höhere Anforderungen als die Schlauchgeräte.

412. Zentralstellen. Wegen der Kosten, welche die Beschaffung, Aufbewahrung und Instandhaltung der Atmungsgeräte verursacht, und wegen der großen Bedeutung, die eine mit ihrer Behandlung durch dauernde Übung vertraute Mannschaft hat, sind mehrfach für größere Bergwerksbezirke Stellen eingerichtet worden, an denen eine reichliche Anzahl von Geräten nebst der zugehörigen Übungsmannschaft in Bereitschaft gehalten wird (Zentralstellen).

413. Unterirdische Rettungskammern. Man hat mehrfach vorgeschlagen, für den Fall von Schlagwetter- und Kohlenstaubexplosionen unterirdische Zufluchtsräume, sog. Rettungskammern, anzuordnen, die einer größeren Anzahl von Leuten Zuflucht gewähren können. Ob freilich die Anlage- und Unterhaltungskosten solcher Kammern in einem angemessenen Verhältnis zu dem tatsächlichen Nutzen stehen werden, muß fraglich bleiben. Die im Ostrau-Karwiner Bezirke früher eingerichteten 28 Rettungskammern sind heute wieder verschwunden, ohne daß sie ein einziges Mal im Ernstfalle benutzt worden wären.

.**414. Sicherheitskammern.** Eine im Zweck und in der Einrichtung den Rettungskammern ähnliche, in der Anwendung freilich verschiedene Sicherheitsvorkehrung sind die Sicherheitskammern. Während jene nur im Falle der eingetretenen Gefahr, also nach Eintritt einer Grubenexplosion, aufgesucht werden sollen, dienen diese der bereits vor Eintritt der Gefahr verringerten Belegschaft während des gefährlichen Augenblickes, z. B. während des Wegtuns der Schüsse, als sicherer Aufenthalt. Von dem Mittel macht man insbesondere auf solchen Steinkohlen- und Kalisalzgruben, die unter plötzlichen Kohlensäure-Entwickelungen leiden (vgl. 5. Abschnitt, Ziff. 168) mit gutem Erfolge Gebrauch.

Druck von C. G. Röder A.-G., Leipzig.

Springer-Verlag Berlin Heidelberg GmbH

Lehrbuch der Bergbaukunde mit besonderer Berücksichtigung des Steinkohlenbergbaues. Von Dr.-Ing. e. h. **F. Heise,** Professor und Bergschuldirektor a. D., und Dr.-Ing. e. h. **F. Herbst,** Professor und Direktor der Bergschule zu Bochum.

*Erster Band: Sechste, verbesserte Auflage. Mit 682 Abbildungen im Text und einer farbigen Tafel. XXI, 716 Seiten. 1930. Gebunden RM 22.50

Zweiter Band: Fünfte, vermehrte und verbesserte Auflage. Mit 864 Abbildungen im Text. XIX, 805 Seiten. 1932. Gebunden RM 24.—

Grundzüge der Bergbaukunde einschließlich Aufbereiten und Brikettieren. Von Dr.-Ing. e. h. **Emil Treptow,** Geheimer Bergrat, Professor i. R. der Bergbaukunde an der Bergakademie Freiberg, Sachsen. Sechste, vermehrte und vollständig umgearbeitete Auflage.

I. Band: **Bergbaukunde.** Mit 871 in den Text gedruckten Abbildungen. X, 636 Seiten. 1925. Gebunden RM 18.—

II. Band: **Aufbereitung und Brikettieren.** Mit 324 in den Text gedruckten Abbildungen und 11 Tafeln. X, 338 Seiten. 1925. Gebunden RM 21.—

Lehrbuch der Markscheidekunde. Von Dr. phil. **P. Wilski,** o. Professor der Markscheidekunde an der Technischen Hochschule zu Aachen.

*Erster Teil. Mit 131 Abbildungen im Text, einer mehrfarbigen und 27 schwarzen Tafeln. VIII, 252 Seiten. 1929. Gebunden RM 26.—

Zweiter Teil. Mit 101 Abbildungen im Text, 7 mehrfarbigen und 16 schwarzen Tafeln. VI, 272 Seiten. 1932. Gebunden RM 34.—

***Beobachtungsbuch für markscheiderische Messungen.** Herausgegeben von **G. Schulte** und **W. Löhr,** Markscheider der Westf. Berggewerkschaftskasse und Lehrer an der Bergschule zu Bochum. Fünfte, durchgesehene Auflage. Mit 18 Textabbildungen und 15 ausführlichen Messungsbeispielen nebst Erläuterungen. IV, 144 Seiten und 8 Seiten Schreibpapier. 1929. RM 5.40

Markscheidekunde für Bergschulen und den praktischen Gebrauch. Von **G. Schulte** und **W. Löhr,** Markscheider der Westf. Berggewerkschaftskasse und Lehrer an der Bergschule zu Bochum. Mit 186 Abbildungen im Text und 4 farbigen Tafeln. XI, 242 Seiten. 1932. Gebunden RM 13.—

***Lehrbuch der Bergwerksmaschinen** (Kraft- und Arbeitsmaschinen). Zweite, verbesserte und erweiterte Auflage. Bearbeitet von Dr. **H. Hoffmann** †, Bergschule Bochum, und Dipl.-Ing. **C. Hoffmann,** Bergschule Bochum. Mit 547 Textabbildungen. VIII, 402 Seiten. 1931. Gebunden RM 24.—

***Billig Verladen und Fördern.** Die maßgebenden Gesichtspunkte für die Schaffung von Neuanlagen nebst Beschreibung und Beurteilung der bestehenden Verlade- und Fördermittel unter besonderer Berücksichtigung ihrer Wirtschaftlichkeit. Von Dipl.-Ing. **Georg v. Hanffstengel,** a. o. Professor an der Technischen Hochschule zu Berlin. Dritte, neubearbeitete Auflage. Mit 190 Textabbildungen. VIII, 178 Seiten. 1926. RM 6.—

Springer-Verlag Berlin Heidelberg GmbH

***Bergbaumechanik.** Lehrbuch für bergmännische Lehranstalten, Handbuch für den praktischen Bergbau. Von Dipl.-Ing. **J. Maercks,** Bergschule Bochum. Mit 455 Textabbildungen. IX, 451 Seiten. 1930.
RM 19.50; gebunden RM 21.—

Bekämpfung hoher Grubentemperaturen. Von Dr. mont. **B. Stočes,** Ingenieur, Professor an der Montanistischen Hochschule in Příbram, und Dr. mont. **B. Černík,** Ingenieur, Dozent an der Montanistischen Hochschule in Příbram. Mit 110 Textabbildungen und 2 Tafeln. XII, 311 Seiten. 1931. Gebunden RM 36.—

***Lehrbuch der Bergwirtschaft.** Von Dipl.-Bergingenieur **K. Kegel,** o. Professor für Bergbau und Bergwirtschaft an der Bergakademie Freiberg, Direktor der bergtechnischen Abteilung des Braunkohlen-Forschungs-Institutes. Mit 167 Abbildungen und 20 Formularen im Text und auf einer Tafel. XV, 653 Seiten. 1931. Gebunden RM 48.—

Organisation, Wirtschaft und Betrieb im Bergbau. Von **Bartel Granigg,** o.ö. Professor an der Montanistischen Hochschule in Leoben, Dr. mont. und Docteur ès sc. phys. der Universität Genf. Mit 70 Abbildungen im Text und auf 11 Tafeln sowie 3 mehrfarbigen Karten. VI, 283 Seiten. 1926. Gebunden RM 28.50

Leitfaden der Tiefbohrtechnik. Von **Paul Stein,** Tiefbohr-Ingenieur. Dritte, neu ausgearbeitete und erweiterte Auflage von „Verfahren und Einrichtungen zum Tiefbohren". Mit 61 Abbildungen im Text und auf einer Tafel. IV, 52 Seiten. 1932. RM 4.20

Technische Gesteinkunde für Bauingenieure, Kulturtechniker, Land- und Forstwirte, sowie für Steinbruchbesitzer und Steinbruchtechniker. Von Ing. Professor Dr. phil. **Josef Stiny,** Wien. Zweite, vermehrte und vollständig umgearbeitete Auflage. Mit 422 Abbildungen im Text und einer mehrfarbigen Tafel, sowie einem Beiheft: „Kurze Anleitung zum Bestimmen der technisch wichtigsten Mineralien und Felsarten" (mit 11 Abbildungen im Text, 23 Seiten). VII, 550 Seiten. 1929. Gebunden RM 45.—

Gefügekunde der Gesteine. Mit besonderer Berücksichtigung der Tektonite. Von Professor Dr. **Bruno Sander,** Innsbruck. Mit 155 Abbildungen im Text und 245 Gefügediagrammen. VI, 352 Seiten. 1930.
RM 37.60; gebunden RM 39.60

Ingenieurgeologie. Herausgegeben von Professor Dr. **K. A. Redlich,** Prag, Professor Dr. **K. v. Terzaghi,** Cambridge, Mass., Privat-Dozent Dr. **R. Kampe,** Prag, Direktor des Quellenamtes Karlsbad. Mit Beiträgen von Direktor Dr. H. Apfelbeck, Falkenau, Ingenieur H. E. Gruner, Basel Dr. H. Hlauscheck, Prag, Privat-Dozent Dr. K. Kühn, Prag, Privat-Dozent, Dr. K. Preclik, Prag, Privat-Dozent Dr. L. Rüger, Heidelberg, Dr. K. Scharrer, Weihenstephan-München, Professor Dr. A. Schoklitsch, Brünn. Mit 417 Abbildungen im Text. X, 708 Seiten. 1929. Gebunden RM 57.—